AF783679

KLINGER

Ing. Richard Klinger
Gründer der Firma

Die Entwicklung des Hauses Klinger

Im gesamten Industriebereich wird der Name Klinger heute als Qualitätsbegriff für Dichtungsmaterialien und Armaturen verstanden. Aus einem im Jahre 1886 in Wien gegründeten Familienunternehmen wurde eine internationale Firmengruppe mit über einem Dutzend Produktionsstätten, Lizenznehmern, einer weltweiten Absatzorganisation und einer Administrations- und Forschungszentrale.

Während der fast hundertjährigen Firmentätigkeit war Produktinnovation stets der Schwerpunkt der Klinger-Politik. Zahlreiche Produkte wurden von Klinger entwickelt und auf den Markt gebracht, die in der Welt der Technik einen festen Platz erobert haben.

Meilensteine in der Geschichte der Technik waren zweifellos die Erfindung des Reflexionsglases im Jahre 1886 durch Richard Klinger, den Gründer des Unternehmens, und 1895 die Entwicklung des „Klingerit", des ersten Dichtungsmaterials auf Gummi/Asbest-Basis. Noch heute gebraucht man den Markennamen „Klingerit" international vielfach als Synonym für hochwertiges It-Dichtungsmaterial.

Beide Erfindungen waren bahnbrechend für die weitere Entwicklung der Dampftechnik, denn durch die nunmehr gegebene Sicherheit in bezug auf die Dichtheit und exakte Wasserstandsanzeige wurde der Einsatz von Klinger-Wasserstandsanzeigern für immer höhere Dampfdrücke möglich. Bei Klinger entwickelten sich daraus die Produktlinien Dichtungen und Armaturen, die auch heute noch die tragenden Säulen des Klinger-Produktionsprogrammes darstellen.

In weiterer Folge entwickelte Klinger Absperrarmaturen wie das Klinger-Kolbenschieberventil und den Buchsenhahn. In beiden Armaturen wird die Abdichtung durch elastische und leicht auswechselbare Dichtelemente bewirkt: beim Ventil durch zwei Dichtringe, beim Hahn durch eine zylindrische Dichtungsbuchse. Dieses Dichtprinzip wird nunmehr seit mehr als fünfzig Jahren bei Millionen in aller Welt im Einsatz stehenden Klinger-Armaturen erfolgreich angewendet.

In den fünfziger Jahren nahm Klinger die Produktion von Kugelhähnen auf, 1968 wurde der neuentwickelte Klinger-Ballostar-Kugelhahn erfolgreich eingeführt. Neben der laufenden Erweiterung des It-Dichtungsplatten-Sortiments begann Klinger bereits um 1930 mit der Produktion von Brems- und Kupplungsbelägen, die unter dem Markennamen „Klinger-Flexible“ vertrieben wurden.

Die Zuverlässigkeit der Klinger-Armaturen, Dichtungsmaterialien und Reibbeläge führte zu einem steigenden Bedarf in allen wichtigen europäischen Industrieländern. Es wurden neue Werke in England und Deutschland errichtet, Klinger-Vertretungen gegründet und mit ausländischen Firmen Lizenzverträge abgeschlossen.

Nach dem Zweiten Weltkrieg expandierte die Klinger-Gruppe weiter durch die Errichtung neuer Produktionsstätten in Deutschland und in Übersee sowie durch die Vergabe weiterer Lizenzen. Die Klinger-Gruppe erzielt heute einen Umsatz von weit über 100 Millionen US-Dollar. Ihre Organisation umspannt die ganze Welt.

Die internationale Geschäftstätigkeit wird von der Klinger-Administration AG mit Sitz in der Schweiz geplant, koordiniert und kontrolliert. Die Firmen der Klinger-Gruppe sind jedoch selbständige Einheiten und berücksichtigen die jeweiligen nationalen Gegebenheiten in ihrem Marktbereich.

Für Forschung und Entwicklung und die Bearbeitung zukunftsorientierter Projekte wurde in der Schweiz eine eigene Forschungszentrale, die ISTAG AG, gegründet.

Das Klinger-Produktionsprogramm

Klinger erzeugt Investitionsgüter für Einsätze in nahezu allen Industriezweigen. Ausgehend von den eingangs angeführten Klinger-Produkten wurde das Produktionsspektrum im Laufe der Jahre wesentlich erweitert und umfaßt heute folgende vier Produktlinien:

Dichtungen

Klingerit

Basismaterial und fertige Dichtungen für industrielle Anwendungen

Dazu gehören die verschiedensten Qualitäten von It-Dichtungen sowie Dichtungsmaterial aus Gummi, Kork, Zellulose, Metall, Kunststoff (z. B. spiralgewickelte und gebördelte Dichtungen).

Klinger ist heute der weltweit führende Hersteller von Dichtungen auf Gummi/Asbest-Basis.

Industrie-Armaturen

RK

Ausrüstungen zum Absperren, Messen, Regeln und Steuern von Medienströmen

Die bekanntesten Erzeugnisse dieser Produktlinie sind Kolbenschieberventile, Ballostar-Kugelhähne, Messing-Kugelhähne, Buchsenhähne, Meßleitungsarmaturen; ferner Flüssigkeitsstandanzeiger für Dampfeinsatz und für die petrochemische Industrie sowie Schaugläser und sonstige Zubehörartikel.

Fahrzeug- und Motorenteile

Dichtungen, Reibbeläge und Teile für die Fahrzeug- und Motorenindustrie

Klinger-Dichtungen werden von führenden Automobilfabriken sowohl in der Erstausrüstung als auch im Ersatzteilgeschäft eingesetzt (Zylinderkopfdichtungen, Auspuffdichtungen, etc.). Klinger-Reibbeläge haben sich bei Bremsen und Kupplungen seit Jahrzehnten nicht nur in der Fahrzeugindustrie (Automobile, Schienenfahrzeuge), sondern auch in anderen Industriebereichen (Bremsbänder) bestens bewährt.

Technische Kunststoffe

Verarbeitung und Anwendung von speziellen technischen Kunststoffen

Klinger war eine der ersten europäischen Firmen, die die außergewöhnlichen Eigenschaften des Kunststoffes PTFE (Polytetrafluoräthylen) erkannt und angewendet haben. Eine Reihe technischer Kunststoffe werden von Klinger für den Einsatz in den verschiedensten Industriezweigen verarbeitet.

Die Klinger-Organisation

Klinger ist heute eine internationale Firmengruppe mit Produktionsstätten in Europa und Übersee.

Klinger-Firmen in Europa:

Rich. Klinger Aktiengesellschaft,	Gumpoldskirchen (Österreich)
Rich. Klinger G.m.b.H.,	Idstein/Taunus (Bundesrepublik Deutschland)
Richard Klinger Ltd.,	Sidcup/Kent (England)

Klinger-Firmen außerhalb Europas:

Weitere Klinger-Werke befinden sich in Argentinien, Brasilien, Mexico, U. S. A., Australien und Südafrika.

Klinger-Lizenznehmer:

Ets. Trouvay & Cauvin,	Paris (Frankreich)
Cesare Bonetti S.p.A.,	Mailand (Italien)
Yakacik Makine Fabrikasi A.S.,	Istanbul (Türkei)

Klinger-Vertretungen:

Die Klinger-Firmen haben ein weltweites Netz an Klinger-Vertretungen aufgebaut, die mehr als 100 Länder mit Klinger-Produkten versorgen.

Rich. Klinger Aktiengesellschaft
Gumpoldskirchen, Österreich

Foto Hausmann
Freigeg. v. BMfLV/Zl.13080/280-1.6.77

Rich. Klinger GmbH
Idstein/Taunus, BRD

Frei. Reg. Präs. Darmstadt
Nr. 1465/71

Richard Klinger Ltd.
Sidcup/Kent, England

Heinz Zoebl / Julius Kruschik

Strömung durch Rohre und Ventile

Tabellen und Berechnungsverfahren zur Dimensionierung von Rohrleitungssystemen

Zweite, neubearbeitete Auflage

Springer-Verlag
Wien New York

Dipl.-Ing. Dr. techn. Heinz Zoebl
Forschungsinstitut für die Strömung durch Rohre und Ventile, Wien

Dipl.-Ing. Julius Kruschik
Direktor der Rich. Klinger Aktiengesellschaft, Gumpoldskirchen bei Wien

Das Werk ist urheberrechtlich geschützt.
Die dadurch begründeten Rechte,
insbesondere die der Übersetzung, des Nachdruckes,
der Entnahme von Abbildungen, der Funksendung,
der Wiedergabe auf photomechanischem oder ähnlichem Wege
und der Speicherung in Datenverarbeitungsanlagen,
bleiben, auch bei nur auszugsweiser Verwertung, vorbehalten.

© 1982 by Springer-Verlag/Wien

Softcover reprint of the hardcover 2nd edition 1982

Mit 170 Abbildungen

CIP-Kurztitelaufnahme der Deutschen Bibliothek

Zoebl, Heinz:
Strömung durch Rohre und Ventile: Tab. u. Berechnungsverfahren zur Dimensionierung von Rohrleitungssystemen / Heinz Zoebl; Julius Kruschik. – 2., neubearb. Aufl. – Wien; New York: Springer, 1982.
ISBN-13:978-3-7091-8662-6

NE: Kruschik, Julius:

ISBN-13:978-3-7091-8662-6 e-ISBN-13:978-3-7091-8661-9
DOI: 10.1007/978-3-7091-8661-9

Vorwort zur ersten Auflage

Die Dimensionierung von Rohrleitungen und Armaturen in Anlagen und Vorrichtungen, in denen strömende Fluide verwendet werden, erfolgt vornehmlich nach strömungstechnischen Gesichtspunkten.

Kenntnisse über die Vorgänge bei der „Strömung durch Rohre und Ventile" sind aber heute nicht nur für das Fachgebiet des Rohrleitungsbaues und für Fragen bei der Gestaltung und zweckmäßigen Verwendung von Armaturen erforderlich, sondern auch auf nahezu allen Gebieten der Technik von Bedeutung:

Im Maschinenbau werden die Vorgänge in Strömungsmaschinen, wie Pumpen, Turbinen und Flüssigkeitsgetriebe, die als Hilfsgeräte auch in allen anderen Zweigen des Maschinenbaues verwendet werden, durch die Strömungsvorgänge in den Rohren und Armaturen vor und hinter diesen Maschinen ganz wesentlich beeinflußt.

In Verbrennungsmotoren, Kolbenkompressoren, bei Maschinenelementen zur Wärmeübertragung wie Kühler und Kessel, ist die Beherrschung strömungstechnischer Vorgänge Voraussetzung für die Weiterentwicklung und Verbesserung dieser Maschinen und Geräte.

Ebenso entscheiden in der Klima-, Lüftungs- und Heizungstechnik strömungstechnische Fragen die Entwicklungsrichtung.

In der Verfahrenstechnik sind die strömungstechnischen Fragen besonders schwierig zu behandeln, weil der Aggregatzustand des Mediums oft wechselt.

In Stahlwerken und Walzwerken, in Baumaschinen und in Maschinen für die Land- und Forstwirtschaft, in Holzbearbeitungsmaschinen, im Kranbau und auf vielen anderen Gebieten der Technik werden heute ölhydraulische und pneumatische Normbauteile zur Kraftübertragung und Steuerung verwendet. Die rasche Weiterentwicklung dieser Bauteile sowie die Behebung von Störungen in den hydraulischen und pneumatischen Antrieben ist aber ohne entsprechende Kenntnisse der Strömungsvorgänge in diesen Systemen kaum möglich.

Die Klärung von Fragen auf allen oben erwähnten Gebieten der Technik ist oft nur durch die Kenntnis der Vorgänge bei instationärer Strömung möglich. In der Literatur wurden aber bisher fast ausschließlich die Grundlagen der stationären Strömung behandelt. Die instationäre Strömung, wie etwa die Flüssigkeitsschläge beim plötzlichen Schließen eines Ventiles, der Einfluß der Schließgeschwindigkeit auf Druck und Geschwindigkeitsverlauf in Rohrleitungen, die quasistationäre und die pulsierende Strömung durch Rohre und Ventile wurden bisher nur in wissenschaftlichen Schriften behandelt, deren Studium entsprechende Kenntnisse voraussetzt, über die der in der Praxis stehende Ingenieur nicht verfügt.

Die vorliegende Einführung behandelt dagegen mit einfachsten Mitteln die instationäre Strömung genauso ausführlich wie die stationäre. Sie soll die Planung von Rohrleitungssystemen erleichtern und ein Hilfsmittel bei der Behebung von Störungen sein. Bei der Entwicklung und Konstruktion von Armaturen, Maschinen und deren Elementen soll sie zur Klärung strömungstechnischer Fragen beitragen.

Wien, im Frühjahr 1978 H. Zoebl, J. Kruschik

Vorwort zur zweiten Auflage

Seit dem Erscheinen der 1. Auflage im Jahre 1978 haben sich auf allen Gebieten der Technik die SI-Einheiten auch in der Praxis eingebürgert. Es war deshalb erforderlich, im ganzen Buch einheitlich die gesetzlich vorgeschriebenen internationalen Einheiten anstelle der in der 1. Auflage verwendeten technischen Einheiten zu verwenden, wobei für die Einheit des Druckes meist die viel verwendete Einheit von 1 bar (10 N/cm²) verwendet wurde, die näherungsweise der Einheit von 1 kp/cm² im technischen System entspricht.

Die neue Auflage wurde durch den Abschnitt 3.3.2 über den Viskositätsindex und durch die Abschnitte 9.4, „Die kritische Drehzahl von Zahnradpumpen", sowie 9.5, „Kritische Verhältnisse in Ventilen und Drosselelementen" erweitert, in denen die neuesten Forschungsergebnisse und Erfahrungen auf dem Gebiete der Kavitation zusammengefaßt wurden. Hierbei wird auch der neue Begriff des „Kritischen Druckverhältnisses" bei der Strömung mit Kavitationserscheinungen durch verschiedene charakteristische Formen von Austrittsöffnungen im Abschnitt 9.5.3 ausführlich behandelt. Schließlich wurde im Abschnitt 10 („Bedeutung der strömungstechnischen Vorgänge für die Auswahl von Kühlern und Rücklauffiltern in Hydrauliksystemen") ein Beispiel herausgegriffen, das zeigen soll, daß es bei der Lösung einer bestimmten Aufgabe oft nicht genügt, zu entscheiden, ob die Gesetze für die instationäre Strömung zur Beschreibung einer wichtigen Einflußgröße heranzuziehen sind, sondern daß es in vielen Fällen auch erforderlich ist, sowohl die Gesetze für die stationäre Strömung als auch diejenigen für die instationären Vorgänge heranzuziehen, wenn man alle Einflußgrößen berücksichtigen will, die für die Lösung einer bestimmten Aufgabe ausschlaggebend sind.

Wien, im Sommer 1982 H. Zoebl, J. Kruschik

Inhaltsverzeichnis

Einführung

In der gesamten Technik sind folgende charakteristische Strömungsvorgänge zu unterscheiden:

1. stationäre Strömung,
2. instationäre Strömung,
3. quasistationäre Strömung.

Nach der Beschaffenheit des Mediums ist bei jedem dieser drei Strömungsvorgänge wieder zu unterscheiden zwischen

a) inkompressiblen Flüssigkeiten,
b) kompressiblen Flüssigkeiten,
c) stark kompressiblen Medien (wie Gase und Dämpfe).

und bei jeder dieser Varianten zwischen reibungsfreier und reibungsbehafteter Strömung.

Nahezu alle bisher vorliegenden Einführungen in das Gebiet der Strömungslehre behandeln fast ausschließlich das Gebiet der stationären Strömung. Im Gegensatz hierzu soll im vorliegenden Buch auch die quasistationäre und instationäre Strömung betrachtet werden. In der umfangreichen Literatur über Hydro- und Aerodynamik wird außerdem kaum eine „Entscheidungshilfe" gegeben und erklärt, wann die betreffenden Gesetze überhaupt gelten.

Es soll deshalb im vorliegenden Buch auch versucht werden, Richtlinien für die Auswahl des Rechenverfahrens zu geben, das zur Beschreibung eines in der Praxis vorliegenden Strömungsvorganges am besten geeignet ist.

Man nennt einen Strömungsvorgang *stationär*, wenn alle Zustandsgrößen wie Geschwindigkeit, Druck und Temperatur an jeder Stelle der betrachteten Strömung unabhängig von der Zeit sind. Bei einer stationären Strömung dürfen also auch keinerlei Veränderungen an den geometrischen Abmessungen der starren Körper, zwischen denen sich der Strömungsvorgang abwickelt, vorgenommen werden. Sobald sich z. B. der Querschnitt eines Ventiles in einer Rohrleitung verändert, ist der Strömungsvorgang auf keinen Fall mehr stationär – auch dann nicht, wenn die Schließbewegung eines Ventiles noch so langsam erfolgt –, denn während der Schließbewegung eines Ventiles wird der Druck vor dem Ventil auf alle Fälle zunehmen und hinter dem Ventil abnehmen, während die Strömungsgeschwindigkeiten im ganzen System mit der Zeit während der Schließbewegung an allen Stellen des Systems – ausgenommen im Ventilquerschnitt selbst – geringer werden. Die Geschwindigkeit im Ventilquerschnitt, der sich während der Schließbewegung stetig verkleinert, wird dagegen immer größer.

Charakteristische stationäre Vorgänge inkompressibler Flüssigkeiten sind etwa die Strömung durch Rohre oder Ventile, oder die Umströmung starrer Körper, jedoch immer unter der Voraussetzung, daß alle geometrischen Abmessungen des Systems unverändert bleiben und alle Drücke und Geschwindigkeiten unabhängig von der Zeit betrachtet werden können. Die meistbekannten Gleichungen zur Beschreibung stationärer Strömung sind etwa die Torricellische Gleichung für den Ausfluß aus Gefäßen, die Bernoullische Gleichung, die Gesetze für den Strömungswiderstand durch Ventile, Rohre, Krümmer bei laminarer bzw. bei turbulenter Strömung usw.

Charakteristische stationäre Strömungsvorgänge stark kompressibler Medien sind etwa das Ausströmen von Gasen im unterkritischen und überkritischen Bereich, die Strömung durch Laval-Düsen, die Strömung von Gasen durch Rohre unter Berücksichtigung des Boyle-Mariotteschen Gesetzes usw.

Unter einer *instationären Strömung* versteht man dagegen einen Vorgang, bei dem sich Druck und Geschwindigkeit an jeder Stelle des Systems mit der Zeit verändern. Der Druckunterschied an verschiedenen Stellen des Systems entsteht in erster Linie durch die Beschleunigungs- und Verzögerungskräfte infolge der Geschwindigkeitsveränderungen mit der Zeit an einer bestimmten Stelle des Systems.

Die Druckänderung durch Reibungsverluste wird bei dieser als instationär betrachteten Strömung fast immer vollständig vernachlässigt.

Eine charakteristisch instationäre Strömung ist etwa die Strömung in einer Rohrleitung, in der an beliebiger Stelle plötzlich ein Abschlußorgan geschlossen oder geöffnet wird.

Quasistationäre Strömungsvorgänge sind solche, bei denen sich Druck und Geschwindigkeit zwar an jeder Stelle des Systems mit der Zeit verändern, bei denen aber die Druckänderungen infolge der Beschleunigung und Verzögerung der bewegten Teilchen vernachlässigt werden können. Nur unter dieser wesentlichen Voraussetzung können für ein bestimmtes Zeitintervall die Gesetze der stationären Strömung auch für die quasistationäre angewandt werden.

Solche charakteristische quasistationäre Vorgänge sind etwa die Strömung durch ein Ventil, dessen Querschnitt langsam verändert wird, die Strömung durch eine Rohrleitung mit einem in dieser sitzenden Ventil, dessen Querschnitt langsam verändert wird, wobei es belanglos ist, ob dieses Ventil am Eintritt, in der Mitte oder am Austritt der Leitung sitzt; der Ausfluß aus einem Gefäß ohne Zufluß bzw. bei stark kompressiblen Medien, der Ausfluß aus einem Gefäß mit konstantem Volumen ohne Zufluß oder das Aufladen eines Behälters, die Strömung durch eine Drosselkette bei veränderlichem Querschnitt einer Stelle derselben usw.

Bei der Unterscheidung zwischen der instationären und der stationären bzw. quasistationären Strömung ist jedoch folgende wesentliche Tatsache zu beachten: bei der stationären und quasistationären Strömung gelten praktisch die gleichen Gesetze für inkompressible und für kompressible Flüssigkeiten. Nur für stark kompressible Medien (Gase) gelten grundverschiedene Gesetze. Bei der instationären Strömung dagegen ergeben sich für inkompressible Flüssigkeiten ganz andere Gesetze als für Flüssigkeiten, die auch nur in geringem Umfang kompressibel sind. Da jedoch alle Flüssigkeiten in geringem Maße kompressibel sind, handelt es sich nur um die Entscheidung, ob diese Kompressibilität vernachlässigt werden kann oder nicht. Dafür gelten aber umgekehrt für stark kompressible Medien (Gase) beim instationären Vorgang die gleichen Gesetze wie für kompressible Flüssigkeiten.

Bei jedem instationären Vorgang pflanzt sich eine Druckänderung von der

Störungsstelle aus mit Schallgeschwindigkeit fort. Wird also z. B. in einer Rohrleitung, in der zunächst ein Medium mit konstanter Geschwindigkeit strömt, ein Ventil plötzlich geschlossen, so läuft stromaufwärts von diesem Ventil eine Druckwelle entgegen der Strömungsrichtung und stromabwärts eine Unterdruckwelle in Strömungsrichtung.

Die durch die Schließbewegung erzeugte Druckänderung pflanzt sich somit von der Störungsstelle aus im Rohr nach beiden Richtungen mit Schallgeschwindigkeit fort und Druck und Geschwindigkeit an jeder Stelle des Rohres wird durch die Fortpflanzung der Druckwellen bestimmt. Die Form der Druckwellen, die nach Erreichen eines Rohrendes – je nachdem, ob das betrachtete Rohrende offen oder geschlossen ist – negativ oder positiv zurückgeworfen werden, kann nach den Gesetzen für die instationäre Strömung von Allievi [2] berechnet werden. Voraussetzung für diese Berechnung ist, daß das Medium kompressibel ist. Bei inkompressiblen Flüssigkeiten ist jedoch die Schallgeschwindigkeit unendlich groß, d. h. es tritt bei einer plötzlichen Schließbewegung in dem betrachteten Rohr ein unendlich großer Druckanstieg auf. Bei langsamer Schließbewegung dagegen tritt während des Schließens an allen Stellen des Rohres durch die Verzögerung der Flüssigkeitssäule im Rohr eine Druckänderung ein, wobei sich diese Druckänderung infolge einer Veränderung des Ventilquerschnittes an allen Stellen des Rohres gleichzeitig bemerkbar macht, weil ja die Schallgeschwindigkeit unendlich groß ist. Die Flüssigkeitssäule wird also in diesem Falle wie ein vollkommen starrer, fester Körper betrachtet, der verzögert wird und dadurch Kräfte an seinen Stirnflächen ausübt. Gemäß der Zusammenstellung der charakteristischen Strömungsformen in den ersten Zeilen dieser Einführung ist bei *instationären Strömungsvorgängen* zwischen folgenden Möglichkeiten der quantitativen Behandlung des Strömungsvorganges zu unterscheiden:

1. *Quasistationäre Strömung.* Sowohl bei Flüssigkeiten als auch bei Gasen erfolgt die Behandlung schrittweise von Zeitelement zu Zeitelement durch die Gesetze für die stationäre Strömung.

2. *Instationäre Strömung inkompressibler Flüssigkeiten.* Die Schallgeschwindigkeit ist in einer inkompressiblen Flüssigkeit unendlich groß. Die Verzögerungskräfte werden also ohne Berücksichtigung der im System hin- und herlaufenden Druckwellen berechnet.

3. *Instationäre Strömung kompressibler Flüssigkeiten.* Nach den Gesetzen von Allievi werden die Bewegungsvorgänge durch die Verfolgung der hin und her laufenden Druckwellen berechnet.

Vor der Berechnung sind deshalb bei instationären Vorgängen jeweils etwa folgende Fragen zu klären:

Ist die Druckabnahme des stationären Vorganges gegenüber den Druckstößen, die durch Verzögerung an einer bestimmten Stelle eintreten, zu vernachlässigen oder nicht? (Siehe S. 43, Gl. (82) und S. 114, Gl. (179) sowie S. 116, Gl. (187).)

Wann kann man einen Vorgang als „quasistationär" betrachten und schrittweise mit den Gesetzen für die stationäre Strömung berechnen, und wann sind die Gesetze für die instationäre Strömung gemäß Punkt 2 oder 3 anzuwenden? (Siehe S. 114, Gl. (179) und S. 116, Gl. (187).)

Wann kann schließlich bei instationärer Strömung der Druckverlauf so berechnet werden, als ob der betrachtete Stromfaden an allen Stellen gleichzeitig verzögert würde (Punkt 2) und wann müssen die im Stromfaden mit Schallgeschwindigkeit hin und her laufenden Druckwellen verfolgt werden (Punkt 3)? (Siehe S. 153.)

Aber auch bei den einfachsten stationären Vorgängen ist immer zunächst die Auswahl des richtigen Rechenverfahrens wichtig. Schon beim Ausfluß aus einem Gefäß ist zu unterscheiden:

Wann gilt die Torricellische Gleichung $w = \text{const}\ \sqrt{H}$ und wann gilt die Beziehung für zähe Flüssigkeiten $w = \text{const} \cdot H$, die im Englerschen Viskosimeter verwendet wird ? (Siehe S. 71–79, Abschnitt 3.14.)

Wann ist die Rohrreibung im Ausflußrohr oder das Gefälle des Abflußrohres zu berücksichtigen und welche Gleichung beschreibt bei Berücksichtigung dieser Einflußgrößen den Ausströmvorgang am besten ? (Siehe S. 71–79, Abschnitt 3.14.)

Beim Durchfluß durch Ventile erhebt sich die Frage:

Was bedeutet der k_v-Wert, der heute allgemein als Kennzahl für Ventile angegeben wird ? Gilt er für alle Durchflußmedien ? Wie ist der Zusammenhang zwischen k_v und ζ ? Was bedeutet der C_v-Wert ? Um wieviel weicht die mit dem k_v-Wert berechnete Durchflußmenge von der sich tatsächlich einstellenden ab, wenn der gleiche k_v-Wert für verschiedene Medien oder für verschiedene Geschwindigkeiten bei gleichen Medien verwendet wird usw. ? (Siehe Abschnitt 7.)

In diesem Buch soll deshalb versucht werden, neben den Rechenverfahren auch die Entscheidungshilfen für die Wahl des zweckmäßigsten Rechenverfahrens zu vermitteln. Es wendet sich sowohl an Studierende als auch an Ingenieure und Techniker, die in den verschiedenen technischen Betriebsabteilungen oder im Verkauf ähnliche Fragen wie die oben angeschnittenen zu beantworten haben.

1. Formelzeichen und Einheiten

Da im Buch das internationale Einheitensystem verwendet wird, jedoch noch immer viele Rechenbehelfe in der Praxis im Technischen Maßsystem vorliegen, werden im nachstehenden in Tab. 1a die Grundgrößen in beiden Maßsystemen dargestellt und in Tab. 1b die wichtigsten Größen in beiden Systemen sowie die Umrechnungsfaktoren gezeigt. Tab. 1c gibt noch Zusammenhänge zwischen Druckeinheiten.

Alle Angaben von Drucken in bar bedeuten immer bar absolut, wenn nicht ausdrücklich anders angegeben.

Tabelle 1a. *Grundgrößen*

	Internationales Einheitensystem (SI-Einheiten) Die Grundeinheiten sind Länge [m], Zeit [s], Masse [kg]	Metrische – Technische – Einheiten (Technisches Maßsystem) Die Grundeinheiten sind Länge [m], Zeit [s], Kraft [kp]
Kraft – Masse	Kraft = Masse × Beschleunigung daraus die Einheit [kg m/s²] definiert zu 1 Newton = 1 kg m/s²	Masse = Kraft : Beschleunigung daraus die Einheit [kp · s²/m] Die Einheit kg ist aus dem technischen Maßsystem nicht ableitbar. Der Übergang zur SI-Einheit erfolgt mit $1\ kp \cdot s^2 \cdot m^{-1} = 9{,}81\ kg$, da 1 Kilopond definiert ist als die Kraft, die der Masse von 1 kg eine Beschleunigung von 9,81 m/s² erteilt.
Druck	Druck = Kraft : Fläche daraus ergibt sich die Einheit [N/m²] $1\ N/m^2 = 1\ Pascal = 1\ Pa$ Handlichere Zahlenwerte ergibt die Größe [bar] mit $1\ bar = 10^5\ N/m^2 = 10^5\ Pascal$	Druck = Kraft : Fläche daraus ergibt sich die Einheit [kp/cm²] Den Übergang zur SI-Einheit bietet die Beziehung $1\ kp/cm^2 = 0{,}981\ bar$. Wenn man $1\ bar = 1\ kp/cm^2$ setzt, so beträgt der Fehler 2%.
Arbeit (Energie)	Arbeit = Kraft × Weg daraus folgt die Einheit 1 Joule = 1 N · m = 1 W · s	Arbeit = Kraft × Weg daraus folgt die Einheit [kpm]
Leistung	Leistung = Arbeit : Zeit Die Leistung hat die Einheit 1 W = 1 J/s = 1 Nm/s	Leistung = Arbeit : Zeit Die Leistung hat die Einheit [kp m/s]
Dichte – Wichte	Dichte = Masse : Volumen mit der Einheit [kg/m³] Die Wichte ist im internationalen Einheitensystem nicht gebräuchlich. In physikalischen Gleichungen muß, um exakte Größen zu erhalten, stets gesetzt werden: Dichte = Wichte : Fallbeschleunigung $\rho = \gamma / g$	Wichte = Kraft : Volumen die Einheit ist [kp/m³] Da die Masse von 1 kg bei einer Fallbeschleunigung von 9.81 m/s² eine Kraft von F = 1 kp ausübt, sind die Zahlenwerte der Dichte und Wichte gleich.

Tabelle 1b. *Zusammenhang zwischen SI-Einheit und technischen Einheiten**

Größe	Technisches Maßsystem Grund-(Basis-)Einheiten Länge m Kraft kp Zeit s	SI-System Grund-(Basis-)Einheiten Länge m Masse kg Zeit s	Umrechnungsfaktoren Technisches System in SI-System	Umrechnungsfaktoren SI-System in Technisches System
Kraft	kp (Grundeinheit) [p] = 1/1000 kp [Mp] = 1000 kp	N (abgeleitete Einheit) 1 N = 1 kg m/s^2 = 10^5 dyn	1 kp = 9,81 N Vgl. DIN 66034 (August 1967)	1 N = 0,102 kp
Masse	kp s^2/m (abgeleitete Einheit) 1 kp s^2 m = 1 Hyl	kg (Grundeinheit) [g] = 1/1000 kg [t] = 1000 kg	1 kp s^2 m = 9,81 kg	1 kg = 0,102 kp s^2/m
Dichte	[ps^2/cm^4] [kp s^2/dm^4] kp s^2/m^4	[g/cm^3] [kg/dm^3] kg/m^3	1 kp s^2/m^4 = 9,81 kg/m^3	1 kg/m^3 = 0,102 kp s^2/m^4
Massen-trägheits-moment	kp m s^2	kg m^2	1 kp m s^2 = 9,81 kg m^2	1 kg m^2 = 0,102 kp m s^2
Druck	[kp/cm^2] kp/m^2 1 at = 1 kp/cm^2	[N/cm^2] N/m^2 1 bar = 10^5 N/m^2 = 1 daN/cm^2	1 kp/cm^2 = 9,81 N/cm^2 1 at = 0,981 bar	1 N/cm^2 = 0,102 kp/cm^2 1 bar = 1,02 at
Spannung	[kp/mm^2]	[N/mm^2] [daN/mm^2] 1 daN/mm^2 = 10 N/mm^2	1 kp/mm^2 = 9,81 N/mm^2 ≈ 1 daN/mm^2	1 N/mm^2 = 0,102 kp/mm^2
Arbeit, Energie, Dreh-moment	[kp cm] kp m [PS h] 1 kpm = 3,704 · 10^{-6} PSh 1 PSh = 0,270 · 10^6 kpm	Nm = J = Ws [kWh] 1 Nm (J, Ws) = = 2,778 · 10^{-7} kWh 1 kWh = 3,6 · 10^6 Nm (J, Ws)	1 kpm = 9,81 Nm (J, Ws) = 2,724 · 10^{-6} kWh	1 Nm (J, WS) = 0,102 kpm = 3,777 · 10^{-7} PSh
Wärme-menge	[cal] kcal 1 kcal = 427 kpm 1 kpm = 2,342 · 10^{-3} kcal	J [kJ] 1 J = 1 Nm = 1 Ws	1 kcal = 4186,8 J	1 J = 0,2388 · 10^{-3} kcal

Vgl. a. DIN 66035 (August 1967)

Leistung	kpm/s [PS] 1 kp m/s = $1{,}333 \cdot 10^{-2}$ PS 1 PS = 75 kp m/s	W [kW] 1 W = 1 N m/s = 1 J/s	1 kp m/s = 9,81 W 1 PS = 735,5 W	1 W = 0,102 kp m/s = $1{,}36 \cdot 10^{-3}$ PS
			Vgl. a. DIN 66036 (August 1967)	
spez. Wärme	[cal/kp grd] kcal/kp grd	J/kg K [kJ/kg K]	1 kcal/kp grd = = 4186,8 J/kg K	1 kJ/kg K = = 0,239 kcal/kp grd
dynamische Zähigkeit** (η)	kp s/m² [kp h/ m²] 1 kp h/m² = 0,36 kp s/ cm² 1 kp s/cm² = 2,778 kp h/m²	N s/m² = kg/m s 1 kg/m h = = $2{,}778 \cdot 10^{-4}$ kg/m s 1 kg/m s = 3600 kg/m h 1 Poise = 360 kg/m h = 1 g/cm s	1 kp h/m² = = $1{,}271 \cdot 10^{8}$ kg/m h 1 kp s/cm² = = $9{,}81 \cdot 10^{4}$ kg/m s	1 kg/m h = = $7.87 \cdot 10^{-3}$ kp h/m³ 1 kg/m s = 1 N s/m² = = $0{,}102 \cdot 10^{-4}$ kp s/cm²
Kinematische Zähigkeit (ν)	Stokes St = cm²/s 1 cSt = $\frac{1}{10^2}$ cm²/s = = 1 mm²/s = $\frac{1}{10^6}$ m²/s	m²/s	1 St = $\frac{1}{10^4}$ m²/s 1 cSt = $\frac{1}{10^6}$ m²/s	1 m²/s = 10^4 St = 10^6 cSt
Gaskonstante	kp m/kp grd	J/kg·K	1 kpm/kg grd = 9,81 J/kg K	1 J/kg·K = 0,102 kpm/kp grd

* Einheiten in [ ] weichen von den Grundeinheiten des betreffenden Systems ab.

** Im technischen Maßsystem wird η in kps/m² angegeben. 1 kps/m² = 98,1 Poise, 1 P = 0,01020 kps/m² = 0,1 Ns/m², 1 N s/m² = 1 kg/ms,

Für sämtliche Einheiten könenn dezimale Vielfache oder dezimale Teile genommen werden: M = Mega (10^6), k = Kilo (10^3), h = Hekto (10^2), da = Deka (10^1), d = Dezi (10^{-1}), c = Zenti (10^{-2}), m = Milli (10^{-3}), μ = Mikro (10^{-6})

Tabelle 1c. *Zusammenhang zwischen verschiedenen Druckeinheiten*

a) Umrechnungstabelle für Druckeinheiten von Gasen, Dämpfen, Flüssigkeiten

mit $1\ \mathrm{Pa} = 1\ \mathrm{N/m^2} \approx \frac{1}{9{,}81}\ \mathrm{kp/m^2} = 0{,}102\ \mathrm{kp/m^2}$

	Pa	bar	kp/m^2	at	atm	Torr
1 Pa = (= 1 N/m^2)	1	10^{-5}	0,102	$0{,}102 \cdot 10^{-4}$	$0{,}987 \cdot 10^{-5}$	0,0075
1 bar = (= 0,1 MPa)	100 000 = 10^5	1 (= 1000 mbar)	10 200	1,02	0,987	750
1 kp/m^2 =	9,81	$9{,}81 \cdot 10^{-5}$	1	10^{-4}	$0{,}968 \cdot 10^{-4}$	0,0736
1 at = (= 1 kp/cm^2)	98 100	0,981	10 000	1	0,968	736
1 atm = (= 760 Torr)	101 325	1,013 (= 1013 mbar)	10 330	1,033	1	760
1 Torr = $\left(= \frac{1}{760}\ \mathrm{atm}\right)$	133	0,001 33	13,6	0,001 36	0,001 32	1

b) Umrechnungstabelle für Einheiten von Druckhöhen (Flüssigkeitssäulen) und Druck
mit $1\ \mathrm{kp/m^2} = 1\ \mathrm{mm\ WS} \approx 1\ \mathrm{daN/m^2}$; 1 Torr = 1 mm Hg;
$1\ \mathrm{Pa} = 1\ \mathrm{N/m^2} \approx (1/9{,}81)\ \mathrm{kp/m^2} \approx 0{,}102\ \mathrm{kp/m^2}$

	µbar	mbar	bar	Pa (= N/m^2)
1 mm WS = = 1 kp/m^2 ≈ 1 daN/m^2	100	0,1	0,000 1	10
1 m WS = = 0,1 at = 0,1 kp/cm^2 ≈ 0,1 daN/cm^2	100 000	100	0,1	10 000
10 m WS = = 1 at = 1 kp/cm^2 ≈ 1 daN/cm^2	1 000 000	1 000	1	100 000
1 mm Hg (mm QS) = = 1 Torr	1330	1,33	0,00133	133

c) Praktisch gleichwertige Einheiten für Druck und mechanische Spannung (Festigkeit)
mit 1 N ≈ 0,1 kp bzw. 1 kp ≈ 10 N = 1 da N

1 daN/mm^2	1 daN/cm^2	1 kN/cm^2	1 kp/mm^2	1 kp/cm^2
≈ 1 kp/mm^2 = 1 kN/cm^2 = 1 hbar	≈ 1 kp/cm^2 ≈ 1 at = 1 bar	= 1 daN/mm^2 = 1 hbar ≈ 1 kp/mm^2	≈ 1 daN/mm^2 ≈ 1 kN/cm^2 ≈ 1 hbar	= 1 at ≈ 1 daN/cm^2 ≈ 1 bar
1 kbar	1 hbar	1 bar	1 mbar	1 µbar
= 1 hN/mm^2 = 10 kN/cm^2 ≈ 1 Mp/cm^2	= 1 daN/mm^2 = 1 kN/cm^2 ≈ 1 kp/mm^2	= 1 daN/cm^2 ≈ 1 kp/cm^2 ≈ 1 at	= 1 cN/cm^2 ≈ 1 p/cm^2	= 1 dN/m^2 ≈ $\frac{1}{100}\ \mathrm{kp/m^2}$

2. Hydro- und Aerostatik

2.1 Hydrostatik inkompressibler Flüssigkeiten

In einer reibungsfreien, inkompressiblen Flüssigkeit pflanzt sich der Druck p in allen Richtungen gleichmäßig fort. An jeder Stelle eines hydrostatischen Systems ergibt sich daher der Druck p an einer beliebigen Stelle des Systems aus dem Eigengewicht der Flüssigkeitssäule, die oberhalb des betreffenden Punktes liegt, oder aus der Summe vom Druck, der an einer beliebigen anderen Stelle des Systems herrscht und dem Gewicht der Flüssigkeitssäule zwischen diesem Punkt und dem betrachteten Punkt. Für Punkt A in Abb. 1 erhält man z. B. den Druck p_A zu

$$p_A = g\rho H = \frac{F_1}{A_1} + g\rho Z_1 = \frac{F_2}{A_2} + g\rho Z_2 \qquad (1)$$

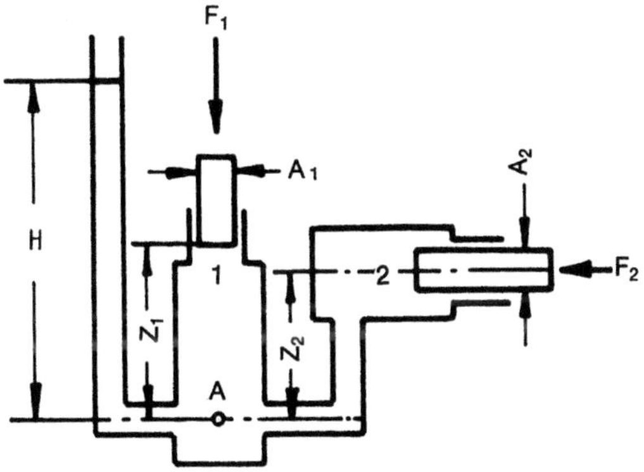

Abb. 1. Druckverteilung in hydrostatischen Systemen

Hierbei bedeuten

p Druck in N/m^2 (kg/ms^2)
ρ Dichte in kg/m^3
F_1, F_2 Kraft in N
A_1, A_2 Fläche in m^2
H, Z_1, Z_2 Höhe in m
g Erdbeschleunigung 9,81 m/s^2

Solange die Kolbenreibung, die Bewegungsenergie der in den Rohrleitungen strömenden Flüssigkeit sowie die Reibungsverluste innerhalb der (in Wirklichkeit nicht reibungsfreien) Flüssigkeit vernachlässigt werden können, gilt Gl. (1) nicht nur für das ruhende System, sondern auch für langsame Bewegungen [9, 11].

Bei der Energieübertragung von Kolben 1 an Stelle 1 auf Kolben 2 an Stelle 2 wird beim Verschieben des Kolbens 1 um den Weg s_1 eine Arbeit geleistet

$$W = F_1 s_1 = p A_1 s_1 \quad (\text{Nm} = \text{J}) \tag{2}$$

An Stelle 2 wird eine Arbeit von gleicher Größe wieder abgegeben

$$W = F_2 s_2 = p\, A_2 s_2 . \tag{3}$$

Aus der Gleichsetzung von Gl. (2) und Gl.(3) folgt

$$s_2 = s_1 \cdot \frac{A_1}{A_2} . \tag{4}$$

Für die Übertragung der Leistung (= Arbeit/Zeiteinheit) von der Stelle 1 auf Stelle 2 gelten die gleichen Überlegungen wie für die Übertragung der Arbeit, mithin

$$P = \frac{F_1 s_1}{t} = \frac{F_2 s_2}{t} . \tag{5}$$

Setzt man die Kolbengeschwindigkeit c ein

$$c_1 = \frac{s_1}{t} , \quad c_2 = \frac{s_2}{t} ,$$

so erhält man

$$P = F_1 c_1 = F_2 c_2 \tag{6}$$

$$P = p\, A_1 c_1 = p\, A_2 c_2 = p\, Q. \tag{7}$$

Die an einer beliebigen Stelle übertragene Leistung ist somit

$$P = p\, Q. \tag{8}$$

Hierin bedeuten
P Leistung in Nm/s oder W
p Druck in N/m^2
c_1, c_2 Geschwindigkeit m/s
Q Volumenstrom m^3/s
Soll P in PS angegeben werden, dann lautet Gl. (8) $P = \dfrac{p \cdot Q}{75 \cdot 9{,}81}$.
Wird jedoch p in bar und Q in l/min angegeben, dann ist P in kW

$$P = \frac{p \cdot Q}{600}\ \text{kW}. \tag{9}$$

Bei hydrostatischen Antrieben, deren Aufgabe eine bestimmte Art von Energietransport ist, kann somit die Leistung mit großem Flüssigkeitsstrom und niedrigem Druck oder mit kleinem Flüssigkeitsstrom und hohem Druck übertragen werden. Hohe Drücke ermöglichen die Verwendung kleiner Geräte (wie Pumpen, Steuerventile und Zylinder) und enger Rohrleitungen, verlangen dafür aber größere Wandstärken. Die zweckmäßigste Wahl von Flüssigkeitsdruck und Volumenstrom wird somit in den meisten Fällen durch den Preis, seltener durch das zulässige Gewicht der Anlage bestimmt.

2.2 Hydrostatik kompressibler Flüssigkeiten

2.2.1 Die Dichte

Die Dichte für Wasser ist mit der Temperatur veränderlich und auch mit dem Druck. Der Einfluß des Druckes ist relativ klein. Der Temperatureinfluß geht aus Tab. 2 hervor.

Tabelle 2. *Dichte von reinem Wasser bei verschiedenen Temperaturen*

$t = 0°C$	$\rho = 999{,}840\ kg/m^3$	$t = 20°C$	$\rho = 998{,}204\ kg/m^3$
1	,899	25	997,046
2	,940	30	995,648
3	,964	35	994,03
4	,972	40	992,21
5	,964	45	990,22
10	,700	50	988,05
15	,098	60	983,21

Der Einfluß des Druckes ist bei Flüssigkeiten relativ klein, doch selbst die geringe Kompressibilität macht sich bei hohen Drücken bemerkbar (z. B. Einspritzleitungen bei Dieselmotoren).Das Verhältnis der relativen Volumenverkleinerung $\partial\, v/v_0$ zur Drucksteigerung $\partial\, p$ (bei konstanter Temperatur T) ist der Kompressibilitätskoeffizient $\chi = -\dfrac{1}{v_0}\left(\dfrac{\partial v}{\partial p}\right)_T$ in 1/bar.

Er nimmt im allgemeinen mit steigendem Druck ab, mit steigender Temperatur zu (bei Wasser jedoch als Anomalie ein Minimum bei etwa 55°C, Tab. 3).

Tabelle 3. ***Kompressibilitätskoeffizient für Wasser und Dieselöl in 10^6/bar***

Druck-bereich bar	Wasser (nach Amagat) Temperatur 20°	40°	60°	80°	100°C	Dieselöl Druck-bereich bar	20°
1–100	46,8	44,9	45,5	46,9	47,8	0–50	60,7
100–200	44,2	42,9	42,7	45,1	46,8	0–100	53,4
200–300	43,4	41,4	41,5	43,6	45,9	0–150	50,7
300–400	42,4	40,7	40,6	42,2	44,6	0–200	48,5
400–500	41,5	40,4	39,4	40,8	43,4	0–250	49,7
500–600	40,4	39,0	38,8	39,9	41,6	0–300	49,4
600–700	39,4	38,2	38,3	38,7	40,7	0–350	48,2

Die Dichte für Öl wird meist für eine Temperatur von 20°C angegeben und verändert sich infolge der Wärmeausdehnung mit der Temperatur, Abb. 2. Sie variiert für Hydrauliköle zwischen (0,85 und 0,95) · 10^3 kg/m^3.

Bei aromatischen und naphthenischen, kohlenstoffreichen und wasserstoffarmen Ölen liegt die Dichte etwa zwischen (0,91 und 0,95) · 10^3 kg/m^3, bei Ölen auf Paraffinbasis zwischen (0,86 und 0,91) · 10^3 kg/m^3.

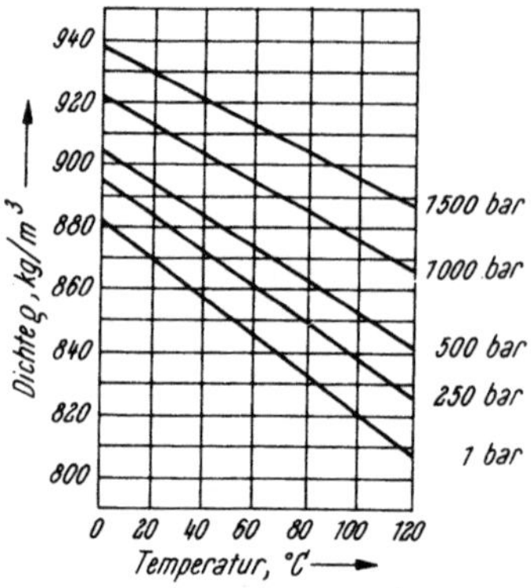

Abb. 2. Einfluß von Druck und Temperatur auf die Dichte von Hydraulikölen (Mobil D.T.E.24)

2.2.2 *Einfluß der Kompressibilität der Flüssigkeiten auf hydrostatische Antriebe*

Ein Flüssigkeitsvolumen V_1 wird unter dem Einfluß einer Drucksteigerung von p_1 auf p_2 auf das Volumen V_2 zusammengedrückt.

$$\Delta V = V_1 - V_2 = \chi(p_2 - p_1)\, V_1 \tag{10}$$

oder

$$V_2 = V_1\, [1 - \chi(p_2 - p_1)]. \tag{10a}$$

Wird p in bar angegeben, so hat χ die Einheit bar^{-1} und wird Kompressibilitätsfaktor genannt. Er beträgt für Wasser $4{,}5 \cdot 10^{-5}\,\text{bar}^{-1}$. Für Öl ist er stark von der Temperatur abhängig. Nach Angaben von Shell ist der Kompressibilitätsfaktor

$$\chi_t = \chi_0\, (1 + at + bt^2) \tag{11}$$

mit $\chi_0 = 6 \cdot 10^{-5}\ \text{bar}^{-1}$, $a = 6 \cdot 10^{-3}\, \frac{1}{\text{K}}$, $b = 2 \cdot 10^{-3}\, \frac{1}{\text{K}}$.

Wanner [87] gibt als Kompressibilitätsfaktor für Hydrauliköle bei Temperaturen zwischen 50 und 80°C den Wert $7 \cdot 10^{-5}\ \text{bar}^{-1}$ an.

Der Kompressibilitätsfaktor von Öl kann auch aus dem Abstand der Kurven in Abb. 2 ermittelt werden

$$\chi = \frac{\Delta \rho}{\rho} \cdot \frac{1}{\Delta p}\ . \tag{12}$$

Die Veränderung von χ mit dem Druck kann in den praktisch meist verwendeten Druckgrenzen bis 300 bar vernachlässigt werden. Für lufthaltige Öle gilt diese Voraussetzung allerdings nicht mehr.

In einem Hydraulikzylinder mit dem Kolbenhub s bewegt sich der Kolben unter dem Einfluß einer Drucksteigerung von p_1 auf p_2 infolge der Kompressibilität des Öles um

$$\Delta s = -\chi(p_2 - p_1)\, s. \tag{13}$$

Für Plungerkolben ist die wirksame Kolbenfläche f kleiner als die Querschnittsfläche des Zylinders A und es gilt

$$\Delta s = -\chi(p_2 - p_1)\frac{A}{f} \cdot s. \tag{14}$$

Beispiel:
Kolbenhub $s = 1000$ mm, Druckdifferenz $p_2 - p_1 = 100$ bar. Kompressibilitätsfaktor $\chi = 6{,}2 \cdot 10^{-5}$ bar^{-1}. Nach Gl. (13) wird

$$\Delta s = -6{,}2 \cdot 10^{-5} \cdot 100 \cdot 1000 = -6{,}2 \text{ mm}.$$

Achtung ! In manchen Fällen muß auch noch die Elastizität von Rohren und Schläuchen ins Kalkül gezogen werden, die eine Vergrößerung von Δs bewirken.

2.2.3 Bedeutung der Wärmeausdehnung von festen Körpern und Flüssigkeiten bei hydrostatischen Antrieben

Die meisten festen Körper dehnen sich bei Erwärmung aus. Die Ausdehnung, die ein stabförmiger Körper in einer Richtung erfährt, nennt man Längenausdehnung. Ein Stab von der Länge l_1 dehnt sich bei der Erwärmung um $t_2 - t_1$ um das Maß Δl aus. Die Längenänderung beträgt

$$\Delta l = \alpha\,(t_2 - t_1)\, l_1. \tag{15}$$

α = linearer Ausdehnungskoeffizient, Einheit m/mK = 1/K. Damit erhält der Stab die Länge l_2

$$l_2 = l_1\,[1 + \alpha\,(t_2 - t_1)]. \tag{16}$$

Bei einer Steigerung der Temperatur um $t_2 - t_1$ vergrößert sich dabei das Volumen von der ursprünglichen Größe V_1 auf V_2

$$V_2 = V_1\,[1 + \beta\,(t_2 - t_1)]. \tag{17}$$

β ist der kubische Ausdehnungskoeffizient. Einheit 1/K. Die Volumenänderung unter dem Einfluß der Temperaturänderung kann auch aus der Längenänderung der Körper mit der Temperatur berechnet werden, denn $\beta = 3\,\alpha + 3\,\alpha^2 + \alpha^3$. Da $\alpha \ll 1$, kann man mit guter Annäherung setzen

$$\beta = 3\,\alpha. \tag{18}$$

Für den linearen und den kubischen Ausdehungskoeffizienten verschiedener Metalle gelten folgende Richtwerte:

	α 1/K	β 1/K
Gußeisen	$1{,}04 \cdot 10^{-5}$	$3{,}12 \cdot 10^{-5}$
Flußstahl	$1{,}17 \cdot 10^{-5}$	$3{,}51 \cdot 10^{-5}$
Schmiedestahl	$1{,}20 \cdot 10^{-5}$	$3{,}60 \cdot 10^{-5}$
Messing	$1{,}19 \cdot 10^{-5}$	$3{,}60 \cdot 10^{-5}$

Bei einer Flüssigkeit kann nur von einem kubischen Ausdehnungskoeffizienten gesprochen werden. Bei einer Temperaturerhöhung von $t_2 - t_1$ dehnt sich ein Flüssigkeitsvolumen wie bei den festen Körpern vom Volumen V_1 auf das Volumen V_2 aus. Es gilt mithin auch hier Gl. (17).

Für den kubischen Ausdehnungskoeffizienten von Öl werden folgende Werte angegeben:

1. Dürr-Wachter [8]: $\beta = 8 \cdot 10^{-4}$ 1/K,

2. Chaimowitsch [5]: Aus der Abhängigkeit der Dichte von der Temperatur Nach Abb. 2 ergibt sich ein Volumen-Ausdehnungskoeffizient aus der Beziehung

$$\beta = \frac{\Delta \rho}{\rho} \; \frac{1}{t_2 - t_1} \; . \tag{19}$$

Er ist innerhalb der praktisch interessierenden Grenzen nahezu unabhängig von der Temperatur bei 1 bar $\beta = 7 \cdot 10^{-4}$ 1/K und bei 1000 bar $5 \cdot 10^{-4}$ 1/K.

Der Volumen-Ausdehnungskoeffizient von Öl ist damit ungefähr zwanzigmal größer als der Volumen-Ausdehnungskoeffizient der Metalle (S. 13). Dieser Unterschied beeinflußt das Verhalten hydraulischer Arbeitszylinder bei der Abkühlung und Erwärmung wie folgt:

Bei der Abkühlung des Öls um die Temperatur Δt in einem Zylinder, dessen Zuleitungen durch Steuerventile oder gesteuerte Rückschlagventile verschlossen sind, verschiebt sich der Arbeitskolben mit der Fläche A bei unveränderlicher Temperatur der Metallteile und unter der Voraussetzung, daß der Druck im Zylinder konstant bleibt, um den Weg Δs_1. Mithin

$$\Delta V_{\ddot{O}l} = \beta_{\ddot{O}l} \cdot \Delta t \cdot V_{Zyl} \tag{20}$$

$$\Delta s_1 A = \beta_{\ddot{O}l} \cdot \Delta t \cdot A \cdot s \tag{21}$$

$$\Delta s_1 = \beta_{\ddot{O}l} \cdot \Delta t \cdot s \tag{22}$$

Der Zylinderdurchmesser ist somit für die Hubbewegung infolge Abkühlung – soweit es sich nicht um Plungerkolben handelt – bedeutungslos. Bei Plungern ist

$$\Delta s_1 = \beta_{\ddot{O}l} \cdot \Delta t \cdot s \cdot \frac{A}{f}, \tag{23}$$

wenn A den Querschnitt des Zylinders und f den Querschnitt des Plungerkolbens bedeuten. Der Einfluß des im schädlichen Raum enthaltenen Öls kann meist vernachlässigt werden. Soweit die Rohrleitungen nicht ganz kurz sind, soll dagegen das in den Rohrleitungen befindliche Ölvolumen durch einen entsprechenden Rechnungsgang berücksichtigt werden.

Beispiel: Hub $s_1 = 1000$ mm, Abkühlung $\Delta t = 50$ K, $\beta = 8 \cdot 10^{-4}$ 1/K, Kolbendurchmesser 50 mm.

$$\Delta s_1 = \beta_{\ddot{O}l} \cdot \Delta t \cdot s = 8 \cdot 10^{-4} \cdot 50 \cdot 1000 = 40 \text{ mm.}$$

Infolge der Verkleinerung des Zylindermantels wird die Kolbenbewegung um Δs_2 kleiner sein.

$$\Delta s_2 = \beta_{Zyl} \cdot \Delta t \cdot s. \tag{24}$$

Für den Zylinder mit den oben angegebenen Abmessungen unter Verwendung der Werte auf S. 13 wird $\Delta s_2 = 3{,}6 \cdot 10^{-5} \cdot 50 \cdot 1000 = 1{,}8$ mm. Die bei der Abkühlung tatsächlich eintretende Kolbenbewegung wird somit

$$\Delta s = \Delta s_1 - \Delta s_2. \tag{25}$$

Falls sich sowohl der Zylinder als auch das Öl um die gleiche Temperatur abkühlen, ist

$$\Delta s = \Delta t \cdot s \cdot (\beta_{\text{Öl}} - \beta_{\text{Zyl}}). \tag{26}$$

Für obiges Beispiel ergibt sich Δs sowohl nach Gl. (25) als auch nach Gl. (26) zu $\Delta s = 38{,}2$ mm.

2.3 Zustandsgleichung der Gase

Zwischen dem spezifischen Volumen v, dem Druck p und der absoluten Temperatur T eines Gases besteht ein allgemeingültiger Zusammenhang, der durch die Zustandsgleichung der Gase ausgedrückt wird

$$p \cdot v = R \cdot T. \tag{27}$$

Hierin bedeuten
p Druck N/m²
v spezifisches Volumen m³/kg
R Gaskonstante J/kg K
Das R für Luft beträgt z. B. $R = 287$ J/kg K.

Durch Multiplikation mit m geht Gl. (27) über in

$$p \cdot V = m \cdot R \cdot T. \tag{28}$$

V Volumen m³
m Masse kg

Da $\rho = m/V$ (kg/m³), wird

$$p = \rho \cdot R \cdot T. \tag{29}$$

Beispiel: Welche Dichte hat Luft von 1 bar bei einer Temperatur von $t = 27$°C, entsprechend $T = 300$ K ? Aus Gl. (29) ergibt sich mit 1 bar = 10^5 N/m²

$$\rho = \frac{p}{RT} = \frac{100\,000}{287 \cdot 300} = 1{,}16 \text{ kg/m}^3.$$

Aus der Zustandsgleichung lassen sich folgende Sonderfälle ableiten:

1. *Boyle-Mariottesches Gesetz.* Bei unveränderter Temperatur (T = const.) ist das Produkt pv eine Konstante

$$p_1 v_1 = p_2 v_2 = \text{const.} \tag{30}$$

Ändert sich der Druck von p_1 auf p_2, so ergibt sich das Volumen v_2 aus der Beziehung

$$v_2 = \frac{p_1 v_1}{p_2}. \tag{30a}$$

Der Druck p_2 ändert sich also im pv-Diagramm nach einer Hyperbel.

2. *Gay-Lussacsches Gesetz.* Bei unverändertem Druck p verhalten sich die Volumina wie die absoluten Temperaturen

$$\frac{v_2}{v_1} = \frac{T_2}{T_1} . \tag{31}$$

Setzt man für $T_2 = t + 273$ und für T_1 gleich 273 K, so läßt sich die Beziehung Gl. (31) auch schreiben

$$\frac{v_t}{v_0} = \frac{273 + t}{273} = 1 + \frac{t}{273} . \tag{31a}$$

Hieraus folgt

$$v_t = v_0(1 + \beta t) \tag{32}$$

mit $$\beta = \frac{1}{273} = 3{,}67 \cdot 10^{-3} \frac{1}{\mathrm{K}} .$$

β = kubischer Ausdehnungskoeffizient für ideale Gase.

Bei unverändertem Volumen ist der Druck der Temperatur proportional. Man kann somit analog zu Gl. (32) schreiben

$$p_t = p_0 \, (1 + \beta t). \tag{33}$$

2.3.1 Zusammenhang zwischen Druck, Temperatur und Volumen für Dämpfe

Die Zustandsgleichung gilt nur für „ideale" Gase. Jedes Gas geht jedoch bei entsprechend niedrigen Temperaturen und entsprechend hohen Drücken vom gasförmigen in den flüssigen Zustand über, so wie umgekehrt jede Flüssigkeit bei jedem äußeren Druck bei einer bestimmten Temperatur verdampft.

Man nennt einen Dampf, dessen Temperatur gerade der Siedetemperatur bei dem jeweils herrschenden Druck entspricht „Sattdampf" und einen Dampf von höherer Temperatur als der Siedetemperatur einen Heißdampf oder überhitzten Dampf. Sowohl für Sattdampf als auch für Heißdampf gilt die Zustandsgleichung für Gase nicht, es gelten andere Zusammenhänge zwischen Druck p, spezifischem Volumen v und Temperatur T.

Für überhitzten Wasserdampf gilt

$$v = \frac{47{,}1\,T}{10\,000\,p} - 0{,}016 \tag{34}$$

T in K
p in bar
v in $\mathrm{m^3/kg}$

Tab. 4 gibt die Siedetemperaturen von Wasser für Drücke zwischen 0,02 und 200 bar sowie das spezifische Volumen, Dichte und Enthalpie von Wasser und gesättigtem Wasserdampf an.

Tabelle 4. *Temperatur, spezifisches Volumen, Dichte und Enthalpie von Wasser und gesättigtem Wasserdampf von 0,02 bis 200 bar* (genauere Daten siehe z.B. Dubbel, Bd. 1)

p Verdampfungsdruck
v', ρ', h' spez. Volumen, Dichte und Enthalpie des Wassers
v'', ρ'', h'' spez. Volumen, Dichte und Enthalpie des Sattdampfes

Druck	Temperatur	Spezifisches Volumen		Dichte		Enthalpie	
p	t	v'	v''	ρ'	ρ''	h'	h''
bar	°C	m^3/kg $\cdot 10^{-6}$	m^3/kg	kg/m^3		kJ/kg	
0,02	17,51	1001,2	67,01	990,0	0,0149	73,76	2533,6
0,04	28,98	1004,0	34,80	996,0	0,0287	121,41	2554,5
0,06	36,18	1006,4	23,74	993,6	0,0421	151,50	2567,5
0,08	41,53	1008,4	18,10	991,6	0,0552	173,86	2577,1
0,10	45,83	1010,2	14,67	989,9	0,0681	191,83	2584,8
0,20	60,09	1017,2	7,65	983,0	0,1307	251,45	2609,9
0,30	69,12	1022,3	5,27	978,2	0,1912	289,30	2625,4
0,40	75,89	1026,5	5,99	974,2	0,2504	317,65	2636,9
0,50	81,35	1030,1	3,24	970,8	0,3086	340,56	2646,0
0,60	85,95	1033,3	2,73	967,8	0,3661	359,93	2653,6
0,80	93,51	1038,7	2,09	962,7	0,4792	391,72	2665,8
1,00	99,63	1043,4	1,69	958,4	0,5904	417,51	2675,4
1,50	111,37	1053,0	1,16	949,7	0,8628	467,13	2693,4
2,00	120,23	1060,8	0,885	942,7	1,129	504,70	2706,3
2,50	127,43	1067,5	0,718	936,7	1,392	535,34	2716,4
3,00	133,54	1073,5	0,606	931,5	1,651	561,43	2724,7
3,50	138,87	1078,9	0,524	926,8	1,908	584,27	2731,6
4,00	143,62	1083,9	0,462	922,6	2,163	604,67	2737,6
5,00	151,84	1092,8	0,375	915,0	2,669	640,12	2747,5
6,00	158,84	1100,9	0,316	908,3	3,170	670,42	2755,5
7,00	164,96	1108,2	0,273	902,3	3,667	697,06	2762,0
8,00	170,41	1115,0	0,240	896,8	4,162	720,94	2767,5
9,00	175,36	1121,3	0,215	891,8	4,655	742,64	2772,1
10,00	179,88	1127,4	0,194	886,9	5,147	762,61	2776,2
11	184,07	1133,1	0,177	882,5	5,637	781,13	2779,7
12	187,96	1138,6	0,163	878,2	6,127	798,43	2782,7
13	191,61	1143,8	0,151	874,3	6,617	814,70	2785,4
14	195,04	1148,9	0,141	870,4	7,106	830,08	2787,8
15	198,29	1153,9	0,132	866,6	7,569	844,67	2789,9
20	212,37	1176,6	0,0995	849,9	10,05	908,59	2797,2
25	223,94	1197,2	0,0799	825,3	12,51	961,96	2800,9
30	233,84	1216,3	0,0663	822,1	15,01	1008,4	2802,3
40	250,33	1252,1	0,0497	798,6	20,10	1087,4	2800,3
50	263,91	1285,8	0,0394	777,7	25,36	1154,5	2794,2
100	310,96	1452,6	0,0180	688,4	55,43	1408,0	2727,7
150	342,13	1657,9	0,0103	603,2	96,71	1611,0	2615,0
200	365,70	2037,0	0,0059	490,9	170,20	1826,5	2418,4

2.4 Spezifische Verdichtungsarbeit im Kolbenverdichter

Zur Ermittlung der Antriebsleistung eines Verdichters mit bestimmtem Förderstrom, mit gegebenem Druckverhältnis und gegebenem Zustand der Ansaugluft ist zunächst die Berechnung der Verdichtungsarbeit für 1 kg oder 1 m^3 der angesaugten Luft erforderlich. Die Förderleistung von Verdichtern wird auch als Volumenstrom bezeichnet und in m^3/h angegeben, wobei der Ansaugzustand immer genannt werden sollte. Normal: m^3/h bei 0°C und 1,013 bar = 760 mm Hg. Um die Rechenarbeit zu ersparen, die zur Ermittlung der Verdichtungsarbeit unter Berücksichtigung des Druckverhältnisses und des Ansaugzustandes der Luft sowie des Wirkungsgrades des Verdichters erforderlich ist, wurden bisher im all-

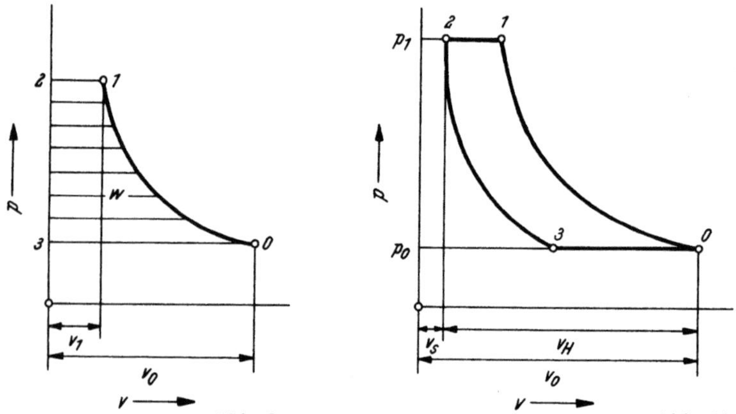

Abb. 3a Abb. 3b

Abb. 3. *p-v*-Diagramm eines Kolbenverdichters. V_H Hubvolumen, V_S Schädlicher Raum, $V_0 = V_H + V_S$. a) ohne schädlichen Raum, b) mit schädlichem Raum

gemeinen Tabellen verwendet. Die Verdichtungsarbeit kann aber auch für jeden beliebigen Ansaugzustand, für jedes beliebige Druckverhältnis und für jeden beliebigen Wirkungsgrad des Verdichters aus dem *h,s*-Diagramm, Abb. 40, fast ohne jede Rechenarbeit entnommen werden.

Der Vollständigkeit halber sollen im folgenden an Hand von Abb. 3 sowohl die Gleichungen für die Berechnung der Verdichtungsarbeit aus dem Ansaugdruck p_0, dem Enddruck p_1 und dem spezifischen Volumen v_0 bei Beginn der Verdichtung zusammengestellt, als auch anschließend die Berechnung der Verdichtungsarbeit unter Zuhilfenahme des *h,s*-Diagrammes an einem Beispiel besprochen werden.

Das *h,s*-Diagramm ist besonders deshalb anderen Tabellen zur Ermittlung der Verdichtungsarbeit vorzuziehen, weil es gleichzeitig auch zur Verfolgung aller anderen Strömungsvorgänge verwendet werden kann. Das Diagramm gibt ohne Rechenarbeit genau Auskunft über die Temperaturerhöhung bei der Verdichtung, die Abkühlung bei der Expansion usw. Andere Tabellen und Nomogramme werden bei richtiger Auswertung des *h,s*-Diagrammes überflüssig.

Die Verdichtungsarbeit eines verlustlos arbeitenden Kolbenverdichters ohne schädlichen Raum für 1 kg Luft setzt sich zusammen aus der Arbeit, die zur Verdichtung der im Zylinder enthaltenen Luft vom Ausgangsdruck p_0 auf den Enddruck p_1 erforderlich ist, und aus der Arbeit, die zum Ausschieben der verdichteten Luft in das Druckluftnetz benötigt wird. Die Summe dieser beiden Arbeiten ist

$$\int_{v_0}^{v_1} p\,dv + p_1 v_1 . \tag{35}$$

Während der Verdichtung und des Ausschiebevorganges wirkt jedoch auf die Kolbenrückseite ununterbrochen der Ausgangsdruck p_0; die auf den Kolben übertragene Arbeit während der Verdichtung und des Ausschiebens ist deshalb um den Betrag $p_0 v_0$ geringer. Für einen Verdichter, dessen Zylinder gerade 1 kg Luft enthält, ergibt sich somit die Verdichtungsarbeit nach Abb. 3a

$$W = \int_{v_0}^{v_1} p\,dv + p_1 v_1 - p_0 v_0 . \tag{36}$$

Das ist die gleiche Arbeit, die bei der Expansion eines Gases in Bewegungsenergie umgesetzt wird.

Diese Arbeitsfläche W ist nach Abb. 3a auch

$$W = \int_{p_0}^{p_1} v\,dp \tag{36a}$$

Für adiabate Verdichtung gilt

$$p_0 v_0^{\kappa} = p_1 v_1^{\kappa} \tag{37}$$

$\kappa = 1{,}4$ für Luft.

Die Auswertung des Integrals nach den Gln. (36a) und (37) ergibt die spezifische Verdichtungsarbeit für 1 kg Luft bei adiabater Verdichtung zu

$$W_{ad} = \int_{p_0}^{p_1} v\,dp = \frac{p_0 v_0 \kappa}{\kappa - 1}\left[\left(\frac{p_1}{p_0}\right)^{\frac{\kappa-1}{\kappa}} - 1\right] . \tag{38}$$

Beispiel: Für einen Verdichter mit einem Förderstrom von 5 m^3/min, einem Ansaugdruck p_0 = 1 bar = 10^5 N/m^2, einer Ansaugtemperatur von t_0 = 27°C, entsprechend T_0 = 300 K, auf einen Verdichtungsdruck p_1 von 6 bar ist die verlustlose Verdichtungsarbeit zu berechnen.

In Gl. (38) ist das spezifische Volumen v_0 der Luft von p_0 = 1 bar bei einer Temperatur von t_0 = 27°C, entsprechend T = 300 K einzustzen. Im Beispiel nach Gl. (29) wurde die zugehörige Dichte mit ρ_0 = 1,16 kg/m^3 berechnet. v_0 ist hiervon der reziproke Wert.

Diese Werte, in Gl. (38) eingesetzt, ergeben für die spezifische Verdichtungsarbeit zur Verdichtung von 1 kg Luft

$$W_{ad} = \frac{10^5 \cdot 1{,}4}{1{,}16 \cdot 0{,}4}\left[\left(\frac{6}{1}\right)^{\frac{0{,}4}{1{,}4}} - 1\right] = 202 \cdot 10^3 \text{ J/kg}.$$

Die 5 m³ angesaugte Luft haben eine Masse von $5 \cdot 1{,}16 = 5{,}8$ kg. Für sie wird also die Verdichtungsarbeit

$$202 \cdot 10^3 \cdot 5{,}8 = 1{,}17 \cdot 10^6 \text{ J}.$$

Sollen die 5 m³ Luft je Minute gefördert werden, so ist die Leistung

$$P = \frac{1{,}17 \cdot 10^6}{60} = 19\,500 \text{ W} = 19{,}5 \text{ kW}.$$

Für die adiabate Zustandsänderung gilt

$$T_1 = T_0 \left(\frac{p_1}{p_0}\right)^{\frac{\kappa-1}{\kappa}} . \tag{39}$$

Setzt man hierin die obigen Werte ein, so ergibt sich

$$T_1 = 300 \left(\frac{6}{1}\right)^{\frac{0{,}4}{1{,}4}} = 500 \text{ K} = 227°\text{C}.$$

Für die adiabate Verdichtungsarbeit von 1 kg Gas kann man andererseits schreiben

$$W_{ad} = c_p(T_1 - T_0) = h_1 - h_0 . \tag{40}$$

h ist die spezifische Enthalpie in kJ/kg.

Setzt man hier die Werte mit $c_p = 1005$ J/kg K ein, so erhält man

$$W_{ad} = 1005\,(500-300) = 201\,000 \text{ J/kg},$$

also etwa den gleichen Wert wie oben bei der Ermittlung aus Gl. (38).

Benutzt man die h,s-Tafeln, Abb. 40, so verwendet man zweckmäßig die Beziehung

$$W_{ad} = h_1 - h_0 . \tag{41}$$

h_0, h_1 spezifische Enthalpie (Wärmeinhalt) in kJ/kg
W_{ad} adiabate Verdichtungsarbeit in kJ/kg

Bei der polytropen Verdichtung mit dem Exponenten n gelten die Gln. (37) und (38), wenn κ durch n ersetzt wird.

Der Wärmestrom ϕ in kJ/s bzw. kW, der vom Kühlwasser abzuführen ist, beträgt bei Luft mit dem Massenstrom $\dot{m}$ in kg/s

$$\phi = \dot{m}\, c_v \frac{n-\kappa}{n-1} (T_1 - T_2).$$

c_v spezifische Wärme der Luft in kJ/kg K

2.4.1 Leistungsbedarf für die Verdichtung

Bezeichnet man mit $\dot{m}$ den Massenstrom in kg/s, so ist die Antriebsleistung P_0 des verlustlosen Verdichters in kW

$$P_0 = \dot{m} W_{ad}. \tag{43}$$

Die tatsächlich benötigte Leistung P ist wegen der verschiedenen Verluste größer

$$P = \frac{P_0}{\eta_a \eta_m} \tag{44}$$

η_a Wirkungsgrad unter Berücksichtigung der Strömungs- und Wärmeverluste,
η_m mechanischer Wirkungsgrad.

Für Verdichter mit einwandfrei arbeitenden Ventilen und dichten Kolbenringen ist

$$\eta_a = 0{,}70 \ldots 0{,}75 \text{ bei } p/p_0 = 2$$

und erreicht

$$\eta_a = 0{,}9 \text{ bei einem Druckverhältnis } p/p_0 = 6.$$

Der mechanische Wirkungsgrad η_m ist von Größe und Bauart des Verdichters weitgehend abhängig und meist $> 0{,}8$. In dem in Abschnitt 2.4 behandelten Rechenbeispiel ergibt sich demnach eine tatsächlich benötigte Leistung P von

$$P = \frac{19{,}5}{0{,}9 \cdot 0{,}8} = 27 \text{ kW}.$$

2.4.2 Der Liefergrad des Kolbenverdichters

Unter dem Liefergrad λ des Verdichters versteht man derzeit nur bei Kältemaschinen eindeutig das Verhältnis des in das Netz geförderten Gasstromes Q (bezogen auf den Ansaugzustand) zum Produkt aus Hubvolumen V_H und Drehzahl n

$$\lambda = \frac{Q}{V_H n}. \tag{45}$$

Er berücksichtigt alle Verluste durch Aufheizung, Drosselung, Spätschluß und den Verlust λ_0 durch Rückexpansion der im schädlichen Raum V_S enthaltenen Luft. Der theoretische Liefergrad λ_0 infolge der Rückexpansion allein ist mit den Bezeichnungen nach Abb. 3b

$$\lambda_0 = \frac{\text{gefördertes Volumen}}{\text{Hubvolumen}} = \frac{V_H - V_S\left[\left(\frac{p_1}{p_0}\right)^{\frac{1}{n}} - 1\right]}{V_H}$$

$$\lambda_0 = 1 - \frac{V_S}{V_H}\left[\left(\frac{p_1}{p_0}\right)^{\frac{1}{n}} - 1\right] \tag{46}$$

n = Polytropenexponent.
λ_0 wird meist der Berechnung von Regelaufgaben zugrunde gelegt.

Für jeden schädlichen Raum gibt es ein Druckverhältnis, für das $\lambda_0 = 0$ wird, nämlich wenn

$$\frac{V_S}{V_H}\left[\left(\frac{p_1}{p_0}\right)^{\frac{1}{n}} - 1\right] = 1,$$

also

$$\frac{p_1}{p_0} = \left(\frac{1}{\epsilon_0} + 1\right)^n$$

ist.

ϵ_0 ist $\frac{V_S}{V_H}$.

Bei $\epsilon_0 = 0{,}05$ und $n = 1{,}3$ z. B. wird $\lambda_0 = 0$ für $\frac{p_1}{p_0} = 21^{1,3} = 52{,}35$.

Bei diesem Druckverhältnis fördert der Kompressor überhaupt keine Preßluft mehr, sondern läßt nur die beim Hingang des Kolbens komprimierte Luft beim Rückgang wieder expandieren.

3. Hydrodynamik

Jede Flüssigkeit ist mehr oder weniger zusammendrückbar, wobei die Elastizität der Flüssigkeit durch die Volumenkompressibilität bestimmt wird. Nach Abschnitt 2.2.2 ist z.B. die Kompressibilität für Wasser $\chi = 4{,}5 \cdot 10^{-5}$ bar^{-1}, d.i. 1% bei 220 bar. Für Öl ist nach Wanner [87] $\chi = 7 \cdot 10^{-5}$ bar^{-1}. In den folgenden Abschnitten soll jedoch die Zusammendrückbarkeit vernachlässigt werden.

3.1 Stationäre Strömung einer reibungsfreien, inkompressiblen Flüssigkeit

Ein Strömungsvorgang ist stationär, wenn die Strömungsgeschwindigkeiten und Drücke an jeder Stelle des betrachteten Systems von der Zeit unabhängig sind. Strömungsgeschwindigkeit und Druck sind dann nur von der Stelle des betrachteten Systems abhängig und haben zu verschiedenen Zeiten an den betrachteten Stellen immer den gleichen Wert.

Eine vollkommen reibungsfreie Strömung gibt es natürlich nicht. Bei jedem Strömungsvorgang treten Reibungsvorgänge innerhalb der Flüssigkeit oder zwischen Flüssigkeit und Begrenzungswänden auf. Bei einer vollkommen reibungsfreien Strömung gäbe es keine Verluste, der Vorgang wäre „umkehrbar" und jede Bewegungsenergie müßte verlustfrei wieder in Druckenergie umgewandelt werden können. Es gäbe somit auch keine Strömungswiderstände. Feste Körper, die sich relativ zur Flüssigkeit mit konstanter Geschwindigkeit bewegen, müßten sich wie im Vakuum mit der gleichen Geschwindigkeit unverändert fortbewegen. Ebenso würde auf einen in einer stationär strömenden Flüssigkeit stehenden Körper keinerlei Kraft wirken, wenn die Flüssigkeit vollkommen reibungsfrei wäre. Obwohl es also in der Technik keine vollkommen reibungsfreie Strömung gibt, können trotzdem viele Strömungsvorgänge näherungsweise ohne Berücksichtigung der Reibung behandelt werden [4, 9, 11, 17, 18, 19, 20, 21, 22, 23, 26, 28, 30, 33, 34, 35, 36, 42, 47, 49].

3.1.1 Eindimensionale Strömung inkompressibler Flüssigkeiten

Betrachtet man in einer ebenen Strömung nur einen einzigen Stromfaden und nimmt an, daß Druck und Geschwindigkeit an jeder Stelle eines bestimmten Querschnittes konstant sind, so spricht man von einer „eindimensionalen" Strömung, in der nur eine einzige Ortsabhängigkeit, nämlich der Abstand x, von einem Ausgangspunkt betrachtet wird.

Der Strom Q (m^3/s) durch eine Rohrleitung mit Krümmern und Ventilen wird meist als eindimensional betrachtet, obwohl bei jeder Krümmung sowie an Rohrverengungen durch Ventile oder Drosseln immer Querströmungen auftreten, die den Strömungsvorgang auch beeinflussen und nicht durch die Gesetze für eindimensionale Strömung erklärt werden können.

Bei der näherungsweise als eindimensional betrachteten Strömung ist dann eben die Strömungsgeschwindigkeit

$$w = \frac{Q}{A},$$

unabhängig davon, ob die Geschwindigkeitsverteilung über den Querschnitt A eine stärkere oder schwächere Abhängigkeit von der Lage zwischen Rohrmitte und Wandung aufweist, ob das Profil regelmäßig parabolisch ist (laminare Strömung), nach dem ein Siebentel Potenz Gesetz bestimmt wird (turbulente Strömung), oder bei Krümmern oder Umlenkungen sogar eine andersartige unsymmetrische Verteilung aufweist.

Ebenso wird bei der eindimensionalen Betrachtung der Strömung mit einem Mittelwert des Druckes über dem Querschnitt gerechnet. Für den als „eindimensional" betrachteten Stromfaden gilt dann die Bernoullische Gleichung, in der die Reibungsverluste noch durch ein Glied H_R berücksichtigt werden können. Für zwei Punkte 1 und 2 des Systems gilt dann

$$\frac{p_1}{\rho} + gH_1 + \frac{w_1^2}{2} = \frac{p_2}{\rho} + gH_2 + \frac{w_2^2}{2} + gH_R \,. \tag{47}$$

Statt gH wird auch Y geschrieben und der Ausdruck wird spez. Energie (Einheit J/kg = Nm/kg = m^2/s^2) genannt. Bei Pumpen ist es die spezifische Förderarbeit und wird immer auf $\dot{m}$ = 1 kg/s bezogen. (In der Praxis wird die Einheit für Y kJ/kg sein.)

3.1.2 Mehrdimensionale Strömung inkompressibler Flüssigkeiten

Betrachtet man die ebene Strömung um einen Zylinder nach Abb. 4, so ergibt sich eine bestimmte Druckverteilung über die Zylinderoberfläche, Abb. 5. Bei reibungsfreier Strömung, Abb. 5a, ist die Druckverteilung über die linke Zylinderseite, die angeströmt wird, spiegelbildlich gleich der Druckverteilung über die rechte Zylinderseite, die im Schatten der Strömung liegt. Jeder Stelle an der linken Zylinderhälfte entspricht also der gleich hohe Druck auf der rechten Zylinderhälfte, wenn keinerlei Druckunterschiede durch Verluste auftreten.

Der Staudruck q, der in der horizontalen Mitte von Abb. 4 infolge der Verringerung der Strömungsgeschwindigkeit w_0 (Anströmgeschwindigkeit in großer Entfernung vom Zylinder) auf $w = 0$ eintritt, ist also bei reibungsfreier Strömung in den Punkten A und B gleich groß

$$q = \frac{w_0^2}{2}\rho \tag{48}$$

q N/m^2
ρ kg/m^3
w_0 m/s

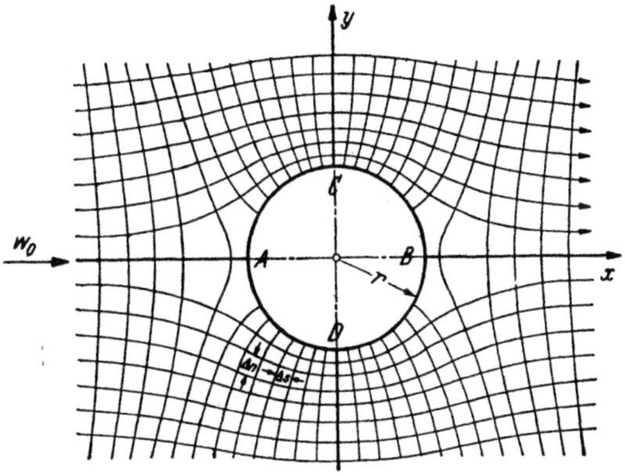

Abb. 4. Strömung um einen Zylinder

Dagegen ist die Geschwindigkeit in den Punkten C und D doppelt so groß wie die Anströmgeschwindigkeit w_0, mithin $2\,w_0$. Es würde sowohl bei C als auch bei D ein Unterdruck von der Größe

$$-\Delta p = \frac{3}{2}\; w_0^2 \rho \tag{49}$$

herrschen.

Die tatsächlich auftretenden Vorgänge entsprechen an der Vorderseite des Zylinders gut den Vorgängen der reibungsfreien Strömung. An der Rückseite dagegen treten durch Reibungserscheinungen ganz andere Verhältnisse und demzufolge wesentlich geringere Drücke als an der Vorderseite auf. Durch den Unterschied zwischen den höheren Drücken auf der Vorderseite und den niedrigeren Drücken auf der Rückseite entstehen die als Strömungswiderstand bezeichneten Kräfte.

Abb. 5b zeigt die gemessene und die theoretische Druckverteilung am Umfang eines Zylinders nach Flachsbart [9] für laminare (unterkritische) und turbulente (überkritische) Strömung.

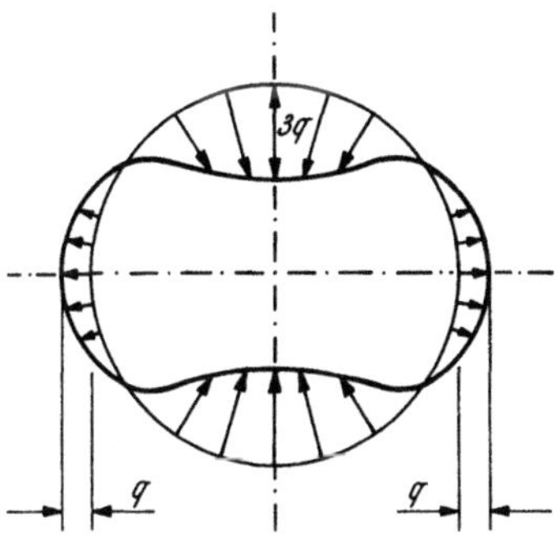

Abb. 5a

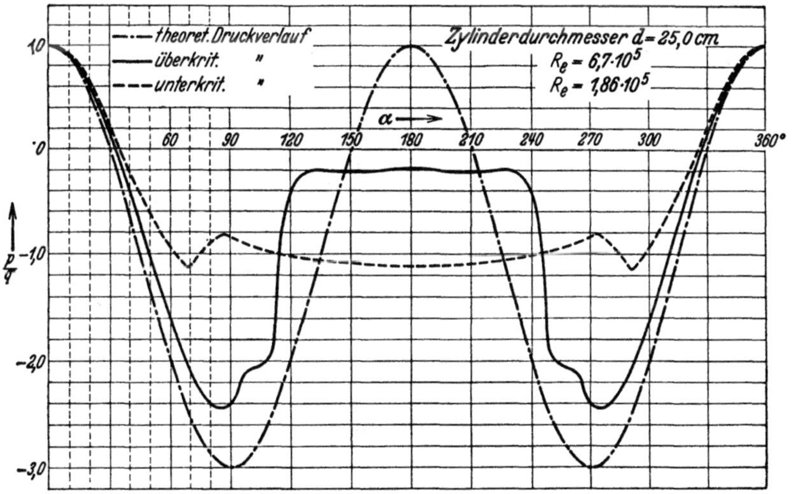

Abb. 5b

Abb. 5. Druckverteilung an der Oberfläche eines Zylinders. a) bei reibungsfreier Strömung; b) bei reibungsbehafteter Strömung

Als Stromlinien werden gemäß Abb. 4 bei jeder ebenen oder räumlichen Strömung diejenigen Linien bezeichnet, die mit der Richtung der Geschwindigkeit identisch sind. Die Gesamtheit aller Stromlinien ist ein Stromlinienfeld. Wählt man bei der Darstellung des Strömungsvorganges den Abstand der einzelnen Stromlinien in einem solchen Feld so, daß jeweils zwischen zwei Linien eine bestimmte Flüssigkeitsmenge „1" strömt, dann gibt die Dichte der Stromlinien an einer Stelle die dort herrschende Geschwindigkeit an. Je dichter also die Stromlinien aneinander liegen, desto höher ist die Geschwindigkeit. Je größer der Abstand von Stromlinie zu Stromlinie wird, desto geringer ist die Strömungsgeschwindigkeit. Die Geschwindigkeit ist somit dem jeweiligen Abstand zwischen zwei Stromlinien verkehrt proportional. Für jeden Punkt einer zwischen bestimmten Stromlinien liegenden Röhre gilt außerdem die Bernoullische Gleichung

$$\frac{w^2}{2} + \frac{p}{\rho} + gH = \text{const.}, \tag{50}$$

derzufolge die Summe der spezifischen Energie aus Geschwindigkeitshöhe, Druckhöhe und Orthöhe an allen Punkten einer Stromröhre konstant ist.

3.2 Kontinuitätsgleichung

3.2.1 Kontinuitätsgleichung für inkompressible Flüssigkeiten

Die Kontinuitätsgleichung für stationäre Strömungsvorgänge in einer inkompressiblen Flüssigkeit besagt bei einer eindimensionalen Strömung, daß der in der Zeiteinheit durch mehrere hintereinander liegende Querschnitte A_1, A_2, A_n fließende Volumenstrom Q in m^3/s immer gleich groß sein muß

$$Q = A_1 w_1 = A_2 w_2 = \ldots = A_n w_n = \text{const.} \tag{51}$$

Die Geschwindigkeiten $w_1, w_2, \ldots w_n$ in den Querschnitten $A_1, A_2, \ldots A_n$ sind also den jeweiligen Querschnitten umgekehrt proportional.

3.2.2 Kontinuitätsgleichung für kompressible Flüssigkeiten

Bei kompressiblen Flüssigkeiten ist dagen die Veränderung der Dichte in kg/m^3 zu berücksichtigen. Dann muß durch die Querschnitte $A_1, A_2, \ldots A_n$ immer der gleiche Massenstrom $\dot{m}$ in kg/s fließen:

$$\dot{m} = A_1 w_1 \rho_1 = A_2 w_2 \rho_2 = \ldots = A_n w_n \rho_n = \text{const.} \tag{52}$$

3.3 Ähnlichkeitsgesetze

Zwei verschiedene Strömungsvorgänge in zwei einander geometrisch ähnlichen Systemen laufen „ähnlich" ab, wenn alle Geschwindigkeiten eines Systems 1 proportional den Geschwindigkeiten eines anderen Systems 2 sind.

Wenn zwei Strömungsvorgänge im obigen Sinn ähnlich sind, ist es möglich, an verkleinerten oder vergrößerten Modellen die auftretenden Druck- und Geschwindigkeitsverteilungen zu messen und die Ergebnisse von Modellen auf die wirklichen Vorgänge in Geräten mit völlig anderen Abmessungen zu übertragen. Für die Erprobung von bestimmten Geräten könnten dann nicht nur Modelle mit anderen Abmessungen, sondern auch andere strömende Medien verwendet werden, also z. B. anstelle von Wasser Luft, oder, um Versuche mit hohen Temperaturen zu vermeiden, anstelle von Dampf Luft oder ebenfalls Wasser.

So wird z. B. der Widerstand von Fahrzeugen, Karosserien, Schiffskörpern und Flugzeugen mit Modellen in verkleinertem Maßstab ermittelt. Die Auswahl des strömenden Mediums bzw. der Geschwindigkeiten bei diesen Versuchen muß jedoch so getroffen werden, daß die Strömungsvorgänge denen ähnlich sind, die in Wirklichkeit bei wesentlich größeren Abmessungen auftreten.

Die Schaufelformen moderner Wasser-, Dampf- und Gasturbinen werden ebenfalls im Modellversuch mit dem Medium Luft entwickelt.

Die Festlegung der Regeln für die „Durchflußmengenmessung durch Düsen und Blenden" war schließlich auch erst möglich, als die Grenzen, innerhalb derer zwei Vorgänge mit bekannter Genauigkeit ähnlich verlaufen, quantitativ genau bestimmt werden konnten.

3.3.1 Zähigkeit der Flüssigkeiten

Im folgenden Abschnitt über die Zähigkeit der Flüssigkeiten wird auch kurz auf die der Gase eingegangen, jedoch nur insoweit, als das Gas während des betrachteten Strömungsvorganges als inkompressibel, also als Flüssigkeit betrachtet werden kann. Dies ist notwendig, weil in den folgenden Ähnlichkeitsbetrachtungen oft die Ergebnisse von Versuchen mit Luft oder Dampf auf ähnliche Strömungsvorgänge mit Flüssigkeiten übertragen werden und umgekehrt. Hierbei werden jedoch Luft und Dampf als inkompressibel, also als Flüssigkeit betrachtet. Nähere Angaben über die Zähigkeit der Gase finden sich in Abschnitt 4.1.

Bei Angabe der Zähigkeit von Flüssigkeiten und Gasen ist zunächst zwischen der dynamischen und der kinematischen Zähigkeit zu unterscheiden. Die dynamische Zähigkeit η ist ein Maß für die Eigenschaft des Mediums, mittels der inneren Reibung Kräfte übertragen zu können. Eine Flüssigkeit hat also die Zähigkeit von $1\ \mathrm{Ns/m^2}$, wenn eine Kraft von 1 N erforderlich ist, um zwischen zwei $1\ \mathrm{m^2}$ großen Flächen, die 1 m voneinander entfernt sind, einen Geschwindigkeitsunterschied von 1 m/s zu erzeugen. Die Einheit für η ist $\mathrm{N \cdot s/m^2}$. Umrechnung: $1\ \mathrm{N \cdot s/m^2} = 10\ \mathrm{P}$ (Poise). $1\ \mathrm{P} = 1\ \mathrm{g/cm\ s} = 0{,}1\ \mathrm{Ns/m^2} = 0{,}1\ \mathrm{kg/ms}$.

Die dynamische Zähigkeit ist eine von Druck und Temperatur abhängige Stoffkonstante. Mit zunehmender Temperatur nimmt sie bei Flüssigkeiten sehr stark ab, bei Gasen nimmt sie zu. Die Änderung mit dem Druck muß nur bei Gasen und großen Drucksteigerungen berücksichtigt werden.

Bei Ähnlichkeitsbetrachtungen ist neben der dynamischen auch die kinematische Zähigkeit ν gebräuchlich.

Der Zusammenhang zwischen η und ν ergibt sich aus

$$\nu = \frac{\eta}{\rho} \, . \tag{53}$$

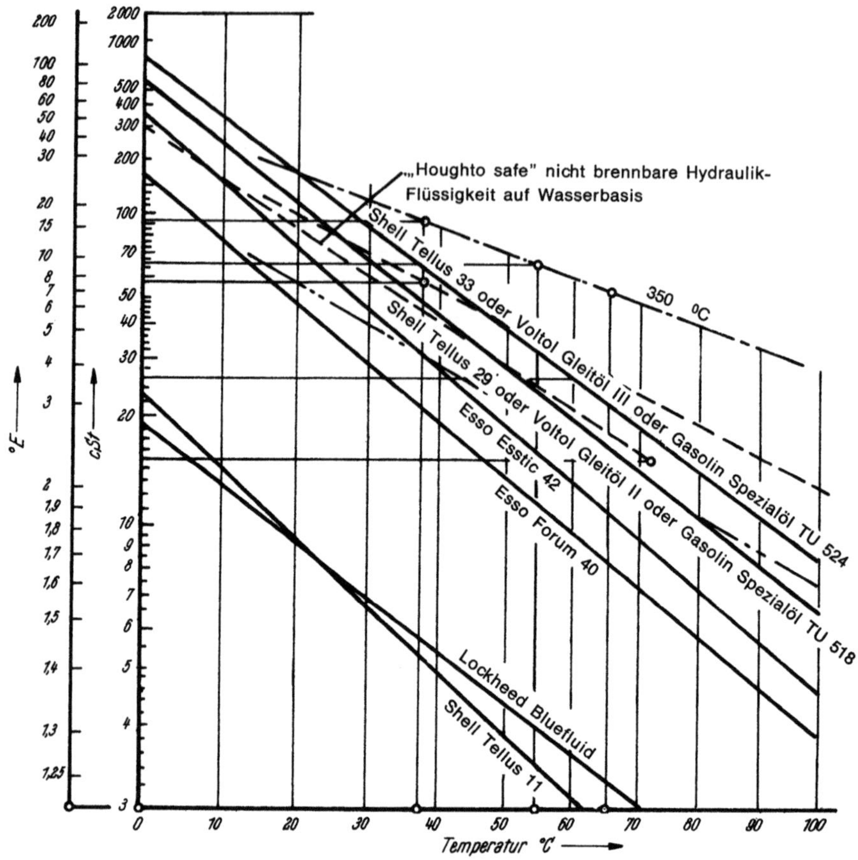

Abb. 6. Abhängigkeit der kinematischen Zähigkeit von der Temperatur bei verschiedenen Hydraulikölen

Die Einheit für ν ist m^2/s. Umrechnung: $1 m^2/s = 10^4$ St (Stokes) oder 1 St $= 10^{-4}$ m^2/s.

Die kinematische Zähigkeit von Gasen ist außer von der Temperatur auch vom Druck abhängig. Setzt man in die Gl. (53) für die kinematische Zähigkeit ν die Zustandsgleichung der Gase Gl. (27) ein, so erhält man

$$\nu = \frac{\eta}{\rho} = \eta \cdot v = \eta \frac{RT}{p} \quad . \tag{53}$$

Die dynamische Zähigkeit η ist in den meist in der Praxis vorkommenden Temperatur- und Druckbereichen für ideale Gase und Luft vom Druck unabhängig. In diesem Bereich ist daher bei konstanter Temperatur T die kinematische Zähigkeit ν dem Druck p umgekehrt proportional. Für Luft beträgt $\nu = 15{,}5 \cdot 10^{-6}\, m^2/s$ bei $p = 1$ bar und 20 °C.

Die kinematische Zähigkeit ν sinkt mit steigender Temperatur bei den Flüssigkeiten. Dies zeigt Abb. 6 für verschiedene Sorten von Mineralölen, wie sie in der Technik als Schmiermittel und Hydrauliköl in Verwendung sind und Abb. 8 für Wasser und andere Flüssigkeiten.

In Abhängigkeit vom Druck steigt die dynamische Zähigkeit η. Dies zeigt Abb. 7 für ein bestimmtes Öl bei verschiedenen Temperaturen. Die Abhängigkeit der Zähigkeit von Druck und Temperatur ist für alle Öle prinzipiell ähnlich.

Dadurch ist es möglich, die kinematische Zähigkeit für beliebige Öle bei beliebigen Drücken und Temperaturen durch Interpolation zu finden, soferne sie für einen bestimmten Druck und eine bestimmte Temperatur bekannt ist.

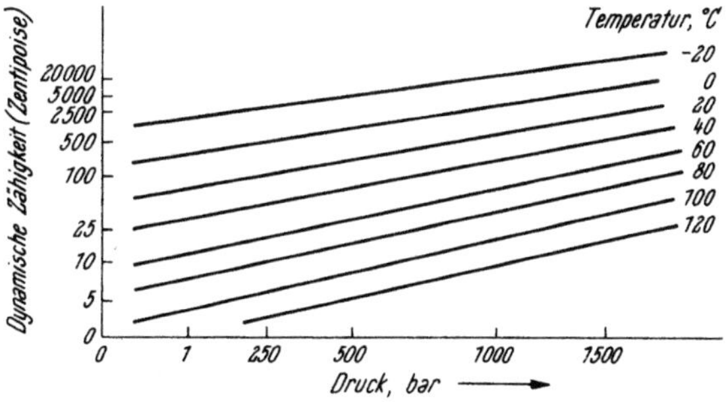

Abb. 7. Abhängigkeit der dynamischen Zähigkeit von Druck und Temperatur für ein Hydrauliköl (Mobil D.T.E. 24)

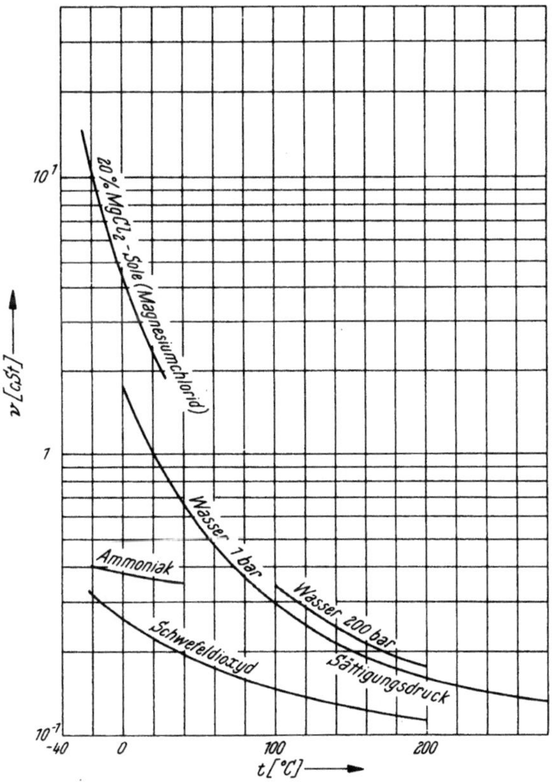

Abb. 8. Kinematische Zähigkeit ν für Flüssigkeiten bei 1 bar und Wasser bei 1 bar und 200 bar

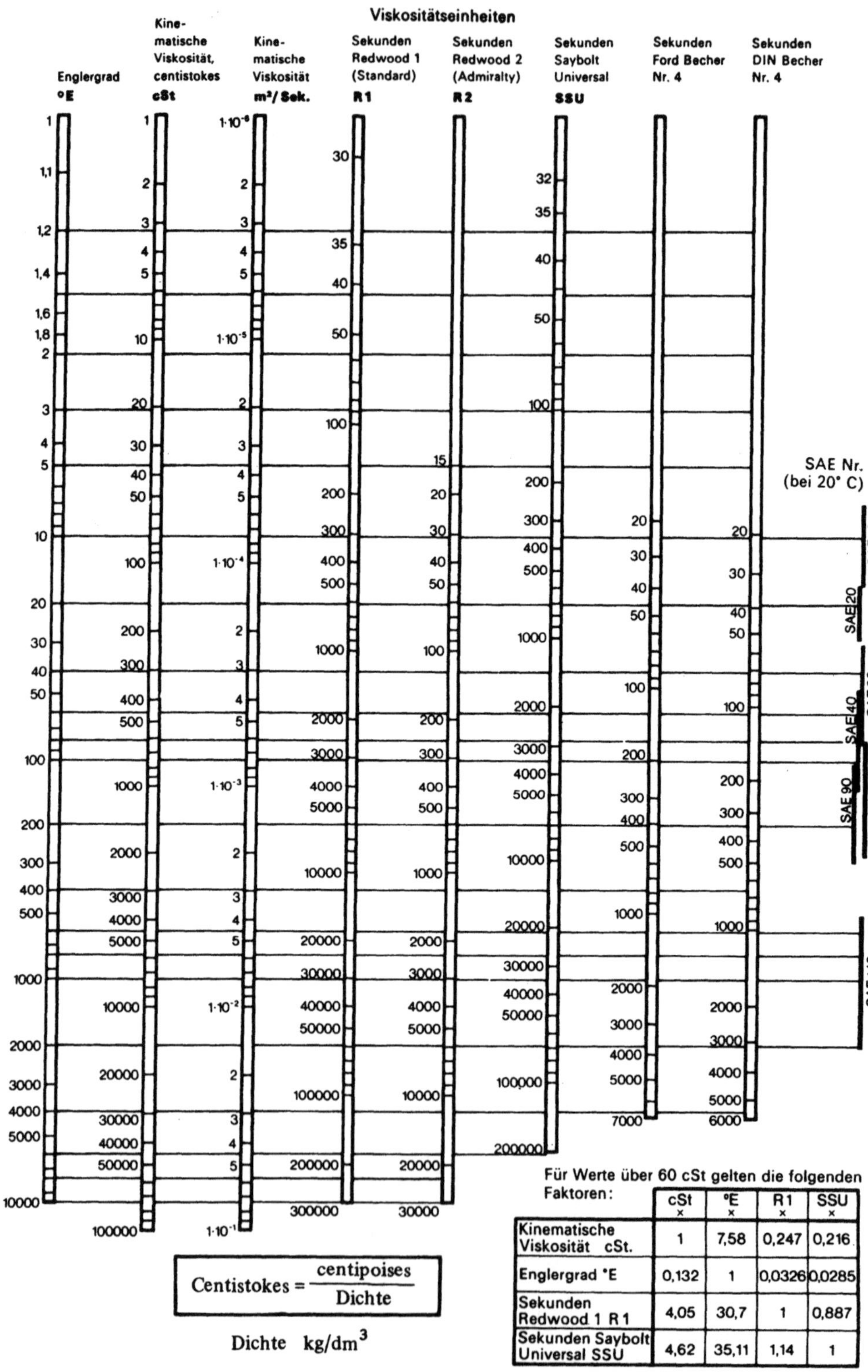

Für Werte über 60 cSt gelten die folgenden Faktoren:

	cSt ×	°E ×	R1 ×	SSU ×
Kinematische Viskosität cSt.	1	7,58	0,247	0,216
Englergrad °E	0,132	1	0,0326	0,0285
Sekunden Redwood 1 R1	4,05	30,7	1	0,887
Sekunden Saybolt Universal SSU	4,62	35,11	1,14	1

$$\text{Centistokes} = \frac{\text{centipoises}}{\text{Dichte}}$$

Dichte kg/dm³

Abb. 9a. Kinematische Zähigkeit ν Umrechnungstafel. Mit Genehmigung der Fa. Myhrwold & Rasmussen

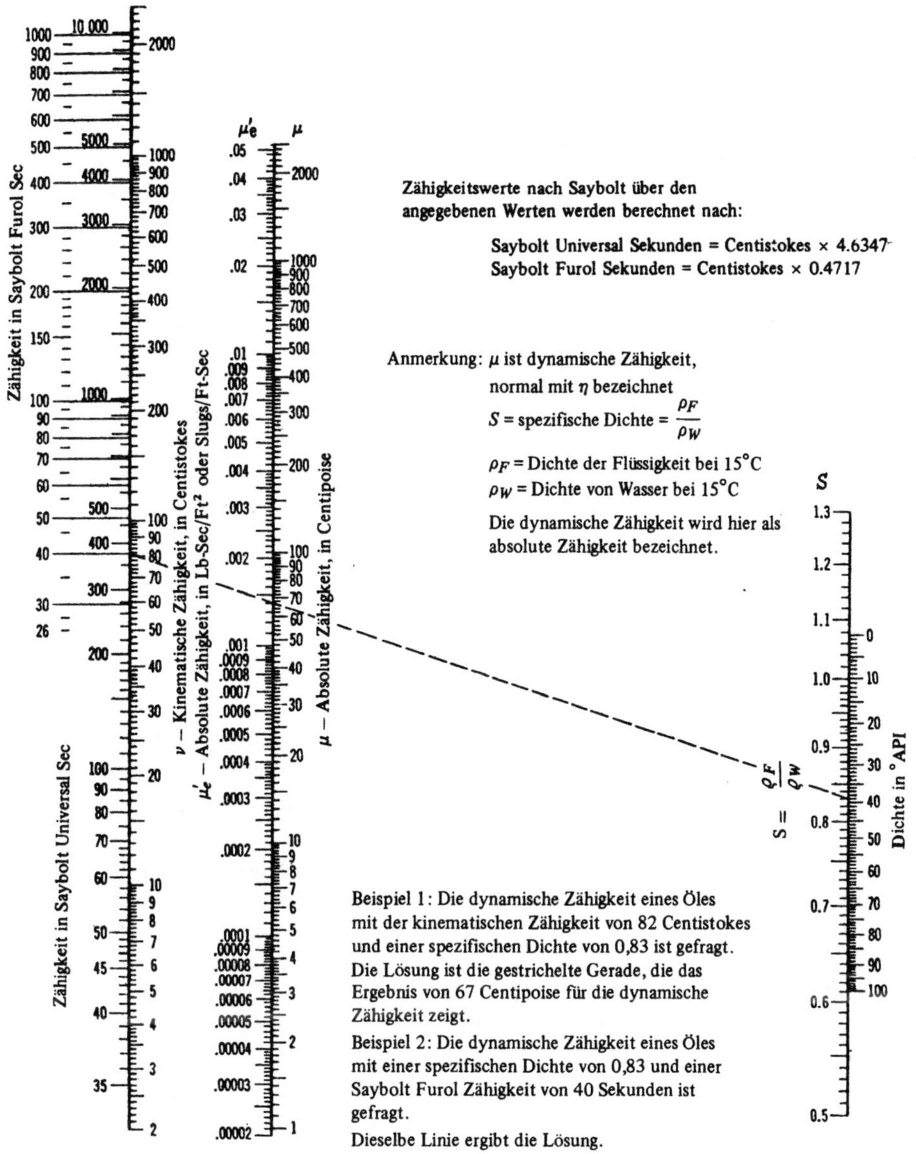

Abb. 9b. Vergleichswerte für kinematische, Saybolt Universal, Saybolt Furol- und dynamische Zähigkeit

Die Veränderung der kinematischen Zähigkeit ν mit der Temperatur t für Öle kann auch aus der Beziehung

$$\nu_t = \nu_{20} \left(\frac{20}{t}\right)^C \qquad (55)$$

berechnet werden, wobei zwischen 10 und 70°C C ≈ 1,6 bis 2,5, je nach Zusammensetzung des Öles, zu wählen ist. ν_{20} ist die Zähigkeit des Öles bei 20°C.

Die kinematische Zähigkeit bei Atmosphärendruck und 20°C beträgt z. B. für Wasser $1 \cdot 10^{-6}$ m^2/s, Öle nach Abb. 6 zwischen 10 und $200 \cdot 10^{-6}$ m^2/s (1 Centistokes = 10^{-6} m^2/s). Die Abb. 8 und Tab. 5 zeigt die kinematische Zähigkeit für verschiedene Flüssigkeiten und Abb. 9a stellt eine Umrechnungstafel für die verschiedenen Einheiten dar.

Die Zusammenhänge zwischen den verschiedenen Zähigkeitszahlen im englischen Maßsystem zeigt Abb. 9b. Dynamische Zähigkeit wird im englischen Schrifttum auch als absolute Zähigkeit bezeichnet.

Tabelle 5. *Kinematische Zähigkeit bei 1 bar und 20°C für einige wichtige Flüssigkeiten*

	cSt
Äther	0,316
Alkohol	1,520
Benzol C_6H_6	0,740
Glyzerin	971,000
Kohlendioxyd CO_2	0,062 (0,054 cSt bei 30°C)
Quecksilber, Hg	0,115

3.3.2 Der Viskositätsindex (VI)

Der Viskositätsindex VI ist nach Norm ISO 2909 ein Maß für die Abhängigkeit der Viskosität einer Flüssigkeit von ihrer Temperatur. Ein hoher Viskositätsindex kennzeichnet eine relativ geringe Änderung der Viskosität mit der Temperatur und umgekehrt. Der VI ergibt sich aus dem Vergleich der Viskosität einer Flüssigkeit bei zwei festgelegten Bezugstemperaturen (40° C, früher 100°F = 38°C und 100°C, früher 210°F = 99°C) mit den Viskositäten zweier Bezugsflüssigkeiten: Einer rein alephatischen mit VI 0 und einer auf reiner Paraffinbasis, mit VI 100. Der Richtwert VI einer Flüssigkeit kann dem Diagramm Abb. 10. entnommen werden. Durch Additive kann der VI einer Flüssigkeit auch über 100, z.B. auf 200 gesteigert werden. Die üblichen Hydraulikflüssigkeiten haben etwa folgende VI: Mineralöle 90–110, Emulsionen 120–150, Phosphorsäureester 70–90, Synthetische Kohlenwasserstoffe 130–160, Wasser-Glykol Flüssigkeiten ca. 200. Werden zwei Flüssigkeiten von verschiedenem VI miteinander vermischt, so ist der VI der Mischung nicht etwa der gewichtete Mittelwert der VI der einzelnen Flüssigkeiten, sondern stets kleiner als dieser.

Der VI kann durch Zusatz von „Viskositätsindexverbesserern" (VII = viscosity index improvers) erhöht werden. Diese VII sind lineare Polymere mit Molekulargewicht 25 000 – 100 000. (Das Molekulargewicht von Mineralölen liegt etwa zwischen 300 und 800!) Die Zähigkeit einer Flüssigkeit wird durch Reiben der einzelnen Flüssigkeitsschichten aneinander bedingt. Sie kann erhöht werden, wenn man der großen Zahl von relativ kleinen Flüssigkeitsmolekülen eine entsprechende Menge von linearen Kettenmolekülen hinzufügt. Die Relativbewegung der Flüssigkeitsmoleküle wird durch diese langen Kettenmoleküle behindert, wodurch die Zähigkeit erhöht wird. Mit zunehmender Temperatur wird dieser Effekt verstärkt, da die großen Moleküle des Additives bei zunehmender

Temperatur wachsen und die relative Bewegung zwischen den einzelnen Molekülen noch stärker behindern. Es ist jedoch zu beachten, daß die langen Molekülketten der VII abreißen können, wenn die Flüssigkeit bei hohen Drücken durch enge Dichtungsspalten fließt. Solche Strömungen treten aber in allen Hydrauliksystemen beim Strömen durch Leckstellen in Steuerventilen, Pumpen, Ölmotoren und den verschiedenen Regelgeräten auf. Bei besonders ungünstigen Verhältnissen, so z.B. dann, wenn die Hydraulikflüssigkeit oft oder längere Zeit hindurch durch ein Überdruckventil strömen muß, kann die Zähigkeit hierdurch bis zu 30% verringert werden. In diesen Fällen sollen daher Flüssigkeiten mit natürlich hohem VI verwendet werden. Öle mit nicht stabilem hohem VI sollen dagegen nur dann angewendet werden, wenn im Hydrauliksystem starke Temperaturunterschiede unvermeidlich sind, etwa bei Anlagen mit längeren Stillstandszeiten und tiefen Starttemperaturen.

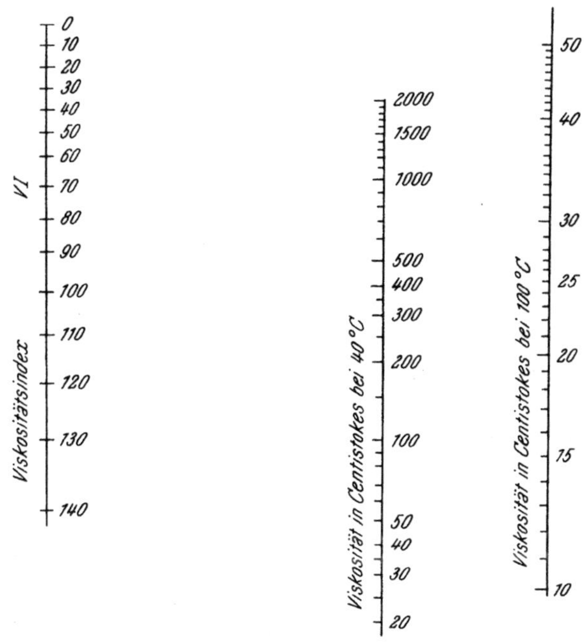

Abb. 10. Nomogramm zur Ermittlung des VI aus der Zähigkeit des Öls bei 40°C und 100°C

3.3.3 Die Reynolds-Zahl

Damit man aus einer Strömung um vergrößerte oder verkleinerte Modelle Schlüsse auf die Vorgänge bei Originalgröße ziehen kann, muß man nach den Bedingungen fragen, unter denen zwei Vorgänge tatsächlich ähnlich verlaufen. Hierzu betrachtet man das Kräftespiel des Strömungsvorganges in einer nicht zusammendrückbaren Flüssigkeit, der durch Trägheitskräfte T, Reibungskräfte R und Druckkräfte D bestimmt wird. Wenn das Verhältnis dieser Kräfte zueinander bei mehreren Strömungsvorgängen in geometrisch ähnlichen Systemen gleich groß ist, werden auch die Geschwindigkeiten in den verschiedenen Systemen zueinander ähnlich sein, d. h. es wird an jedem geometrischen Punkt die Geschwindigkeit in einem System ein bestimmtes Vielfaches der Geschwindigkeit im anderen System sein.

Zwischen den einzelnen Kräften in den Systemen 1 und 2 besteht auf alle Fälle der Zusammenhang

$$T_1 = D_1 + R_1 \tag{56}$$

und

$$T_2 = D_2 + R_2 . \tag{57}$$

Als Bedingung dafür, daß zwei Vorgänge ähnlich sind, genügt also, daß das Verhältnis der Trägheitskräfte zu den Reibungskräften in den beiden Systemen gleich groß ist.

Aus dem gesamten Stromlinienbild um einen Zylinder Abb. 4 greifen wir ein beliebiges Flüssigkeitselement heraus. Es hat die Breite Δn und die Länge Δs. Die Trägheits- und Reibungskräfte werden wie folgt berechnet: Die Trägheitskräfte T ergeben sich aus der Beziehung Kraft = Masse × Beschleunigung

$$\Delta s \cdot \Delta n \cdot \rho \cdot \frac{dw}{dt} = \Delta s \cdot \Delta n \cdot \rho \cdot \frac{dw}{ds} \cdot \frac{ds}{dt} = \Delta s \cdot \Delta n \cdot \rho \cdot \frac{dw}{ds} \cdot w$$

und die Reibungskräfte an den beiden Begrenzungsflächen des Flüssigkeitselementes sind

an der oberen Fläche $\tau \cdot \Delta s$

an der unteren Fläche $\left(\tau + \frac{\partial \tau}{\partial n} \Delta n\right) \Delta s,$

wobei τ die Schubspannung in der Flüssigkeit ist. Auf das zwischen den beiden Flächen liegende Element wirken also die Kräfte

$$\left(\tau + \frac{\partial \tau}{\partial n} \Delta n\right) \Delta s - \tau \Delta s = \frac{\partial \tau}{\partial n} \Delta n \Delta s$$

und da

$$\tau = \eta \frac{dw}{dn}$$

ist, wird die auf das Element wirkende Reibungskraft

$$\eta \frac{d^2 w}{dn^2} \Delta n \Delta s .$$

Das gesuchte Verhältnis Trägheitskräfte : Reibungskräfte ist also

$$\frac{T}{R} = \frac{\Delta s \cdot \Delta n \cdot \rho \cdot \frac{dw}{ds} \cdot w}{\eta \frac{d^2 w}{dn^2} \Delta s \cdot \Delta n} = \frac{\rho \cdot \frac{dw}{ds} \cdot w}{\eta \frac{d^2 w}{dn^2}} . \tag{58}$$

Für die an dem Flüssigkeitselement betrachteten Größen gilt auch, daß dw proportional w ist und ds proportional einer charakteristischen Abmessung. Bei der Strömung durch einen Zylinder also z. B. proportional dem Durchmesser d. Somit ergibt sich nach Weglassen der konstanten Glieder als Bedingung dafür, daß bei Strömungsvorgängen das Verhältnis der Trägheitskräfte zu den Reibungskräften gleich ist und mithin die beiden Vorgänge einander ähnlich sind [35]

$$\frac{\rho \cdot w \cdot d}{\eta} = \frac{w \cdot d}{\nu} = \text{const.} = Re. \tag{59}$$

Die Größe Re wird Reynolds-Zahl genannt.

Zwei Strömungsvorgänge sind also ähnlich, wenn die Reynolds-Zahlen Re der beiden Strömungsvorgänge gleich sind. In dieser Reynolds-Zahl sind hierbei die „charakteristischen Kenngrößen" einer Strömung einzusetzen, wie z. B. für w eine „charakteristische Geschwindigkeit" an einer bestimmten Stelle, für das oben betrachtete Beispiel etwa die Geschwindigkeit w_0 der strömenden Flüssigkeit in unendlich großer Entfernung von einem zur Strömungsrichtung querstehenden Zylinder. Als geometrische Kenngröße im obigen Beispiel wäre etwa der Durchmesser des umströmten Zylinders d in den beiden betrachteten Systemen zu wählen. Bei anderen, komplizierteren geometrischen Körpern, die einander ähnlich sind, ist ebenfalls eine bestimmte charakteristische Abmessung herauszugreifen, deren Größe dann in den beiden Systemen einander gegenübergestellt wird.

Bei der geraden Rohrströmung in Richtung der Rohrachse wird als Kenngröße für die Geschwindigkeit die mittlere Geschwindigkeit $w = Q/A$ gewählt, die sich aus dem Volumenstrom Q und dem Rohrquerschnitt A ergibt, und als geometrische Kenngröße wird meist der Rohrdurchmesser d, seltener der Radius r gewählt.

Die obige Bedingung für die Ähnlichkeit mehrerer Strömungsvorgänge in Systemen mit ähnlichen geometrischen Abmessungen gilt natürlich nur, solange die Strömung nur durch Trägheitskräfte und Reibungskräfte bestimmt wird: Zwei Strömungen mit gleichen Re-Zahlen sind dann nicht mehr ähnlich, wenn einmal eine inkompressible Flüssigkeit, z. B. Wasser, und das andere Mal ein stark kompressibles Medium, z. B. Luft, verwendet wird, wobei die Strömungsgeschwindigkeit bei Luft so groß wird, daß die Zusammendrückbarkeit bereits berücksichtigt werden muß.

Ebenso dürfen auch keine Strömungsvorgänge als ähnlich betrachtet werden, bei denen außer den oben betrachteten zwei Kräften auch noch „Auftriebskräfte" eine Rolle spielen. Das ist z. B. bei der „freien Strömung" um horizontale Rohre oder Platten der Fall, die dann entsteht, wenn die Temperatur des Mediums von der des Rohres oder der Platte abweicht: Infolge der Wärmeübertragung wird die Dichte verändert und die dadurch entstehenden Auftriebskräfte der leichteren gegenüber den schwereren Teilchen des Mediums beeinflussen die Strömung. Es gibt zwar auch für andere Strömungsvorgänge – wie etwa die Strömung bei gleichzeitigem Wärmeaustausch für Flüssigkeiten mit veränderlicher, von der Temperatur abhängiger Dichte – ähnliche Kennzahlen wie die Reynolds-Zahl, die angeben, ob zwei Vorgänge ähnlich sind oder nicht. Auf diese Vorgänge, die bereits in das Gebiet der Theorie der Wärmeübertragung fallen, soll aber hier nicht eingegangen werden.

Zwei oder mehrere Strömungsvorgänge sind also ähnlich, wenn die Reynolds-Zahlen gleich groß sind und die Vorgänge ausschließlich durch Trägheits- und Reibungskräfte bestimmt werden. Modellgröße, Geschwindigkeit oder fließendes Medium können dabei beliebig gewählt werden. Wesentlich ist nur, daß die Reynolds-Zahlen in den bereits betrachteten Vorgängen gleich groß sind.

Beispiele:

1. Durch ein Ventil mit 25 mm ϕ strömt Luft mit 10 m/s. Ein geometrisch ähnliches Ventil hat 12,5 mm ϕ. Wie groß muß die Strömungsgeschwindigkeit im kleinen Ventil sein, um ähnliche Verhältnisse zu erhalten ? Es muß sein $Re = \frac{w_1 d_1}{\nu_1} = \frac{w_2 d_2}{\nu_2}$. Da in beiden Ventilen Luft strömt, ist $\nu_1 = \nu_2$ und $w_2 = w_1 \frac{d_1}{d_2} =$ $10 \times 2 = 20$ m/s. Also nur wenn bei der Erprobung des kleineren, geometrisch ähnlichen Ventiles $w = 20$ m/s ist, kann vorausgesetzt werden, daß die beiden Ventile die gleichen Widerstandsbeiwerte bei der Durchströmung von Luft haben.

2. Ein Ventil bestimmter Abmessungen mit dem Durchmesser d hat bei Durchströmung mit Wasser von 2 m/sec einen bestimmten Strömungswiderstand. Mit welcher Strömungsgeschwindigkeit muß das Ventil durchflossen werden, wenn zur Ermittlung des Widerstandes strömende Luft verwendet wird ?

In der folgenden Gleichung gelten die Indizes W für Wasser und L für Luft.

$$Re = \frac{w_w d_W}{\nu_W} = \frac{w_L \cdot d_L}{\nu_L} \quad .$$

Hier ist $d_W = d_L$.

Die gesuchte Größe wird damit berechnet aus

$$w_L = w_W \frac{\nu_L}{\nu_W} .$$

Die Werte für die kinematischen Zähigkeiten wurden im vorigen Abschnitt angegeben: $\nu_L = 15 \cdot 10^{-6}$ m²/s und $\nu_W = 1 \cdot 10^{-6}$ m²/s. Damit ergibt sich

$$w_L = 2 \cdot \frac{15}{1} = 30 \text{ m/s}.$$

Nur dann, wenn bei der Strömung von Luft die Geschwindigkeit 15mal so groß ist wie bei der Strömung von Wasser, kann angenommen werden, daß auch der Widerstandsbeiwert ζ und der k_v-Wert für die Durchströmung des Ventiles in beiden Fällen identisch ist. Bei anderen Geschwindigkeitsverhältnissen könnten die Strömungsvorgänge ganz verschiedenartig voneinander ablaufen, also z. B. bei sehr langsamer Strömung laminar und bei höherer Geschwindigkeit turbulent, so daß das gleiche Ventil ganz verschiedene Widerstandsbeiwerte hat, je nachdem, ob Luft oder Wasser durch das Ventil strömt bzw. ob die Strömung rascher oder langsamer fließt. *Auf keinen Fall aber können zwei Strömungsvorgänge mit demselben Medium und mit verschiedenen Strömungsgeschwindigkeiten durch das gleiche Ventil ähnlich sein.*

3.4 Laminare Strömung durch zylindrische Rohre

Zunächst soll die Strömung einer inkompressiblen, zähen Flüssigkeit durch ein gerades zylindrisches Rohr betrachtet werden. Solange die einzelnen Flüssigkeitsteilchen ihren Abstand von der Rohrachse bzw. von der Wandung beibehalten, verläuft der Strömungsvorgang laminar. Es haben dann alle Flüssigkeitsteilchen an beliebiger Stelle des Rohres, die sich in gleichem Abstand von der Rohrachse bewegen, die gleiche Geschwindigkeit.

Betrachtet man in Abb. 11 im Rohr mit Durchmesser d zunächst das zylindrische Flüssigkeitselement mit dem Radius r und der Länge l, so ergibt sich folgendes Gleichgewicht zwischen dem Unterschied des Druckes Δp auf die linke und auf die rechte Fläche des betrachteten Flüssigkeitselementes und den Reibungskräften, die an den Mantelflächen desselben überwunden werden müssen

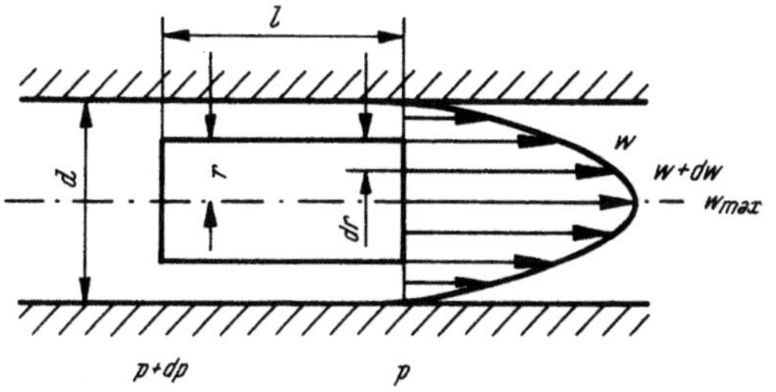

Abb. 11. Laminare Strömung im zylindrischen Rohr

$$-\Delta p\, r^2\, \pi = 2\, r\, \pi\, l\, \eta\, \frac{dw}{dr}. \tag{60}$$

Dies gibt umgeformt

$$-\Delta p\, r\, dr = 2\, l\, \eta\, dw. \tag{60a}$$

Die Integration führt auf

$$c - \frac{\Delta p}{l} \cdot \frac{r^2}{4} = \eta\, w \tag{61}$$

η = dynamische Zähigkeit, s. Abschnitt 3.3.1.

Mit der Randbedingung $w = 0$ bei $r = \frac{d}{2}$ wird die Integrationskonstante

$$c = \frac{\Delta p}{l} \cdot \frac{d^2}{16},$$

mithin

$$w = \frac{\Delta p}{4\, \eta\, l} \left(\frac{d^2}{4} - r^2\right) . \tag{62}$$

Das ist eine Parabel, die den Höchstwert der Geschwindigkeit

$$w_{\max} = \frac{\Delta p\, d^2}{16\, \eta\, l} \tag{63}$$

in der Achsenmitte aufweist. Der durch die Ringfläche $2\, r\, \pi\, dr$ strömende Volumenstrom ist $dQ = 2\, r\, \pi\, dr\, w$ und

$$Q = \int_0^{d/2} 2\, r\, \pi\, dr\, \frac{\Delta p}{4\, \eta\, l} \left(\frac{d^2}{4} - r^2\right) = \frac{2\, \pi\, \Delta p}{4\, \eta\, l} \left(\frac{d^2}{4}\, \frac{r^2}{2} - \frac{r^4}{4}\right) \Bigg|_0^{d/2} =$$

$$= \frac{d^4 \pi\, \Delta p}{16 \cdot 8 \eta\, l} = \frac{A\, d^2\, \Delta p}{32\, \eta\, l}, \tag{64}$$

wenn $\frac{d^2 \pi}{4} = A$ gesetzt wird. Die mittlere Strömungsgeschwindigkeit ist

$$\overline{w} = \frac{Q}{A}. \tag{65}$$

Aus den Gln. (63, 64, 65) ist

$$w_{max} = 2\,\overline{w} = 2 \cdot \frac{Q}{A} = \frac{\Delta p\, d^2}{16\, \eta\, l}. \tag{66}$$

Die parabolische Geschwindigkeitsverteilung nach Gl. (62) sowie die daraus abgeleiteten Gleichungen gelten für den Strömungszustand in entsprechend großer Entfernung vom Einlauf in das Rohr. Die „Anlaufstrecke", in der sich das parabolische Geschwindigkeitsprofil erst ausbildet, ist aber oft so lang, daß die parabolische Geschwindigkeitsverteilung in Rohrleitungen eines hydraulischen Antriebes überhaupt nicht erreicht wird. Trotzdem können immer die obigen Gleichungen als Näherungswerte auch zur Berechnung des Druckabfalles in kurzen Rohrleitungen verwendet werden.

Bei gut abgerundetem Einlauf spielt sich dabei in der Anlaufstrecke folgendes ab:

Im Einlauf ist die Geschwindigkeit zunächst $\overline{w}$ über den Querschnitt konstant und das zur Erzeugung der Bewegungsenergie erforderliche Druckgefälle $\frac{\rho \overline{w}^2}{2}$. Zur Umwandlung in das parabolische Geschwindigkeitsprofil ist ein weiteres Druckgefälle von gleicher Größe erforderlich. Zur Erzeugung der gesamten Bewegungsenergie am Ende der Anlaufstrecke ist also ein Anlaufverlust von $\rho \overline{w}^2$ zu überwinden. Außerdem ist natürlich in der Anlaufstrecke die Wandreibung nach Gl. (66) $32\, \eta\, l\, \overline{w}/d^2$ zu überwinden, wie dies in Abb. 12 dargestellt ist.

Das für den Ausfluß durch ein Rohr, dessen Länge größer als die Anlaufstrecke x_1 ist, erforderliche Druckgefälle wird also, wenn $\overline{w} = Q/A$ die mittlere Geschwindigkeit über den Querschnitt A ist, insgesamt, da $2\,\overline{w} = w_{max}$

$$\Delta p = \frac{32\, \eta\, l\, \overline{w}}{d^2} + \rho \overline{w}^2. \tag{67}$$

Bei laminarer Strömung kann das für die Beschleunigung erforderliche Druckgefälle bei langen Rohren meist vernachlässigt werden. Bei kurzen Rohren ist aber oft das für die Beschleunigung erforderliche Druckgefälle ebenso groß, wie das zur Überwindung der Reibung.

In der Praxis ist meist kein gut abgerundeter, sondern ein mehr oder weniger scharfkantiger Einlauf vorhanden. Das zur Beschleunigung der Flüssigkeit im Einlauf erforderliche Druckgefälle ist dann infolge der Kontraktion um etwa 40 bis 70% größer als bei gut abgerundetem Einlauf.

Das Geschwindigkeitsprofil innerhalb der Anlaufstrecke hängt also in erster Linie von der Gestalt des Einlaufes in das Rohr ab. Ist er gut abgerundet, tritt die Flüssigkeit mit einer über den Querschnitt des Rohres nahezu konstanten Geschwindigkeitsverteilung in das Rohr ein, Abb. 12.

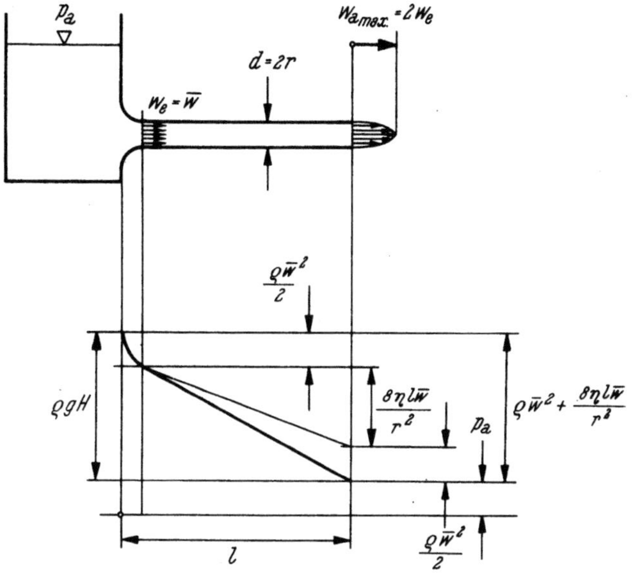

Abb. 12. Anlaufstrecke: Ausbildung des Geschwindigkeitsprofils – Verteilung des Druckabfalles. Zähe Flüssigkeit, laminare Strömung

Mit zunehmender Entfernung vom Einlauf werden zunächst die am Rand liegenden und später die weiter im Inneren des Rohres liegenden Teile abgebremst, so lange, bis nach Durchströmen der Anlaufstrecke das parabolische Geschwindigkeitsprofil ausgebildet ist. Damit die Kontinuität erfüllt bleibt, muß ein Teil des Druckgefälles in der Anlaufstrecke dazu verwendet werden, die im Kern der Strömung liegenden Teilchen ebensoviel zu beschleunigen, wie die am Rande liegenden verzögert werden. Streng genommen wird die genaue parabolische Geschwindigkeitsverteilung erst im Unendlichen erreicht. Man hat deshalb als „Anlaufstrecke" diejenige Entfernung vom Einlauf definiert, bei der die Geschwindigkeitsverteilung nur noch um 1% von der genau parabolischen abweicht. Boussinesq [9] gibt die Länge dieser Anlaufstrecke mit $0{,}065 \cdot d \cdot Re$ an.

Beispiel: Ein zylindrisches Rohr habe einen Durchmesser von $d = 1$ cm, die Strömungsgeschwindigkeit des Öles betrage $w = 1$ m/s. Die kinematische Zähigkeit des Öles sei mit $\nu = 40 \cdot 10^{-6}$ m²/s angenommen. Hieraus ergibt sich zunächst die Reynolds-Zahl zu

$$Re = \frac{w\,d}{\nu} = \frac{1 \cdot 10^{-2}}{40 \cdot 10^{-6}} = 250.$$

Damit wird die Anlaufstrecke x_1

$$x_1 = 0{,}065 \cdot 250 \cdot 1 = 16 \text{ cm}.$$

3.5 Laminare Strömung im Ringspalt

Ähnlich wie bei der laminaren Strömung durch glatte zylindrische gerade Rohre kann auch für die laminare Strömung durch einen Ringspalt mit dem Radius r_m und der Breite s der Zusammenhang zwischen Druckabfall, Volumenstrom und Geschwindigkeitsverteilung über den Querschnitt wie folgt beschrieben werden, Abb. 13 a.

Es sei y der Abstand von der Spaltmitte nach außen oder innen. Das auf die Ringfläche $2\,r_m\,\pi\,2\,y$ wirkende Druckgefälle hält nach Überwindung der Anlaufstrecke den Reibungskräften an den beiden Zylindermänteln mit den Flächen von je $2\,r_m\,\pi\,l$ das Gleichgewicht

$$-\Delta p\,2\,r_m\,\pi\,2\,y = \eta\,\frac{dw}{dy}\,2\cdot 2\,r_m\,\pi\,l. \tag{68}$$

Hieraus folgt nach entsprechender Kürzung

$$\frac{dw}{dy} = -\Delta p\,\frac{y}{\eta\,l}\,. \tag{68a}$$

Die Integration führt auf

$$w = -\frac{\Delta p}{\eta\,l}\,\frac{y^2}{2} + C. \tag{69}$$

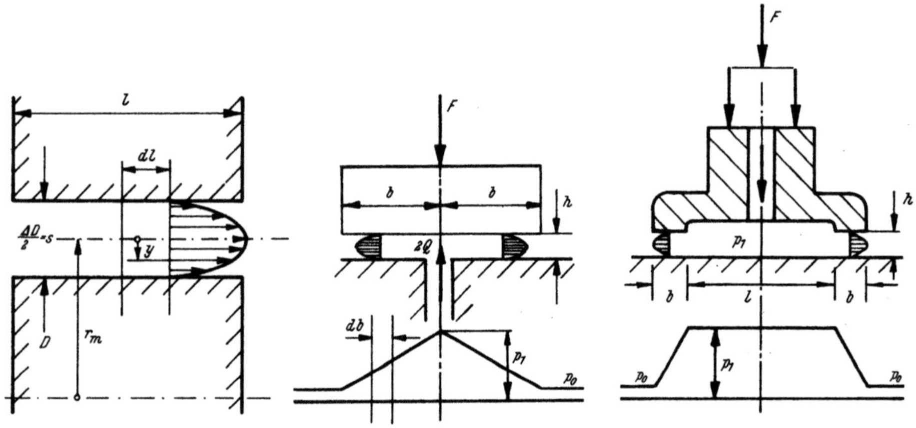

Abb. 13a Abb. 13b Abb. 13c

Abb. 13. Charakteristische laminare Strömungen. a) Strömung im Kreis-Ring-Spalt, b) Rechteckiges hydrostatisches Lager mit der Fläche $2 \times b \times l$, c) Rechteckiges hydrostatisches Lager mit der Fläche $2 \times b \times s$

Mit den Randbedingungen $w = 0$ für

$$y = \pm s/2$$

wird die Integrationskonstante

$$C = \frac{\Delta p\,s^2}{2\,\eta\,l\cdot 4}\,. \tag{70}$$

Der Wert wird in Gl. (69) eingesetzt

$$w = \frac{\Delta p}{2\,\eta\,l}\left(\frac{s^2}{4} - y^2\right). \tag{71}$$

Es ergibt sich also hier eine ähnliche parabolische Geschwindigkeitsverteilung wie bei der Strömung in zylindrischen Rohren. Für $y = 0$ erhält man den Höchstwert der Geschwindigkeit zu

$$w_{max} = \frac{\Delta p\, s^2}{8\,\eta\, l}. \tag{72}$$

Setzt man statt der Spaltbreite s den Unterschied zwischen dem Durchmesser der Bohrung und dem des Kolbens ein $s = \frac{\Delta D}{2}$ so erhält man

$$w_{max} = \frac{\Delta p\,(\Delta D)^2}{\eta\, l\, 32}. \tag{73}$$

Den durch den Ringspalt strömenden Volumenstrom Q kann man wie folgt ermitteln

$$d\,Q = 2\,dy\; 2\,r_m \pi\, w$$

$$Q = \int_0^{s/2} 2\,dy\; 2\,r_m\,\pi\, \frac{\Delta p}{2\,\eta\, l}\left(\frac{s^2}{4} - y^2\right) =$$

$$= \frac{2\,\Delta p\, r_m\,\pi}{\eta\, l}\left(y\,\frac{s^2}{4} - \frac{y^3}{3}\right)\Bigg|_{y=0}^{y=\frac{s}{2}} =$$

$$= \frac{2\,\Delta p\, r_m\,\pi\, s^3}{\eta\, l}\left(\frac{1}{8} - \frac{1}{24}\right) = \frac{\Delta p\, r_m\,\pi\, s^3}{6\,\eta\, l}$$

$$Q = \frac{D\,\pi\,(\Delta D)^3\,\Delta p}{96\,\eta\, l}. \tag{74}$$

3.6 Laminare Strömung zwischen zwei Platten

Formt man Gl. (74) nach Δp um, so erhält man

$$\Delta p = \frac{96\, Q\,\eta\, l}{D\,\pi\,(\Delta D)^3}. \tag{75}$$

Will man diese Gleichung für die Strömung zwischen zwei parallelen Platten von der Länge l, der Breite b und dem Abstand h verwenden, so ersetzt man ΔD durch $2\,h$ und $D\,\pi$ durch b. Es ergibt sich dann die analoge Beziehung

$$\Delta p = \frac{12\, Q\,\eta\, l}{h^3 b}. \tag{76}$$

Siehe dazu auch [70, 71, 72, 73, 75, 77, 80, 81].

3.7 Hydrostatische Lagerung

In Abb. 13b ströme durch einen im Bild lotrecht gezeichneten Kanal Öl zu einem Gleitlager mit ebenem Führungsbett mit der Abmessung $2\,b \cdot l$. Der Druck nimmt von der Mittellinie der Platte zum Austritt hin proportional mit der Entfernung von der Mitte ab.

Herrscht beim Eintritt des Öls durch den lotrechten Kanal der Druck p_1 und in der Umgebung der Druck p_0, so ergibt sich folgender Zusammenhang zwischen der auf dem Gleitlager liegenden Last F, der Dicke des Ölfilms h, der Breite b und der Länge l des Ölfilms

$$F = \frac{p_1 - p_0}{2} \cdot 2\,b \cdot l = \Delta p \cdot b \cdot l. \tag{77}$$

Unter Verwendung der Beziehung Gl. (76) erhält man

$$F = \frac{12\,Q\,\eta\,l^2}{h^3}\,. \tag{78}$$

Für ein Lager nach Abb. 13c mit der Breite b und der Länge s ergibt sich analog

$$p_1 s\,l + \frac{p_1 + p_0}{2} \cdot 2\,b \cdot s = p_0(l + 2\,b)\,s + F$$

und somit für den Zusammenhang zwischen dem Druck p_1 und der Last F

$$p_1 = p_0 + \frac{F}{s(l + b)}. \tag{79}$$

3.8 Turbulente Strömung durch glatte zylindrische Rohre

Bei der turbulenten Strömung scheinen sich einzelne „Flüssigkeitsballen" zunächst regellos durcheinander zu bewegen. Bei näherer Betrachtung können aber auch die Vorgänge der turbulenten Strömung durch Rechenverfahren beschrieben werden.

Der Bewegungsvorgang bei der turbulenten Strömung ist jedenfalls durch starke Querbewegungen von Flüssigkeitsteilchen gekennzeichnet. Es kann deshalb angenommen werden, daß die Schubspannung etwa dem Quadrat der Geschwindigkeit proportional ist: Wenn Teilchen mit hoher Axialgeschwindigkeit an die Wandung stoßen und dort ihre Energie verlieren, ist dieser Teil des Reibungswiderstandes auf alle Fälle dem Quadrat der Bewegungsgeschwindigkeit in Strömungsrichtung proportional. Wenn sie aus wandnahen Partien mit kleinen Axialgeschwindigkeiten gegen die Rohrmitte vordringen und dort beschleunigt werden, wird der dadurch verursachte Reibungswiderstand zumindest annäherungsweise auch dem Quadrat der Geschwindigkeit proportional sein. Man kann also annehmen, daß die Schubspannung τ zwischen zwei Flüssigkeitsschichten

$$\tau \approx \rho\,\overline{w}^2 \tag{80}$$

ist, wobei $\overline{w} = \dfrac{Q}{A}$ die mittlere Geschwindigkeit im Rohre darstellt.

Betrachtet man einen Flüssigkeitszylinder von der Länge l, an dessen äußerer Wandung die Schubspannung τ wirkt, so muß das Druckgefälle Δp zwischen dem Druck vor und hinter dem Zylinder der Schubspannung an der Zylinderwandung das Gleichgewicht halten.

$$\tau \cdot d\,\pi\,l = \Delta p\,\frac{d^2\pi}{4}$$

$$\Delta p = 4\,\tau\,\frac{l}{d}\,. \tag{81}$$

Auch die Schubspannung τ_0 an der Wand des Rohres vom Durchmesser d_a wird dem Quadrat der mittleren Geschwindigkeit proportional sein,

$$\tau_0 \approx \rho \overline{w}^2 \tag{80a}$$

und somit auch

$$\Delta p = 4\,\tau_0 \frac{l}{d_a}. \tag{81a}$$

Andererseits ist Δp direkt proportional der Länge des Rohres und umgekehrt proportional dem Durchmesser und ebenso wie τ etwa proportional dem Quadrat der Geschwindigkeit, also

$$\Delta p \approx \frac{l}{d_a} \cdot \frac{\rho \overline{w}^2}{2}\;.$$

Um nun noch den Einfluß der Rauhigkeit und der Geschwindigkeit auf die der Hauptströmung überlagerte Querströmung zu berücksichtigen, wird der Reibungswiderstand λ eingeführt

$$\Delta p = \lambda \frac{l}{d_a} \cdot \frac{\rho \overline{w}^2}{2}\;. \tag{82}$$

Δp ist aber nicht genau proportional w^2. Im meist interessierenden Bereich ist $\Delta p \approx w^{1,75}$, s. Gl. (84) bis (89).

Der Reibungsbeiwert λ für turbulente Strömung ist also [9, 35]

$$\lambda = \Delta p \frac{2\,d_a}{\rho\, l\, \overline{w}^2} = 4\,\tau_0 \frac{l}{d_a l} \cdot \frac{2\,d_a}{\rho \cdot \overline{w}^2} = \frac{8\,\tau_0}{\rho \cdot \overline{w}^2}\;. \tag{83}$$

τ_0 und damit auch λ hängen in erster Linie von der Rauhigkeit des Rohres und von der „charakteristischen Art der Strömung in bezug auf das Verhältnis der Trägheitskräfte zu den Reibungskräften", also von der Reynolds-Zahl, ab.

Abb. 14 zeigt die Abhängigkeit des Reibungsbeiwertes λ von der Reynolds-Zahl für glatte zylindrische Rohre. In dieser Abbildung sind die Ergebnisse von vielen hunderten Versuchen zusammengefaßt, die mit verschiedensten Medien und mit verschiedensten Geschwindigkeiten durchgeführt wurden. Die Abhängigkeit $\lambda = f\,(Re)$ zeigt die große Bedeutung der Reynolds-Zahl, die es erst ermöglicht, „ähnliche Strömungsvorgänge" in ein und demselben Diagramm darzustellen.

Den Techniker interessiert meist gerade an ein und derselben Anlage die Abhängigkeit des Strömungswiderstandes von der Geschwindigkeit oder von der Zähigkeit der Flüssigkeit, die aus der Abhängigkeit $\lambda = f\,(Re)$ allein nicht hervorgeht. Denn meist werden die Fragen gestellt: „Wie stark nimmt der Strömungswiderstand zu, wenn sich das Öl in einer Leitung abkühlt und dadurch die Zähigkeit zunimmt ?" Oder: „Ein Ventil verursacht einen Druckabfall von 1 bar bei einem Volumenstrom von 1 m³/min Wasser. Wie groß ist der Widerstand, wenn der Volumenstrom doppelt so groß wird ?" Oder: „In einer Rohrleitung ist ein Druckabfall von 2 bar zugelassen. Bei einem Volumenstrom von 10 m³/min ist der Druckabfall 0,5 bar. Wie groß darf der Volumenstrom werden, ohne die zulässige Grenze des Druckabfalles zu überschreiten ?"

Bei der Beantwortung dieser Fragen ist zu beachten, daß sich bei Änderung der Geschwindigkeit und bei gleichen geometrischen Abmessungen und gleicher Zähigkeit des Mediums niemals die gleiche Reynolds-Zahl erreichen läßt, und daß deshalb der Reibungsbeiwert immer von der Geschwindigkeit abhängig sein wird.

So wertvoll die Darstellung des Reibungsbeiwertes in Abhängigkeit von der Reynolds-Zahl durch eine einzige Kurve für die Forschung in der Strömungslehre auch sein mag, so ist für den Techniker die Erkenntnis noch wichtiger, daß der Reibungsbeiwert λ

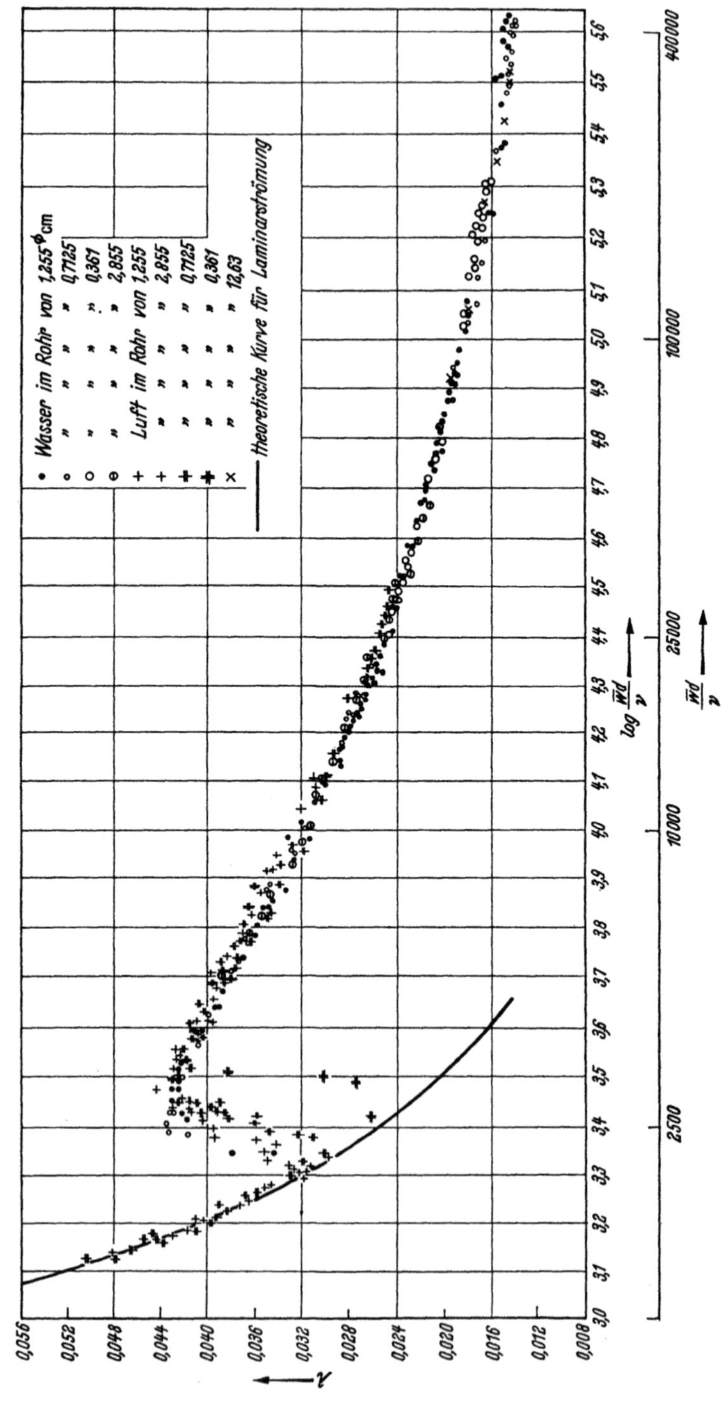

Abb. 14. Abhängigkeit des Reibungsbeiwertes λ von der Reynolds-Zahl für glatte zylindrische Rohre. (Nach Stanton und Pannel, Similarity of motion in relation to the surface friction of fluids. Phil. Trans. A *214*, 199 (1914))

bei gleichen geometrischen Abmessungen und bei der gleichen Flüssigkeit mit bestimmter Zähigkeit, jedoch bei veränderter Geschwindigkeit, niemals konstant und unabhängig von der Geschwindigkeit sein kann. Für den Zusammenhang zwischen λ und der Reynolds-Zahl bzw. der Strömungsgeschwindigkeit gelten folgende Gesetze:

Im laminaren Bereich der Strömung ist der Widerstand

$$\Delta p = \frac{8 l w \eta}{r_0^2} = \frac{32 l w \nu \rho}{d^2} = \frac{64 l w^2 \rho}{2 \frac{wd}{\nu} d} = \frac{64 l \rho w^2}{Re\, d\, 2} = \lambda \frac{l}{d} \frac{\rho w^2}{2}^{1} \tag{84}$$

es ist also

$$\lambda = \frac{64}{Re}$$

verkehrt proportional der Reynolds-Zahl und der Druckabfall Δp ist $\Delta p = \text{konst} \cdot w$.

Im turbulenten Bereich gilt nach Blasius etwa als Näherung für Reynolds-Zahlen von 3000 bis 100 000

$$\lambda = \frac{0{,}32}{\sqrt[4]{Re}} . \tag{85}$$

λ ist also der vierten Wurzel aus Re bzw. aus w umgekehrt proportional

$$\lambda \approx w^{-0{,}25} . \tag{86}$$

Der Zusammenhang zwischen Druckabfall und Geschwindigkeit, der die Techniker meist interessiert, ist also im Blasiusschen Bereich

$$\Delta p = \text{konst} \cdot w^{1{,}75} \tag{87}$$

Erst bei sehr hohen Geschwindigkeiten für Reynolds-Zahlen $Re > 100\,000$ kann man wie für die Strömung in glatten Rohren ansetzen

$$\Delta p = \text{konst} \cdot w^2 \tag{88}$$

Für Reynolds-Zahlen von 3000 bis 10^8 gilt nach Prandtl die Beziehung [35]

$$\frac{1}{\sqrt{\lambda}} = 2 \lg \frac{Re \sqrt{\lambda}}{2{,}51} . \tag{89}$$

3.9 Geschwindigkeitsverteilung über den Rohrquerschnitt in geraden zylindrischen Rohren nach dem 1/n-Potenzgesetz

Aus den Gln. (81a, 82) ergibt sich

$$\tau_0 = \Delta p \frac{d}{4l} = \lambda \frac{l}{d} \frac{\rho \bar{w}^2}{2} \frac{d}{4l} = \frac{\lambda}{4} \frac{\rho \bar{w}^2}{2} . \tag{90}$$

---

[1] w bedeutet immer die mittlere Geschwindigkeit $\bar{w}$

Mit λ nach Gl. (85) wird

$$\tau_0 = \frac{0{,}32}{4} \frac{1}{\sqrt[4]{\frac{\overline{w}\, d}{\nu}}} \frac{\rho\, \overline{w}^2}{2} = 0{,}04\, \rho^{3/4} \cdot \eta^{1/4} \cdot \overline{w}^{7/4} \cdot d^{-1/4}$$

oder

$$\tau_0 \approx \overline{w}^{7/4} d^{-1/4} \approx w_{max}^{7/4}\, d^{-1/4}. \tag{91}$$

In der letzten Gleichung wird vorausgesetzt, daß $\overline{w}$ auch proportional w_{max} ist, was wohl auch angenommen werden darf.

Versucht man nun den Zusammenhang zwischen w und dem relativen Abstand von der Wandung y/r_0 durch eine Potenzfunktion darzustellen, muß man setzen

$$w = w_{max} \left(\frac{y}{r_0}\right)^m. \tag{92}$$

Nimmt man weiter an, daß die Schubspannung τ_0 an der Wand unabhängig von r_0 ist, so kann diese Bedingung gleichzeitig mit der Bedingung

$$\tau_0 \approx w_{max}^{7/4} \cdot d^{-1/4}$$

erfüllt werden, wenn $m = 1/7$ ist, und damit wird

$$w = w_{max} \left(\frac{y}{r_0}\right)^{1/7}. \tag{93}$$

Diese Beziehung hat von Karman gefunden. Sie wird allgemein das „1/7-Potenz-Gesetz" genannt. Es gilt im Blasiusschen Bereich, also etwa für Reynolds-Zahlen bis 100 000.

Trägt man gemessene Versuchswerte in einem Diagramm ein, wobei die 7. Potenz des Geschwindigkeitsverhältnisses w/w_{max} über dem relativen Abstand von der Wandung y/r_0 aufgetragen wird, so sieht man, daß das 1/7-Potenz-Gesetz, das zunächst nur für Wandnähe aufgestellt wurde, nahezu über den ganzen Querschnitt des Rohres mit guter Annäherung gilt, Abb. 15.

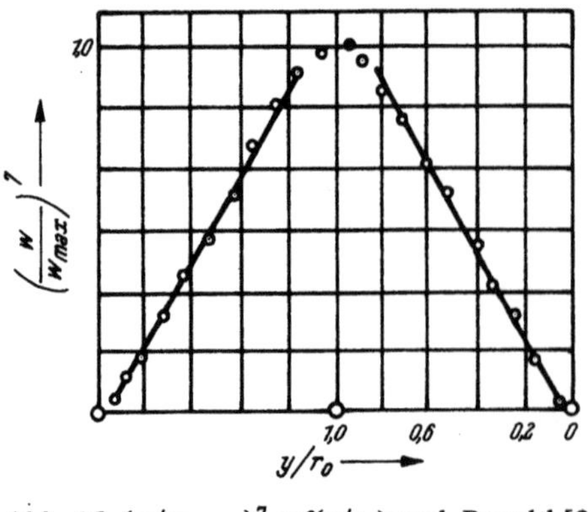

Abb. 15. $(w/w_{max})^7 = f(y/r_0)$ nach Prandtl [34]

Für größere Reynolds-Zahlen über 10^5 gilt ein ähnliches Potenzgesetz von der Form

$$w = w_{max}\left(\frac{y}{r_0}\right)^{\frac{1}{n}}. \tag{94}$$

Das Verhältnis der mittleren Geschwindigkeit $\bar{w}$ zur maximalen Geschwindigkeit w_{max} im Kern der Strömung hängt vom Exponenten $\frac{1}{n}$ ab. Für einen Kreisquerschnitt ist

$$\bar{w} = \frac{1}{r_0^2\,\pi}\int_0^{r_0} w\,2\,r\,\pi\,dr.$$

Gl. (94) eingesetzt, ergibt

$$\bar{w} = w_{max}\,\frac{2}{\left(\frac{1}{n}+2\right)\left(\frac{1}{n}+1\right)}. \tag{95}$$

Abb. 16 zeigt die gemessene Geschwindigkeitsverteilung über den Querschnitt für mehrere Reynolds-Zahlen. Die Kurven schneiden sich in einem Punkt, für den $r/r_0 = 0{,}8$ ist.

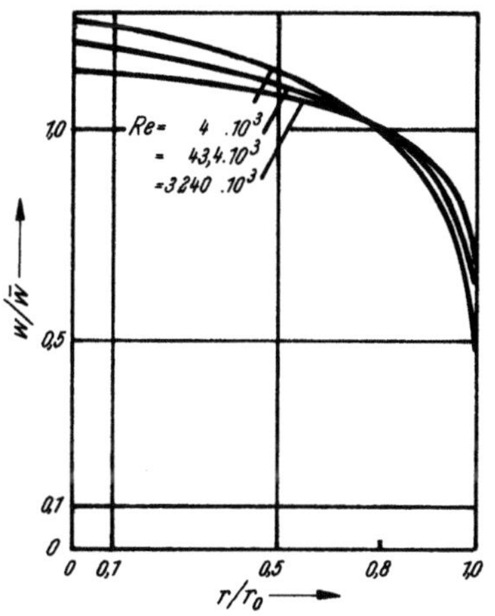

Abb. 16. Geschwindigkeitsverteilung im Rohr bei verschiedenen Reynolds-Zahlen

Die Anlaufstrecke der turbulenten Strömung ist beträchtlich kürzer als bei der laminaren Strömung. Die Geschwindigkeitsverteilung nach dem $1/n$-Potenz-Gesetz bildet sich aber auch erst nach Durchströmen einer bestimmten Anlaufstrecke aus.

Messungen an einem Rohr mit gut abgerundetem Einlauf bei einer Reynolds-Zahl von 25 000 ergaben die Geschwindigkeitsprofile nach Abb. 17 für vier verschiedene Entfernungen x/d. Nach der Anlauftheorie von Latzko soll das im Verlauf der weiteren Strömung unveränderlich bleibende Profil bei Reynolds-Zahlen von 20 000 bereits nach einer Anlaufstrecke von $x = 10\,d$ erreicht werden. Kirsten gibt für die Länge der Anlaufstrecke 50–100 d an, Nikuradse dagegen 25 bis 40 d.

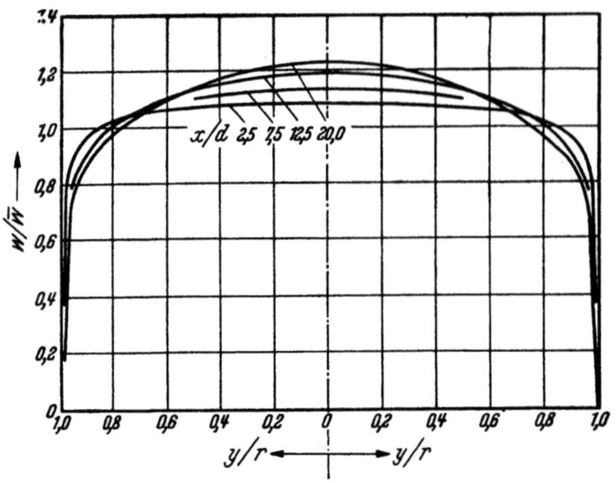

Abb. 17. Ausbildung der turbulenten Geschwindigkeitsverteilung in der Anlaufstrecke nach Messungen von Nikuradse ($Re = 5 \cdot 10^4$)

Abb. 18 zeigt den Geschwindigkeitsverlauf $w/\bar{w}$ an sieben verschiedenen Stellen zwischen Rohrmitte ($y = 0$) und Wandnähe ($y = r$) in Abhängigkeit von der Entferung (x/d) vom Rohreintritt. Im Rohreintritt ist die Geschwindigkeit konstant $w = \bar{w}$, mit zunehmender Entfernung x vom Eintritt nimmt die Geschwindigkeit in Wandnähe ab und der Rohrmitte zu.

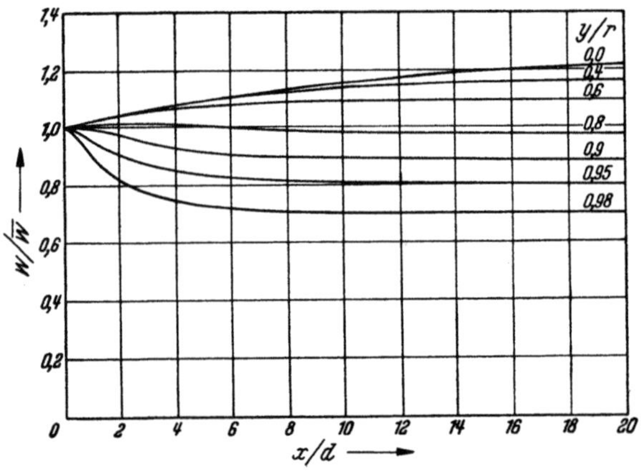

Abb. 18. Beschleunigung und Bremsung der einzelnen „Schichten" einer turbulenten Strömung mit wachsender Entfernung vom Einlauf nach Messungen von Nikuradse ($Re = 5 \cdot 10^4$)

Die turbulente Strömung hat einen kleineren Verlust in der Anlaufstrecke als die laminare.

Bei gut abgerundetem Einlauf ist zunächst der „Einlaufverlust" sowohl bei turbulenter als auch bei laminarer Strömung $\frac{\rho w^2}{2}$. Bei laminarer Strömung ist die Strömungsenergie bei parabolischer Geschwindigkeitsverteilung nach Durchlaufen der Anlaufstrecke ρw^2, also doppelt so groß wie der Einlaufverlust.

Der entsprechende Anlaufverlust bei turbulenter Strömung beträgt nur etwa $0{,}09\,\frac{\rho w^2}{2}$, da die kinetische Energie der Strömung mit ausgebildeten Geschwindigkeitsprofil nur um etwa 9% größer ist als die Energie der Strömung mit konstanter Geschwindigkeitsverteilung über den Querschnitt im Eintritt.

Ein scharfkantiger Einlauf verursacht infolge der Drosselung im Eintrittsquerschnitt zusätzliche Verluste. Aber auch für einen scharfkantigen Einlauf wird der gesamte Verlust für Einlauf und Anlauf nur etwa

$$\Delta p_{\text{ges}} = 1{,}4\,\frac{\rho \overline{w}^2}{2} = 0{,}7\,\rho \overline{w}^2\,. \tag{96}$$

3.10 Einfluß der Rauhigkeit auf den Strömungswiderstand in Rohren

Der Reibungsbeiwert für glatte Rohre ist nur von der Reynolds-Zahl abhängig, wobei im laminaren Bereich λ umgekehrt proportional der Reynolds-Zahl ist. Im mittleren turbulenten Bereich ist $\lambda \sim Re^{-0{,}25}$, und erst bei Reynolds-Zahlen über 10^6 ist λ unabhängig von der Reynolds-Zahl. Der Strömungswiderstand ist dann dem Quadrat der Geschwindigkeit $\overline{w}$ proportional. Also erst im Bereich der Reynolds-Zahl $Re \gtreqqless 10^6$, der in der Praxis nicht oft vorkommt, können Zähigkeitskräfte vollkommen vernachlässigt werden und die Strömungswiderstände sind dann ausschließlich auf die Vernichtung der Bewegungsenergie zurückzuführen.

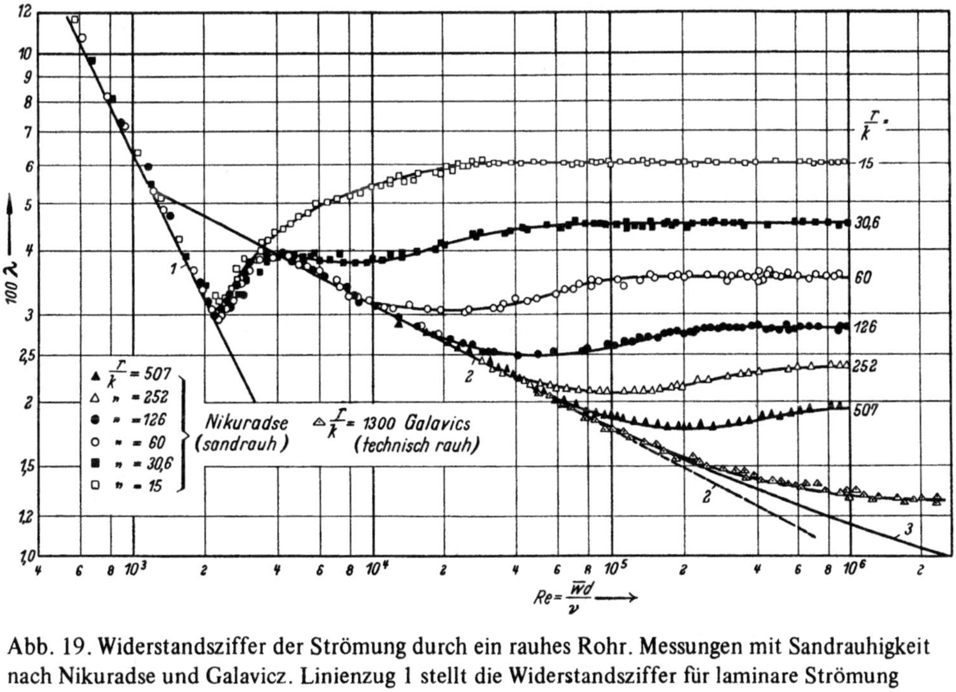

Abb. 19. Widerstandsziffer der Strömung durch ein rauhes Rohr. Messungen mit Sandrauhigkeit nach Nikuradse und Galavicz. Linienzug 1 stellt die Widerstandsziffer für laminare Strömung $\lambda = 64/Re$ dar, Linienzug 2 und 3 jene für turbulente Strömung in glatten Rohren

Der Druckabfall wird also erst dann ausschließlich von der Bewegungsenergie der Teilchen abhängig, wenn die mit einer bestimmten mittleren Geschwindigkeit in Strömungsrichtung bewegten Teilchen so häufig an der Wand anstoßen und dabei ihre Bewegungsenergie verlieren, daß alle anderen Reibungsverluste gegenüber diesem Reibungsverlust vernachlässigt werden können. Der Übergang von dem Gebiet, in dem $\lambda \sim Re^{-0,25}$ und $\Delta p \sim w^{1,75}$ ist, zu dem Gebiet, in dem die Trägheitskräfte allein den Druckverlust bestimmen, wird bei „rauhen" Rohren erheblich früher eintreten, weil die einzelnen Ballen der Strömung durch die „rauhe Oberfläche" schon bei kleineren Geschwindigkeiten vollkommen abgebremst werden. Als Kennzahl für die Rauhigkeit gilt das Verhältnis k/d, wobei k die größte Vertiefung in der Wandoberfläche eines Rohres vom Durchmesser d bzw. die größte Erhebung über die Wandoberfläche bedeutet. Diese Kennzahl dient sowohl für die „technische" Rauhigkeit verschiedener Rohre, als auch für die „Sandrauhigkeit", die für Versuche durch Aufkleben von Sandkörnern bestimmter Größe auf die Oberfläche erzeugt wird. Manche Autoren bezeichnen auch den Reziprokwert d/k oder $r/k = d/2\,k$ als relative Rauhigkeit oder auch als Rohrglätte. Abb. 19 zeigt den gemessenen Widerstandsbeiwert λ für verschiedene mittlere Rohrglätten zwischen $r/k = 15$ und $r/k = 507$. Im laminaren Bereich und im unteresten turbulenten Bereich ist λ nahezu unabhängig von der Rauhigkeit.

Der Charakter der Kurven ist für sehr rauhe Rohre anders als für glatte oder weniger rauhe Rohre: Rauhe Rohre zeigen eine geringere Abhängigkeit des Reibungsbeiwertes von der Reynolds-Zahl als glatte. Oder umgekehrt: Je geringer die Rauhigkeit ist, desto höher wird die Abhängigkeit des λ von der Reynolds-Zahl. Bei entsprechend hohen Reynolds-Zahlen wird aber immer λ = const und unabhängig von der Reynolds-Zahl, so daß der Widerstand im Rohr dem Quadrat der Strömungsgeschwindigkeit proportional wird, Abb. 20.

Diese Abbildung stellt die allgemeine Widerstandsformel nach Meßergebnissen bei natürlicher Rauhigkeit von Colebrook und White dar

$$\frac{1}{\sqrt{\lambda}} = -2\,lg\left[\frac{2,51}{Re\sqrt{\lambda}} + \frac{k}{3,72\,d}\right]. \tag{97}$$

In Gl. (97) sind Gl. (89) für glatte Strömung und die Gleichung

$$\frac{1}{\sqrt{\lambda}} = 2\,lg\,\frac{d}{k} + 1,14 = 2\,lg\left(3,72\,\frac{d}{k}\right) \tag{97a}$$

für vollständig rauhe Strömung enthalten [22, 23, 33, 34, 35, 36, 42, 43, 47, 49].

3.10.1 Die kritische Reynolds-Zahl

Bei jeder Strömung gibt es eine „kritische Reynolds-Zahl", bei der der laminare Strömungszustand relativ plötzlich in den turbulenten übergeht (s. auch Abschnitt 3.8).

Bei der Strömung durch glatte, gerade, zylindrische Rohre ist die kritische Reynolds-Zahl ~ 2400. Ist also $Re < 2400$, ist die Strömung laminar, ist $Re > 2400$, ist sie turbulent. Bei rauhen Rohren oder bei Auftreten von Erschütterungen geht die laminare Strömung schon bei kleineren Re-Zahlen in den turbulenten Zustand über.

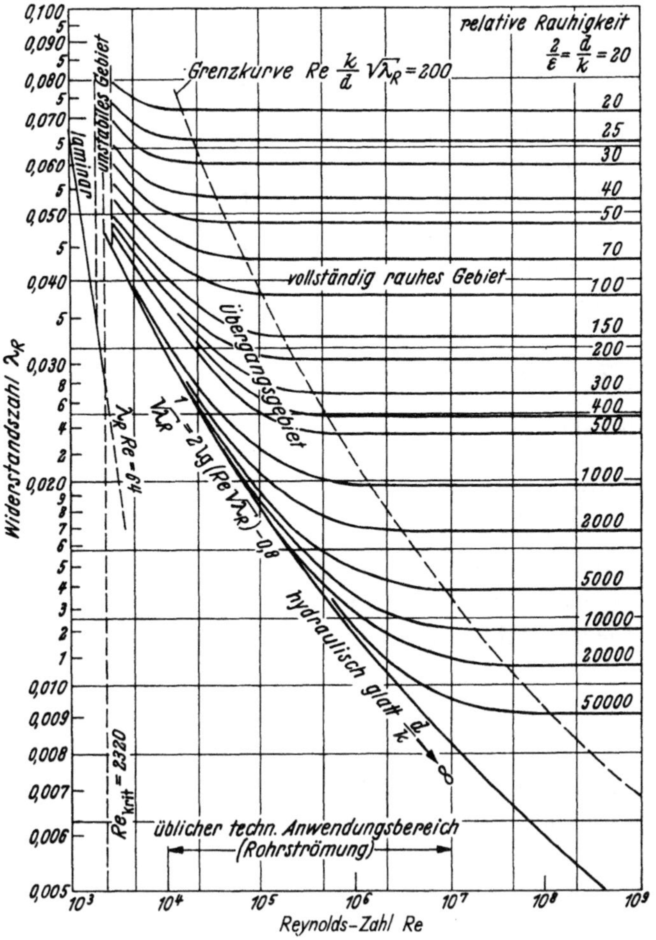

Abb. 20. Zeichnerische Darstellung der allgemeinen Widerstandsformel nach Prandtl-Colebrook Gl. (97). Logarithmische Auftragung (λ_R = Widerstandszahl für Reibung)[1]

Im allgemeinen erfolgt also der Übergang von der laminaren in die turbulente Strömung bei Zunahme der Geschwindigkeit über den Grenzwert $w = \dfrac{2400\,\nu}{d}$.
Da d im wesentlichen in einem Rohr immer konstant ist, solange es sich nicht dehnt, verengt oder erweitert, wird der Grenzwert vornehmlich durch eine Veränderung von ν beeinflußt.

Bei Schmierleitungen ist zu beachten, daß ν mit fallender Temperatur sehr stark zunimmt, Abb. 6. Es tritt deshalb oft gerade während des Anfahrens von Maschinen, wenn die intensive Schmierung besonders wichtig wäre, ein wesentlich höherer Druckverlust in den Leitungen auf und es kommt zu mangelhafter Schmierung, solange das Öl in den Leitungen kalt ist.

Auch in Hydraulikanlagen können die Strömungsvorgänge in ein und demselben Bauteil im Sommer turbulent und im Winter oder beim Anfahren laminar sein, was zu Störungen Anlaß gibt, die nur durch den Übergang der turbulenten Strömung zur laminaren erklärt werden können. Deshalb muß auf diese Störungsmöglichkeit schon bei der Konstruktion geachtet werden.

[1] Mit λ ist immer das λ_R für Reibung gemeint. Erst wenn die Expansion berücksichtigt werden muß, kommt das Beschleunigungsglied λ_B dazu, s. S. 254.

3.10.2 Beispiele für die Berechnung des Druckverlustes in einer geraden Rohrleitung

Beispiel 1: Durch ein gerades waagrecht liegendes Rohr von 25 m Länge, 150 mm ϕ und einer Rauhigkeit von 0,1 mm sollen einmal $Q = 1000\ m^3$ und ein anderes Mal $Q = 100\ m^3$ Wasser in der Stunde gefördert werden. Der Unterschied zwischen dem Druck im Rohreintritt p_1 und im Rohraustritt p_2 soll berechnet werden.

Die Strömungsgeschwindigkeit berechnet sich aus $w = \dfrac{Q \cdot 4}{d^2 \pi}$. Im ersten Fall, bei einem Volumenstrom von 1000 m^3/h, erhält man

$$w = \frac{1000}{3600} \cdot \frac{4}{\pi \cdot 0{,}15^2} = 15{,}7\ m/s.$$

Damit ergibt sich die Reynolds-Zahl

$$Re = \frac{15{,}7 \cdot 0{,}15 \cdot 10^6}{0{,}653} = 3{,}6 \cdot 10^6.$$

Daher ist die Strömung turbulent und es gilt Gl. (82) für den Druckabfall. (Die kinematische Zähigkeit von Wasser bei 40°C ist $\nu = 0{,}653 \cdot 10^{-6}\ m^2/s$, die Dichte $\rho \approx 1000\ kg/m^3$.) Die Kennzahl für den Einfluß der Rauhigkeit ist

$$\frac{d}{k} = \frac{150}{0{,}1} = 1500.$$

Aus der Abhängigkeit des Reibungsbeiwertes von *Re* für verschiedene Rauhigkeiten nach Abb. 20 ergibt sich durch Interpolation

$$\lambda = 0{,}018.$$

Diese Werte werden in die Gleichung für Δp eingesetzt und ergeben mit $\rho = 1000\ kg/m^3$

$$\Delta p = 0{,}018 \cdot \frac{25}{0{,}15}\ 10^3\ \frac{15{,}7^2}{2} = 3{,}7 \cdot 10^5\ N/m^2$$

$$\Delta p = 3{,}7\ \text{bar}.$$

Im zweiten Fall, bei 100 m^3/h, sinkt die Geschwindigkeit und damit auch die Reynolds-Zahl auf den 10. Teil. λ bleibt jedoch nahezu unverändert. Damit geht der Druckabfall auf den 100. Teil zurück: $\Delta p = 0{,}037$ bar.

Beispiel 2: Durch eine gerade, waagrecht liegende Rohrleitung von 300 mm ϕ, 1000 m Länge und 1,5 mm Rauhigkeit sollen 650 m^3 Wasser von 20°C in der Stunde gefördert werden. Wie groß muß der Druckunterschied zwischem dem Druck im Rohreintritt und im Rohraustritt sein ?

Kinematische Zähigkeit: $\nu = 10^{-6}\ m^2/s$
Dichte: $\rho = 10^3\ kg/m^3$
Geschwindigkeit $w = \dfrac{650}{3600} \cdot \dfrac{4}{0{,}3^2 \pi} = 2{,}55\ m/s.$

Damit wird

$$Re = \frac{2{,}55 \cdot 0{,}3 \cdot 10^6}{1} = 7{,}7 \cdot 10^5$$

$$\frac{d}{k} = 200.$$

Aus dem Diagramm über die Abhängigkeit zwischen λ und Re für rauhe Rohre ergibt sich $\lambda = 0{,}030$. Mithin

$$\Delta p = 0{,}030 \frac{1000}{0{,}3} 1000 \frac{2{,}55^2}{2}$$

$$\Delta p = 3{,}25 \cdot 10^5 \, \mathrm{N/m^2} = 3{,}25 \text{ bar}.$$

Beispiel 3: Zur Belüftung eines Schachtes sollen durch ein 700 m langes lotrechtes Rohr von 300 mm ϕ $Q = 1073$ m³/h Luft von 20°C gefördert werden. Die Rauhigkeit des Rohres ist 0,2 mm, der Umgebungsdruck sei 1 bar. Am oberen Rohrende 1 herrscht ein Überdruck von 0,8 bar. Wie groß ist der Druck p_2 am unteren Rohrende 2, wenn die Luft von 1 nach 2 strömt?

Der Druck p_2 am unteren Rohrende ist gegenüber dem Druck p_1 am oberen Rohrende einerseits größer durch den Druck der Luftsäule von 700 m, andererseits kleiner durch die Reibungsverluste. Diese Druckunterschiede können sich unter Umständen auf die Dichte der Luft entlang des Rohres auswirken. Ebenso können sich Temperaturunterschiede bemerkbar machen. Anstelle von ρ wird für genauere Rechnungen der Mittelwert zwischen den Werten an beiden Enden

$$\frac{\rho_1 + \rho_2}{2}$$

empfohlen. Damit nimmt unter Verwendung von Gl. (82) die Beziehung für den Druck p_2 den Ausdruck an

$$p_2 = p_1 + \frac{\rho_1 + \rho_2}{2} gH - \lambda \frac{H}{d} \frac{\rho_1 + \rho_2}{2} \cdot \frac{w^2}{2}. \tag{98}$$

Zunächst aber wird angenommen, daß entlang des Rohres die Dichte der Luft praktisch konstant ist. Nach Durchführung der Rechnung ist die Berechtigung der Annahme nachzuprüfen. Erforderlichenfalls muß man dann auf die „genauere" Formel Gl. (98) zurückgreifen.

Unter obiger Voraussetzung geht Gl. (98) über in

$$p_2 = p_1 + \rho g H - \lambda \frac{H}{d} \frac{\rho w^2}{2} . \tag{99}$$

Die Dichte ρ der Luft an der Stelle 1 wird aus der Zustandsgleichung der Gase, Gl. (29) berechnet.

Hier ist

$p_1 = 1{,}8 \cdot 10^5$ N/m²

$R = 287$ J/kg K

$T = 293$ K,

mithin

$$\rho = \frac{1{,}8 \cdot 10^5}{287 \cdot 293} = 2{,}14 \text{ kg/m}^3 .$$

Der Druck der Luftsäule von 700 m beträgt

$$\rho \cdot g \cdot H = 2{,}14 \cdot 9{,}81 \cdot 700 = 14\,695 \text{ N/m}^2 \cong 0{,}15 \text{ bar}.$$

Jetzt ist noch die Druckverminderung durch Reibung zu berechnen. Die Luftgeschwindigkeit an Stelle 1 ist

$$w = \frac{Q}{A} = \frac{1073 \cdot 4 \cdot 1}{\pi \cdot 0{,}3^2 \cdot 3600 \cdot 1{,}8} = 2{,}34 \text{ m/s}.$$

Die kinematische Zähigkeit der Luft von 20°C und 1,8 bar beträgt $\nu = 8{,}64 \cdot 10^{-6}$ m²/s. Damit wird die Reynolds-Zahl

$$Re = \frac{wd}{\nu} = \frac{2{,}34 \cdot 0{,}3 \cdot 10^6}{8{,}64} = 8{,}13 \cdot 10^4 .$$

Mit $d/k = 300/0{,}2 = 1500$ ergibt sich hier $\lambda = 0{,}023$. Damit wird

$$\lambda \frac{H}{d} \cdot \frac{\rho w^2}{2} \approx 314 \text{ N/m}^2 = 0{,}0031 \text{ bar}.$$

Der Druck am unteren Rohrende ist

$$p_2 = 1{,}8 + 0{,}15 - 0{,}003 = 1{,}95 \text{ bar}.$$

Die Druckverminderung durch die Reibungsverluste der Strömung von 0,003 bar kann hier vernachlässigt werden.

3.10.3 Druckverlust in gewellten Rohren

Messungen haben ergeben, daß in einem gewellten Rohr der Druckverlust Δp mit der Strömungsgeschwindigkeit w nicht nach dem quadratischen Gesetz $\Delta p = k\,w^2$, sondern stärker zunimmt. Es ergibt sich ein Exponent von etwa 3,1. In einem Fall wurden z. B. Rohre von 90 mm Durchmesser untersucht. Bei der Vergrößerung des Volumenstromes von 1000 auf 2000 Liter/min stieg der Druckverlust von 0,015 bar auf 0,15 bar, also sogar um das zehnfache.

Die Zunahme des Widerstandes mit der Strömungsgeschwindigkeit, die etwa einem Gesetz von $\Delta p = k\,w^{3,1}$ entsprechen würde, kann somit auch durch die besonders hohe „Rauhigkeit" allein nicht erklärt werden. Das gewellte Rohr muß deshalb etwa als eine Drosselstrecke betrachtet werden, bei der durch entsprechende Wirbelbildungen Widerstände entstehen, die mit zunehmender Durchströmgeschwindigkeit rascher zunehmen als mit dem Quadrat der Geschwindigkeit. Wenn auch keine exakte Erklärung dieser starken Widerstandszunahme möglich ist, so sollte diese Tatsache hier doch erwähnt werden.

3.11 Diffusoren und Infusoren

Unter Diffusor versteht man einen Kanal, dessen Querschnitt in Strömungsrichtung zunimmt und in dem ein Teil der im Eintritt des Kanals vorhandenen Geschwindigkeitsenergie in Druckenergie umgesetzt wird. Man unterscheidet nach Abb. 21

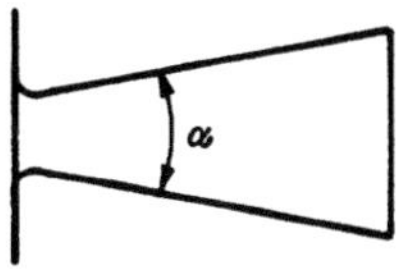

Abb. 21a

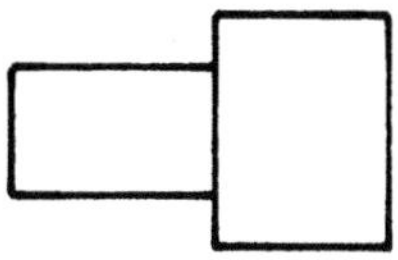

Abb. 21b

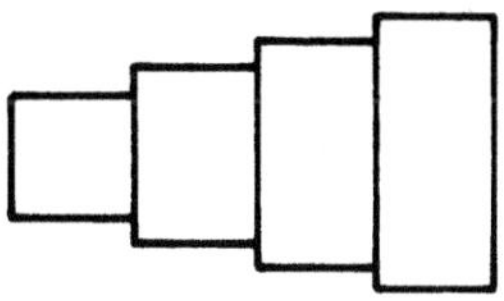

Abb. 21c

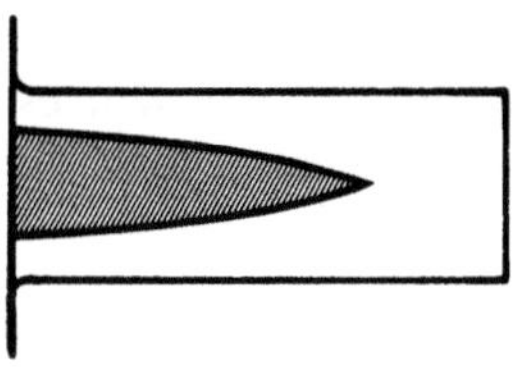

Abb. 21d

Abb. 21. Diffusorarten. a) Diffusor mit konischer Erweiterung, b) Stoßdiffusor, c) Stufendiffusor, d) Ringdiffusor

a) Diffusoren mit konischer Erweiterung
b) Stoßdiffusoren
c) Stufendiffusoren
d) Ringdiffusoren mit konischer Erweiterung (Nabendiffusoren)

Als Infusor bezeichnet man einen Kanal, der sich in Strömungsrichtung verengt, wobei die Geschwindigkeit zu- und der Druck abnimmt. Infolge von Verlusten ist aber die Abnahme des Druckes größer, als es etwa der Bernoullischen Gleichung entsprechen würde.

Bisher war es üblich, die Strömung durch Diffusoren und Infusoren als eindimensional zu betrachten, unabhängig davon, ob es sich bei den Darstellungen nach Abb. 21 a–d um ebene oder um kreissymmetrische Strömungen handelt, ob also die Eintrittsfläche A_1 und die Austrittsfläche A_2 rechteckige oder kreisförmige Gestalt haben. Man hat dann jeweils nur den Mittelwert der Geschwindigkeiten und die mittleren Drücke am Eintritts- und Austrittsquerschnitt betrachtet und der Berechnung zugrunde gelegt. Diese Betrachtungsweise muß jedoch zu falschen Ergebnissen führen, weil es nicht möglich ist, aus dem Mittelwert der Geschwindigkeit $\overline{w}$ am Eintrittsquerschnitt

$$\overline{w} = \int_0^{A_1} \frac{w\, dA_1}{A_1} \tag{100}$$

allein die Größe der durch den Querschnitt durchtretenden Energie zu berechnen. Die Energie, die durch den Querschnitt eintritt, ist

$$\frac{\rho}{2} \cdot \int_0^{A_1} w^3 dA_1 .$$

Mithin ist der dieser Energieberechnung zugrundeliegende Mittelwert

$$\frac{\rho}{2} \cdot \frac{1}{A_1} \int_0^{A_1} w^3 dA_1 . \tag{101}$$

Dieser kann bei stark ungleichmäßiger Geschwindigkeitsverteilung am Eintrittsquerschnitt ganz erheblich von der Energie abweichen, die sich aus dem Mittelwert der Geschwindigkeit $\overline{w}$ ergibt. Auch bei ähnlichen Geschwindigkeitsprofilen am Eintritt und Austritt darf die Energie nicht aus dem Mittelwert der Geschwindigkeit berechnet werden.

Um die Fehler durch falsche Mittelwertbildung zu berücksichtigen, kann man aber anhand der Geschwindigkeitsverteilung einen Korrekturfaktor bestimmen. Die tatsächlich eintretende Energie ergibt sich dann durch Multiplikation dieses Korrekturfaktors mit der aus dem Mittelwert $\overline{w}$ berechneten Energie. Siehe dazu auch Abschnitt 3.15 Definition von Mittelwerten.

3.11.1 Konisch erweiterter Diffusor und konisch verengter Infusor

Nach der eindimensionalen Betrachtungsweise, die gemäß den obigen Ausführungen nur unter bestimmten Bedingungen gilt, gelten folgende Zusammenhänge für einen verlustlosen Diffusor

$$w_2 = w_1 \frac{A_1}{A_2}$$

$$\frac{\rho\,(w_1^2 - w_2^2)}{2} = p_2 - p_1 .$$

Bezeichnet man mit $(p_2 - p_1)^*$ die tatsächlich erreichte Drucksteigerung, dann wird der Wirkungsgrad η für einen konischen Diffusor bei eindimensionaler Strömung

$$\eta = \frac{(p_2 - p_1)^*}{\frac{\rho}{2}(w_1^2 - w_2^2)} = \frac{(p_2 - p_1)^*}{\frac{\rho\, w_1^2}{2}\left(1 - \frac{1}{n^2}\right)} \tag{102}$$

Hierbei ist

$$n = \frac{A_2}{A_1} = \frac{w_1}{w_2} .$$

Die größtmögliche Umsetzung von Geschwindigkeitsenergie in Druckenergie ergibt sich bei unendlich großer Austrittsfläche, also für $A_2 = \infty$, $w_2 = 0$ und $\frac{1}{n^2} = 0$. Dann ist die höchstmögliche Druckerhöhung

$$\frac{\rho w_1^2}{2} .$$

Das Verhältnis der bei einem bestimmten Flächenverhältnis tatsächlich erreichten Druckerhöhung zu der größtmöglichen Druckerhöhung bei unendlich großer Austrittsfläche ist deshalb nach Umformung von Gl. (102)

$$\frac{(p_2 - p_1)^*}{\rho w_1^2/2} = \eta \, \frac{n^2 - 1}{n^2} = K \cdot \eta . \tag{102a}$$

Nachfolgend die Werte des „Ausnützungsgrades" K für verschiedene Querschnittsverhältnisse.

$n =$	1,5	2	3	5	10	∞
$K =$	0,55	0,75	0,89	0,96	0,99	1

Die Verluste durch Reibung und Wirbel werden in erster Linie durch den Öffnungswinkel bestimmt.

Abb. 22 zeigt die Geschwindigkeitsverteilung in konisch erweiterten und konisch verengten Kanälen. Bei konisch erweiterten Kanälen von nur 4° Öffnungswinkel liegen bereits ganz andere Strömungsverhältnisse vor als bei zylindrischen Rohren. Es tritt eine nennenswerte Zuspitzung des Geschwindigkeitsprofils ein, im Gegensatz zur konischen Verengung von 4°, wo eine Verschiebung zu einem abgeflachten Profil aufscheint. Bei stärkeren Erweiterungen oder längeren Diffusoren ist außerdem zu prüfen, ob es zur Ablösung und damit zur Umkehrung der Strömungsrichtung in den wandnahen Partien kommt.

Der beste Gesamtwirkungsgrad unter Berücksichtigung der Wandreibung, der Ablösungsverluste und der Erzielung einer möglichst dünnen Grenzschicht ergibt sich etwa bei 7° bei glatter Wandung mit $\lambda = 0{,}02$ und bei 9° bei rauher Wandung mit $\lambda = 0{,}1$. Der Wirkungsgrad wird aber nicht nur durch den Öffnungswinkel, sondern auch durch die Zuströmvorgänge vor dem Einlauf bestimmt.

Je länger z.B. eine „Einlaufstrecke", bestehend aus einem zylindrischen Rohrstück, vor dem Einlaufquerschnitt in den Konus ist, desto dicker ist die schädliche Grenzschicht schon beim Eintritt in den Diffusor, in dem die konische Erweiterung beginnt. Umso früher tritt somit die Ablösung auf, und umso schlechter wird der Wirkungsgrad des Diffusors.

Bei der Strömung in Rohren mit veränderlichem Querschnitt verändert sich die potentielle Energie mit der Geschwindigkeit gemäß der Bernoullischen Gleichung: Bei Rohrverengung und Geschwindigkeitszunahme sinkt die poten-

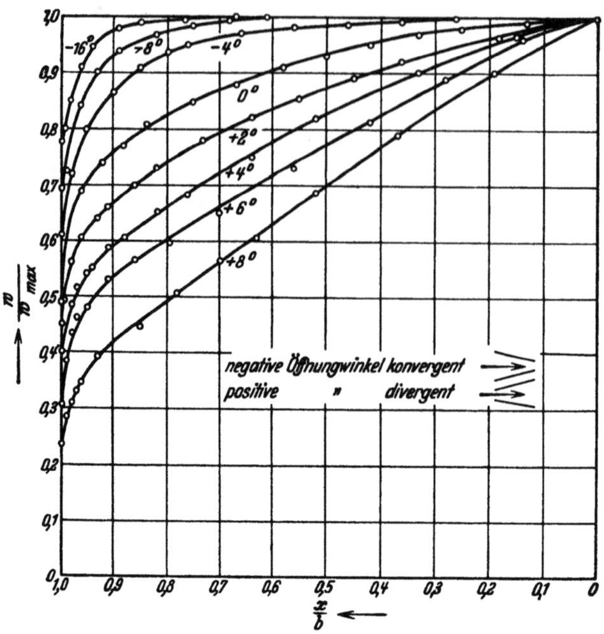

Abb. 22. w/w_{max} in Abhängigkeit von x/b bei verschiedenen Öffnungswinkeln α und $Re = 6{,}1 \cdot 10^4$ nach Messungen von Nikuradse ($2\,b$ = Kanalbreite, x = Abstand von der Kanalmitte)

tielle Energie und bei Rohrerweiterung und Geschwindigkeitsabnahme steigt die potentielle Energie in Strömungsrichtung. Unabhängig davon, ob es sich um eine Strömung durch ein Rohr mit konischer Erweiterung oder Verengung handelt, tritt jedoch in Strömungsrichtung infolge der Reibung ein Verlust an potentieller Energie ein. Der Energieverlust durch Reibung bei der Strömung durch Rohre mit konischer Querschnittsveränderung kann im allgemeinen wie folgt berechnet werden:

Bei Verengung oder Erweiterung wird immer folgende Bezeichnung gewählt:
Durchmesser in Flußrichtung $d_1 \ldots d_2$
Geschwindigkeiten in Flußrichtung $w_1 \ldots w_2$
Länge l
Winkel α
Damit wird für die konische Erweiterung (Diffusor)

$$\frac{l}{d_1} = \frac{1}{2 \tan \alpha/2} \left(\frac{d_2}{d_1} - 1\right)$$

und für die konische Verengung (Infusor)

$$\frac{l}{d_1} = \frac{1}{2 \tan \alpha/2} \left(1 - \frac{d_2}{d_1}\right)$$

Mit einem Durchschnittswert für die Widerstandszahl λ_R (s. auch Abb. 20), die an sich mit der Form des Geschwindigkeitsprofiles zusammenhängt, Abb. 22, kann man den durch Reibung bedingten Druckabfall berechnen

$$\Delta p = -\lambda \cdot \rho \int_2^1 \frac{w^2}{2} \frac{1}{2y} dl$$

wobei $2y$ der veränderliche Rohrdurchmesser ist. Mit der Kontinuitätsbedingung

$$4wy^2 = w_1 d_1^2 = w_2 d_2^2 \quad \text{und} \quad \frac{dl}{dy} = \frac{2l}{d_2 - d_1}$$

bei kegelförmigem Rohr erhält man durch Integration:

$$\Delta p = \lambda \frac{l}{d_1} \frac{1}{4} \left[1 + \frac{d_2}{d_1} + \left(\frac{d_2}{d_1} \right)^2 + \left(\frac{d_2}{d_1} \right)^3 \right] \frac{\rho w_2^2}{2} = \zeta_2 \frac{w_2^2}{2} \rho \tag{103}$$

in N/m^2.

Der Druckverlust in beliebigen Verlustquellen eines Rohrleitungssystems, z. B. in einem Rohr, einem Ventil oder einem Krümmer wird mit Hilfe des Widerstandsbeiwertes ζ ausgedrückt. Für den Druckverlust Δp, die durchschnittliche Geschwindigkeit w und ζ gilt der Zusammenhang $\Delta p = \zeta \frac{w^2}{2} \rho$. In zylindrischen Rohren ist $\zeta = \lambda \cdot \frac{l}{d}$ (s. auch Abschnitt 8.2).

Gl. (103) beschreibt die Vorgänge in kegelförmigen Verengungen, wo es keine Ablösungen gibt, und in kegelförmigen Erweiterungen bis $\alpha = 7°$ sehr gut. Setzt man hier analog

$$\Delta p = \zeta_2 \frac{w_2^2}{2} \rho$$

so ist $\zeta_2 = a \cdot \lambda$ (104)

mit $a = \frac{l}{d_1} \cdot \frac{1}{4} \left| 1 + \frac{d_2}{d_1} + \left(\frac{d_2}{d_1} \right)^2 + \left(\frac{d_2}{d_1} \right)^3 \right|$. (104a)

Abb. 23 zeigt den Wert a in Abhängigkeit von d_1/d_2 für verschiedene Verengungswinkel α.

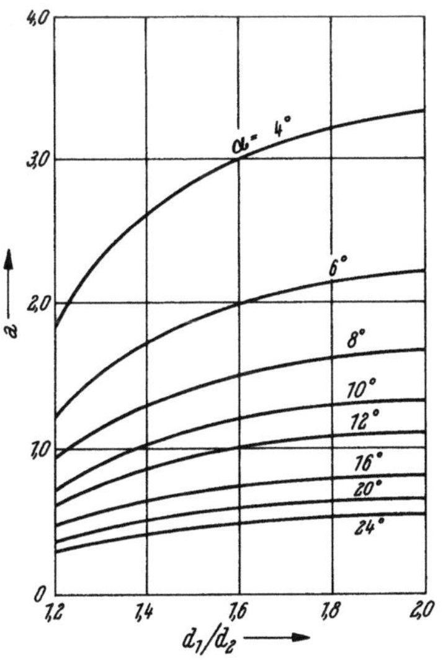

Abb. 23. Abhängigkeit von a und α für verschiedene Werte von d_1/d_2 für Infusoren

Für erweiterte Rohre (Diffusoren) wird man einen Erweiterungswinkel von etwa 7° wählen. Kleinere Winkel erhöhen unnütz die Reibung, wie die tieferstehenden Werte für *a* zeigen

	Werte von *a* für		
d_2/d_1	$\alpha = 4°$	$\alpha = 6°$	$\alpha = 7°$
1,2	3,85	2,56	2,19
1,4	10,18	6,78	5,81
1,6	19,89	13,25	11,35
1,8	34,02	22,66	19,41
2,0	53,72	35,78	30,66

Da nun ab 7° mit größer werdendem Winkel ein zusätzlicher Stoßverlust eintritt, Gl. (107), dessen Anteil vom Winkel α abhängt, erhöht sich bei Diffusoren mit größeren Winkeln ζ_2 erheblich, Abb. 24. Die Werte dieser Abbildung sind durch Versuche von Herning [18] belegt.

Berechnet man ζ_2 nach Gl. (104) für verschiedene $\frac{d_2}{d_1}$ und trägt die Kurven in Abb. 24 ein, dann erkennt man, daß ζ mit sinkendem α abnimmt, bei 8° ein Minimum erreicht und dann wieder zunimmt.

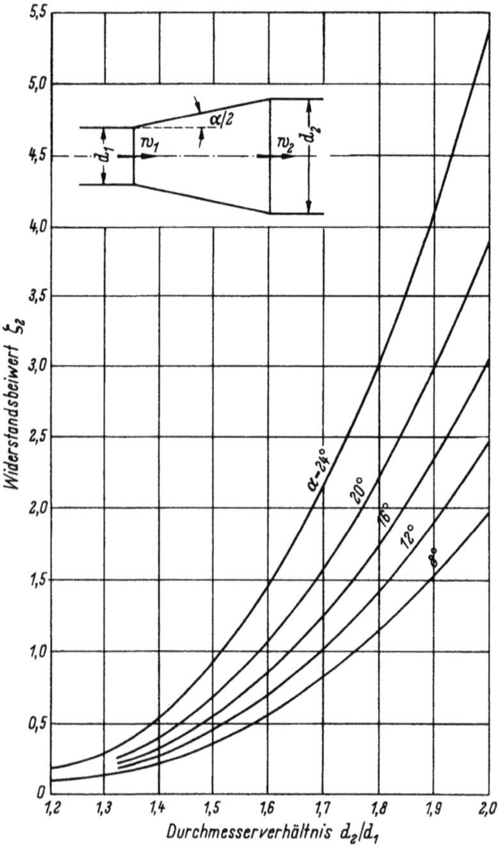

Abb. 24. Praktische Werte für den Widerstandsbeiwert ζ_2 von Rohrerweiterungen bei Öffnungswinkeln $\alpha = 8°$ und mehr (mit Strahlablösung) nach Herning

Die potentielle Energie ändert sich außer durch Reibung auch durch die Zu- oder Abnahme der kinetischen Energie, je nachdem, ob es sich um einen Infusor oder Diffusor handelt. Die Druckveränderung infolge der Geschwindigkeitsänderung ist

$$\frac{\rho}{2}(w_2^2 - w_1^2) \quad \text{in N/m}^2$$

Dieser Wert ist bei Verengung positiv und bei Erweiterung negativ. Wird also von dem Gewinn an Druckhöhe durch die Verzögerung das Δp durch Reibung abgezogen, so erhält man den tatsächlichen verbleibenden Druckanstieg.

Beispiel: Infusor $d_1 = 1{,}6$ m, $d_2 = 1$ m, $l = 2{,}4$ m, $\alpha = 14°$, $k = 0{,}04$ mm. Wasser mit 11 m³/s (bei 10°C und 10 kp/cm²) strömt durch diesen Infusor

$$a = \frac{2{,}4}{1{,}6}\,\frac{1}{4}\left[1 + \frac{1}{1{,}6} + \left(\frac{1}{1{,}6}\right)^2 + \left(\frac{1}{1{,}6}\right)^3\right] = 0{,}85$$

$$\zeta_2 = \lambda \cdot 0{,}85$$

$$w_1 = \frac{Q \cdot 4}{\pi \cdot d_1^2} = \frac{11 \cdot 4}{\pi \cdot 1{,}6^2} = 5{,}47 \text{ m/s}, \; w_2 = 14 \text{ m/s}$$

$$Re_1 = \frac{5{,}47 \cdot 1{,}6}{1{,}307} \cdot 10^6 = 6{,}7 \cdot 10^6, \; Re_2 = 10{,}7 \cdot 10^6$$

gewählt $\lambda = 0{,}011$ (s. Abb. 20)

$$\zeta_2 = 0{,}011 \cdot 0{,}85 \approx 0{,}01$$

$$\Delta p_{\text{Reibung}} = \zeta_2 \cdot \frac{w_2^2}{2}\rho = 0{,}01\,\frac{14^2}{2}\,1000 = 980 \text{ N/m}^2$$

Die Beschleunigungsarbeit ist

$$\frac{\rho}{2}(w_2^2 - w_1^2) = \frac{1000}{2}(196-30) = 83\,000 \text{ N/m}^2$$

$\Delta p_{\text{gesamt}} = 83\,000 + 980 = 83\,980$ N/m².

Wird mit den gleichen Angaben ein Diffusor gerechnet, dann ergibt sich

$d_1 = 1$ m, $d_2 = 1{,}6$ m, $l = 2{,}4$ m, $\alpha = 14°$, $\frac{d_2}{d_1} = 1{,}6$, $\zeta_2 \cong 0{,}77$ nach Abb. 24.

$$\Delta p_R = \zeta_2 \cdot \frac{w_2^2}{2}\rho = 0{,}77\,\frac{5{,}47^2}{2}\,1000 = 11519 \text{ N/m}^2.$$

Die Druckänderung infolge der Verzögerung wird

$$\frac{\rho}{2}(w_2^2 - w_1^2) = -\,83\,000 \text{ N/m}^2.$$

Davon geht der Reibungsverlust weg und es bleibt ein Energiegewinn von 71 481 N/m².

Der Wirkungsgrad der Umsetzung von Geschwindigkeit in Druck beträgt

$$\eta = \frac{71\,481}{83\,000} = 0{,}86.$$

Würde man Infusor und Diffusor hintereinanderschalten, ergäbe dies einen Gesamtverlust von 83 980 – 71 481 = 12 499 N/m². Der Diffusor holt also von den 83 980 N/m², die zur Erhöhung der Geschwindigkeitsenergie an der engsten Stelle des Infusors und zur Überwindung der Reibung in diesem aufgewendet wurden, wieder 71 481 N/m² zurück.

Solange die Veränderung des Volumens mit dem Druck vernachlässigt werden kann, gilt diese Rechnung auch für Gase. Ab etwa 5% bis zu 30% Druckänderung verwendet man besser einen Mittelwert für ρ, also $\left(\frac{\rho_1+\rho_2}{2}\right)$, um den Fehler nicht zu groß werden zu lassen. Bei Diffusoren und Infusoren wird man es meist mit relativ kleinen Druckänderungen zu tun haben, so daß mit dem gezeigten Verfahren auch bei Gasen gerechnet werden darf.

Nach Angaben von Herning [18] kann man die Gl. (104) auch folgendermaßen schreiben, wobei die Energieveränderung gleich mit einbezogen ist:

a) Für Infusoren

$$\zeta_1 = \frac{\lambda(d_1-d_2)}{8\,d_2\,\tan\alpha/2}\left[1+\frac{d_1}{d_2}+\left(\frac{d_1}{d_2}\right)^2+\left(\frac{d_1}{d_2}\right)^3\right]+\left[\left(\frac{d_1}{d_2}\right)^4-1\right] \qquad (105a)$$

ζ_1 bezogen auf w_1

$$\zeta_2 = \frac{\lambda(d_1-d_2)}{8\,d_1\,\tan\alpha/2}\left[1+\frac{d_2}{d_1}+\left(\frac{d_2}{d_1}\right)^2+\left(\frac{d_2}{d_1}\right)^3\right]+\left[1-\left(\frac{d_2}{d_1}\right)^4\right] \qquad (105b)$$

ζ_2 bezogen auf w_2

b) Für Diffusoren

$$\zeta_2 = \varphi\left[\left(\frac{d_2}{d_1}\right)^2-1\right]^2+\frac{\lambda(d_2-d_1)}{8\,d_1\,\tan\alpha/2}\left[1+\frac{d_2}{d_1}+\left(\frac{d_2}{d_1}\right)^2+\left(\frac{d_2}{d_1}\right)^3\right]-\left[\left(\frac{d_2}{d_1}\right)^4-1\right] \qquad (105c)$$

ζ_2 bezogen auf w_2.

Das erste Glied ist der Anteil des Carnotschen Stoßverlustes nach Gl. (107), wobei für den Anteil φ folgende Werte gelten:

α	Anteil φ des Carnot-Verlustes
8°	0,14
12°	0,22
16°	0,30
20°	0,40
24°	0,57

bei $\alpha > 60°$ ist $\varphi = 1$.

Für praktische Berechnungen sind die Gln. (105) sehr günstig, da sie schnell zum gewünschten Ergebnis führen.

Bei Infusoren wird der Bezug auf w_1 sehr oft wichtig sein, wenn man d_1 als Hauptdurchmesser der Leitung vorfindet und nun den Widerstandsbeiwert ζ und die äquivalente Rohrlänge für verschiedene Einbauten, die sich z. B. aus Infusor, Schieber und Diffusor mit eventuellem Dehnstück nach Schieber und vor Diffusor zusammensetzen, berechnen muß (s. dazu auch Abschnitt 8).

Im übrigen weichen die Angaben in der Literatur über diese Verluste beträchtlich voneinander ab [18, 45, 46]. Für genaue Berechnungen wird die vorstehende Methode empfohlen.

3.11.2 Stoßdiffusor

Bei einem Stoßdiffusor nach Abb. 25a tritt die Energie $\rho w_1^2/2$ vom engen Rohr in das weite Rohr ein. Im erweiterten Querschnitt ist nur noch die Bewegungsenergie $\frac{\rho w_2^2}{2}$ vorhanden. Die Energie von $\frac{\rho w_1^2}{2} - \frac{\rho w_2^2}{2}$ wird als verloren betrachtet.

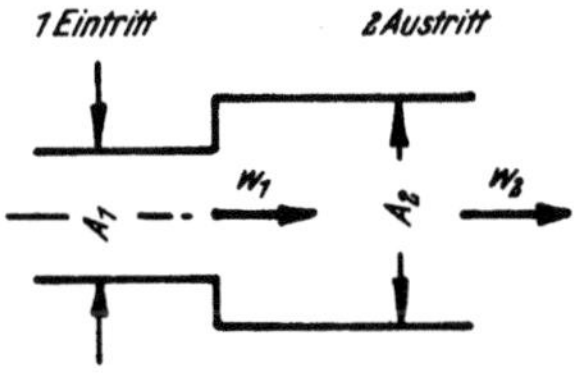

Abb. 25a

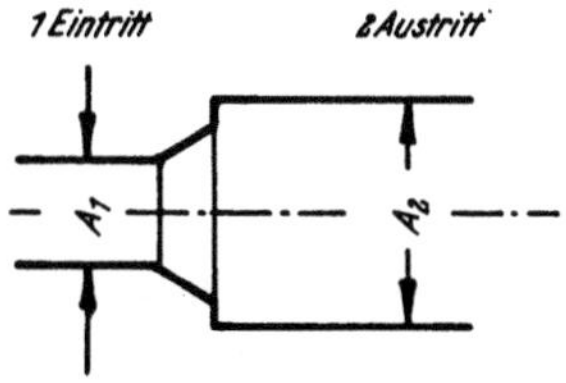

Abb. 25b

Abb. 25. Stoßdiffusor. a) Mit plötzlicher Erweiterung, b) mit konischem Zwischenstück (Kurzdiffusor)

Nach der Kontinuitätsbedingung muß außerdem sein

$$\rho A_2 w_2 = \rho A_1 w_1 .$$

Der unter diesen Voraussetzungen noch mögliche Druckanstieg $p_2 - p_1$ ergibt sich dann aus dem Impulssatz. Der in der Sekunde eintretende Impuls ist

$$\rho \cdot A_1 w_1 \cdot w_1 = \rho \cdot A_2 w_2 \cdot w_1$$

und der austretende Impuls ist

$$\rho A_2 w_2 \cdot w_2 .$$

Der mögliche Druckanstieg unter diesen Bedingungen ergibt sich dann aus

$$(p_2 - p_1) A_2 = \Delta p A_2 = \rho A_2 w_2 (w_1 - w_2)$$

zu

$$\Delta p = \rho w_2 (w_1 - w_2). \tag{106}$$

Nach der Bernoullischen Gleichung wäre ein Druckanstieg $p_2' - p_1$ möglich, der sich aus der Beziehung

$$p_2' - p_1 = \frac{\rho}{2}(w_1^2 - w_2^2)$$

ergibt. Damit ist der Verlust, der als Carnotscher Stoßverlust bezeichnet wird,

$$(p_2' - p_1) - (p_2 - p_1) = \frac{\rho}{2}[(w_1^2 - w_2^2) + 2 w_2^2 - 2 w_1 w_2]$$

$$\Delta p_{\text{Verl}} = \frac{\rho}{2}(w_1 - w_2)^2 = \frac{\rho w_2^2}{2}\left[\left(\frac{d_2}{d_1}\right)^2 - 1\right]^2 . \tag{107}$$

Der Wirkungsgrad eines solchen Stoßdiffusors wird

$$\eta = 2 \frac{m}{m+1} \tag{107a}$$

mit $m = A_1/A_2$.

Als Kurzdiffusor bezeichnet man einen Diffusor, der aus einem kurzen Diffusor mit konischer Erweiterung und einem anschließenden Stoßdiffusor mit plötzlicher Erweiterung, etwa nach Abb. 25 b besteht.

3.11.3 Stufendiffusor

Ein Stufendiffusor besteht aus mehreren hintereinandergeschalteten Stoßdiffusoren. Aus der obigen Beziehung zur Berechnung des Wirkungsgrades eines Stoßdiffusors geht hervor, daß dieser für m = 0,9 bis 1 über 0,94 liegt, also relativ gute Werte erreicht. Durch Hintereinanderreihen mehrerer Stoßdiffusoren mit geringer Erweiterung wird dadurch auch bei großer Erweiterung über mehrere Stufen der gleiche Wirkungsgrad wie bei kleiner Erweiterung jeder einzelnen Teilstufe erreicht. Abb. 26 zeigt die erreichbaren Wirkungsgrade für verschiedene Flächenverhältnisse A_2/A_1 und Stufenzahlen.

3.11.4 Ringdiffusor

Beim Ringdiffusor ist die sich in Strömungsrichtung erweiternde Querschnittsfläche eine Ringfläche.

Meist ist der Ringdiffusor ein Nabendiffusor, bei dem sich eine Nabe mit abnehmendem Querschnitt in einem Zylinder mit konstantem Durchmesser befindet, Abb. 27 a und 27 b.

Bei drallfreier Strömung tritt eine Ablösung der Strömung am Außenmantel gemäß Abb. 27 a ein.

Nabendiffusoren werden meist in Axial-Turbomaschinen verwendet, in denen außer der Axialströmung auch rotierende Querströmungen auftreten. Diese Quer-

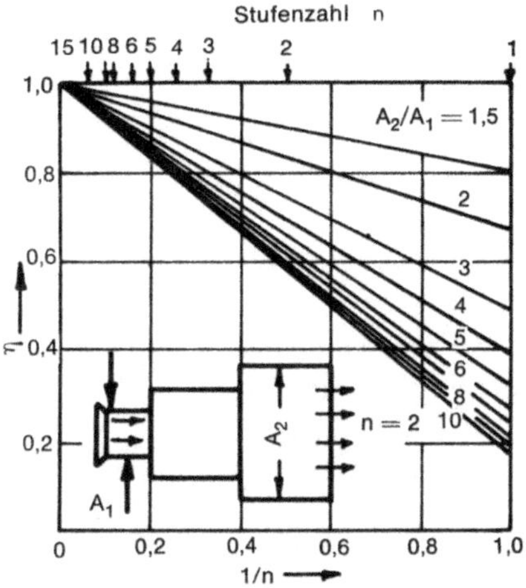

Abb. 26. Wirkungsgrade von Stufendiffusoren für verschiedene Flächenverhältnisse A_2/A_1

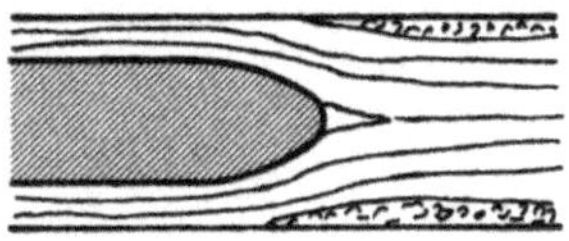

Abb. 27a

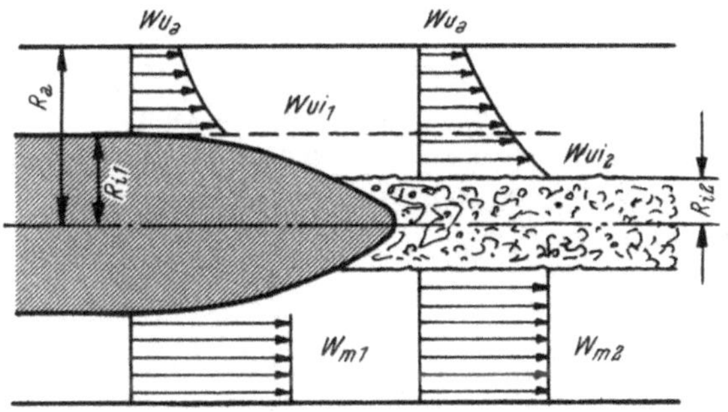

Abb. 27b

Abb. 27. Ringdiffusor. a) Drallfreie Strömung. Ablösung am Außenmantel, b) drallbehaftete Strömung. Ablösung an der Nabe

strömung folgt dem Gesetz $r \cdot w$ = const, die Umfangsgeschwindigkeit an der Nabe w_{ui} ist deshalb größer als die Umfangsgeschwindigkeit w_{ua} am Außenmantel. Deshalb kommt es auch gemäß Abb. 27 b an der Nabe zur Ablösung. Der zylindrische Wirbelraum hinter der Nabe kann wie ein starrer Körper betrachtet werden.

Abb. 27 b zeigt auch die Veränderung der Axialgeschwindigkeit w_m, die vom Wert w_{m1} im Querschnitt 1 auf den Wert w_{m2} im Querschnitt 2 abnimmt, und der Umfangsgeschwindigkeit w_u, die vom Wert w_{ui1} im Querschnitt 1 auf den Wert w_{ui2} im Querschnitt 2 zunimmt.

Je nachdem, ob im Nabendiffusor die Geschwindigkeitsabnahme von w_m oder die Geschwindigkeitszunahme von w_u in Strömungsrichtung überwiegt, kommt es zu einem Druckanstieg oder -abfall.

Ringdiffusoren verschiedenster Art kann man in Ersatzdiffusoren verwandeln, indem man zur Ein- und Austrittsfläche den äquivalenten Durchmesser bestimmt. Damit erhält man einen Ersatzdiffusor mit einem bestimmen Erweiterungswinkel.

Dieser Ersatzdiffusor wird nun gemäß Gl. (105c) berechnet. Mit dem so erhaltenen ζ_2 kann der Druckrückgewinn berechnet werden

$$\Delta p = -\zeta_2 \cdot \frac{w_2^2}{2} \rho \ \mathrm{N/m^2}.$$

Sind im Diffusor Unregelmäßigkeiten wie z.B. Flanschverbindungen oder Einbauten wie z.B. Streben vorhanden, dann muß ζ_2 korrigiert werden.

Ist z.B. eine Flanschverbindung mit $\zeta = 0{,}005$ (siehe Abb. 125) und 3 Streben mit einem geschätzten ζ von 0,05 vorhanden, dann wird

$$\zeta_{\text{Diffusor}} = -\zeta_2 + \zeta_{\text{Fl}} + \zeta_{\text{Str}} = -\zeta_2 + 0{,}005 + 0{,}05.$$

Sollte der Erweiterungswinkel nicht konstant sein, dann kann man den Diffusor entweder in Teildiffusoren zerlegen und getrennt berechnen oder bei kleinen Unterschieden mit dem aus dem äquivalenten Ein- und Austrittsmesser sich ergebenden mittleren Winkel rechnen.

3.11.5 Druckverteilung bei verzögerter Strömung in einem Diffusor

In einem Diffusor nach Abb. 21 a–d mit der Querschnittserweiterung vom Eintrittsquerschnitt 1 mit dem Durchmesser d_1 auf den Austrittsquerschnitt 2 mit dem Durchmesser d_2 soll eine verzögerte Strömung betrachtet werden. Bei stationärer Strömung ergibt sich in der Strömungsrichtung nach Gl. (102) ein Druckanstieg Δp_{st} von der Größenordnung

$$\Delta p_{st} = \frac{\rho}{2} (w_1^2 - w_2^2) \eta.$$

Bei verzögerter Strömung dagegen, die etwa dadurch entsteht, daß im Eintrittsquerschnitt ein Ventil allmählich verschlossen wird, ist der Druckanstieg in Strömungsrichtung um den Betrag $\Delta p'$ kleiner.

Da

$$\frac{w_2}{w_1} = \left(\frac{d_1}{d_2}\right)^2$$

und somit die „mittlere Geschwindigkeit"

$$\bar{w} = \frac{w_1 + w_2}{2} = \frac{w_1}{2}\left(1 + \frac{w_2}{w_1}\right) = \frac{w_1}{2}\left[1 + \left(\frac{d_1}{d_2}\right)^2\right] \approx \frac{w_1}{2}$$

ist, so erhält man

$$\Delta p' = \rho l \frac{d\bar{w}}{dt} = \frac{\rho l}{2} \cdot \frac{dw_1}{dt} \quad . \tag{108}$$

Damit wird der gesamte Druckanstieg in Strömungsrichtung nur

$$\Delta p = \Delta p_{st} - \Delta p'$$

$$\Delta p = \frac{\rho}{2}\left[\eta(w_1^2 - w_2^2) - l\,\frac{dw_1}{dt}\right]. \qquad (109)$$

Bei starker Verzögerung kann Δp auch negativ werden. Bei beschleunigter Strömung ist dagegen immer $\Delta p > \Delta p_{st}$. Diese Überlegungen gelten, solange die infolge der Elastizität der Flüssigkeit auftretenden Druckwellen so rasch hin- und herlaufen, daß die Flüssigkeit als vollkommen unzusammendrückbar betrachtet werden kann (vgl. Abschnitt 5.2 und insbesondere 5.23).

3.12 Berechnung des Volumenstromes aus dem Druckabfall in einem Venturirohr

Für die Strömung durch eine Rohrverengung gilt mit den Bezeichnungen nach Abb. 28 die Kontinuitätsgleichung

$$Q = A_1 w_1 = A_2 w_2$$

und die Energiegleichung

$$p_1 - p_2 = \frac{\rho}{2}(w_2^2 - w_1^2).$$

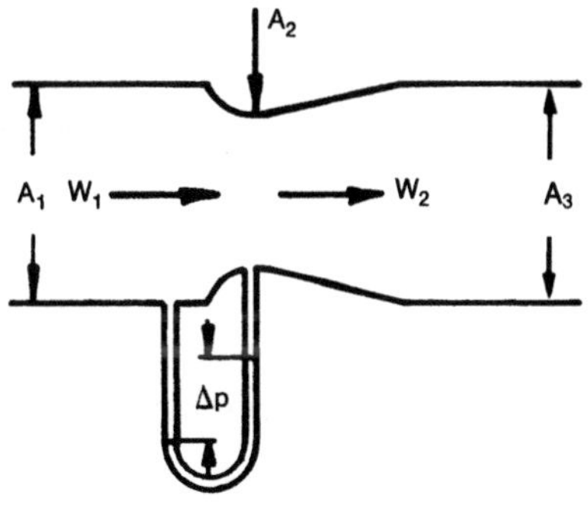

Abb. 28. Venturirohr

Aus diesen Gleichungen folgt

$$p_1 - p_2 = \frac{\rho w_2^2}{2}\left[1 - \left(\frac{A_2}{A_1}\right)^2\right]$$

und

$$w_2 = \sqrt{\frac{2(p_1 - p_2)}{\rho} \cdot \frac{1}{1 - \left(\frac{A_2}{A_1}\right)^2}}$$

Die Durchflußmenge Q wird

$$Q = A_2 w_2 = A_2 \sqrt{\frac{2(p_1 - p_2)}{\rho} \cdot \frac{1}{1 - \left(\frac{A_2}{A_1}\right)^2}}. \qquad (110)$$

Für eine genaue Berechnung ist auch der Einfluß der Reibung und der Querströmung, die sich der eindimensionalen Strömung überlagert, gemäß den Richtlinien für die Durchflußmengenmessungen mit Düsen und Blenden nach DIN 1952, Abschnitt 3, zu berücksichtigen.

Die Gl. (110) gilt jedoch nur, solange der Druck p_2 in A_2 höher als der Verdampfungsdruck ist. Sobald jedoch p_2 diesen erreicht, bleibt Q konstant und kann auch durch Senken des Gegendruckes im Austritt A_3 nicht mehr vergrößert werden, siehe Abschnitt 9.5.

3.13 Strömung von Flüssigkeiten und Gasen durch Drosselketten

Soll der Volumenstrom durch mehrere hintereinander geschaltete strömungstechnisch verschiedenartige Drosseln berechnet werden, so muß zuerst der Druck, der sich bei stationärer Strömung zwischen den einzelnen Drosseln einstellt, ermittelt werden.

Bei unzusammendrückbaren Flüssigkeiten ist die Berechnung einfach, wenn das „Drosselgesetz" für die betreffenden Drosselstellen bekannt ist. So ist z. B. für eine scharfkantige Blende mit dem Durchmesser D die hydraulische Querschnittsfläche $A = 0{,}66 \dfrac{D^2\pi}{4}$. Die Geschwindigkeit ergibt sich aus $\Delta p = \dfrac{\rho w^2}{2}$. Der durch die Drossel fließende Volumenstrom ist $Q = A\, w$.

Sind die Drosselelemente Kapillarrohre, bei denen die Verluste durch Bewegungsenergie gegenüber den Verlusten durch Reibung der laminaren Strömung vernachlässigt werden können, so gilt die Gl. (67), wobei ρw^2 vernachlässigt werden kann. Es ist $\Delta p = \text{const}\, w$, wobei w wieder der Mittelwert über das parabolische Geschwindigkeitsprofil im Querschnitt $A = D^2\pi/4$ ist.

Bei Kapillarrohren ist also

$$w = \frac{\Delta p\, d^2}{32\, \eta\, l} \tag{111}$$

Für die Strömung durch ein zylindrisches Rohr im turbulenten Bereich ist der Drosselvorgang durch die Beziehung

$$\Delta p = \frac{\rho w^2}{2} + \lambda \frac{l}{d} \cdot \frac{\rho w^2}{2}$$

also

$$w = \sqrt{\frac{2\, \Delta p}{\rho} \cdot \frac{1}{1 + \lambda \dfrac{l}{d}}} \tag{112}$$

zu beschreiben, wobei näherungsweise in einem gewissen Bereich λ unabhängig von w als konstant genommen werden kann. Für andere Drosselelemente müssen die Widerstandsgesetze je nach den vorliegenden Bedingungen festgelegt werden. Aus den gewählten Strömungsgesetzen für die Zuflußdrossel und für die Abflußdrossel läßt sich der Druck zwischen den beiden Drosselstellen dann einfach aus der Tatsache berechnen, daß der einströmende Volumenstrom gleich dem ausströmenden Volumenstrom sein muß.

Im folgenden seien hier zwei Sonderfälle näher betrachtet:
1. Strömung durch zwei hintereinandergeschaltete scharfkantige Blenden,
2. Strömung durch zwei hintereinandergeschaltete Kapillarrohre.

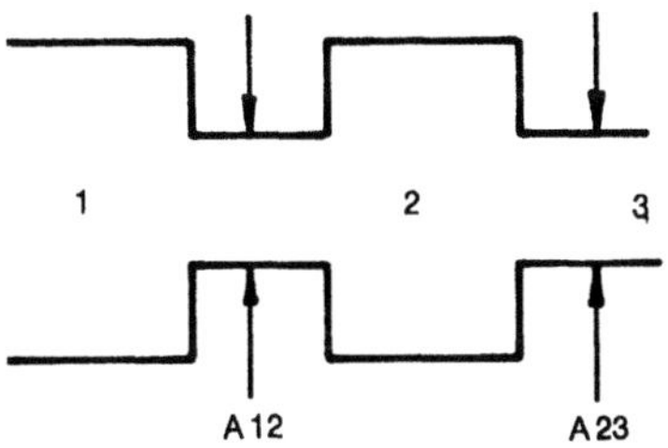

Abb. 29. Drosselkette

1. Für die turbulente Strömung durch zwei hintereinandergeschaltete Drosseln gilt mit den Bezeichnungen nach Abb. 29

$$Q = A_{12} \sqrt{\frac{2(p_1 - p_2)}{\rho}} = A_{23} \sqrt{\frac{2(p_2 - p_3)}{\rho}} \tag{113}$$

mit

$$\alpha_T = \left(\frac{A_{23}}{A_{12}}\right)^2 = \frac{p_1 - p_2}{p_2 - p_3} = \frac{1 - \frac{p_2}{p_1}}{\frac{p_2}{p_1} - \frac{p_3}{p_1}}$$

wird

$$\frac{p_2}{p_1} = \frac{1 + \alpha_T \frac{p_3}{p_1}}{\alpha_T + 1} \tag{114}$$

Ist p_3 konstant, so können die Drücke p_1 und p_2 als Überdrücke gegenüber p_3, und $p_3 = 0$ gesetzt werden . Mit

$$p'_1 = p_1 - p_3$$
$$p'_2 = p_2 - p_3$$
$$p'_3 = 0$$

ist dann

$$\frac{p'_2}{p'_1} = \frac{1}{1 + \alpha_T} \tag{114a}$$

mithin

$$p'_2 = \frac{p'_1}{1 + \alpha_T} = \frac{p'_1}{1 + \left(\frac{A_{23}}{A_{12}}\right)^2}$$

oder

$$\frac{p'_2}{p'_1} = \frac{1}{1 + \left(\frac{A_{23}}{A_{12}}\right)^2} . \tag{115}$$

2. Für die laminare Strömung durch zwei hintereinandergeschaltete Drosseln ergibt sich in ähnlicher Weise:

$$Q = A_{12} \cdot \text{const}\,(p_1 - p_2) = A_{23}\,\text{const}\,(p_2 - p_3) \tag{116}$$

und mit $\alpha_L = \frac{A_{23}}{A_{12}}$

$$\alpha_L = \frac{p_1 - p_2}{p_2 - p_3} = \frac{1 - \frac{p_2}{p_1}}{\frac{p_2}{p_1} - \frac{p_3}{p_1}}$$

bzw.

$$\frac{p_2}{p_1} = \frac{1 + \alpha_L \frac{p_3}{p_1}}{\alpha_L + 1} \tag{117}$$

oder gemäß den Überlegungen für turbulente Strömung und mit $p_3 = 0$

$$\frac{p_2'}{p_1'} = \frac{1}{1 + \alpha_L} = \frac{1}{1 + \frac{A_{23}}{A_{12}}}. \tag{118}$$

Abb. 30 zeigt den Zusammenhang zwischen dem Druckverhältnis p_2'/p_1' und dem Flächenverhältnis A_{23}/A_{12} für turbulente und laminare Strömung durch hintereinandergeschaltete Drosseln.

$$Q = \frac{A\,d^2}{32\,\eta\,l}\,(p_1 - p_2).$$

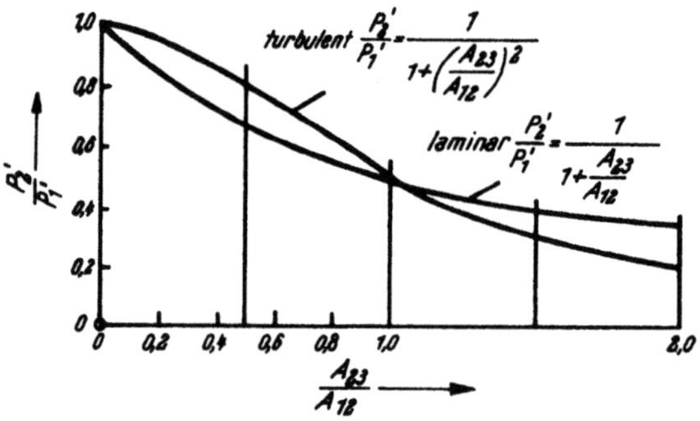

Abb. 30. Zusammenhang zwischen Druckverhältnis p_2'/p_1' und Flächenverhältnis A_{23}/A_{12} bei turbulenter und laminarer Strömung durch hintereinandergeschaltete Drosseln

Für den laminaren Ausfluß aus einer einzigen Drossel gilt hierbei, wenn diese Drossel aus einem langen, geraden, glatten Rohr besteht, Gl. (64).

p_1 Druck vor dem Rohreintritt

p_2 Druck hinter dem Rohraustritt

Für andere Drosselstellen gelten ähnliche Durchflußgesetze, z. B. Gl. (74) für einen engen Ringspalt nach Abschnitt 3.5.

$$Q = \frac{D\,\pi\,(\Delta D)^3}{96\,\eta\,l}\,(p_1 - p_2).$$

Wesentlich für die laminare Drosselung ist, daß der Volumenstrom dem Druckgefälle linear proportional ist. Es gilt somit für laminare Drosselung jeweils allgemein

$$Q = AK \cdot (p_1 - p_2), \tag{119}$$

wenn A den Querschnitt der Drossel, K eine charakteristische Konstante und $(p_1 - p_2)$ das Druckgefälle zwischen dem Druck vor und hinter der Drosselstelle bedeuten.

Ähnliche Überlegungen gelten auch für mehrere hintereinandergeschaltete Drosselstellen, wobei für jedes Drosselelement ein anderes Drosselgesetz gelten kann, also z. B. einige Drosseln mit rein laminarer Strömung und weitere mit turbulenter Strömung, oder auch mehrere Drosseln, für die etwa die Beziehung

$$\Delta p = K_1 w + K_2 w^2$$

gilt, in der K_1 und K_2 Konstante sind, usw.

Bei zusammendrückbaren Medien führt die mathematische Behandlung auf schwer lösbare Gleichungen. Für Luft und Gase muß deshalb der Volumenstrom durch Drosselketten unter Zuhilfenahme von Abb. 48 ermittelt werden.

3.14 Einfluß von Zähigkeit und Austrittsform auf die Ausflußmenge aus Gefäßen

Die aus einem Gefäß ausfließende Flüssigkeitsmenge einer nicht zusammendrückbaren Flüssigkeit wird im allgemeinen mit der Torricellischen Ausflußformel

$$w = \sqrt{2 g H} = \sqrt{2 \frac{\Delta p}{\rho}} \tag{120}$$

berechnet. Diese Formel gilt selbstverständlich nur unter der Bedingung, daß zwischen der Ausflußmündung und dem Flüssigkeitsspiegel kein Druckunterschied besteht. Der ausfließende Volumenstrom für ein Gefäß nach Abb. 31 ist dann

$$Q = A w = A \sqrt{2 g H}. \tag{121}$$

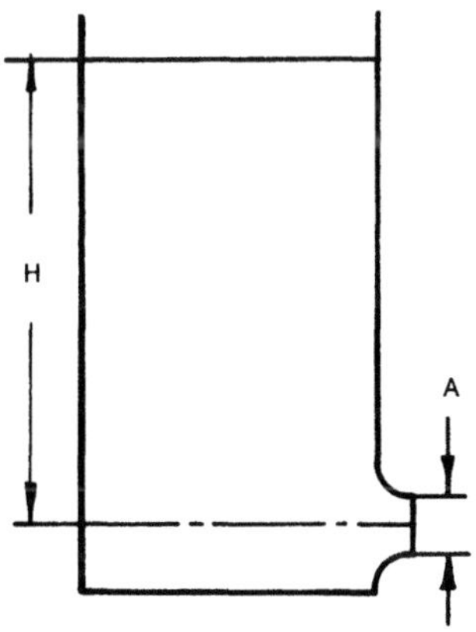

Abb. 31. Ausströmung aus Gefäßen

$H = \dfrac{\Delta p}{\rho g}$ in m

ρ kg/m^3

g 9,81 m/s^2

Δp N/m^2

Δp ist der Druckunterschied zwischen dem Druck vor der Austrittsöffnung und dem Umgebungsdruck.

Diese Beziehung gilt zunächst unter der Voraussetzung, daß der geometrische Querschnitt A der Austrittsöffnung mit dem für die Durchströmmenge maßgebenden „hydraulischen Querschnitt" $A_0 = \mu A$ identisch ist, das heißt, daß die Kontraktion μ und die Reibungserscheinungen im Austrittsquerschnitt vernachlässigt werden und die Geschwindigkeit über den Austrittsquerschnitt konstant ist.

Erfolgt der Ausfluß jedoch nicht durch eine Mündung, sondern durch ein Rohr bestimmter Länge, so ist zu entscheiden, ob die Strömung in dem Ausflußrohr laminar oder turbulent ist. Es ergeben sich anstelle der Torricellischen Gleichung andere Beziehungen zwischen der Ausflußmenge und dem Druck vor dem Eintritt in das Ausflußrohr.

Außerdem wird die Ausflußmenge durch die Lage des Ausflußrohres bestimmt. In einem horizontalen Rohr herrscht bei Reibungsfreiheit im Ein- und Austritt derselbe Druck, während ein nach abwärts gerichtetes Rohr eine zusätzliche Saughöhe erzeugt und die Ausflußmenge vergrößert.

Im folgenden sollen zunächst einige Gesetze für die Ausflußmenge durch eine einfache Mündung mit Berücksichtigung von Kontraktion und Reibung und anschließend verschiedene Gesetze für die Ausflußmenge durch Rohre zusammengestellt werden.

3.14.1 Ausfluß durch Düsen oder Blenden

1. Reibungsfreie Flüssigkeit, Düse mit guter stromlinienförmiger Abrundung im Einlauf, Abb. 32a.
Es gilt die Torricellische Gleichung

$$w = \sqrt{2gH}.$$

Meist kann die Kontraktion vernachlässigt werden. Es ist $\mu = 0{,}95$ und somit

$$Q = 0{,}95\,A\,\sqrt{2gH} \approx A\,\sqrt{2gH}.$$

2. Reibungsfreie Flüssigkeit, scharfkantige Blende oder Drossel, Abb. 32 b.
Die mittlere Ausflußgeschwindigkeit ist wieder

$$w = \sqrt{2gH},$$

der tatsächlich wirksame Querschnitt A_0 (A in Abb. 32), der die Ausflußmenge bestimmt, ist dagegen kleiner als der geometrische Querschnitt A (A_G in Abb. 32)

$$A_0 = \mu\,A.$$

Die Abb. 32 b, c und d zeigen eine scharfkantige Blende, eine sogenannte „Borda Mündung" und den Ausfluß durch ein Rohr mit scharfkantigem Einlauf. Für diese drei Beispiele sind in den Abbildungen die Kontraktionskoeffizienten angegeben. Das Ausflußvolumen ist

$$Q = \mu\,A \cdot \sqrt{2gH}.$$

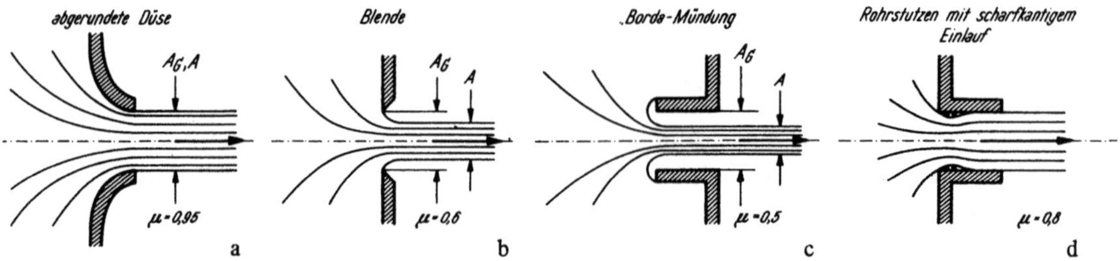

Abb. 32. Mündungsformen

3. Flüssigkeiten mit Reibungserscheinungen, Berücksichtigung der Kontraktion bei Ausfluß durch einen Rohrstutzen, Abb. 33.
Hier ist der tatsächlich erreichte Mittelwert

$$w = \varphi \sqrt{2gH}$$

etwas kleiner als der Mittelwert ohne Berücksichtigung der Reibung, weil in der Grenzschicht kleinere Geschwindigkeiten auftreten als im Kern der Strömung. Im Querschnitt $A_0 = \mu A$ kann es durch Wirbelbildung sogar zu einer Rückströmung kommen, wie dies in Abb. 33 dargestellt ist. Die Ausflußmenge ist dann

$$Q = \mu \cdot \varphi \cdot A \sqrt{2gH}.$$

3.14.2 Ausfluß durch ein horizontales Rohr

1. Reibungsfreie Flüssigkeiten.

In diesem Fall würde auch in einem Ausflußrohr kein Widerstand entstehen. Das Ausflußvolumen wäre ebenfalls

$$Q = A \cdot \sqrt{2gH},$$

wobei die Austrittsgeschwindigkeit

$$w = \sqrt{2gH}$$

unabhängig von der Lage des Rohres wäre, solange der Höhenunterschied H zwischen Flüssigkeitsspiegel und Ausflußöffnung konstant bleibt. Bei jeder technischen Flüssigkeit, in der minimale Reibungserscheinungen immer auftreten, entsteht aber eine Kontraktion im Einlauf nach Abb. 33. Trotz gleichem geo-

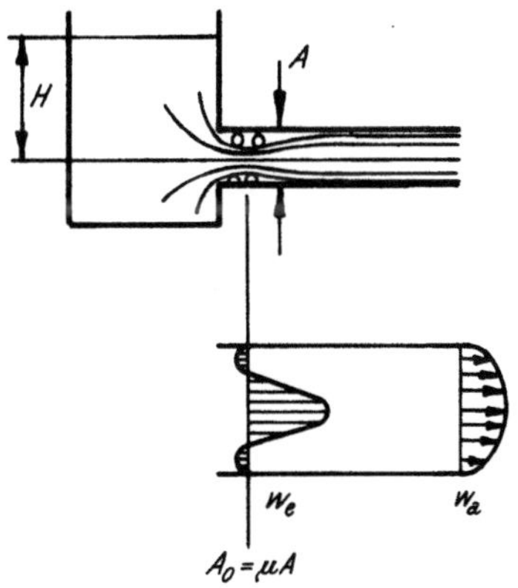

Abb. 33. Einfluß der Reibung auf die Strömung im Ausfluß

metrischen Rohrquerschnitt im Einlauf und Austritt ist dann der Einlaufquerschnitt infolge der Kontraktion kleiner als der Austrittsquerschnitt und es entsteht im Einlauf ein Unterdruck, weil die Geschwindigkeit dort größer ist als im Austritt. Nur dann, wenn der Unterschied zwischen der Einlaufenergie und der Austrittsenergie vernachlässigt werden könnte, wäre die Ausflußgeschwindigkeit immer noch

$$w = \sqrt{2gH}.$$

Dies ist aber offensichtlich nicht der Fall. Die Eintrittsmenge ist identisch mit der Ausflußmenge und mit den Bezeichnungen nach Abb. 33 und nach Abschnitt 3.14.1

$$Q = A\,\mu\,\varphi\,\sqrt{2gH} = A\,\bar{w}_A = A\,\bar{w}_E .$$

Infolge der ungleichen Verteilung der Geschwindigkeit über den Eintrittsquerschnitt ist die Eintrittsenergie aber wesentlich größer als die Austrittsenergie, denn trotz

$\bar{w}_A = \int_0^A \frac{w_A\,dA}{A} = \int_0^A \frac{w_E\,dA}{A} = \bar{w}_E$ ergibt sich

$$E_E = \frac{\rho}{2}\int_0^A w_E^3\,dA > E_A = \frac{\rho}{2}\int_0^A w_A^3\,dA .$$

Auch bei Flüssigkeiten mit sehr geringer Reibung wird somit die Ausflußmenge kleiner sein als beim Ausfluß ohne Rohr. Siehe dazu auch Abschnitt 3.15, Definition von Mittelwerten.

2. Flüssigkeiten mit Reibungserscheinungen und turbulenter Strömung im Ausflußrohr, ohne Berücksichtigung der Kontraktion, Abb. 34.

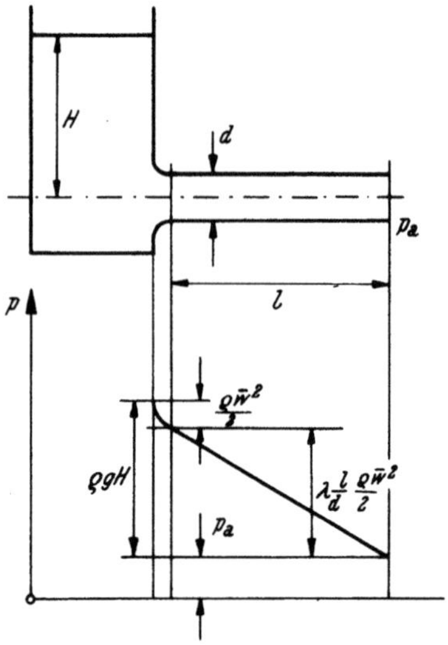

Abb. 34. Ausfluß bei turbulenter Strömung ohne Berücksichtigung der Kontraktion

Vernachlässigt man den in Abb. 33 dargestellten Einfluß der Kontraktion im Einlauf, so gilt für den Druckabfall in diesem

$$\Delta p_E = \frac{\rho\bar{w}^2}{2}$$

für den Druckabfall im Rohr mit der Länge l

$$\Delta p_R = \lambda\frac{l}{d}\,\frac{\rho\bar{w}^2}{2} ,$$

damit wird der gesamte Druckabfall Δp für den Einlauf und für die Verluste durch die Strömung im Rohr

$$\Delta p = \Delta p_E + \Delta p_R = \frac{\rho\bar{w}^2}{2}\left(1 + \lambda\frac{l}{d}\right) .$$

Die mittlere Ausströmgeschwindigkeit wird damit

$$\bar{w} = \sqrt{\frac{2\,\Delta p}{\rho} \cdot \frac{1}{1 + \lambda \frac{l}{d}}} \tag{122}$$

und die ausströmende Menge

$$Q = A\,\bar{w} = A \sqrt{\frac{2\,\Delta p}{\rho} \cdot \frac{1}{1 + \lambda \frac{l}{d}}} \tag{122a}$$

In dieser Beziehung wird aber immer noch folgendes vernachlässigt:

Bei guter Abrundung im Einlauf tritt eine nahezu gleichmäßige Verteilung der Geschwindigkeit über den Querschnitt ein. Im Laufe der turbulenten Strömung durch das Rohr bildet sich dann das Geschwindigkeitsprofil nach dem 1/7-Potenz-Gesetz aus. Die Druckenergie im Eintritt wird somit nicht nur zur Überwindung der Reibung im Rohr aufgebraucht, sondern bewirkt auch das Zustandekommen des ungleichen Geschwindigkeitsprofiles und somit eine Vergrößerung der kinetischen Energie zwischen dem Rohreintritt und dem Austritt.

3. Flüssigkeiten mit Reibungserscheinungen und turbulenter Strömung im Ausflußrohr, mit Berücksichtigung der Kontraktion im Einlauf.

Der gesamte Druckabfall ist wieder

$$\Delta p = \Delta p_E + \Delta p_R\,.$$

Δp_E ist aber jetzt nicht $\frac{\rho \bar{w}^2}{2}$ wie in Abb. 34, sondern

$$\int_0^A \frac{\rho\, w_E^2}{2}\, dA\,.$$

Infolge der Kontraktion ist der Mittelwert von w_E^2 bzw. von w_E^3 größer als der Mittelwert von

$$w_A^2 \quad \text{bzw.} \quad w_A^3\,.$$

Es ist

$$Q = \bar{w} \cdot A = \int_0^{\mu A} w_E\, dA\,,$$

wobei allerdings in den Randpartien $A(1-\mu)$ keine Flüssigkeit strömt (s. Rückströmung in Abb. 33).

Wenn von einer teilweisen Rückgewinnung durch Diffusorwirkung im Rohr abgesehen wird, kann man setzen

$$\Delta p_E \approx \frac{\rho \bar{w}^2}{2} \cdot \frac{1}{\mu^2}\,. \tag{123}$$

Damit ergibt sich die mittlere Strömungsgeschwindigkeit zu

$$\bar{w} = \sqrt{\frac{2\,\Delta p}{\rho} \cdot \frac{1}{\frac{1}{\mu^2} + \lambda \frac{l}{d}}} \tag{124}$$

und die Ausflußmenge zu

$$Q = A\,\bar{w}\,.$$

4. Zähe Flüssigkeiten und laminare Strömung im Ausflußrohr, Abb. 12.

Hier ist bei parabolischer Geschwindigkeitsverteilung im Austritt der Unterschied zwischen der Geschwindigkeitsenergie im Austritt

$$E_A = \frac{\rho}{2} \int_0^A w^3 dA$$

und der Geschwindigkeitsenergie bei gleichmäßiger Verteilung über dem Querschnitt im Eintritt

$$E_E = \frac{\rho \overline{w}^2}{2} \cdot A \cdot \overline{w}$$

immerhin nennenswert. Wir unterscheiden hier wieder drei Möglichkeiten:

a) Die Ausflußmenge wird ausschließlich durch Zähigkeitskräfte bestimmt.

b) Berücksichtigung der Einlaufenergie allein, neben den Zähigkeitskräften.

c) Berücksichtigung der Veränderung der Strömungsenergie durch Veränderung des Geschwindigkeitsprofils.

Zu a: (In Abb. 12 sind $\rho \overline{w}^2/2$ bzw. $\rho \overline{w}^2 = 0$ zu setzen.)

Betrachten wir diesen Fall, in dem überhaupt keine Trägheitskräfte berücksichtigt werden. So ist die mittlere Geschwindigkeit

$$\overline{w} = \frac{\Delta p r^2}{8 \eta l} = \frac{\rho g H r^2}{8 \eta l}$$

und die Ausflußmenge ist

$$Q = A \, \overline{w} = A \frac{\rho g H r^2}{8 \eta l} = \frac{\rho g H r^4 \pi}{8 \eta l} .$$

Zu b: Bei Berücksichtigung der Einlaufenergie allein ist in Abb. 12 am Rohrende statt $\rho \overline{w}^2$ auch $\rho \overline{w}^2/2$ zu setzen. Wie bei der reibungsfreien Flüssigkeit ist an allen Stellen des Einlaufs die Geschwindigkeit

$$\overline{w} = \sqrt{\frac{2 \Delta p_E}{\rho}}$$

wobei aber Δp_E nur das Gefälle zwischen dem Druck vor dem Einlauf und hinter dem Einlauf ist. Die Geschwindigkeit ist dann zunächst an allen Stellen des Einlaufs gleich groß und gleich dem Mittelwert $\overline{w}$. Erst in entsprechender Entfernung nach Durchströmen der „Einlaufstrecke" bildet sich das parabolische Geschwindigkeitsprofil aus. Damit ergibt sich der Druck und die Geschwindigkeitsverteilung nach Abb. 12. Ein Teil des verfügbaren Gefälles wird zur Erzeugung der Einlaufgeschwindigkeit verwendet, ein weiterer Teil zur Überwindung des Druckabfalles im Rohr, wobei auch hier der Druckabfall in der Einlaufstrecke, solange das parabolische Profil noch nicht ausgebildet ist, wesentlich größer sein wird, als nach Durchlaufen der Einlaufstrecke. Vernachlässigt man diesen Unterschied zwischen dem Widerstand in der Einlaufstrecke und dem Widerstand nach Durchlaufen der Einlaufstrecke, so könnte man etwa setzen

$$\rho g H = \frac{\rho \overline{w}^2}{2} + \frac{8 \overline{w} \eta l}{r^2} = \Delta p. \tag{125}$$

Die Geschwindigkeit $\overline{w}$ kann aus dieser quadratischen Gleichung berechnet werden, und die Ausflußmenge ist $Q = A \, \overline{w}$.

Zu c: Nach Gl. (67) ist der gesamte Druckabfall im Rohr

$$\Delta p = \rho \overline{w}^2 + \frac{8 \eta l \overline{w}}{r^2}, \tag{126}$$

wobei wieder aus dieser quadratischen Gleichung der Mittelwert der Geschwindigkeit berechnet werden kann und die Ausflußmenge wieder $Q = A\,\overline{w}$ ist.

3.14.3 Ausfluß durch ein lotrechtes Rohr

Für den Ausfluß durch ein lotrecht nach unten gerichtetes Rohr ergibt sich zunächst die Druckverteilung nach Abb. 35. Am Boden des Gefäßes ist der

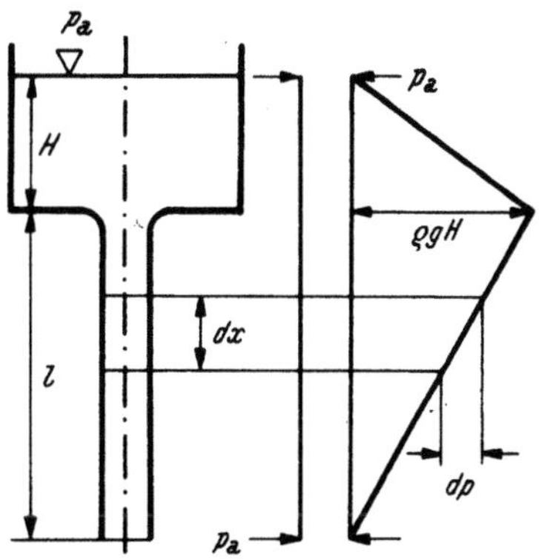

Abb. 35. Ausströmen durch ein lotrechtes Rohr ohne Berücksichtigung der Einlaufverluste

Zähe Flüssigkeit $\rho g (H + l) = \Delta p = 8 \eta l \overline{w}/r^2$, dünnflüssige Fluide $\rho g (H + l) = \Delta p = \lambda \frac{l}{d} \cdot \rho \cdot \frac{w^2}{2}$.

Druck $\rho g H$. Der Druck am unteren Ende des Auslaufrohres ist gleich dem Umgebungsdruck p_a. Für die Strömung im Ausflußrohr gilt ähnlich wie bei der Strömung durch ein horizontal liegendes Rohr, jedoch unter gleichzeitiger Berücksichtigung der Schwerkraft und der Reibungskräfte

$$-r^2 \pi \rho g\, dx + 2 r \pi \tau\, dx = r^2 \pi\, dp$$

nach Kürzen durch $r^2 \pi\, dx$

$$-\rho g + \frac{2\tau}{r} = \frac{dp}{dx}.$$

Damit ergibt sich die Ausflußmenge in gleicher Weise wie für die Strömung im horizontalen Rohr

$$Q = \frac{r^4 \pi \rho g}{8 \eta l} (H + l). \tag{127}$$

Bei reibungsfreiem Ausfluß wäre die Ausflußmenge dagegen

$$Q = r^2 \pi \sqrt{2 g (H + l)}. \tag{128}$$

Die Zeit, die eine bestimmte Flüssigkeitsmenge benötigt, um durch ein lotrecht nach unten gerichtetes Ausflußrohr aus einem Behälter auszuströmen, kann als Maß für die Zähigkeit einer Flüssigkeit angegeben werden. Das Meßgerät, das für diese Zähigkeitsmessung verwendet wird, heißt „Englersches Viskosimeter“.

Obwohl die folgenden Überlegungen eigentlich zum Abschnitt 6.2 über quasistationäre Strömungen gehören, soll in Anbetracht der Bedeutung der Zähigkeitsmessung in Englergraden schon hier auch die Zeit berechnet werden, die vergeht, bis sich die Spiegelhöhe in einem Behälter mit einem nach unten gerichteten offenen Ausflußrohr um eine bestimmte Höhe absenkt. Im Zeitelement dt strömt die Menge dQ aus und der Spiegel mit der Oberfläche A sinkt gleichzeitig um dH. Daraus ergibt sich die Beziehung

$$dQ = -A\, dH = \frac{r^4 \pi \cdot \rho g}{8 \cdot \eta l} (H + l)\, dt$$

$$-\frac{8 \eta l A\, dH}{r^4 \pi \rho g (H + l)} = dt, \quad \Delta t = -\frac{8 \eta l A}{\rho g r^4 \pi} \int_{H_a}^{H_e} \frac{dH}{H + l}.$$

Durch Integration ergibt sich

$$\Delta t = \frac{8 \eta l A}{\rho g r^4 \pi} \ln \frac{H_a' + l}{H_c + l} = \frac{8 \nu l A}{g r^4 \pi} \ln \frac{H_a + l}{H_e + l}, \tag{129}$$

wobei $\nu = \dfrac{\eta}{\rho}$ ist.

Damit wurde der quantitative Zusammenhang zwischen der kinematischen Zähigkeit ν und der Ausflußzeit für eine bestimmte Flüssigkeitsmenge aus einem Gefäß mit lotrechtem Ausflußrohr angegeben.

Abb. 36 zeigt schließlich noch die Druckverteilung beim Ausfluß durch ein lotrechtes Rohr für ein reibungsbehaftetes dünnflüssiges Fluid mit Berücksichtigung der Einlaufenergie.

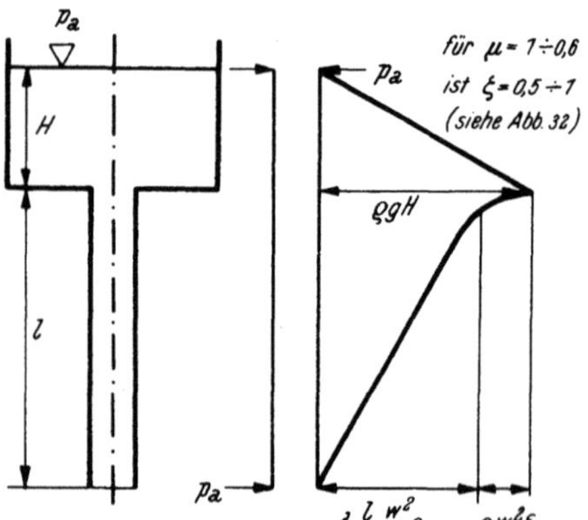

Abb. 36. Ausströmen durch ein lotrechtes Rohr mit Berücksichtigung der Einlaufverluste $\zeta \rho \overline{w}^2$

Hierbei wäre $\zeta = 1/2$, wenn die Veränderung des Geschwindigkeitsprofiles vernachlässigt wird und $\zeta = 1$, wenn aus einer über dem Eintrittsquerschnitt konstanten Einlaufgeschwindigkeit im Austritt ein genau parabolisches Profil entsteht. Bei etwaigen Kontraktionsvorgängen im Einlauf kann jedoch auch bei parabolischer Verteilung im Austritt $\zeta \lesseqgtr 1$ werden.

Die Abb. 35 und 36 gelten natürlich für eine stationäre Strömung, bei der die durch das lotrechte Rohr abfließende Flüssigkeitsmenge im Gefäß oberhalb des Rohres wieder zufließt, so daß H konstant bleibt.

Die Ausführungen des hiermit abgeschlossenen Abschnittes 3.14 sollten in erster Linie einen prinzipiellen Überblick über die vielen möglichen charakteristischen und ganz verschiedenartigen Vorgänge beim Ausfluß durch Rohre, Düsen und Blenden geben. Zahlenangaben für Ausflußbeiwerte in dem in der Technik meist vorkommenden Bereich sind in Abschnitt 8 zu finden.

3.15 Definition von Mittelwerten

Viele falsche Schlußfolgerungen sind darauf zurückzuführen, daß bei verschiedenen Berechnungen oder Messungen jeweils verschiedene Mittelwerte gemessen bzw. verwendet werden. Man unterscheidet zwischen:

Statistischen Mittelwerten, z. B. mittlerer Tropfen-Radius eines Nebels, der sich in einem ruhenden Gas befindet.

Örtlichen Mittelwerten, z. B. Mittelwert der Geschwindigkeit über einen Strömungsquerschnitt.

Zeitlichen Mittelwerten, z. B. Mittelwert der Geschwindigkeit oder des Staudrucks bei einer pulsierenden Strömung.

3.15.1 Statistische Mittelwerte

Man unterscheidet:

Den linearen Mittelwert

$$\bar{r}_1 = \frac{\Sigma\, n\, r}{\Sigma\, n} \tag{130}$$

den quadratischen Mittelwert

$$\bar{r}_2 = \sqrt{\frac{\Sigma\, n\, r^2}{\Sigma\, n}} \tag{131}$$

den kubischen Mittelwert

$$\bar{r}_3 = \sqrt[3]{\frac{\Sigma\, n\, r^3}{\Sigma\, n}} \tag{132}$$

3.15.2 Örtliche Mittelwerte

Hier soll als Beispiel der Übergang einer laminaren Strömung mit parabolischem Geschwindigkeitsprofil in eine vollkommen reibungsfreie Strömung betrachtet werden, bei der im gesamten Kreisquerschnitt eine konstante Geschwindigkeit herrscht. Dann ist der Mittelwert der Geschwindigkeit im laminaren Einlauf

$$c = \frac{1}{R^2 \pi} \int_0^R w\, 2\, r\, \pi\, dr. \tag{133}$$

Die maximale Geschwindigkeit im parabolischen Einlauf ist $2\,c$. Der Berechnung des Staudruckes q ist aber z. B. dann der Mittelwert aus dem Quadrat der Geschwindigkeit zugrunde zu legen

$$q = \frac{1}{R^2\pi} \cdot \frac{\rho}{2} \int_0^R w^2\, 2 r \pi\, dr\,. \tag{134}$$

Der Mittelwert aus dem Quadrat der Geschwindigkeit ist aber wesentlich größer als das Quadrat des Mittelwertes der Geschwindigkeit c^2.

Noch wichtiger als für die Berechnung des Staudruckes ist die richtige Mittelwertbildung für die Definition der Energie eines strömenden Fluids:

Bei Rohren mit Kreisquerschnitt ist die durch einen elementaren Ringquerschnitt der gesamten Kreisfläche durchfließende Energie

$$w \cdot 2 r \pi\, dr \frac{\rho w^2}{2} = 2 r \pi\, dr \frac{\rho w^3}{2}$$

und die durch den gesamten Querschnitt fließende Energie E ist somit

$$E = \int_0^R \frac{\rho w^3}{2} \cdot 2 r \pi\, dr\,. \tag{135}$$

Diese Energie ist wesentlich größer als diejenige, die sich aus der Berechnung der Energie aus dem Mittelwert der Geschwindigkeit

$$c = \frac{\int_0^R w\, 2 r \pi\, dr}{R^2 \pi}$$

zu

$$E^* = \frac{R^2 \pi \rho c^3}{2} \tag{136}$$

ergeben würde.

Der Faktor

$$\vartheta = \frac{\int_0^R w^3\, 2 r \pi\, dr}{c^3 R^2 \pi} \tag{137}$$

ist für die parabolische Geschwindigkeitsverteilung bei laminarer Strömung im kreisrunden Rohr $\vartheta = 2$. Für die Geschwindigkeitsverteilung nach dem $1/n$ Potenz-Gesetz für turbulente Strömung ist ϑ der folgenden Tabelle zu entnehmen.

$n =$	6	8	10
$\vartheta =$	1,078	1,046	1,031

Die Bernoullische Gleichung unter Berücksichtigung der ungleichen Geschwindigkeitsverteilung über den Querschnitt $A = R^2\pi$ heißt dann

$$gH = \frac{p}{\rho} + \frac{1}{A c^3 \rho} \int_0^R \frac{w^3 \rho}{2} 2 r \pi\, dr = \frac{p}{\rho} + \vartheta \frac{c^2}{2}\,, \tag{138}$$

wobei die Druckenergie über den ganzen Querschnitt als konstant betrachtet wird. Ähnliche Überlegungen gelten auch bei zeitlichen Geschwindigkeitsschwankungen.

3.15.3 Zeitliche Mittelwerte

Betrachten wir als Beispiel eine pulsierende Strömung, bei der sich die Geschwindigkeit nach der Beziehung

$$w = w_0(1 + \sin \omega t) \tag{139}$$

mit der Zeit ändert, oder mit $w_0 = 1$

$$w = 1 + \sin \omega t. \tag{139a}$$

Der Staudruck ist als Funktion der Zeit oder als Funktion von $\omega t = x$ dann

$$q = \frac{\rho}{2}(1 + \sin x)^2 = \frac{\rho}{2}(1 + 2 \sin x + \sin^2 x). \tag{140}$$

Der Mittelwert

$$\frac{\rho}{2} \int_0^{2\pi} \frac{w^2 dx}{2\pi}$$

ergibt sich zu

$$\frac{\rho}{2} \cdot \frac{1}{2\pi} \cdot (2\pi + 0 + \pi) = \frac{\rho}{2} \cdot \frac{3}{2}. \tag{141}$$

Der zeitliche Mittelwert der Geschwindigkeit w ist $c = \frac{1}{2\pi} \int_0^{2\pi} w dx = 1$ und es ist auch $c^2 = 1$.

$\frac{\rho c^2}{2}$ wäre damit $\frac{\rho}{2}$, also wesentlich kleiner als der Mittelwert des Staudruckes

$$\frac{1}{2\pi} \int_0^{2\pi} \frac{\rho w^2}{2} dx = \frac{3}{2} \cdot \frac{\rho c^2}{2}.$$

Eine besondere Bedeutung hat die richtige Definition von Mittelwerten für die Meßtechnik:

Ist etwa bei einer pulsierenden Strömung ein Manometer wie üblich über eine Drosselstelle an eine Meßstelle angeschlossen, so ist der Anzeigewert des Druckes ein Mittelwert, der sich dadurch ergibt, daß durch die Drossel periodisch Flüssigkeit zum Manometer fließt, solange der Druck in der Rohrleitung höher ist als der angezeigte Wert und durch die Drosselstelle wieder Flüssigkeit zurückfließt, solange der Druck in der Rohrleitung niedriger ist als der Mittelwert, der am Manometer angezeigt wird. Je nach der Art der Druckschwankung, die durch den Zusammenhang zwischen Druck und Zeit genau angegeben wird, den Abmessungen und der Gestalt der Drosselstelle, der Zähigkeit der Flüssigkeit usw. ergibt sich dann ein Anzeigewert am Manometer, der meist kleiner ist als der zeitliche Mittelwert. Ähnliche Überlegungen gelten für Temperaturmessungen und Wärmeübergangsberechnungen, bei denen sich der Wärmeübergangskoeffizient ganz wesentlich mit der Strömungsgeschwindigkeit und Grenzschichtdicke verändert.

4. Strömung von Gasen, Gasdynamik

Nur für Strömungen mit ganz kleinen Druckänderungen, bei denen die Veränderung des Volumens infolge der Druckänderung vernachlässigt werden kann, gelten näherungsweise die Gesetze für die Strömung von Flüssigkeiten. Sobald aber die Veränderung des Volumens infolge der Druckänderungen nicht mehr vernachlässigt werden kann, folgt die Strömung anderen Gesetzen. Dabei ändert sich das Volumen des Gases während der Strömung entsprechend der Zustandsgleichung immer verkehrt proportional dem Druck [1, 3, 7, 10, 31, 37, 48, 56, 60].

Auch alle Ähnlichkeitsbetrachtungen bei gleichen Reynolds-Zahlen beim Vergleich zwischen Strömungen von Flüssigkeiten und Gasen gelten wie bereits erwähnt nur, solange die Veränderung des Volumens mit der Druckänderung vernachlässigt werden kann.

4.1 Zähigkeit der Gase

Im Abschnitt 3.3.1 wurde schon erwähnt, daß die dynamische Zähigkeit η der Gase in den praktisch vorkommenden Temperatur- und Druckbereichen unabhängig vom Druck, die kinematische Zähigkeit ν jedoch dem Druck verkehrt proportional ist.

In Tab. 6a und b sind einige Werte der Zähigkeit für Gase und gesättigten Wasserdampf angegeben.

Abb. 37 und 38 zeigen Daten für kinematische Zähigkeit von Gasen, Luft und Wasserdampf. Angaben über dynamische Zähigkeit finden sich in Abschnitt 8.4.

Tabelle 6a. *Kinematische Zähigkeit ν für Gase bei 1 bar und 0°C*

	cSt
Äthan, C_2H_6	6,46
Äthylen, C_2H_4	7,62
Kohlenmonoxid, CO	13,46
Methan, CH_4	14,32
Sauerstoff, O_2	13,50
Schwefeldioxid, SO_2	4,10
Stickstoff, N_2	13,20

Tabelle 6b. *Kinematische Zähigkeit ν für gesättigten Wasserdampf*

p [bar]	t [°C]	ν [cSt]
1	99,1	21,60
2	119,6	12,10
3	132,9	8,80
4	142,9	7,00
5	151.1	5,90
10	179,0	3,10
20	211,4	1,70
30	232,8	1,20
40	249,2	0.92
50	262,7	0,74
100	309,5	0,39

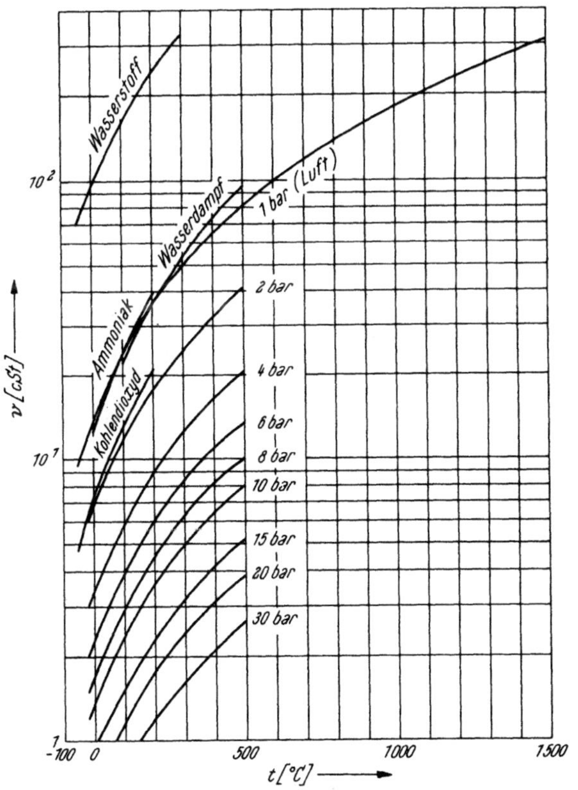

Abb. 37. Kinematische Zähigkeit ν für Gase und Dämpfe bei 1 bar und für Luft bei 1 bis 30 bar

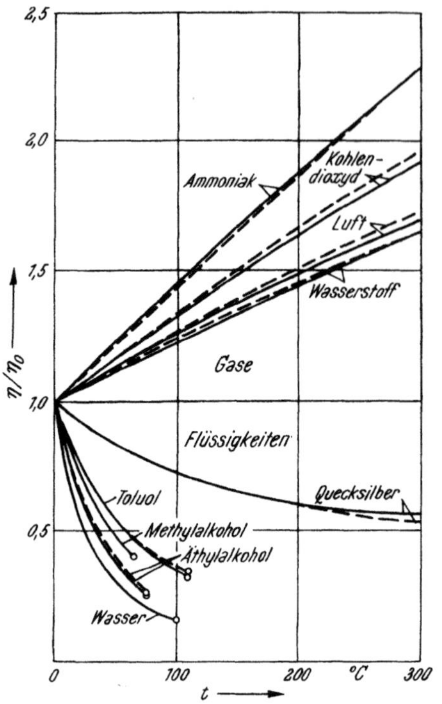

Abb. 38. Temperaturabhängigkeit der dynamischen Zähigkeit η von Flüssigkeiten und Gasen. Ausgezogene Linien nach Landolt-Börnstein, strichlierte Linien nach Gleichungen von Truckenbrodt [43]

4.2 Ausströmen von Gasen aus Gefäßen bei geringem Druckgefälle

Solange die Veränderung des Volumens mit dem Druck vernachlässigt werden darf, kann die Gleichung $w = \sqrt{\frac{2\,\Delta p}{\rho}}$ für Flüssigkeiten unverändert auch für Gase verwendet werden. Sobald jedoch die Veränderung des Volumens mit dem Druck etwas höhere Werte erreicht, kann – je nach der verlangten Genauigkeit etwa für Druckänderungen von 5 bis 30% – das folgende Näherungsverfahren verwendet werden:

Man ersetzt im p, v-Diagramm, Abb. 39, die gekrümmte Kurve durch die strichlierte Gerade. Dann ist die spezifische Verdichtungsarbeit für 1 kg Gas

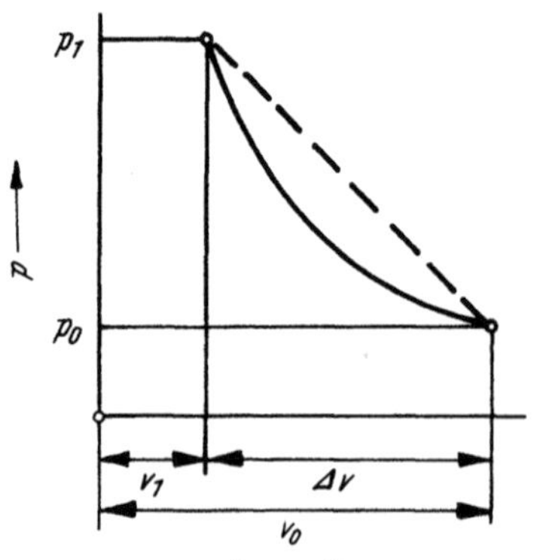

Abb. 39. Ausströmen von Gasen. pv-Diagramm. Ausgezogene Linie, adiabate Expansion. Strichlierte Linie, Näherungswert zur vereinfachten Berechnung nach Gl. (144)

$$W = \int_{p_2}^{p_1} v dp = (p_1 - p_0)\frac{v_0 + v_1}{2} = \Delta p \bar{v} = \frac{\Delta p}{\bar{\rho}} . \tag{142}$$

Wird die gesamte für die Verdichtung aufgewendete Arbeit W für 1 kg Gas beim Ausströmvorgang in Bewegungsenergie der ausströmenden Gasmasse verwandelt, so gilt andererseits

$$W = \frac{w^2}{2} \tag{143}$$

Aus der Verbindung der beiden Gleichungen folgt:

$$w = \sqrt{2 \Delta p \frac{v_0 + v_1}{2}} = \sqrt{\frac{2 \Delta p}{\bar{\rho}}} \tag{144}$$

wobei $\bar{\rho} = \frac{\rho_0 + \rho_1}{2}$ ist.

Für nicht allzu große Druckunterschiede kann also die Gleichung zur Berechnung der Ausströmgeschwindigkeit von inkompressiblen Flüssigkeiten auch für Gase verwendet werden, wenn man ρ durch den Mittelwert $\bar{\rho}$ zwischen der Dichte vor und nach der Expansion ersetzt.

4.3 Ausströmen von Gasen aus Gefäßen bei hohem Druckgefälle. Das kritische Druckverhältnis

Für höhere Druckgefälle muß auf Gl. (38) für die spezifische Verdichtungsarbeit von 1 kg Gas zurückgegriffen werden. Diese liefert in Verbindung mit Gl. (143) die Beziehung für die Ausströmgeschwindigkeit

$$w_m = \sqrt{\frac{2 \kappa p_0 v_0}{\kappa - 1} \left[1 - \left(\frac{p_m}{p_0}\right)^{\frac{\kappa - 1}{\kappa}}\right]} \tag{145}$$

Hierin bezeichnet der Index 0 den Anfangszustand im Behälter und m den Zustand in der Mündung. Es ist $p_0 \gg p_m$.

Wenn man von der Enthalpie bei adiabater Verdichtung ausgeht, kommt man zu wesentlich einfacheren Beziehungen. Für W kann man dann auf Gl. (40) zurückgreifen. Sie lautet hier für die Temperatur T_0 im Behälter und T_m in der Ausflußöffnung

$$W_{ad} = c_p (T_0 - T_m) = h_0 - h_m . \tag{146}$$

W_{ad} spezifische Gasarbeit in kJ/kg
c_p spezifische Wärme bei konstantem Druck in kJ/kg K
T absolute Temperatur in K
h spezifische Enthalpie (Wärmeinhalt) in kJ/kg.

Bei Benützung der h,s-Diagramme für Luft und Wasserdampf, Abb. 40 und 41, können die Werte für h direkt abgelesen werden.

Die Ausflußgeschwindigkeit folgt auch aus Gl. (143, 146)

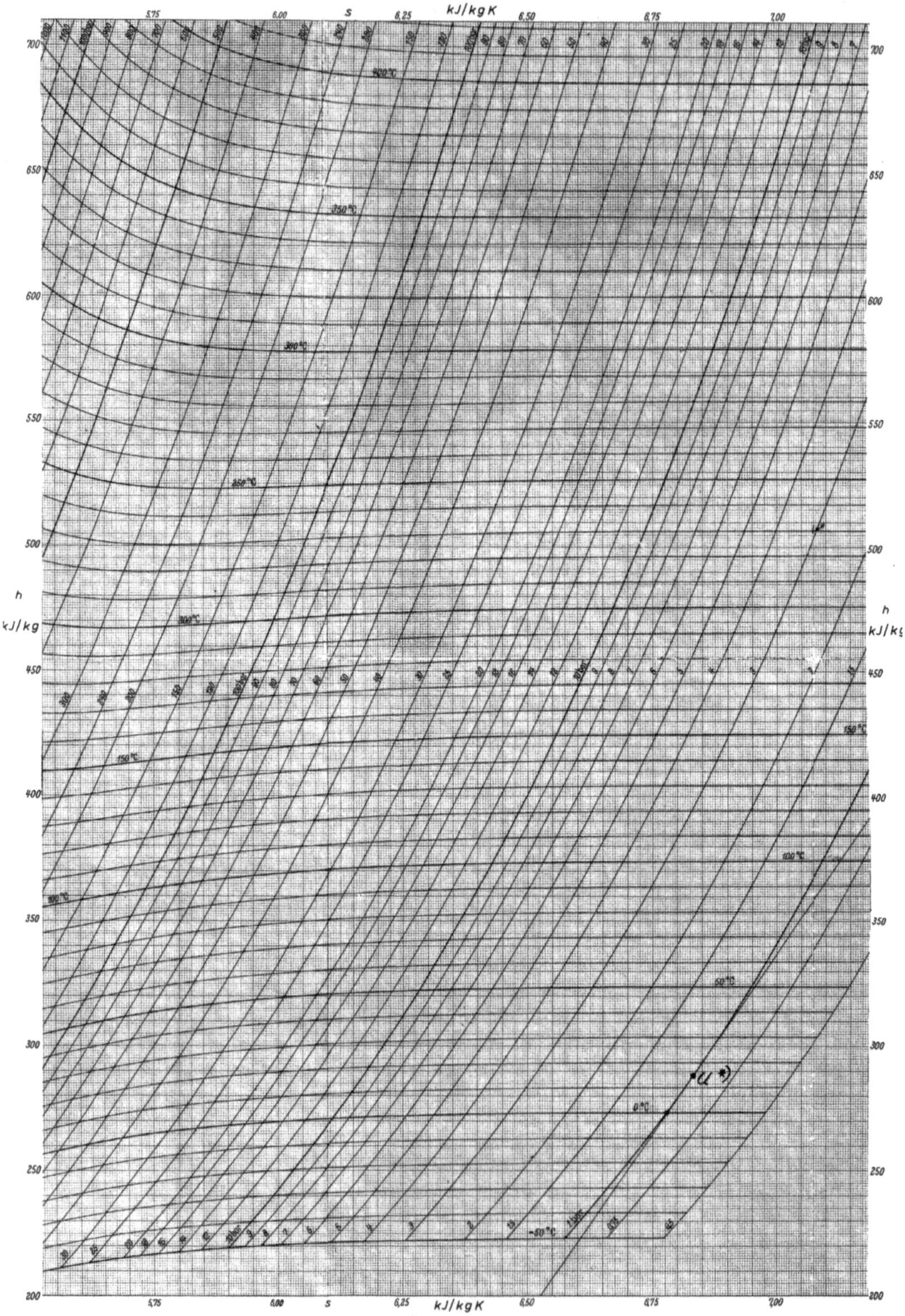

Abb. 40. Mollier-h,s-Diagramm für Luft. Temperaturbereich: $-50°C$ bis $420°C$, Einheit des Druckes p: 1 bar = $10^5\,N/m^2$, Einheit der spez. Enthalpie h: 1 kJ/kg, Einheit der spez. Entropie s: 1 kJ/kg K. Aus: Baehr, H. D., Schwier, K., Thermodynamische Eigenschaften der Luft. Berlin-Göttingen-Heidelberg: Springer. 1961. *) Der Punkt U ist der Umgebungszustand für die Berechnung der Energie. Er ist $t_u = 15°C$ ($T_u = 288{,}15$ K), $p_u = 1$ bar. Mit der spez. Enthalpie h und der spez. Entropie s kann die Exergie $e = h - h_u - T_u(s - s_u)$ berechnet werden

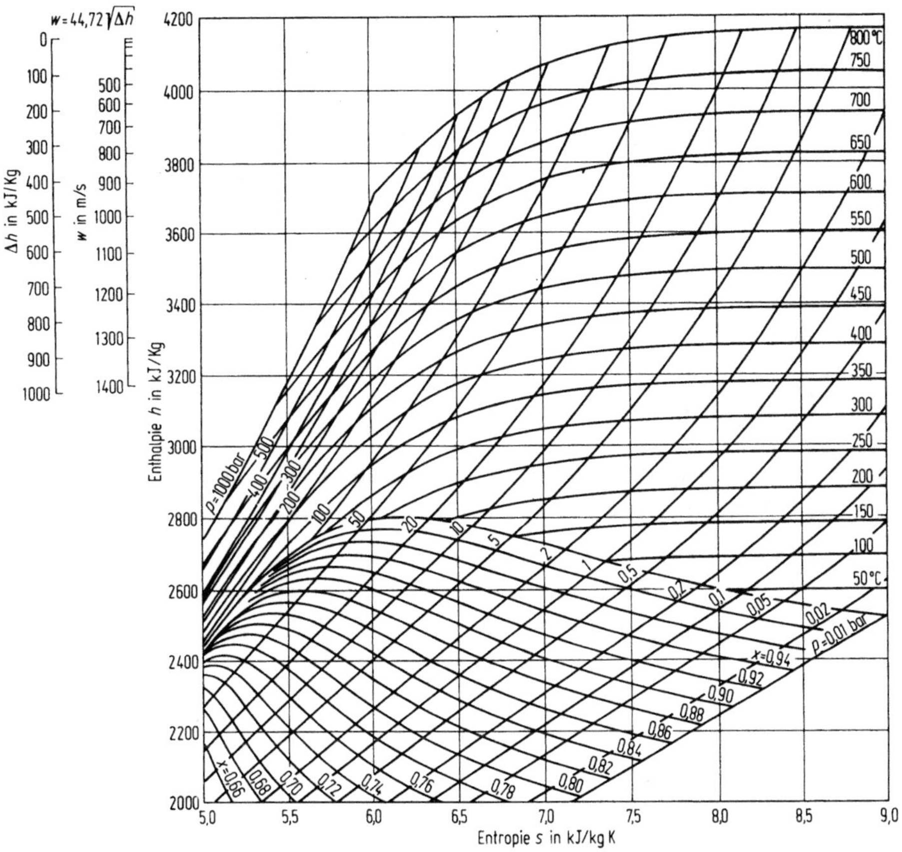

Abb. 41. *h,s*-Diagramm für Wasserdampf [7], 14. Auflage. x = Masseanteil des Wasserdampfes im Flüssigkeits-Dampfgemisch

$$W_{ad} = c_p\,(T_0 - T_m) = \frac{w_m^2}{2}$$

$$w_m = \sqrt{2\,c_p\,(T_0 - T_m)} = \sqrt{2\,(h_0 - h_m)}\,. \tag{147}$$

Die Gasmasse $\dot{m}$ in kg/s, die durch den Querschnitt A_m strömt, ist

$$\dot{m} = A_m\,\rho_m\,w_m\,. \tag{148}$$

Wird in Gl. (148) die Gl. (145) eingesetzt, so erhält man für die ausströmende Gasmasse

$$\dot{m} = \psi\,\frac{A_m}{v_0}\,\sqrt{2\,p_0 v_0} = \psi\,A_m\,\sqrt{2\,p_0\rho_0} \tag{149}$$

mit $\rho_m = \dfrac{1}{v_m}$ und $v_m = v_0\left(\dfrac{p_0}{p_m}\right)^{1/\kappa}$,

wobei für ψ gesetzt wird

$$\psi = \sqrt{\frac{\kappa}{\kappa-1}\left[\left(\frac{p_m}{p_0}\right)^{\frac{2}{\kappa}} - \left(\frac{p_m}{p_0}\right)^{\frac{\kappa+1}{\kappa}}\right]}\,. \tag{150}$$

Für $\kappa = 1{,}4$ ist die Funktion ψ in Abhängigkeit vom Druckverhältnis p_m/p_0 in Abb. 42 dargestellt. Bei $p_m/p_0 = 0{,}52$ erreicht ψ den Maximalwert $\psi_{max} = 0{,}484$

$$\psi_{max} = \left(\frac{2}{\kappa+1}\right)^{\frac{1}{\kappa-1}}\sqrt{\frac{\kappa}{\kappa+1}} \tag{150a}$$

Nur der ausgezogene Teil der Kurve hat physikalisch einen Sinn. (Würde nämlich der Druck p_m dem strichliert gezeichneten Bereich entsprechend geringer werden als $0{,}52\,p_0$, so würde mit fallendem Druck p_m aus der Mündung weniger Gas ausströmen, weil die Zunahme des spezifischen Volumens mit fallendem Druck größer als die Zunahme der Ausströmgeschwindigkeit würde. Dies ist jedoch nicht möglich.)

Das Druckverhältnis, bei dem $\dot{m}$ ein Maximum erreicht und somit das größtmögliche Gasgewicht ausströmt, heißt das kritische Druckverhältnis. Es kann für beliebige κ aus Gl. (150) durch Differentiation gewonnen werden zu

$$\left(\frac{p_m}{p_0}\right)_{kr} = \left(\frac{2}{\kappa+1}\right)^{\frac{\kappa}{\kappa-1}} . \tag{151}$$

Das entsprechende Temperaturverhältnis bei adiabater Expansion wird in Verbindung mit Gl. (39) gefunden zu

$$\left(\frac{T_m}{T_0}\right)_{kr} = \frac{2}{\kappa+1} . \tag{152}$$

Für $\kappa = 1{,}4$ ergibt sich hieraus $T_0 = 1{,}2\,T_m$ oder $T_m = \dfrac{T_0}{1{,}2}$.

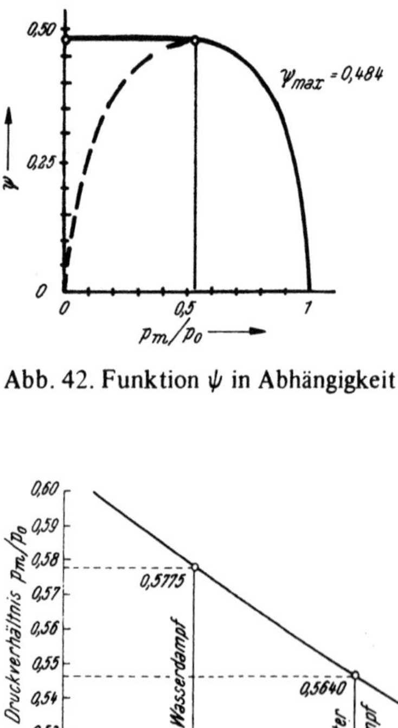

Abb. 42. Funktion ψ in Abhängigkeit vom Druckverhältnis p_m/p_0

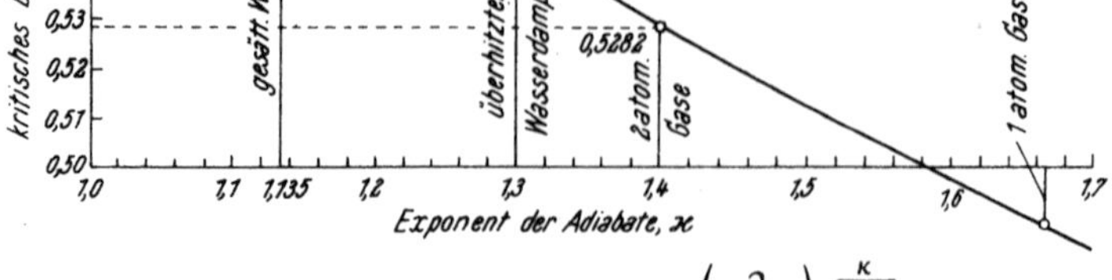

Abb. 43. Kritisches Druckverhältnis $p_m/p_0 = \left(\dfrac{2}{\kappa+1}\right)^{\frac{\kappa}{\kappa-1}}$ für verschiedene κ-Werte

Adiabatenexponenten κ für verschiedene Gase und Wasserdampf zeigt Tab. 7 und Abb. 43 gibt das kritische Druckverhältnis für verschiedene Adiabatenexponenten κ.

Tabelle 7. *Adiabatenexponent κ für verschiedene Medien*

Medium	Zeichen	Adiabatenexponent κ
Luft	–	1,402
Helium	He	1,660
Argon	Ar	1,660
Wasserstoff	H_2	1,409
Stickstoff	N_2	1,400
Sauerstoff	O_2	1,400
Kohlenoxid	CO	1,400
Stickoxid	NO	1,390
Stickoxydul	N_2O	1,270
Kohlendioxid	CO_2	1,300
Schwefeldioxid	SO_2	1,272
Methan	CH_4	1,319
Äthan	C_2H_6	1,200
Propan	C_3H_8	1,130
Butan-n	C_4H_{10}	1,100
Äthylen	C_2H_4	1,25
Azetylen	C_2H_2	1,255
Benzoldampf	C_6H_6	(1,1)[1]
Ammoniak	NH_3	1,313
Chlorwasserstoff	HCl	1,400
Schwefelwasserstoff	H_2S	1,330
Sattdampf	–	1,135
Heißdampf	–	1,300
Naßdampf	–	$1{,}035 + 0{,}1\,x$ (x = Sättigungsgrad, bei Sattdampf $x = 1$)

[1] Klammerwerte sind unsicher.

Für das kritische Druckverhältnis ergibt sich die maximale Ausströmgeschwindigkeit des Gases durch Verbindung der Gln. (145, 151, 152) zu

$$w_m = \sqrt{\kappa R T_m}\,. \tag{153}$$

Der Wurzelausdruck ist die im folgenden mit a_m bezeichnete Schallgeschwindigkeit an der Mündung bei der Temperatur T_m. Diese ist kleiner als die Schallgeschwindigkeit im Behälter bei der Temperatur T_0.

$$a_0 = \sqrt{\kappa R T_0}\,. \tag{154}$$

Damit wird die Ausströmgeschwindigkeit bei überkritischem Druckverhältnis

$$a_m = \sqrt{\kappa R T_m} = a_0 \sqrt{\frac{T_m}{T_0}}\,. \tag{155}$$

Für Luft ergibt dies unter Benützung von Gl. (152)

$$a_m \approx 0{,}9\, a_0.$$

Für Sattdampf ist näherungsweise $a_m = 323\sqrt{p \cdot v}$.

Die Ausströmgeschwindigkeit bei überkritischem Druckverhältnis ist also nur eine Funktion der Temperatur T_0 im Behälter und unabhängig vom Anfangsdruck p_0 sowie vom Druck hinter dem Ausströmquerschnitt A_m.

Die bei diesem Vorgang aus Druckenergie in Bewegungsenergie umgesetzte Arbeit ist dabei für $\kappa = 1{,}4$

$$W = c_p T_0 \left(1 - \frac{1}{1{,}2}\right) = 0{,}17\, c_p T_0\,. \tag{156}$$

Für die Zustandsgrößen Druck, Dichte, Temperatur und Schallgeschwindigkeit im Ausflußquerschnitt bei überkritischem Ausströmen ergeben sich die Zusammenhänge nach Tab. 8 zwischen den Werten an der Mündung (Index m) und denen im Behälter (Index 0).

Tabelle 8. *Kritische Werte der Zustandsgrößen im Ausflußquerschnitt (Index m) bei Ausfluß aus einem Behälter (Index 0)*

Zustandsgröße	allgemeine Formel für kritisches Verhältnis	$\kappa = 1{,}4$ Luft, O_2, N_2	$\kappa = 1{,}135$ Sattdampf	$\kappa = 1{,}3$ Heißdampf
Druck	$\frac{p_m}{p_0} = \left(\frac{2}{\kappa + 1}\right)^{\frac{\kappa}{\kappa - 1}}$	0,528	0,577	0,546
Dichte	$\frac{\rho_m}{\rho_0} = \left(\frac{2}{\kappa + 1}\right)^{\frac{1}{\kappa - 1}}$	0,634	0,616	0,628
Temperatur	$\frac{T_m}{T_0} = \frac{2}{\kappa + 1}$	0,833	0,937	0,870
Schallgeschwindigkeit	$\frac{a_m}{a_0} = \sqrt{\frac{2}{\kappa + 1}}$	0,913	0,968	0,933

4.4 Rechenbeispiele für das Ausströmen von Gasen

4.4.1 Ausströmende Leckluft aus einem Druckluftnetz

In einer Druckluftleitung, durch die Luft von $p_0 = 7$ bar strömt, und in der eine Temperatur $T_0 = 300$ K herrscht, entsteht eine Leckstelle von $A = 1\ \text{cm}^2$. Es soll der ausströmende Leckluftstrom berechnet werden.

Die Ausströmung erfolgt hier überkritisch. Der Druck in der Leckstelle ist also

$$p_m = 7 \cdot 0{,}53 = 3{,}7\ \text{bar}.$$

Die Temperatur in der Austrittstelle ist

$$T_m = \frac{T_0}{1{,}2} = \frac{300}{1{,}2} = 250 \text{ K}.$$

Mit $a = 330$ m/s bei 0°C wird die Ausströmgeschwindigkeit in der Mündung

$$a_m = 330 \sqrt{\frac{T_m}{273}} = 330 \sqrt{\frac{250}{273}} = 316 \text{ m/s}.$$

Der ausströmende Volumenstrom ist

$$Q = a_m A = 316 \cdot 10^{-4} \text{ m}^3/\text{s} = 1{,}9 \text{ m}^3/\text{min}$$

von 250 K und 3,7 bar.

Auf 0°C und 1 bar bezogen ergibt sich

$$1{,}9 \frac{273}{250} \cdot \frac{3{,}7}{1} = 7{,}7 \text{ m}^3/\text{min}.$$

Die Dichte ρ_0 bei 0°C und 273 K ergibt sich aus der Zustandsgleichung zu

$$\rho_0 = \frac{p_0}{R T_0} = \frac{10^5}{287 \cdot 273} = 1{,}276 \text{ kg/m}^3.$$

Die in der Stunde durch die Leckstelle strömende Luftmasse ist mithin

$$7{,}7 \cdot 1{,}276 \cdot 60 = 589 \text{ kg/h}.$$

Die Dichte an der Mündung ist $\rho_m = \dfrac{p_m}{R \cdot T_m} = \dfrac{3{,}7 \cdot 10^5}{287 \cdot 250} = 5{,}17 \text{ kg/m}^3$. Hiermit ergibt sich die Luftmasse auch aus $Q \rho_m \cdot 60 = 1{,}9 \cdot 5{,}17 \cdot 60 = 589$ kg/h.

Die Rohre und Armaturen eines Druckluftleitungssystems sollen so installiert werden, daß möglichst geringe Leckverluste auftreten. Außer Undichtheiten im Leitungssystem selbst können auch in der Kompressorstation wie in Schläuchen, Schlauchkupplungen und Drosselventilen der Druckluftwerkzeuge und anderer pneumatischer Ausrüstungen Leckverluste entstehen. Leckmessungen zeigen sogar in Industrieanlagen manchmal überraschend hohe Verluste auf. Wo alte Installationen unzureichend überwacht und gewartet wurden, bilden Verluste von 25 bis 30% der gesamten Kompressorleistung keinen ungewöhnlichen Wert.

Diese Leckverluste in permanenten Industrieinstallationen lassen sich jedoch in der Regel auf 5% der Kompressorleistung vermindern, wenn die Anlage ordentlich installiert und gewartet wird. Die Kosten einer Durchsicht und Überholung des gesamten Druckluftsystems sind gering im Vergleich zu den Kosten der verlorenen Druckluftenergie. Schon durch die kleinsten Löcher strömen nach und nach große Luftmengen aus. Die Tab. 9 zeigt, wieviel m³/min Druckluft bei 7 bar aus Löchern verschiedener Größe entweichen und wieviel Energie notwendig ist, um diese Druckluftmengen zu erzeugen.

Für andere Netzdrücke ist die Luftmenge, die durch ein Leck austritt, dem absoluten Druck im Netz proportional.

Tabelle 9. *Leck- und Energieverluste bei der Ausströmung von Luft von 7 bar für Lochdurchmesser 1–7 mm*

Lochdurchmesser mm	Leckverlust m^3/min bei 0°C, 1 bar	Kompressions-Energieverlust PS	kW
1	0,06	0,4	0,3
3	0,6	4,2	3,1
5	1,6	11,2	8,3
10	6,3	44	33

Die wirtschaftliche Bedeutung dieser dauernden Verluste liegt auf der Hand, wenn man diese Verluste mit dem Druckluftverbrauch eines Druckluftwerkzeugs vergleicht, das nur einen bestimmten Ausnützungsgrad aufweist und daher nur zeitweilig Luft verbraucht. Ein Leck im Druckluftsystem bildet daher einen wesentlich größeren Energieverbraucher als ein Werkzeug mit gleichem Druckluftverbrauch.

4.4.2 Erforderlicher Querschnitt für das Sicherheitsventil eines Kompressors

Ein Kompressor fördert $Q_0 = 30\ m^3/min = 0{,}5\ m^3/s$ Luft von 0°C und 1 bar und verdichtet diese Luft auf einen Enddruck von $p_2 = 8$ bar. Die Temperatur nach der Verdichtung betrage $t_2 = 75°C$. Gefragt ist nach der Größe des Querschnittes A eines Sicherheitsventils, durch das die gesamte geförderte Luftmenge mit Sicherheit abströmen kann.

Die Ausströmung erfolgt auch hier überkritisch mit der Schallgeschwindigkeit a_m im Sicherheitsventil. Es ist

$$p_m = 8 \cdot 0{,}528 = 4{,}2 \text{ bar} \qquad \text{(s. Tab. 8)}$$

und der ausströmende Volumenstrom

$$Q_m = \alpha \cdot \varphi \cdot A \cdot a_m .$$

Der Faktor $\alpha \cdot \varphi$ berücksichtigt die Kontraktion im Ventil und die Reibungsverluste, soweit diese in Bezug auf den Austrittsquerschnitt eine Bedeutung haben, und wird zu 0,7 angenommen. Mit der Temperatur im Druckluftbehälter von $T_2 = 273 + 75 = 348$ K wird die Temperatur T_m im engsten Querschnitt des Sicherheitsventils

$$T_m = \frac{348}{1{,}2} = 290 \text{ K}.$$

Die Schallgeschwindigkeit bei 273 K ist 330 m/s. Damit ist die Ausströmgeschwindigkeit durch das Sicherheitsventil bei 290 K

$$a_m = 330 \sqrt{\frac{290}{273}} = 340 \text{ m/s}.$$

Das durch das Sicherheitsventil strömende Volumen bezogen auf den Zustand im engsten Querschnitt desselben wird

$$Q_m = Q_0 \frac{p_0 T_m}{p_m T_0} = 0{,}5 \frac{1 \cdot 290}{4{,}2 \cdot 273} = 0{,}127 \text{ m}^3/\text{s}.$$

Damit ergibt sich der Querschnitt A zu

$$A = \frac{Q_m}{\alpha \cdot \varphi \cdot a_m} = \frac{0{,}127}{0{,}7 \cdot 340} = 5{,}3 \cdot 10^{-4}\ \mathrm{m}^2 = 5{,}3\ \mathrm{cm}^2.$$

4.4.3 Erforderlicher Querschnitt für das Sicherheitsventil eines Dampfkessels

Wie groß muß der Querschnitt eines Sicherheitsventils für einen Dampfkessel sein, in dem in der Stunde 600 kg Dampf von $p_0 = 10$ bar und $t_0 = 180°$C erzeugt werden?

Die Ausströmung erfolgt in die Umgebung, also überkritisch. Die Dichte des Sattdampfes von 10 bar und 180°C ist 5,14 kg/m³, Tab. 4. Das kritische Druckverhältnis bei der Expansion von Sattdampf, $\kappa = 1{,}135$

$$\frac{p_m}{p_0} = \left(\frac{2}{\kappa + 1}\right)^{\frac{\kappa}{\kappa - 1}} = 0{,}577 \sim 0{,}58$$

kann auch aus Tab. 8 entnommen werden. Die Dichte in der Mündung wird nach dieser Tabelle

$$\rho_m = 0{,}616\ \rho_0 = 0{,}616 \cdot 5{,}14 = 3{,}16\ \mathrm{kg/m^3}.$$

Die durch den Ventilquerschnitt A ausströmende Dampfmasse $\dot{m}$ ist

$$\dot{m} = \alpha \cdot A \cdot a_m \cdot \rho_m \cdot 3600\ \mathrm{kg/h}.$$

α Ausflußziffer
A geometrischer Querschnitt in m²
a_m Ausströmgeschwindigkeit = Schallgeschwindigkeit im Querschnitt A

bei Sattdampf ist nach Seite 90 $a_m = 323\sqrt{pv} = 323\sqrt{\frac{p}{\rho}}$ m/s

p bar
ρ kg/m³
ρ_m Dichte im Querschnitt A in kg/m³.

Mit $\alpha = 0{,}55$ und $\frac{p_m}{p_0} = 0{,}58$ sowie $a_m = 323\sqrt{\frac{5{,}8}{3{,}16}} = 438$ m/s wird

$$\dot{m} = 3600 \cdot 0{,}55 \cdot A \cdot 438 \cdot 3{,}16 = 2{,}74 \cdot 10^6 A\ \mathrm{kg/h}$$

und der erforderliche geometrische Querschnitt A in cm² wird

$$A = \frac{\dot{m} \cdot 10^4}{2{,}74 \cdot 10^6} = \frac{600 \cdot 10^4}{2{,}74 \cdot 10^6} = 2{,}2\ \mathrm{cm}^2.$$

Die gesetzlichen Vorschriften für die Abmessungen von Sicherheitsventilen für Dampfkessel sind in dem Merkblatt der Arbeitsgemeinschaft Druckbehälter in der BRD (AD-Merkblatt A2, Ausgabe September 1968) zusammengestellt.

Diesen Vorschriften zufolge muß ein Sicherheitsventil für Wasserdampf den folgenden Querschnitt haben

$$A = \frac{X\dot{m}}{\alpha p}$$

$\dot{m}$ kg/h
A mm^2
α dimensionslose Zahl
p bar

Die Ausflußziffer α wird im Rahmen der Bauteilprüfung jedem Gerät zuerkannt, bei Vollhubventilen soll sie aber größer als 0,5 sein.

X ist eine Kenngröße, die einem Diagramm des Merkblattes zu entnehmen ist. Bei Drücken zwischen 1,5 und 100 bar ist X 1,8 bis 2.

Damit ergibt sich als Richtgröße für den Querschnitt eines Sicherheitsventils für Dampf

$$A = \frac{3{,}7 \cdot \dot{m}}{p} \quad ,$$

für obiges Beispiel also

$$A = \frac{3{,}7 \cdot 600}{10} = 222 \text{ mm}^2 .$$

Bei den obigen Berechnungen wurde vernachlässigt, daß ein Teil des Sattdampfes während seiner Expansion von 10 bar auf 5,78 bar infolge der Abkühlung im engsten Querschnitt des Ventils von 180° auf 160°C kondensiert.

Aus dem h,s-Diagramm für Wasserdampf kann entnommen werden, daß etwa 5% des gesamten Dampfes zu Wasser kondensieren, wenn der Vorgang adiabat vor sich geht, so daß der Ventilquerschnitt dieser Kondensation wegen auch noch um 5% kleiner sein dürfte [25].

4.4.4 Durch eine Leckstelle ausströmendes Stadtgas

In einer Leitung befindet sich Stadtgas von 15°C mit einem Überdruck gegenüber der Umgebung von 0,6 bar. Das Gas hat bei Atmosphärendruck und 0°C eine Dichte von 0,5 kg/m^3. Der Adiabatenexponent ist $\kappa = 1{,}37$. Durch Korrosion entsteht eine Leckstelle von 0,3 mm^2. Wieviel Gas entweicht pro Tag durch diese Leckstelle?

Die in der Sekunde ausströmende Gasmasse ist nach Gl. (148)

$$\dot{m} = A\, w_2 \rho_2 \alpha \cdot \varphi ,$$

wobei $\alpha \cdot \varphi$ wiederum die Kontraktion im Ausflußquerschnitt und die Reibungsverluste berücksichtigt. Hier wird $\alpha \cdot \varphi = 0{,}64$ angenommen.

Der Einfachheit halber wird die Geschwindigkeit hier nach Gl. (144) berechnet, da dieser Ausströmvorgang im unterkritischen Bereich abläuft. Es ist somit notwendig, den Mittelwert $\bar{\rho} = (\rho_1 + \rho_2)/2$ zu berechnen.

Die oben mitgeteilten Daten ermöglichen die Ermittlung der Gaskonstanten aus

$$R = \frac{p}{\rho T} = \frac{10^5}{0{,}5 \cdot 273} = 732{,}6 \text{ J/kg K} .$$

Damit findet man

$$\rho_1 = \frac{p_1}{R \cdot T_1} = \frac{1{,}6 \cdot 10^5}{732{,}6 \cdot 288} = 0{,}76 \text{ kg/m}^3 .$$

Die Temperatur T_2 folgt aus

$$T_2 = 288\left(\frac{1}{1{,}6}\right)^{\frac{1{,}37-1}{1{,}37}} = 254\ \text{K} = -19°\text{C}$$

Somit wird ρ_2

$$\rho_2 = \frac{p_2}{R\,T_2} = \frac{10^5}{732{,}6\cdot 254} = 0{,}54\ \text{kg/m}^3\,.$$

Der Mittelwert der Dichte wird damit

$$\bar{\rho} = \frac{\rho_1+\rho_2}{2} = 0{,}65\ \text{kg/m}^3\,.$$

Dieser Wert wird in Gl. (144) eingesetzt und führt auf

$$w_2 = \sqrt{\frac{2\,\Delta p}{\bar{\rho}}} = \sqrt{\frac{2\cdot 0{,}6\cdot 10^5}{0{,}65}} = 429\ \text{m/s}.$$

Der Volumenstrom ist

$$\begin{aligned} Q &= w_2 A\,\alpha\varphi = 429\cdot 0{,}3\cdot 10^{-6}\cdot 0{,}64\ \text{m}^3/\text{s} \\ &= 429\cdot 0{,}3\cdot 10^{-6}\cdot 0{,}64\cdot 3600\cdot 24\ \text{m}^3/\text{Tag} \end{aligned}$$

$Q = 7{,}1\ \text{m}^3/\text{Tag}$.

Dieser Volumenstrom hat eine Temperatur von 254 K = −19°C und einen Druck von 1 bar.

Den Massenstrom berechnet man aus

$$\dot{m} = Q\rho_2 = 7{,}1\cdot 0{,}54 = 3{,}8\ \text{kg/Tag}.$$

4.5 Strömung von Gasen durch Ventile

Bei der Strömung durch ein beliebiges Drosselorgan, bei dem einer starken Querschnittsverengung eine relativ plötzliche Erweiterung folgt, gelten die gleichen Überlegungen wie bei der Ausströmung aus einem Gefäß. Sobald das kritische Druckverhältnis zwischen dem Zustand vor der engsten Stelle (Index 1) und dem Zustand hinter der engsten Stelle überschritten wird, tritt im engsten Querschnitt der kritische Zustand (Index m) ein; die Schallgeschwindigkeit wird im engsten Querschnitt nach Gl. (155)

$$a_m = \sqrt{\kappa\,R\,T_m}\ , \qquad (157)$$

wobei T_m nach Gl. (152) aus T_0 vor dem Ventil berechnet wird.

Der Massenstrom ist

$$\dot{m}_m = A\,a_m\,\rho_m\,. \qquad (158)$$

ρ_m ist die Dichte im engsten Querschnitt und kann aus der Zustandsgleichung berechnet werden.

Bei unterkritischer Strömung ist die durchfließende Masse aus den Gln. (144) bzw. (145) und (148) zu berechnen. p_m ist dann gleich mit dem Druck p_2 hinter dem Ventil. Für die Strömung in den Rohrleitungen vor dem Ventil vom Ausgangszustand bis zum Ventil mit dem engsten Querschnitt und für die Strömung durch eine an das Ventil anschließende Abströmleitung gelten die Beziehungen des folgenden Abschnittes 4.6 für die Strömung zusammendrückbarer Fluide durch Rohrleitungen.

4.6 Strömung von Gasen durch Rohre

Für die Strömung unzusammendrückbarer Flüssigkeiten durch zylindrische Rohre gilt Gl. (82)

$$\Delta p = \lambda \frac{l}{d} \frac{\rho w^2}{2} ,$$

wobei die Werte von λ in Abhängigkeit von der Reynolds-Zahl des betrachteten Strömungsvorganges einem Diagramm zu entnehmen sind, in dem dieser Beiwert auch für verschiedene Rauhigkeiten des Rohres angegeben wird, Abb. 20.

Für Gase kann die Gl. (82) auch mit guter Näherung verwendet werden, solange keine nennenswerte Ausdehnung des Gases innerhalb des Rohres auftritt, solange also ρ und w über die ganze Rohrlänge als näherungsweise konstant betrachtet werden können. Bei etwas stärkerer Ausdehnung des Gases während der Strömung durch ein Rohr mit unverändertem Querschnitt können dann die Mittelwerte von ρ und w über die ganze Rohrlänge anstelle der Werte ρ_1 und w_1 für die Größen im Eintrittsquerschnitt in Gl. (82) eingesetzt werden.

Abb. 44 zeigt zum Beispiel eine Strömung, während der sich das Gas vom Eintritt 1 in das Rohr mit dem spezifischen Volumen v_1 bis zum Austritt 2 etwa auf das doppelte spezifische Volumen v_2 ausdehnt, wobei der Druck während dieser Strömung von seinem Ausgangswert p_1 etwa auf die Hälfte des Eintrittsdruckes, also auf $p_2 = \frac{p_1}{2}$ sinkt. Die Strömungsgeschwindigkeit nimmt dann ebenfalls von der Eintrittsgeschwindigkeit w_1 auf die Austrittsgeschwindigkeit w_2 im Rohr zu, wobei dann auch $w_2 = 2\,w_1$ sein muß.

Unter diesen Bedingungen könnte noch mit genügender Genauigkeit der Mittelwert zwischen dem Eintrittszustand und dem Austrittszustand für den Druck $\bar{p}$ das spezifische Volumen $\bar{v}$ bzw. die Dichte $\bar{\rho}$ und die Geschwindigkeit $\bar{w}$ für die Berechnung der Strömungswiderstände verwendet werden.

Verwendet man die linearen Mittelwerte

$$\bar{p} = \frac{p_1 + p_2}{2} , \quad \bar{w} = \frac{w_1 + w_2}{2} , \quad \bar{\rho} = \frac{\rho_1 + \rho_2}{2} ,$$

dann ergibt sich für den Druckabfall die Beziehung

$$\Delta p = p_1 - p_2 = \lambda \frac{l}{d} \bar{\rho} \frac{\bar{w}^2}{2} . \qquad (159)$$

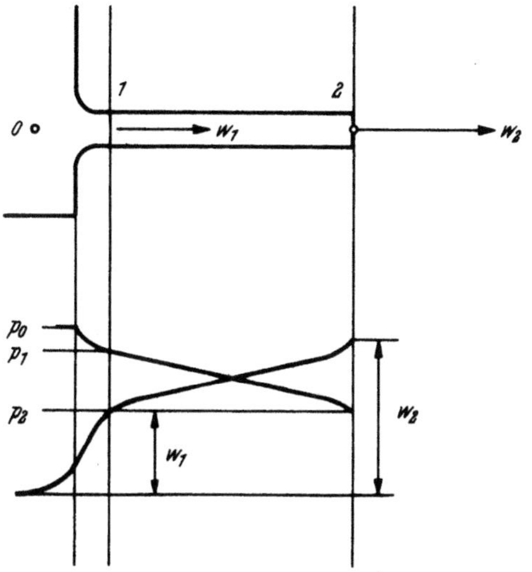

Abb. 44. Strömung von Gas durch ein Rohr. In Strömungsrichtung nimmt der Druck ab und die Strömungsgeschwindigkeit zu

Berechnet man den Druckverlust über die gesamte Rohrlänge aus dieser Beziehung, so setzt man voraus, daß der gesamte Vorgang isotherm vor sich geht, also die Temperatur während der Ausdehnung unverändert bleibt. Dies kann in den meisten Fällen mit guter Annäherung angenommen werden, vor allem dann, wenn keine besondere Wärmeisolation vorgesehen wird und daher durch Wärmeaustausch das Gas immer näherungsweise etwa die Temperatur der Umgebung annimmt, die ebenfalls als konstant vorausgesetzt wird.

Bei einer Strömung ohne Wärmeaustausch durch die Wandung tritt infolge der Ausdehnung zwar eine Abkühlung ein; da aber bei der Strömung die Bewegungsenergie größtenteils wieder in Wärme verwandelt wird, kommt es zu keiner nennenswerten Temperaturabnahme wie etwa bei der Ausströmung durch eine Düse, bei der die Verwirbelung und damit der Anstieg auf die Ausgangstemperatur erst hinter der Düse wieder eintritt.

Will man bei einem bekannten konstanten Reibungsbeiwert λ den Druckverlust aus den Zustandsgrößen im Rohr berechnen, so sind die Zustände am Ende des Rohres unbekannt und Gl. (159) muß entsprechend umgeformt werden.

Nach einer umfangreichen Rechnung, auf deren einzelne Schritte nicht näher eingegangen werden soll, erhält man

$$\Delta p = p_1 \left[1 - \sqrt{1 - \lambda \frac{l}{d} \kappa \left(\frac{w_1}{a_1}\right)^2} \right] . \tag{160}$$

Hierin ist a_1 die Schallgeschwindigkeit und w_1 die Strömungsgeschwindigkeit im Eintritt 1.

Im Folgenden soll noch die Strömung durch Rohre bei noch stärkerer Expansion behandelt werden. Wenn etwa Luft durch eine Rohrleitung ausströmt und dabei von 10 bar auf 1 bar entspannt wird, gilt für jedes Rohrelement von der Länge dx die Beziehung

$$dp = -\lambda \frac{dx}{d} \cdot \frac{w^2 \rho}{2} . \tag{161}$$

Selbst bei stärkster Entspannung gilt für jedes Element die Zustandsgleichung der Gase.

Die Kontinuitätsgleichung vereinfacht sich für die Strömung in einem Rohr mit unveränderlichem Querschnitt auf

$$w = w_1 \frac{\rho_1}{\rho} \,. \tag{162}$$

Damit wird nach einigen Umformungen

$$dp = -\lambda \frac{\rho_1 w_1^2}{2d} \frac{p_1 \overline{T}}{p T_1} dx. \tag{163}$$

Hierbei wird für $\overline{T}$ wieder der Mittelwert eingesetzt. Diese Differentialgleichung wird zwischen dem Eintrittspunkt 1 und dem Austrittspunkt 2 integriert

$$\frac{2}{p_1} \cdot \int_{p_1}^{p_2} p dp = \frac{-\lambda}{d} \rho_1 w_1^2 \frac{\overline{T}}{T_1} l$$

und führt auf

$$\frac{p_1^2 - p_2^2}{p_1} = \lambda \frac{l}{d} \rho_1 w_1^2 \frac{\overline{T}}{T_1} \,. \tag{164}$$

Bei „isothermer" Strömung ist $\overline{T} = T_1$ und es ist dann

$$p_1 - p_2 = \lambda \frac{l}{d} \rho_1 w_1^2 \frac{p_1}{p_1 + p_2} \,, \tag{165}$$

da

$$(p_1 + p_2) \cdot (p_1 - p_2) = p_1^2 - p_2^2 .$$

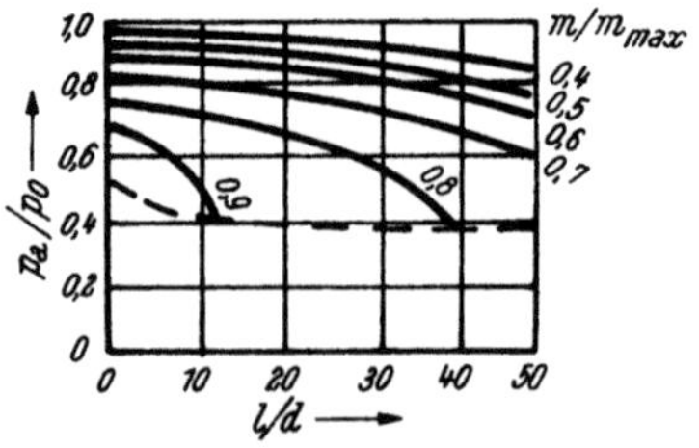

Abb. 45. Abnahme des Massenstromes mit der Rohrlänge bei verschiedenen Druckverhältnissen (m_{max} Ausflußmenge für $l = 0$)

Die durch Versuche ermittelten Massenströme für verschieden lange Rohre und verschiedene Druckgefälle zeigen die Kurven von Frössel, Abb. 45, für verschiedene Ausgangsdrücke p_0 und Umgebungsdrücke p_a [56].

Durch enge Rohrleitungen von etwa nur 6 mm lichter Weite und Längen von 10 bis 20 m fließt dann auch bei weit überkritischem Druckgefälle von etwa $p_a/p_0 = 0{,}2$ (für etwa $p_0 = 5$ bar, $p_a = 1$ bar) nur etwa ein Viertel des Massenstromes, der durch eine kurze Düse vom gleichen Querschnitt ausfließen würde.

Wie beim Ausfluß aus einem Gefäß durch eine Düse kann die Ausflußgeschwindigkeit am Rohrende nicht größer als die Schallgeschwindigkeit werden.

Nach Messungen von Frössel stimmen die Reibungswerte der Strömung von nichtzusammendrückbaren Flüssigkeiten mit den Werten für kompressible Fluide überein, wenn die Reynolds-Zahlen der beiden Strömungen übereinstimmen. Dabei ergibt sich, daß λ für Gase ausschließlich von der Temperatur abhängig ist. Bei isothermer Strömung ist $w\rho = \text{const}$, die Reynolds-Zahl $Re = \frac{wd}{\nu} = \frac{wd\rho}{\eta}$. Da $w \cdot \rho$ konstant ist, ist Re nur noch von der dynamischen Zähigkeit abhängig, die ihrerseits wieder nicht vom Druck, sondern nur von der Temperatur abhängt.

Bei der Strömung kompressibler Fluide in Rohrleitungen unterscheidet man wie bei der Verdichtung von Gasen zwischen folgenden Vorgängen:

Isotherme Strömung, bei der gut wärmeleitende Rohre verwendet werden und das Gas die Umgebungstemperatur annimmt, die als konstant vorausgesetzt wird.

Adiabate Strömung, bei der durch entsprechende Rohrisolierung kein Wärmeaustausch durch die Rohrwandung stattfindet.

Strömungen mit Wärmezufuhr oder Wärmeabfuhr, bei denen die Temperaturen des Mediums durch Aufheizung oder Kühlung verändert werden.

Im Gegensatz zu diesen schwer erfaßbaren „Ausströmvorgängen" durch Rohre kann die Strömung mit relativ kleineren Geschwindigkeiten, die weit unter der Schallgeschwindigkeit bleiben, mit ausreichender Genauigkeit nach Gl. (159) berechnet werden.

Aus Gl. (160) kann der Druckabfall in einem Rohr berechnet werden, ohne daß die Mittelwerte $\bar{w}$ und $\bar{\rho}$ bekannt sein müssen.

Beispiel: Strömung von Luft durch ein Rohr mit dem Durchmesser $d = 100$ mm, Länge des Rohres $L = 2000$ m. Druck am Rohreintritt 5 bar. Strömungsgeschwindigkeit im Rohreintritt $w = 10$ m/s, Rauhigkeit $k = 0{,}1$ mm, Temperatur am Rohreintritt $t = 25°C$, kinematische Zähigkeit der Luft von $p_1 = 5$ bar und 25°C ist $\nu = 3{,}2 \cdot 10^{-6}$ m²/s (Abb. 37).

Reynolds-Zahl

$$Re = \frac{wd}{\nu} = \frac{10 \cdot 0{,}1 \cdot 10^6}{3{,}2} = 3{,}13 \cdot 10^5$$

mit dem Verhältnis

$$\frac{d}{k} = \frac{100}{0{,}1} = 1000$$

wird nach Abb. 20

$$\lambda = 0{,}021 .$$

Mit der Gaskonstante $R = 287$ wird ρ_1 nach

$$\rho_1 = \frac{p_1}{RT_1} = \frac{5 \cdot 10^5}{287 \cdot 298} = 5{,}84 \text{ kg/m}^3 .$$

Durch Einsetzen der Zahlenwerte in Gl. (160) ergibt sich mit $\frac{a_1^2}{\kappa} = RT$ gemäß Gl.(155)

$$\Delta p = 5 \left(1 - \sqrt{1 - 0{,}021 \frac{2000}{0{,}1} \cdot \frac{100}{287 \cdot 298}}\right)$$

$$\Delta p = 1{,}43 \text{ bar}$$

und die Ausflußgeschwindigkeit wird, da $w_2 = w_1 \dfrac{p_1}{p_2}$

$$w_2 = w_1 \frac{p_1}{p_1 - \Delta p} = 10 \cdot \frac{5}{3{,}57} = 14 \text{ m/s}.$$

Einfacher und anschaulicher kann der Druckverlust schrittweise berechnet werden, wenn man etwa den Druckabfall der ersten 100 m ohne Berücksichtigung der Ausdehnung der Luft berechnet, dann mit diesem Wert den Druck in der Mitte dieses 100 m langen Rohrabschnittes abschätzt und mit diesem Mittelwert den gesamten Druckabfall berechnet und prüft, ob der Mittelwert stimmt.

Sind dagegen Eintrittsdruck p_1 und Austrittsdruck p_2 gegeben und soll für eine bestimmte Durchflußmenge eine Rohrleitung dimensioniert werden, so kann Gl. (164) bzw. (165) zur Lösung dieser Aufgabe direkt verwendet werden, ohne daß die Mittelwerte der Geschwindigkeit und des Druckes über die Rohrlänge berechnet werden müssen.

Strömt in das Rohr der Volumenstrom Q_1 vom Druck p_1 und ist außerdem

$$Q_1 = w_1 \cdot \frac{d^2 \pi}{4}$$

so ergibt sich aus

$$\frac{p_1^2 - p_2^2}{p_1} = \lambda \frac{l}{d} \left(\frac{Q_1}{\frac{d^2 \pi}{4}} \right)^2 \cdot \frac{1}{v_1} = \lambda \frac{l}{d^5} \cdot \frac{Q_1^2 \cdot 16}{\pi^2} \cdot \frac{1}{v_1}$$

$$d = \sqrt[5]{\lambda \frac{l\, Q_1^2}{v_1} \cdot \frac{16}{10} \cdot \frac{p_1}{p_1^2 - p_2^2}} \;.$$

Eine sehr elegante Methode zur Berechnung des Volumenstromes durch Rohre und Armaturen für stark kompressible Medien bei über- und unterkritischen Druckverhältnissen stammt von Crane [6] . Folgende Gleichung dient zur Berechnung.

$$Q = 17{,}9\, Y\, d^2 \sqrt{\frac{\Delta p \cdot p_0}{\zeta_{ges}\, T_0 S_g}} \tag{166}$$

Q Ausströmende Gasmenge bei 1 bar und 0°C in m^3/h

Y Expansionsfaktor nach Abb. 46

d Rohrdurchmesser innen (DN) in mm

Δp Druckgefälle im Rohr in bar

p_0 Druck am Rohreintritt in bar

ζ_{ges} Summe aller Widerstandsbeiwerte. Also z. B.
Beiwert für ein Rohr ohne Ein- und Austrittsverlust $\zeta = \lambda\, l/d$
Rohreintritt $\zeta = 0{,}5$
Rohraustritt $\zeta = 1{,}0$
$\zeta_{ges} = \lambda\, l/d + 0{,}5 + 1{,}0 = \lambda\, l/d + 1{,}5$ für ein Rohr mit Ein- und Austrittsverlust.
Die Widerstandsbeiwerte ζ siehe 7.2, 7.7 und 8.2.

T_0 Temperatur im Rohreintritt und im ganzen System, da isothermer Vorgang vorausgesetzt wird, in K

S_g Dichteverhältnis. Verhältnisse der Gaskonstanten von Luft $R_L = 287$ zur Gaskonstanten des betreffenden Gases R_G $S_g = \dfrac{287}{R_G}$

Die Anwendung dieser Methode sei an zwei Beispielen gezeigt:

1. Ausströmvorgang mit Überschallgeschwindigkeit. In einem Behälter mit Koksofengas herrscht ein Druck von 10 bar. Das Dichteverhältnis für dieses Gas beträgt 0,42. Die Temperatur im Behälter ist 60°C = 333 K. Das Gas strömt durch ein 6 m langes Rohr mit DN 78 mm ins Freie ($p_a = 1$) aus. Der Reibungsbeiwert λ beträgt 0,0175.

$$\text{mit } \zeta = \lambda\, l/d \text{ für das Rohr wird } \zeta = \frac{0{,}0175 \cdot 6000}{78} = 1{,}35.$$

Ein- und Austrittsverlust addiert gibt

$$\zeta_{\text{ges}} = 1{,}35 + 1{,}5 = 2{,}85.$$

Nach Diagramm Abb. 46 und der Tabelle rechts davon wird für $\zeta_{\text{ges}} = 2{,}85$ $\Delta p/p_0 = 0{,}654$. Da dieser Wert kleiner ist als der Wert $(p_0 - p_a)/p_0 = 0{,}9$, tritt am Rohrende Schallgeschwindigkeit auf. Das Druckgefälle im Rohr beträgt daher $10 \cdot 0{,}654 = 6{,}54$ bar und der Druck am Rohrende sinkt nicht etwa auf 1 bar, sondern nur auf 3,46 bar

$$T_0 = 333\ \text{K}, \quad Y \text{ aus Abb. 46 ist } 0{,}637$$

$$Q = 17{,}9 \cdot 0{,}637 \cdot 78^2 \sqrt{\frac{6{,}54 \cdot 10}{2{,}85 \cdot 333 \cdot 0{,}42}} = 28100\ \text{m}^3/\text{h}.$$

Daraus ergibt sich auch die Ausströmgeschwindigkeit am Rohrende mit dem Querschnitt $A = 48 \cdot 10^{-4}\ \text{m}^2$ zu

$$w_a = \frac{Q}{A} = \frac{28100 \cdot 10000 \cdot 1 \cdot 333}{3600 \cdot 48 \cdot 3{,}46 \cdot 273} = 573\ \text{m/s}.$$

was etwa der Schallgeschwindigkeit von Koksofengas von 60°C = 333 K entspricht

$$a = \sqrt{\kappa \cdot R \cdot T} = \sqrt{1{,}4 \cdot 683 \cdot 333} = 564\ \text{m/s}.$$

$$R = 683 \text{ folgt aus } R = \frac{287}{S_g} = \frac{287}{0{,}42} \approx 683.$$

2. Unterkritische Ausströmung, jedoch bei nahezu kritischem Druckverhältnis. In einer Rohrleitung für Luft von 13,8 mm ϕ mit einem Reibungswert von $\lambda = 0{,}0275$ wird 3 m vor dem Rohrende eine Temperatur von 38°C und ein Druck von 2,32 bar gemessen. Um die Ausströmmenge nach Gl. (166) zu berechnen, werden folgende Hilfsgrößen der Reihe nach ermittelt:

$\zeta = \lambda\, l/d = 0{,}0275 \cdot \dfrac{3000}{13{,}8} = 6{,}0$ für das Rohr allein. Ein Eintrittsverlust tritt nicht ein, da auch vor der Meßstelle für den Druck das zylindrische Rohr mit gleichem Durchmesser verlegt ist. Der Austrittsverlust ist $\zeta = 1$.

ζ_{ges} wird somit $6 + 1 = 7$.

$p_0 = 2{,}32$ bar

$\Delta p = 1{,}32$ bar

$\Delta p/p_0 = \dfrac{1{,}32}{2{,}32} = 0{,}568$, also kleiner als $\Delta p/p_0$ max nach Diagramm in Abb. 46 für $\zeta_{\text{ges}} = 7$.

Die Schallgeschwindigkeit wird also im Rohraustritt nicht erreicht, der Strömungsvorgang bleibt unterkritisch, obwohl der Ausströmvorgang aus einem Behäl-

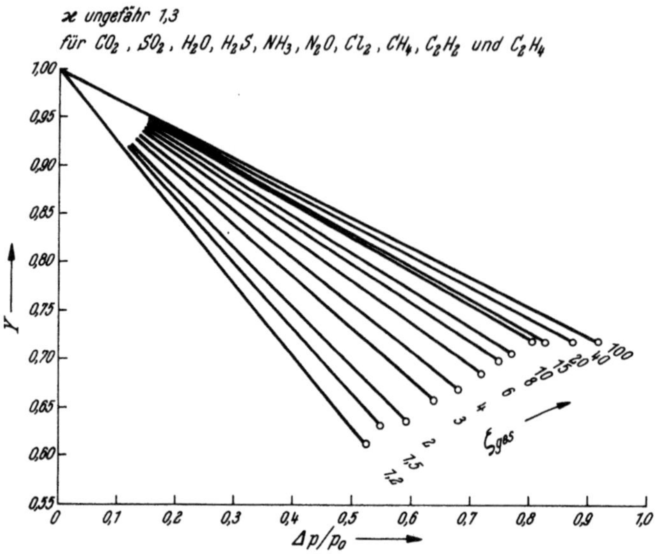

Grenzwerte bei Schallgeschwindigkeit

$\kappa = 1.3$

ζ_{ges}	$\frac{\Delta p}{p_0}$	Y
1.2	.525	.612
1.5	.550	.631
2.0	.593	.635
3	.642	.658
4	.678	.670
6	.722	.685
8	.750	.698
10	.773	.705
15	.807	.718
20	.831	.718
40	.877	.718
100	.920	.718

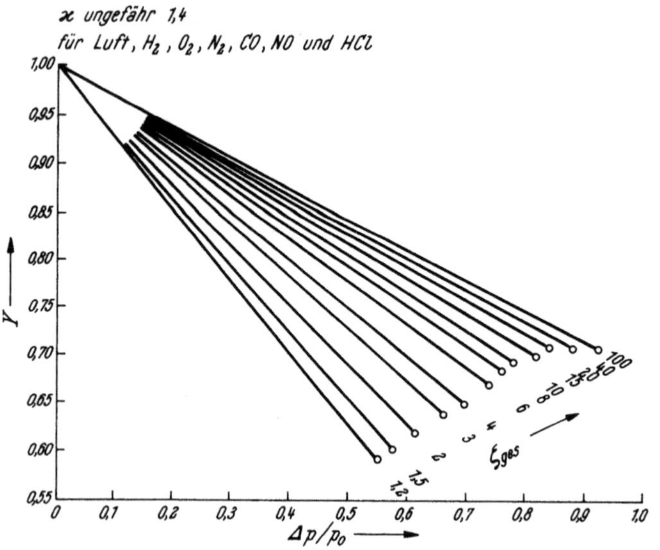

Grenzwerte bei Schallgeschwindigkeit

$\kappa = 1.4$

ζ_{ges}	$\frac{\Delta p}{p_0}$	Y
1.2	.552	.588
1.5	.576	.606
2.0	.612	.622
3	.662	.639
4	.697	.649
6	.737	.671
8	.762	.685
10	.784	.695
15	.818	.702
20	.839	.710
40	.883	.710
100	.926	.710

Abb. 46. Expansionsfaktor Y bei Strömung stark kompressibler Medien durch ein Rohr (nach Crane [6])

ter mit 2,32 bar in die Atmosphäre überkritisch wäre: Das kritische Druckverhältnis wäre $p_k/p_0 = 0{,}528$ und $2{,}32 \cdot 0{,}528 = 1{,}23$, also größer als 1. Die Strömung durch die Düse würde mit Schallgeschwindigkeit erfolgen, der Druck in der Düse wäre 1,23 bar.

$Y = 0{,}76$ nach Diagramm Abb. 46 für $\zeta_{ges} = 7$ und $\Delta p/p_0 = 0{,}568$,

$T_0 = 273 + 38 = 311$ K

$$Q = 17{,}9 \cdot 0{,}76 \cdot 190 \sqrt{\frac{1{,}32 \cdot 2{,}32}{7{,}0 \cdot 311 \cdot 1}} = 97 \text{ m}^3/\text{h}.$$

Die Ausflußgeschwindigkeit w_a durch den Austrittsquerschnitt $A = \frac{1{,}5}{10000}\ \mathrm{m}^2$, in dem der Umgebungsdruck von 1 bar herrscht, wird

$$w_a = \frac{97 \cdot 10000 \cdot 311}{3600 \cdot 1{,}5 \cdot 273} = 204\ \mathrm{m/s},$$

also wesentlich kleiner als die Schallgeschwindigkeit

$$a = \sqrt{\kappa R T}$$
$$a = \sqrt{1{,}4 \cdot 287 \cdot 311} = 353\ \mathrm{m/s}.$$

4.7 Stationäre Strömung von Gasen durch Drosselketten

Um den Massenstrom durch mehrere hintereinander geschaltete Drosselelemente zu berechnen, muß zuerst der Druck in den Kammern zwischen den Drosseln ermittelt werden. Zunächst soll die Strömung durch zwei hintereinander geschaltete Drosseln untersucht und hierbei der Druck zwischen den beiden Drosselstellen berechnet werden, Abb. 47. Für mehrere hintereinanderliegende Drosseln gelten dann ähnliche Gesetze.

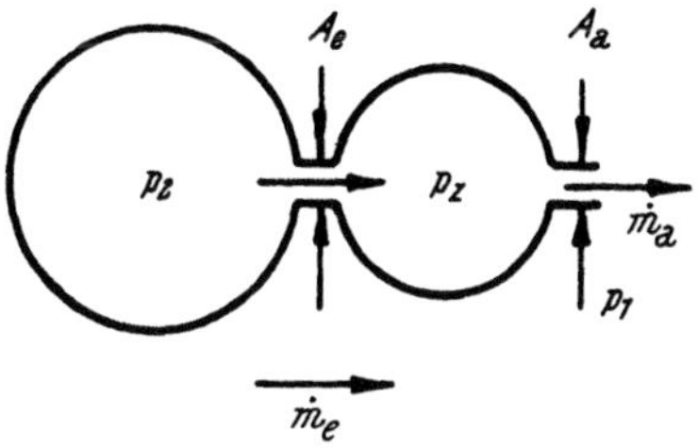

Abb. 47. Strömung von Gasen durch Drosselketten

Bei stationärer Strömung muß die in den Raum zwischen den beiden Drosseln ein- und aus diesem ausströmende Gasmasse gleich groß sein. Für die Ermittlung des Zwischendruckes p_z sind je nach dem Druckverhältnis zwischen dem Anfangsdruck p_2 und Enddruck p_1 und je nach dem Flächenverhältnis der Eintrittsfläche A_e zur Austrittsfläche A_a andere Verfahren zu verwenden.

1. Für geringe Druckgefälle, bei denen die Zusammendrückbarkeit vernachlässigt werden kann, gelten die Bedingungen für unzusammendrückbare Flüssigkeiten.

2. Wenn sowohl die Strömung vom Behälter 2 in den Zwischenraum Z, als auch die Strömung vom Zwischenraum Z in die Umgebung mit dem Druck p_1 „unterkritisch" erfolgt, ist die nach Z einströmende Gasmasse nach Gl. (149) und (150):

$$\dot m_e = A_e \sqrt{\frac{2\kappa}{\kappa - 1}\, \frac{p_2}{v_2} \left[\left(\frac{p_z}{p_2}\right)^{\frac{2}{\kappa}} - \left(\frac{p_z}{p_2}\right)^{\frac{\kappa+1}{\kappa}} \right]} \tag{167}$$

und die ausströmende Gasmasse

$$\dot m_a = A_a \sqrt{\frac{2\kappa}{\kappa - 1} \cdot \frac{p_z}{v_z} \left[\left(\frac{p_1}{p_z}\right)^{\frac{2}{\kappa}} - \left(\frac{p_1}{p_z}\right)^{\frac{\kappa+1}{\kappa}} \right]} \tag{168}$$

Die Expansion in A_e geht zwar adiabat vor sich, wenn aber die in A_e entstehende Bewegungsenergie wieder in Wärme verwandelt wird, so gilt $p_2 \cdot v_2 = p_z \cdot v_z$, da auch $T_2 = T_z$ ist. Damit ist auch

$$\frac{p_2}{v_2} \cdot \frac{v_z}{p_z} = \left(\frac{p_2}{p_z}\right)^2 . \tag{169}$$

Da die Gasmassen nach Gl. (167) und (168) gleich sein müssen, wird

$$\left(\frac{A_e}{A_a}\right)^2 \left[\left(\frac{p_z}{p_2}\right)^{\frac{2}{\kappa}-2} - \left(\frac{p_z}{p_2}\right)^{\frac{\kappa+1}{\kappa}-2}\right] = \left(\frac{p_1}{p_z}\right)^{\frac{2}{\kappa}} - \left(\frac{p_1}{p_z}\right)^{\frac{\kappa+1}{\kappa}} . \tag{170}$$

Aus dieser Beziehung ergibt sich für jedes Gesamtdruckverhältnis p_2/p_1 und jedes beliebige Flächenverhältnis A_e/A_a der Zwischendruck p_z.

Die Lösung der Gl. (170) wäre zeitraubend. Man bedient sich deshalb besser der Abb. 48, die die Zusammenhänge zwischen Flächenverhältnis A_e/A_a und Gesamtdruckverhältnis p_2/p_1 zwischen 1 und 25 bar zeigt.

Aus Abb. 48 kann entnommen werden:

a) Der Zwischendruck p_z aus dem Druckverhältnis p_z/p_1 bei gegebenem Gesamtdruckverhältnis p_2/p_1 und gegebenem Flächenverhältnis A_e/A_a.

b) Der Ausgangsdruck p_2 aus p_2/p_1 bei gegebenem Zwischendruck p_z und Flächenverhältnis A_e/A_a.

c) Das Flächenverhältnis A_e/A_a bei gemessenen Drücken p_2, p_z, p_1.

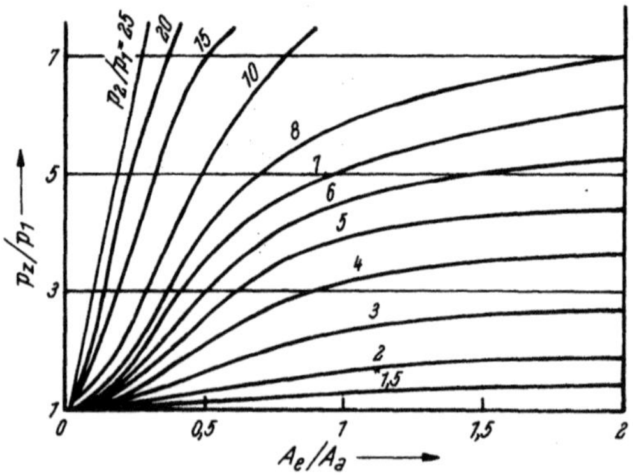

Abb. 48. Zusammenhang zwischen Zwischendruck p_z, Druckverhältnis p_2/p_1 und Flächenverhältnis A_e/A_a bei der Strömung von Gasen durch Drosselketten

3. Bei überkritischer Strömung vom Behälter 2 in den Zwischenbehälter Z bzw. von diesem in die Umgebung, ist die Strömungsgeschwindigkeit in der Drosselstelle auf alle Fälle die Schallgeschwindigkeit $a = \sqrt{\kappa R T}$, wobei T die Temperatur in der Drossel bedeutet.

Im allgemeinen geht jeder Drosselvorgang isotherm vor sich, d. h. nach der Drossel wird die gesamte Bewegungsenergie wieder in Wärme verwandelt.

Die Temperaturen in den Drosseln sind jedoch nach Gl. (152) etwa $T/1,2$ und die Strömungsgeschwindigkeit ist in beiden Drosseln gleich groß, wobei nur dann in beiden Drosseln Schallgeschwindigkeit auftritt, wenn sich die Flächen umgekehrt proportional wie die Dichten verhalten, also $\rho \cdot A$ = const. ist. Trifft dies nicht zu, dann wird eine davon unterkritisch und die Drossel, in der Schallgeschwindigkeit herrscht, bestimmt die Durchflußmenge. Die Abb. 48 gilt auch für diese Fälle.

Die Strömung durch eine Drosselkette mit mehr als 2 Drosselstellen, Abb. 49, kann immer in einzelne Abschnitte von 2 Drosseln zerlegt werden, wobei die jeweiligen Zwischendrücke aus Abb. 48 entnommen werden. Es muß auch hier wieder die Kontinuitätsgleichung in allen Querschnitten $A_0, A_1, A_2 \ldots A_n$ erfüllt werden.

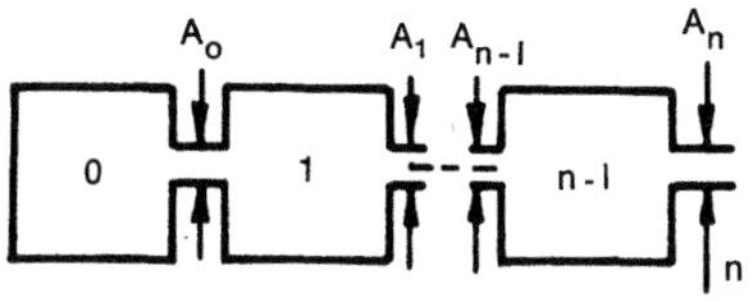

Abb. 49. Drosselkette mit mehr als 2 Drosselstellen

Um bei gegebenem Eingangsdruck p_0, Enddruck p_n und gegebenen Querschnitten A_0 bis A_n den Ausflußstrom zu berechnen, wählt man zunächst einen geschätzten Strom $\dot{m}$ und geht von einem Ende der Kette, also von 0 oder von n aus. Geht man von n aus, so ergibt sich ein ganz bestimmter Anfangsdruck im Zustand 0 vor dem Eintritt in die Kette. Trägt man nun den Druck p_0, der sich aus der gewählten Durchflußmenge ergibt, schrittweise als Funktion vom Ausflußstrom auf, so erhält man die Funktion $\dot{m} = f(p_0)$, die dem Ausflußstrom $\dot{m}$ in Abhängigkeit von p_0 darstellt. Die tatsächlich ausströmende Menge bei gegebenem Druck p_0 kann dann aus der Funktion $\dot{m} = f(p_0)$ entnommen werden.

Die Strömung durch Drosseln läßt sich auch sehr einfach im h,s-Diagramm, Abb. 40, 41, verfolgen, aus dem die Enthalpie für die Berechnung der Strömungsgeschwindigkeit nach Gl. (147) für jedes Druckgefälle unmittelbar entnommen werden kann.

4.8 Durchflußmengenmessung durch Düsen und Blenden

Die durch eine Rohrleitung strömende Menge kann besonders einfach aus der Differenz zwischen dem Druck vor und dem Druck hinter einer Drosselstelle, die in die betreffende Rohrleitung eingebaut wird, berechnet werden. Als Drosselstellen für diese Strommessung werden genormte Meßdüsen und Meßblenden verwendet. In den „Regeln für die Durchflußmengenmessung mit genormten Düsen, Blenden und Venturidüsen" (DIN 1952) sind alle Richtlinien zusammengestellt, die dabei beachtet werden müssen. Neben den genormten Abmessungen der Meßdüsen und Meßblenden sind dort alle Korrekturfaktoren angegeben, die wegen der Kontraktion hinter dem Drosselelement, der Reibungskräfte und der Zusammendrückbarkeit des Mediums berücksichtigt werden müssen.

Der Buchtext lehnt sich an DIN 1952, Ausgabe 1948 an. Die neue Ausgabe 1971 zeigt einen anderen Aufbau und gibt alle Werte nur mehr in Tabellenform an. Demzufolge sind hier noch die Einheiten des technischen Maßsystems zu verwenden. Nimmt man die Drücke in bar, ist der Fehler jedoch sehr klein (2%)

Die Darstellung dieser Faktoren ist für die Messung der Durchflußmenge inkompressibler Flüssigkeiten am einfachsten. Bei relativ kleiner Zusammendrückbarkeit des Mediums, also auch bei Luft bei relativ kleiner Differenz zwischen dem Druck vor und hinter der Drossel, kann die Zusammendrückbarkeit durch einen einfachen Korrekturfaktor berücksichtigt werden. Bei stark zusammendrückbaren Medien (z. B. Gase oder Luft bei großen Druckdifferenzen) müssen dagegen zusätzliche Betrachtungen über den gesamten Strömungsvorgang durch die Drossel angestellt werden.

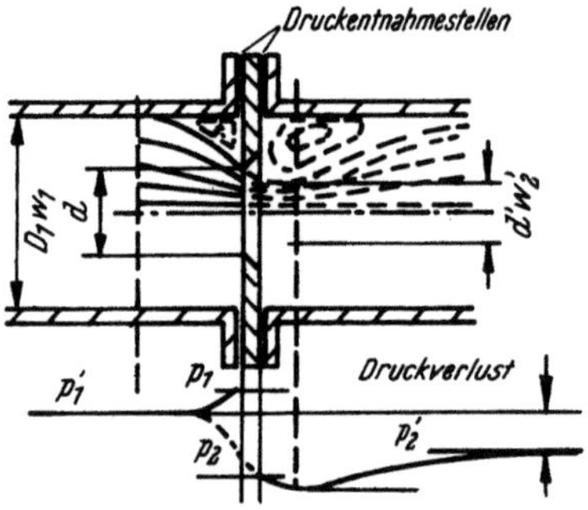

Abb. 50. Strömung durch eine Meßblende

Die Strömung durch eine scharfkantige Blende nach Abb. 50 z. B. kann überhaupt nicht mehr als eindimensional betrachtet werden, weil beim Überschreiten des kritischen Druckverhältnisses oder schon bei Annäherung an diesen Wert eine wesentliche Veränderung im Stromlinienbild eintritt. Das hat zur Folge, daß bei scharfkantigen Blenden auch nach Überschreiten des kritischen Druckverhältnisses noch eine Zunahme der Durchflußmenge mit abnehmendem Gegendruck eintritt.

Um die Messung der Durchflußmenge durch Düsen und Blenden für Flüssigkeiten und Gase einigermaßen einheitlich und übersichtlich darstellen zu können, sind in den genormten Richtlinien geeignete Korrekturfaktoren angegeben. Es wird damit die kompliziertere Strömung von Gasen auf die Strömung von Flüssigkeiten zurückgeführt [44].

4.8.1 Flüssigkeiten und Gase bei relativ kleinem Druckgefälle an der Drosselstelle

Die allgemeine Gleichung für den Gewichtsstrom G_0 durch eine Meßblende vom Querschnitt A_0 lautet

$$G_0 = \alpha \epsilon A_0 \sqrt{2 g \rho_1 (p_1 - p_2)}. \tag{171}$$

Hierin ist α die Durchflußzahl, ϵ die Expansionszahl, ρ_1 die Dichte und $p_1 - p_2$ der gemessene Wirkdruck nach Abb. 50.

Die Durchflußzahl α erfaßt den vom Öffnungsverhältnis stark abhängigen Einfluß der Vorgeschwindigkeit, d. h. der Geschwindigkeit im Rohr vor der Meßblende. α kann somit auch über 1 hinauswachsen, Abb. 51. Weiter berücksichtigt

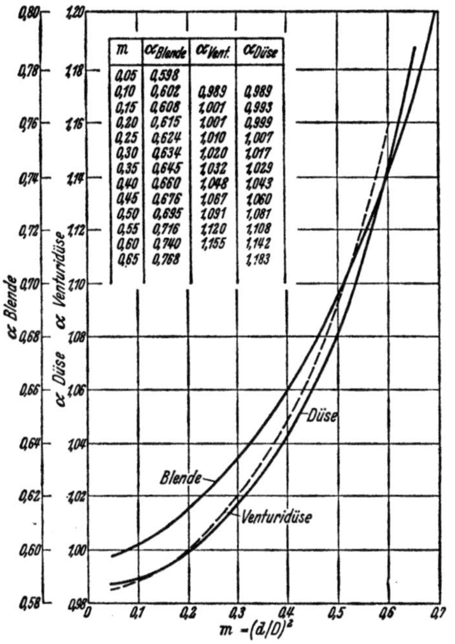

m	α_{Blende}	$\alpha_{Vent.}$	$\alpha_{Düse}$
0,05	0,598		
0,10	0,602	0,989	0,989
0,15	0,608	1,001	0,993
0,20	0,615	1,001	0,999
0,25	0,624	1,010	1,007
0,30	0,634	1,020	1,017
0,35	0,645	1,032	1,029
0,40	0,660	1,048	1,043
0,45	0,676	1,067	1,060
0,50	0,695	1,091	1,081
0,55	0,716	1,120	1,108
0,60	0,740	1,155	1,142
0,65	0,768		1,183

Abb. 51. Öffnungsverhältnis und Durchflußzahl α

die Durchflußzahl die Einflüsse der Wandreibung an der Meßblende, die Geschwindigkeitsverteilung über dem Querschnitt und die Kontraktionszahl. Für Düsen- und Blendenmessungen berücksichtigt sie auch den Korrekturfaktor, der den Zusammenhang zwischen dem gemessenen Druckunterschied $p_1 - p_2$ und dem für den Durchströmvorgang eigentlich maßgebenden Druckunterschied $p_1' - p_2'$ erfaßt, Abb. 50. Für genügend große Reynolds-Zahlen sind die Durchflußzahlen unabhängig von diesen und damit auch unabhängig von der Geschwindigkeit, Zähigkeit und Dichte des Durchströmmediums. Die Durchflußzahl ist dann für alle Flüssigkeiten und alle Blendenmessungen nur abhängig vom Öffnungsverhältnis m, Abb. 51.

Gase und Dämpfe verhalten sich infolge der Zusammendrückbarkeit bei der Strömung durch Drosseln anders als Flüssigkeiten. Dieser Tatsache wird durch die Expansionszahl ϵ Rechnung getragen. Für nicht zusammendrückbare Flüssigkeiten ist $\epsilon = 1$. Die Expansionszahl weicht gemäß Abb. 52 umso mehr von 1 ab, je größer das Verhältnis des Wirkdruckes $p_1 - p_2$ zum Absolutdruck vor der Drossel p_1 ist. Außerdem ist ϵ vom Adiabaten-Exponenten abhängig und somit für Luft und Dämpfe verschieden. Genaue Werte siehe DIN 1952.

4.8.2 Gase bei hohem Druckgefälle an der Drosselstelle

Für überkritische Ausströmung aus einem Behälter gelten für das ausströmende Gasgewicht die Gl. (149) und (150), denen zufolge dieses unabhängig vom Druck der Umgebung wird, sobald das Druckverhältnis p_2/p_1 nach Abb. 50 kleiner als das kritische wird. Solange diese Bedingung erfüllt ist, bestünde die Möglichkeit, die aus einem Behälter ausströmende Luft aus dem Druck im Behälter und der Temperatur bzw. der Dichte im Behälter zu berechnen, ohne den Druck hinter der Ausströmöffnung zu messen (Ausströmmethode).

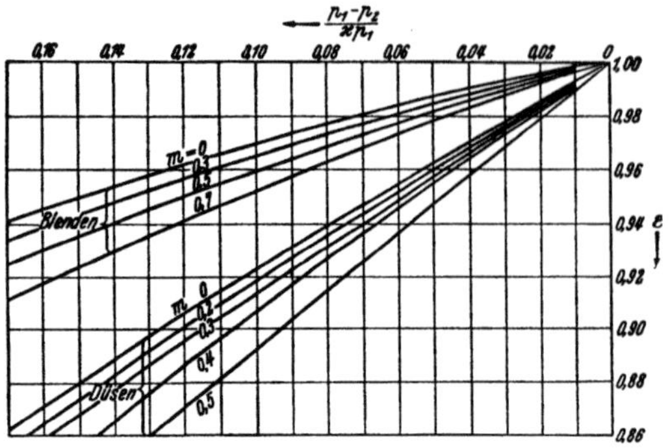

Abb. 52. Expansionszahl als Funktion von Wirkdruck $p_1 - p_2$ zu Vordruck p_1

Bei der Strommessung durch Düsen und Blenden können für ein Druckverhältnis zwischen 1 und 0,53 ebenfalls Richtlinien zur Berücksichtigung der Zusammendrückbarkeit des Mediums gegeben werden, wobei die Berücksichtigung der Zusammendrückbarkeit genauer erfolgt als nur durch den Beiwert ϵ. Hierbei ist besonders die Veränderung der Strahlkontraktionszahl mit dem Druckverhältnis zu beachten.

Unter Anpassung der Gl. (149), die für die Ausströmung aus einem Gefäß gilt, ergibt sich dann der Gewichtsstrom durch die Drossel in kp/s aus den Zustandsgrößen p_1 und v_1 vor der Drossel nach Abb. 50 zu

$$G = \alpha\, \psi_1\, A \sqrt{\frac{p_1}{v_1}}\ . \tag{172}$$

A geometrischer Querschnitt der Drossel

Der Beiwert $\alpha\, \psi_1$ ist nun nicht mehr wie bei der Strömung aus einem Gefäß ausschließlich vom Druckverhältnis und von κ, sondern von der Kontraktionszahl α abhängig. Diese verändert aber ihren Wert mit dem Druckverhältnis besonders bei Drosseln relativ stark. Damit wird überhaupt kein kritisches Druckverhältnis erreicht, nach dessen Unterschreitung der austretende Strom konstant bleibt und der Begriff des kritischen Druckverhältnisses verliert eigentlich seinen Sinn.

Die Normblende kann deshalb *nicht* zur Strommessung nach der Ausströmmethode herangezogen werden, bei der die aus einem Behälter oder durch eine Drossel strömende Luft nur durch die Messung des Druckes und der Temperatur vor der Drossel berechnet wird.

Bei gut abgerundeten Düsen ohne Kontraktion ($\alpha = 1$) dagegen bleibt der austretende Strom auch dann, wenn der Umgebungsdruck kleiner wird als $0{,}53\, p_0$ (für $\kappa = 1{,}4$), konstant und nimmt nicht mehr weiter zu. Die Normdüse ist deshalb auch zur Ausflußstrommessung geeignet.

Nach den VDI-Regeln ergibt sich der Gewichtsstrom durch die Normdüse in kp/h aus dem Druck p_1, der Dichte ρ_1 vor der Düse und dem Druck p_2 hinter der Düse zu

$$G = 1{,}252\, \phi\, d^2 \sqrt{p_1 \rho_1}\ , \tag{173}$$

Der Beiwert ϕ ergibt sich sowohl für die Normdüse als auch für die Normblende aus Abb. 53 für das Druckverhältnis p_2/p_1, wobei der Absolutwert von p_1, der

Druckunterschied $p_1 - p_2$ und die Temperatur vor der Blende gemessen werden müssen. Der Düsendurchmesser d ist in mm, p_1 in bar und ρ_1 in kg/m^3 einzusetzen. Die Abbildung zeigt auch, daß der Beiwert ϕ in Gl. (173) nicht nur vom Druckverhältnis p_2/p_1, sondern auch von der Kontraktion stark abhängt. Diese ist hinter der Blende umso stärker, je kleiner d/D ist.

Berechnet man die Dichte auf Grund der gemessenen Temperatur aus der Zustandsgleichung, so kann man auch schreiben

$$G = 1{,}252 \frac{\phi}{\sqrt{RT_1}} d^2 p_1 . \tag{174}$$

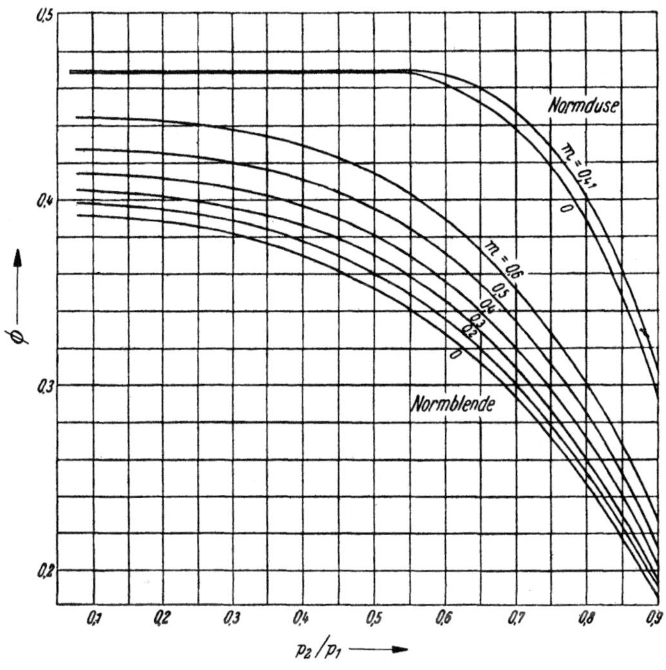

Abb. 53. Zusammenhang zwischen Druckverhältnis p_2/p_1 und Beiwert ϕ für Normblenden und Normdüsen

Sobald das Druckgefälle an der Düse überkritisch ist, genügt die Messung von p_1 und T_1 zur Bestimmung des Stroms nach Gl. (173) oder Gl. (174). Bei der Blende nimmt der Beiwert ϕ von Gl. (173), der dem Wert $\alpha\,\psi_1$ von Gl. (172) proportional ist, *auch nach Überschreiten des kritischen Druckverhältnisses* wegen der weiteren Veränderung des Stromlinienbildes zu.

Es wird dann bei der Ausflußstrommessung durch Normdüsen für $m \leqslant 0{,}4$

$$G = 1{,}252 \frac{0{,}47}{\sqrt{RT_1}} d^2 p_1 . \tag{175}$$

$\phi = 0{,}47$ wird genau genommen 0,468 für $\kappa = 1{,}31$ und 0,481 für $\kappa = 1{,}4$.

4.9 Strömung durch Lavaldüsen mit überkritischem Druckverhältnis

Abb. 53 zeigte, daß der durch eine Blende austretende Strom beim Absinken des Druckes hinter der Öffnung unter den kritischen Wert noch weiter zunimmt, und nicht wie bei einer Düse konstant bleibt. Bei der Ausströmung durch gut abgerundete Düsen mit konischer Erweiterung hinter dem engsten Querschnitt (Lavaldüsen) bleibt die Aufflußmenge zwar auch dann konstant, wenn der Druck hinter dem Querschnitt unter den kritischen Druck sinkt, dagegen kann jedoch hinter dem engsten Querschnitt auch Überschallgeschwindigkeit eintreten. Nach der Druckabnahme unter den kritischen Gegendruck ist dann die Zunahme des spezifischen Volumens mit abnehmendem Druck größer als die Zunahme der Strömungsgeschwindigkeit.

Im engsten Querschnitt A_m stellt sich, wenn $p_2 < p_{kr}$ ist, der kritische Druck ein. Die ausströmende Menge ist daher gleich groß wie bei einer einfachen Mündung mit dem Querschnitt A_m, also nach Gl. (149) und Abb. 54

$$\dot{m} = A_m \rho_m w_m = \psi_{\max} A_m \sqrt{2 \frac{p_0}{v_0}} = A_m \sqrt{\frac{2\kappa p_0 \rho_0}{\kappa - 1} \left[\left(\frac{p_m}{p_0}\right)^{\frac{2}{\kappa}} - \left(\frac{p_m}{p_0}\right)^{\frac{\kappa+1}{\kappa}} \right]} \quad (176)$$

Der Austrittsquerschnitt für einen Druck $p_2 = p_a$ ist nach Gl. (149) und (150)

$$A_2 = \dot{m} \sqrt{\frac{2\kappa p_0 \rho_0}{\kappa - 1} \left[\left(\frac{p_2}{p_0}\right)^{\frac{2}{\kappa}} - \left(\frac{p_2}{p_2}\right)^{\frac{\kappa+1}{\kappa}} \right]}. \quad (177)$$

Einem bestimmten Austrittsdruck p_2 entspricht also eine bestimmte Austrittsfläche A_2, in der gerade dieser Druck p_2 erreicht wird. Die Austrittsgeschwindigkeit w_2 kann nach Gl. (145), in der statt p_m der Druck p_2 eingesetzt wird, berechnet werden. Abb. 54 zeigt die Veränderung von Druck p, Geschwindigkeit w, Dichte ρ sowie Stromstärke ρw während der Strömung. In allen Querschnitten der Düse vom Punkt 0 über den Punkt m mit dem engsten Querschnitt bis 2 gilt die Kontinuitätsgleichung

$$\dot{m} = A_m \rho_m w_m = A \rho w = A_2 \rho_2 w_2 = \text{konst.}$$

Bei richtiger Bemessung des Austrittsquerschnitts A_2 ist der Austrittsdruck $p_2 = p_a$ nach Gl. (177) und A_2 entspricht auch genau der Gl. (177) in der $p_2 = p_a$ ist. Umgekehrt muß bei gegebenem Querschnitt A_2 der Druck $p_2 = p_a$ genau der Gl. (177) entsprechen. Ist $p_a < p_2$, so kommt es hinter A_2 zu einer weiteren Expansion. Erst in A_2' wird $p_2 = p_a$. Ist $p_a > p_2$ gemäß Gl. (177), kommt es zur Ablösung des Strahles im Querschnitt A_x oder zwischen A_x und A_2' zum Zusammendrücken des mit Unterdruck gegenüber p_a austretenden Strahles.

Diese Kompression erfolgt ebenso wie die Expansion bei zu kleiner Austrittsfläche unter Schwingungen und Druckstößen. Solange p_a aber kleiner als der kritische Druck nach Gl. (151) bleibt, ist die Geschwindigkeit im engsten Querschnitt A_m immer die Schallgeschwindigkeit

$$w_m = a_m = \sqrt{\kappa R T_m}$$

bei der Temperatur T_m im engsten Querschnitt, wobei $T_m = T_0 \dfrac{2}{\kappa + 1}$.

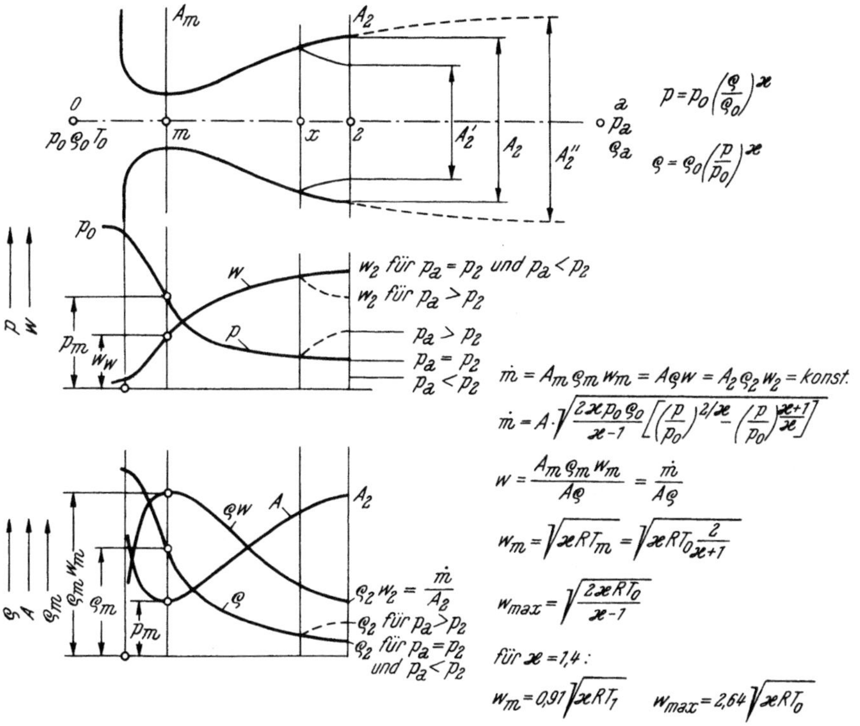

Abb. 54. Veränderung von Druck (p), Geschwindigkeit (w), Dichte (ρ) und Stromstärke (ρw) bei der Strömung durch eine Lavaldüse.
Indizes: 0 Ausgangszustand im Behälter, m im engsten Querschnitt A_m, 2 im Austrittsquerschnitt A_2, x zwischen A_m und A_2, an der Stelle, an der $p = p_a$ wird, a in der Umgebung in größerer Entfernung von A_2.
Der beste Wirkungsgrad von Lavaldüsen wird mit einer hier gezeichneten glockenförmigen Erweiterung erreicht. In der Praxis genügt jedoch meist eine konische Düse

Für $\kappa = 1{,}4$ ist $T_m = \dfrac{T_0}{1{,}2}$ und $w_m = 0{,}91\sqrt{\kappa R T_0}$.

Die maximal mögliche Ausströmgeschwindigkeit ins Vakuum ist nach Gl. (145), in der für $p_m = p_2 = 0$ zu setzen ist,

$$w_{\max} = \sqrt{\frac{2\kappa p_0 v_0}{\kappa - 1}} = \sqrt{\frac{2\kappa R T_0}{\kappa - 1}},$$

für $\kappa = 1{,}4$, also $\qquad w_{\max} = \sqrt{7\kappa R T_0}$.

Sowohl die Schallgeschwindigkeit im engsten Querschnitt w_m als auch die theoretisch maximal mögliche Ausströmgeschwindigkeit ins Vakuum einer Lavaldüse mit unendlich großem Querschnitt A_2 sind somit unabhängig vom Ausgangsdruck p_0 und nur abhängig von der Ausgangstemperatur T_0. Lediglich der Massestrom $\rho_m w_m$ nimmt p_0 proportional zu, da ρ_m proportional p_0 ist. Bei $\kappa = 1{,}4$ ist $\rho_m = 0{,}63\, p_0/RT_0$.

5. Instationäre Strömungsvorgänge

Bei instationären Strömungsvorgängen sind die Geschwindigkeit w, der Druck p und andere Zustandsgrößen wie die Dichte ρ und Temperatur T an jeder betrachteten Stelle des Systems nicht konstant, sondern ändern sich mit der Zeit. Je nachdem, ob das Fluid als inkompressibel betrachtet werden kann, oder die elastischen Eigenschaften berücksichtigt werden müssen, gelten ganz verschiedene Gesetze für die Beschreibung der Strömung.

Bei der inkompressiblen Flüssigkeit in geschlossenen Kanälen, Rohren oder Zwischenbehältern, deren Volumen unverändert bleibt, muß einer erzwungenen Änderung der Geschwindigkeit an einer beliebigen Stelle des Systems auch eine gleichzeitige Änderung der Geschwindigkeit an allen anderen Stellen des Systems entsprechen. Die Fortpflanzungsgeschwindigkeit von Druck oder Geschwindigkeitsänderungen ist somit unendlich groß. Bei kompressiblen Flüssigkeiten dagegen ist die Fortpflanzungsgeschwindigkeit der Druck- und Geschwindigkeitswellen die Schallgeschwindigkeit a.

In den folgenden Abschnitten 5.1 und 5.2 soll zunächst die instationäre Strömung behandelt werden, die infolge einer Schließ- oder Öffnungsbewegung eines Ventils in einer Rohrleitung entsteht, in der vor Beginn dieser Bewegung eine stationäre Strömung herrschte oder aber das Medium überhaupt in Ruhe war. Hierbei werden die Reibungskräfte zunächst vernachlässigt und nur die Druck- und Geschwindigkeitsänderungen an allen Stellen des Rohres nach Beginn der Ventilbewegung betrachtet, und zwar in Abschnitt 5.1 für inkompressible und in Abschnitt 5.2 für kompressible Flüssigkeiten unter Berücksichtigung der im Rohr hin- und herlaufenden Druck- und Geschwindigkeitswellen. Vorgänge in Leitungssystemen mit Pumpenförderung sind auch noch in Abschnitt 8.8 behandelt.

Eine instationäre Strömung, bei der die Änderung der Geschwindigkeit mit der Zeit an einer bestimmten Stelle so langsam vor sich geht, daß die Druckänderungen infolge der Beschleunigung bzw. Verzögerung an dieser Stelle vernachlässigt werden können, nennt man eine quasistationäre Strömung. Diese kann dann mit den Gesetzen der stationären Strömung beschrieben werden und wird in Abschnitt 6 gesondert behandelt. Im Gegensatz zu allen Rechenverfahren des Abschnittes 5, in denen die Druckverluste durch Reibung gegenüber den Druckänderungen infolge der Geschwindigkeitsänderung mit der Zeit $\left(\frac{dw}{dt}\right)$ an einer bestimmten Stelle vernachlässigt werden, wird bei der quasistationären Strömung gerade umgekehrt die Druckänderung infolge Geschwindigkeitsänderung mit der Zeit $\left(\frac{dw}{dt}\right)$ an einer bestimmten Stelle vernachlässigt [2, 13, 14, 17, 24, 28, 32, 38, 41, 51, 55, 78, 82, 83, 85].

5.1 Instationäre Strömung inkompressibler Flüssigkeiten

Nur solange an jeder Stelle der Strömung Druck und Geschwindigkeit unabhängig von der Zeit und somit nur abhängig vom Ort sind, gilt für die Strömung inkompressibler Flüssigkeiten von Punkt 1 zu Punkt 2 die Bernoullische Gleichung für reibungsfreie Strömung, Abschnitt 3.1.1, Gl. (47)

$$\frac{p_1}{\rho} + gH_1 + \frac{w_1^2}{2} = \frac{p_2}{\rho} + gH_2 + \frac{w_2^2}{2}.$$

Sobald jedoch die Geschwindigkeiten und damit auch die Drücke an ein und derselben Stelle von der Zeit abhängig sind – der Strömungsvorgang somit nicht mehr stationär ist – verliert die Bernoullische Gleichung ihre Gültigkeit. Wenn die Geschwindigkeitsänderungen mit der Zeit relativ rasch vor sich gehen, so kann die Druckänderung gemäß der Bernoullischen Gleichung gegenüber der Druckänderung durch die Verzögerung bzw. Beschleunigung der Flüssigkeit an einer bestimmten Stelle oft sogar ganz vernachlässigt werden.

Unter der Voraussetzung, daß die Flüssigkeit inkompressibel ist und die Rohrleitungen sich nicht dehnen, können die auftretenden Druckkräfte bei instationärer Strömung mit relativ einfachen Mitteln berechnet werden. Bei einer Verkleinerung des Austrittsquerschnittes tritt in der Rohrleitung dann eine Verringerung der Strömungsgeschwindigkeit entsprechend dem jeweiligen Mündungsquerschnitt A_m ein, und zwar gleichzeitig im Rohreintritt E und in der Rohrmündung A_m. Der Vorgang geht also so vor sich, als ob die Schallgeschwindigkeit unendlich groß wäre, Abb. 55.

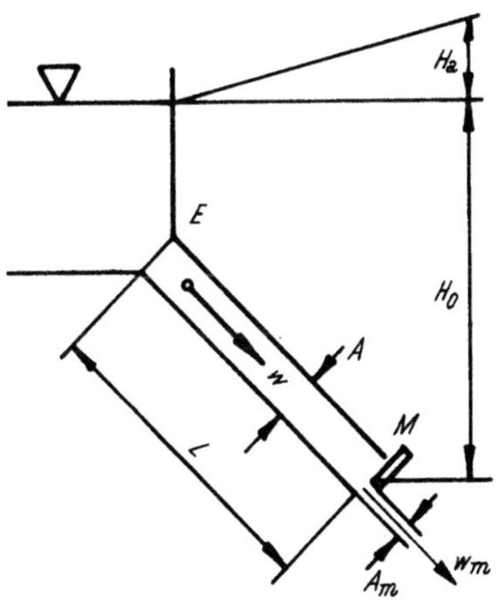

Abb. 55. Instationäre Rohrströmung bei Schließbewegung an der Rohrmündung

Ob nun eine Flüssigkeit näherungsweise als inkompressibel betrachtet werden kann oder nicht, hängt von den jeweiligen Verhältnissen ab: Wenn zum Beispiel eine Rohrleitung plötzlich innerhalb der Zeit $t = 0$ geschlossen wird, wird auch bei Flüssigkeiten, die nahezu inkompressibel sind, diese Näherung nicht zulässig sein. Es ist dann immer die Elastizität der Flüssigkeit zu berücksichtigen, wobei sich jede Druckänderung mit Schallgeschwindigkeit sowohl in Strömungsrichtung als auch entgegen der Strömungsrichtung ausbreitet. Damit wird die Druckänderung an jeder beliebigen Stelle des Systems durch Überlagerung von zwei hin- und herlaufenden Druckwellen bestimmt. Bei relativ langsamer Schließbewegung dagegen kann man die Flüssigkeit als inkompressibel betrachten, da die Druckwellen während der Schließbewegung so oft hin- und herlaufen, daß der Vorgang näherungsweise so betrachtet werden kann, als ob die Schallgeschwindigkeit unendlich groß wäre. Für diesen Fall gibt der folgende Abschnitt 5.1.1 Anhaltspunkte zur Berechnung des Zusammenhanges zwischen Druck und Geschwindigkeit. Abschnitt 5.2 enthält dagegen Richtlinien zur Erfassung der instationären Strömung mit Berücksichtigung der Elastizität kompressibler Flüssigkeiten. Nach den Untersuchungen in diesen beiden Abschnitten wird leicht zu entscheiden sein, ob ein Vorgang zweckmäßiger und richtiger nach den Gesetzen für inkompressible oder nach den Gesetzen für kompressible Flüssigkeiten zu behandeln ist.

5.1.1 Rohrströmung während einer Schließbewegung an der Rohrmündung bei inkompressiblen Flüssigkeiten

Wird am Ende eines Rohres, Abb. 55, in dem eine Flüssigkeit zunächst mit der im ganzen Rohr konstanten Geschwindigkeit w strömt, ein Ventil langsam geschlossen, so tritt eine Verzögerung der Strömung ein. Es kommt zu einem Druckanstieg, der bei einer inkompressiblen Flüssigkeit so berechnet werden kann, als ob die Flüssigkeitssäule ein starrer Körper wäre.

Die im Rohr von der Länge L enthaltene bewegte Flüssigkeitsmasse ist

$$m = \rho \cdot A \cdot L \text{ kg} \tag{178}$$

ρ Dichte in kg/m^3
A Rohrquerschnitt in m^2
L Rohrlänge in m

Das Newton'sche Gesetz für die Verzögerung (Beschleunigung) dieser Masse lautet

$$\begin{aligned} \Delta p A &= \rho A L \frac{dw}{dt} = \rho g H_a A \\ \Delta p &= \rho L \frac{dw}{dt} = \rho g H_a \end{aligned} \tag{179}$$

Δp Druckanstieg durch Verzögerung in N/m^2
H_a Druckanstieg durch Verzögerung, gemessen in m Flüssigkeitssäule
g Erdbeschleunigung m/s^2

Beispiel: Eine Wasserturbinenleitung habe eine Länge von $L = 320$ m, der Druck vor dem Leitapparat am unteren Ende dieser Turbinenleitung sei 8,14 bar, was einem Gefälle von 83 m Wassersäule entspricht. Die Ausströmgeschwindigkeit sei im gesamten Rohrquerschnitt $w_0 = 3{,}2$ m/s. Der Leitapparat soll von seinem maximal geöffneten Querschnitt innerhalb der Zeit $T = 20\,s$ geschlossen werden. Dann ergibt sich die Verzögerung im Rohr zu

$$\frac{dw}{dt} = \frac{w_0}{T} = \frac{3{,}2}{20} = 0{,}16\ \frac{m}{s^2}\ .$$

Der Druckanstieg wird:

$$\Delta p = \rho L\ \frac{dw}{dt} = 1000 \cdot 320 \cdot 0{,}16 = 51\ 200\ \mathrm{N/m^2} = 0{,}51\ \mathrm{bar}.$$

Für eine so langsame Schließbewegung ($T = 20\,s$) wird dieser Näherungswert der auftretenden Druckzunahme gut entsprechen. Erfolgt die Schließbewegung dagegen rasch, also im vorliegenden Beispiel etwa innerhalb von 2 bis 3 Sekunden, so muß die Elastizität der Flüssigkeit nach Abschnitt 5.2 berücksichtigt werden.

Für eine Rohrleitung mit dem Querschnitt A, an deren Ende sich ein Schließorgan mit veränderlichem Querschnitt A_m befindet, gelten in ähnlicher Weise folgende Beziehungen: Der Druckanstieg H_a vor dem Ventil infolge der Verzögerung der Masse ist aus Gl. (179)

$$H_a = \frac{L}{g} \cdot \frac{dw}{dt}\ . \tag{180}$$

Bezeichnet A_{m_0} den Querschnitt des ganz geöffneten Ventils vor Beginn der Schließbewegung, so ist der Volumenstrom bei geöffnetem Ventil mit den Bezeichnungen der Abb. 55, wobei w_0 die Geschwindigkeit im Rohr vor der Schließbewegung ist

$$Q_0 = A \cdot w_0 = A_{m_0}\ \sqrt{2\,g\,H_0}. \tag{181}$$

Die Geschwindigkeit w_0 im Rohr mit dem Querschnitt A ist

$$w_0 = \frac{A_{m_0}}{A}\ \sqrt{2\,g\,H_0}. \tag{181a}$$

Während der Schließbewegung verkleinert sich der Ventilquerschnitt auf A_m und dabei wird die Geschwindigkeit im Rohr

$$w = \frac{A_m}{A}\ \sqrt{2\,g\,(H_0 + H_a)}, \tag{182}$$

wobei H_a dem zusätzlichen Druckgefälle entspricht, das durch die Verzögerung der Flüssigkeitssäule im Rohr entsteht.
Setzt man

$$A_m = \tau\,A_{m_0}, \tag{183}$$

wobei τ eine Funktion der Zeit ist, so erhält man unter Benützung von Gl. (181a) und Gl. (182)

$$w = w_0\,\tau\ \sqrt{1 + \frac{H_a}{H_0}}\ . \tag{184}$$

Bei konstanter Schließgeschwindigkeit innerhalb der gesamten Schließzeit T ist

$$\tau = \frac{A_m}{A_{m_0}} = \frac{T - t}{T} = 1 - \frac{t}{T} \tag{185}$$

setzt man τ aus Gl. (185) in Gl. (184) ein und nimmt man für unveränderliche Schließgeschwindigkeit nach Gl. (180)

$$H_a = \frac{L}{g} \cdot \frac{w_0}{T} \tag{186}$$

dann wird

$$w = w_0 \left(1 - \frac{t}{T}\right) \sqrt{1 + \frac{L}{g} \frac{w_0}{TH_0}} \tag{187}$$

5.2 Instationäre Strömung kompressibler Flüssigkeiten

5.2.1 Positiver und negativer Druckstoß durch plötzliches Schließen bzw. Öffnen eines Ventiles (Schließzeit T = 0)

Wird eine Rohrleitung plötzlich abgesperrt und dabei eine Flüssigkeitssäule von der Geschwindigkeit w_0 auf $w = 0$ abgebremst, so tritt ein Druckanstieg von der Größe

$$\Delta p = a \rho w_0 \text{ N/m}^2 \tag{188}$$

auf [2, 51].

Die Schallgeschwindigkeit a ergibt sich für feste Körper und Flüssigkeiten aus

$$a = \sqrt{\frac{E}{\rho}} \tag{189}$$

E Elastizitätsmodul des Mediums N/m^2.

Die Fortpflanzungsgeschwindigkeit a von Druckwellen in elastischen Rohren ist infolge der Dehnung des Rohres geringer, und kann aus der folgenden Beziehung berechnet werden

$$a = \sqrt{\frac{E_F}{\rho} \cdot \frac{1}{1 + \frac{D}{S} \frac{E_F}{E_R}}} \quad \text{m/s}. \tag{190}$$

Darin bedeutet:
D Rohrdurchmesser, S Wandstärke des Rohres, E_F Elastizitätsmodul der Flüssigkeit, E_R Elastizitätsmodul des Rohrmaterials, ρ Dichte in kg/m^3.

Für Gase erhält man die Schallgeschwindigkeit aus Gl. (154)

$$a = \sqrt{\kappa p v} = \sqrt{\kappa R T}\ .$$

Gl. (188) gilt auch, wenn eine abgesperrte Leitung, die unter einem Überdruck Δp steht, an der Mündung plötzlich geöffnet wird. Die Flüssigkeit strömt unmittelbar nach der Öffnung mit der Geschwindigkeit

$$w_0 = \frac{\Delta p}{a \cdot \rho} \tag{191}$$

aus und es kommt zu einem plötzlichen Druckabfall.

Diese „Unterdruckwelle" läuft mit Schallgeschwindigkeit von der geöffneten Rohrmündung in das Rohrinnere. An allen Stellen, die von dieser Unterdruckwelle erfaßt werden, bewegt sich die Flüssigkeit zunächst mit der Geschwindigkeit w_0, während sie an allen anderen Stellen des Rohres, die in Richtung x vor dem Wellenkopf der Unterdruckwelle liegen, in Ruhe ist.

Der wesentliche Unterschied zwischen dem Vorgang beim Schließen (Abb. 56) und beim Öffnen (Abb. 64) der Mündung einer Rohrleitung sei an einem Beispiel erläutert:

An einem Ende E einer langen Rohrleitung, Abb. 64, sei ein Druckwasserbehälter angeschlossen, in dem ein Druck von 101 bar = $101 \cdot 10^5$ N/m² herrscht. Am anderen Ende A dieser Rohrleitung sei ein Magnetventil vorhanden, das plötzlich innerhalb der Zeit $t = 0$ den gesamten Rohrquerschnitt öffnet. Die Schallgeschwindigkeit von Wasser in Stahlrohren beträgt $a \approx 10^3$ m/s (genaue Angaben siehe Tab. 27), seine Dichte $\rho = 10^3$ kg/m³.

Aus Gl. (191) ergibt sich mit $\Delta p = 100$ bar

$$w_0 = \frac{100 \cdot 10^5}{10^3 \cdot 10^3} = 10 \text{ m/s}.$$

Der Druck in der Mündung A sinkt dabei von 100 bar plötzlich auf Null. Die Welle des Druckgefälles von -100 bar läuft von A mit Schallgeschwindigkeit gegen E, wobei das Wasser erst nach L/a s bei E mit 10 m/s zu strömen beginnt. Erst nach längerer Zeit, wenn die Druckwelle im ganzen Rohr abgeklungen ist, steigt die Strömungsgeschwindigkeit von 10 m/s allmählich auf die Ausflußgeschwindigkeit bei stationärer Ausströmung an.

$$w_{max} = \sqrt{\frac{2\,\Delta p}{\rho}} = \sqrt{\frac{2 \cdot 10^7}{10^3}} \approx 140 \text{ m/s}.$$

Wird, nachdem die stationäre Ausflußgeschwindigkeit von 140 m/s erreicht ist, das Ventil plötzlich wieder geschlossen und somit die Strömungsgeschwindigkeit von 140 m/s plötzlich auf Null verzögert, so entsteht ein Druckanstieg von

$$\Delta p = a\,\rho\,w_{max} = 10^3 \cdot 10^3 \cdot 140 = 1400 \cdot 10^5 \text{ N/m}^2$$

oder $$\Delta p = 1400 \text{ bar}.$$

Abb. 56 zeigt den Bewegungsvorgang nach dem plötzlichen Verschließen der Rohrleitung. Eintrittsquerschnitt E, geöffneter Austrittsquerschnitt A sowie der Querschnitt an jeder Stelle des Rohres seien gleich groß. Verengungen durch die Kontraktion im Einlauf und Reibungseinflüsse sollen vernachlässigt werden. In dem Rohr herrscht somit in allen Querschnitten zunächst vor Beginn der Schließbewegung eine stationäre Strömung von der Geschwindigkeit w_0. Wird der Austrittsquerschnitt A am Ende des Rohres plötzlich verschlossen, so kommt es zunächst nur unmittelbar vor dem plötzlich verschlossenen Ventil zu einem Druckanstieg, weil sich hier die Strömungsgeschwindigkeit innerhalb der Zeit $T = 0$ vom Wert $w = w_0$ auf den Wert $w = 0$ verändert. An der Stelle $x = 0$ tritt also plötzlich ein Druckanstieg von der Größe $\Delta p = a \rho w_0$ ein, der sich von dort mit Schallgeschwindigkeit in x-Richtung (nach links) gegen die offene Mündung am unteren Ende E des Rohres fortpflanzt. Abb. 56 gibt einen anschaulichen Überblick über die nun folgende Wellenbewegung, die sich, solange die Reibung vernachlässigt wird, periodisch bis zur Zeit $T = \infty$ im Rohr abspielt. Bei der Fortpflanzung der Druckwellen werden die Flüssigkeitsteilchen, die von der Druckwelle erfaßt werden,

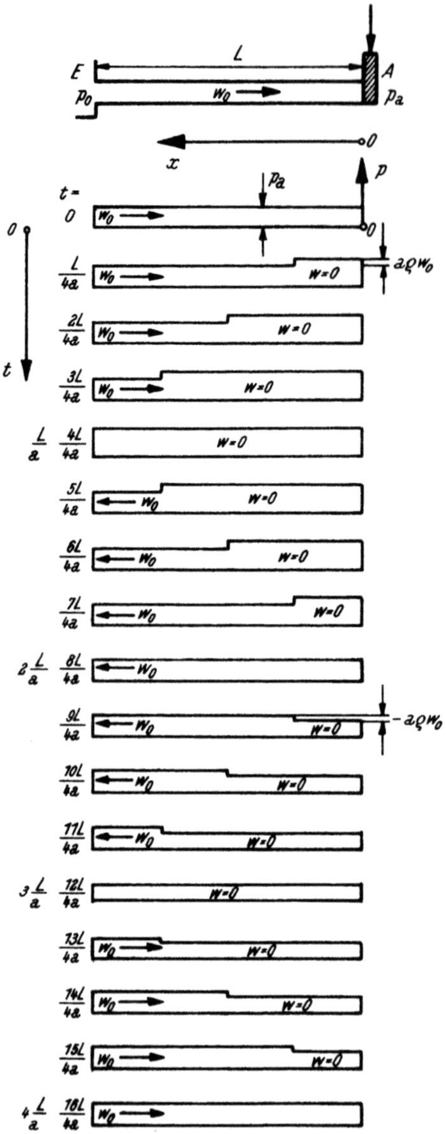

Abb. 56. Plötzlicher Abschluß einer Rohrleitung, Druck- und Geschwindigkeitsverlauf im Rohr zur Zeit $t = 0, L/4a, 2\,L/4a$ usw.) Bei Reibungsfreiheit ist $p_0 = p_a = \text{const}$.

auf die Geschwindigkeit $w = 0$ verzögert, wobei sich mit der Erhöhung des Druckes auch die Dichte der Flüssigkeit vergrößert. Bei elastischem Rohr dehnt sich außerdem das Rohr unter dem Einfluß der Druckerhöhung, wodurch die Schallgeschwindigkeit etwas vermindert wird.

Infolge der „Verdichtung" der Flüssigkeit in dem von der Druckwelle erfaßten Teil des Rohres und infolge der Rohrdehnung bei elastischem Rohr enthält nun das Rohr, in dem hinter der Wellenfront der Druck $p_0 + \Delta p$ herrscht, eine größere Flüssigkeitsmasse als vor dem Eintreten dieses Druckanstieges.

Die zur Zeit $T = 0$ bei A entstehende Druckwelle erreicht nach L/a s die Stelle E.

Sobald nun der Wellenkopf dieser Druckwelle mit der Amplitude $\Delta p = a\rho w_0$ die offene Eintrittsöffnung an der Stelle $x = L$ erreicht, ist der Druck im Rohr in der Nähe dieser Eintrittsöffnung um Δp höher als der statische Druck p_0 bei stationärer Strömung. Dadurch kommt es zur Ausströmung von Flüssigkeit aus dem Rohr in den Druckbehälter, in dem der konstante Druck p_0 herrscht. Diese Ausströmung aus dem Rohr erfolgt mit entsprechender Trägheit. Es entsteht bei $x = L$ eine Saugwelle, die nun wieder mit Schallgeschwindigkeit vom offenen Eintrittsquerschnitt E bei $x = L$ gegen das geschlossene Rohrende A bei $x = 0$ zurückläuft. Sobald diese Unterdruckwelle einen Teil der Flüssigkeitssäule im Rohr erfaßt, tritt in diesem Teil wieder die Geschwindigkeit w_0 ein, jedoch nun in entgegengesetzter Richtung. Bei Berücksichtigung der Rohrdehnung ist wieder zu beachten, daß sich das Rohr nach Durchschreiten der Wellenfront der Unterdruckwelle wieder zusammenzieht, während sich das spezifische Volumen der Flüssigkeit hinter der Wellenfront der Saugwelle dem Druckgefälle entsprechend vergrößert.

Da die Größe des Unterdruckes $-\Delta p$ mit der des Überdruckes $+\Delta p$ der von $x = 0$ gegen $x = L$ laufenden Überdruckwelle übereinstimmt, nimmt die Dichte der Flüssigkeit den gleichen Wert an wie bei stationärer Strömung und ebenso das Rohr seinen alten Durchmesser. Sobald $2\,L/a$ s nach der Schließbewegung die Saugwelle das verschlossene Ende A erreicht, verursacht die mit der Geschwindigkeit $-w_0$ zurückströmende Flüssigkeit eine weitere Druckabnahme um $-\Delta p$, die Saugwelle wird zurückgeworfen und läuft von A nach links zum Eintrittsquerschnitt. Hierbei ist aber vom Ausgangsdruck p_0 der Unterdruck $-\Delta p$ in Abzug zu bringen. Die Dichte der Flüssigkeit wird noch geringer als bei stationärer Strömung, und das Rohr dehnt sich infolge des um $-\Delta p$ niedrigeren Druckes weniger als bei stationärer Strömung.

Schließlich trifft diese Unterdruckwelle $3\,L/a$ s nach der Schließbewegung wieder beim Rohreintritt $x = L$ ein. Sie wird negativ und damit als Überdruckwelle zurückgeworfen. Sie läuft mit Schallgeschwindigkeit wieder gegen das geschlossene Ende bei $x = 0$. Nach der Zeit $4\,L/a$ trifft der Wellenkopf dieser Druckwelle dort ein und das Spiel der hin- und herlaufenden Druckwellen beginnt von neuem. Abb. 56 zeigt den Druckverlauf im Rohr zur Zeit 0, $L/4\,a$, $2\,L/4\,a$, $3\,L/4\,a$ usw. für Zeitabstände von jeweils $L/4\,a$ bis zur Zeit $16\,L/4\,a = 4\,L/a$ s. Dies entspricht einer vollen Periode des Bewegungsvorganges, der sich nun in den gleichen Zeitabständen von $4\,L/a$ ständig wiederholt.

Aus diesem örtlichen Druckverlauf p_x, der in Abb. 56 zu bestimmten Zeiten als Funktion von x dargestellt wurde, kann auch der zeitliche Druckverlauf p_t an jeder beliebigen Stelle x des Rohres ermittelt werden.

Wir tragen hierzu in Abb. 57 an den Stellen $x = 0$, $x = L/4$, $x = L/2$, $x = 3\,L/4$ und $x = L$ den Druck auf, der aus Abb. 56 entnommen werden kann. Also z. B. für die Stelle $x = 0$ geht aus den 16 untereinander dargestellten Diagrammen für den Druckverlauf p_x hervor, daß zu den Zeiten $t = 0$, $L/4\,a$, $2\,L/4\,a, \ldots$ bis $2\,L/a$ immer

$$\Delta p = a\rho w_0$$

ist. Von $t = 2\,L/a$ bis $4\,L/a$ ist $\Delta p = -a\rho w_0$.

An der Stelle $x = L/4$ ist zur Zeit $t = 0$ bis $L/4a$ $\Delta p = 0$, von der Zeit $L/4a$ bis $7\,L/4a$ ist $\Delta p = a\rho w_0$.

Von der Zeit $7\,L/4a$ bis $9\,L/4a$ ist Δp wieder gleich 0 und von

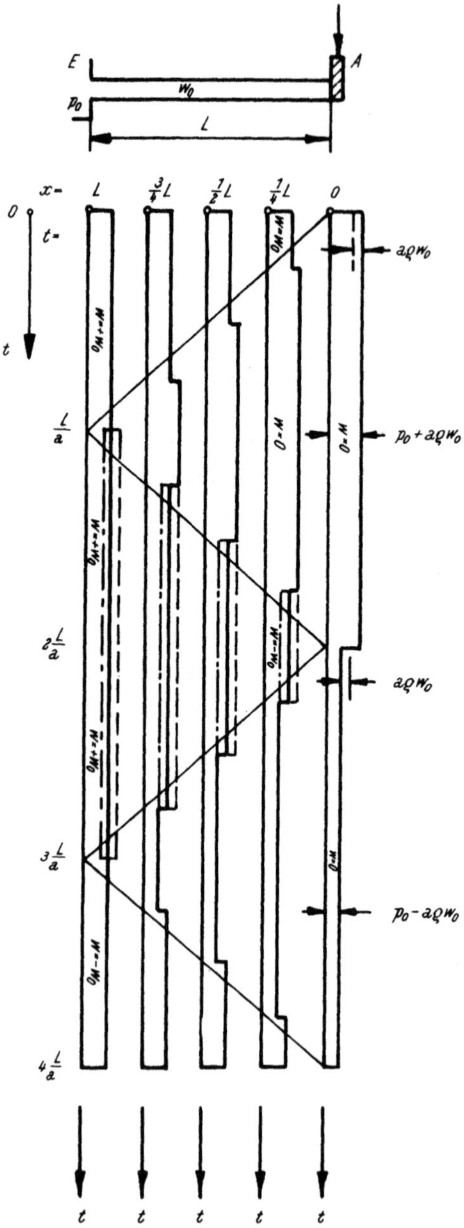

Abb. 57. Plötzlicher Abschluß einer Rohrleitung, Druck- und Geschwindigkeitsverlauf, Druckverlauf $p = f_t$ an den Stellen des Rohres $x = 0, L/4, L/2, 3L/4, L$

$9\,L/4a$ bis $15\,L/4a$ ist Δp gleich $-a\rho w_0$.

Von $15\,L/4a$ bis $16\,L/4a$ ist wieder $\Delta p = 0$ usw.

Der Druckverlauf in Abb. 57 kann nun als Überlagerung der zunächst unmittelbar nach der Schließbewegung entstehenden Druckwelle bei $x = 0$ mit derjenigen Welle betrachtet werden, die durch Reflexion mit negativen Vorzeichen am offenen

Rohrende entsteht und als Unterdruckwelle von der Stelle $x = L$ mit Schallgeschwindigkeit wieder gegen $x = 0$ zurückläuft.

Bei $x = 0$ entsteht zunächst die Überdruckwelle mit der Amplitude $\Delta p = a\rho w_0$. Der Druck $\Delta p = a\rho w_0$ herrscht bei $x = 0$ von der Zeit 0 bis zur Zeit $t = 2\,L/a$. Zu dieser Zeit trifft die als Unterdruckwelle zurücklaufende Welle wieder bei $x = 0$ ein und erzeugt dort während einer weiteren Zeitspanne $2\,L/a$ den Unterdruck $\Delta p = -a\rho w_0$.

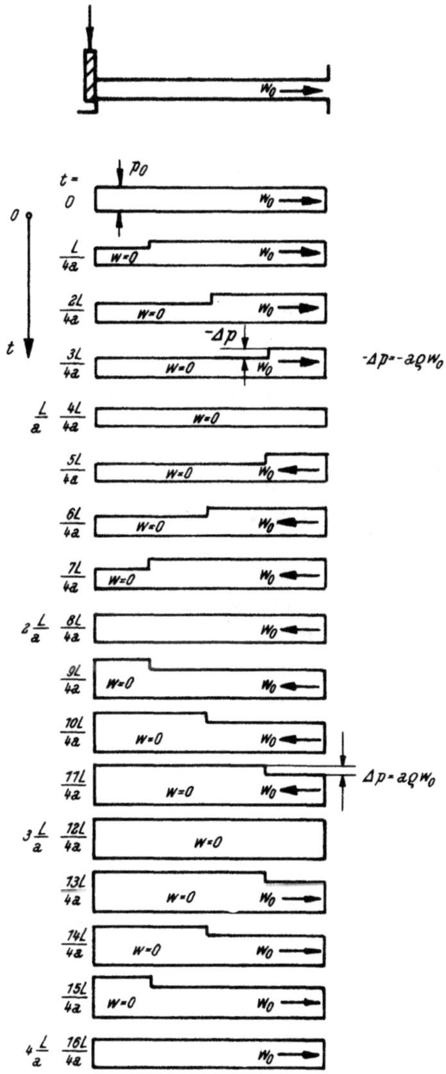

Abb. 58. Druck- und Geschwindigkeitsverlauf bei plötzlichem Abschluß des Eintrittsquerschnittes einer Rohrleitung

An den Stellen $x = L/4$, $L/2$, $3\,L/4$ und $x = L$ wird nun die Überdruckwelle, die mit Schallgeschwindigkeit von $x = 0$ gegen $x = L$ läuft, durch die strichlierte Linie dargestellt. Der rechteckige Wellenberg verschiebt sich jeweils in den Zeitabschnitten $L/4\,a$ um die Strecke $L/4$. Dadurch ergibt sich an den Stellen $x = L/4$, $L/2$, $3\,L/4$ und L der zeitliche Druckverlauf $p = F_t$, wie Abb. 57 an den Stellen $x = 0, x = L/4 \ldots x = L$ zeigt.

An der Mündung $x = L$ bleibt der Druck konstant $p = p_0$, weil $+\Delta p$ der ankommenden und $-\Delta p$ der rücklaufenden Welle gleich groß sind. Von der Zeit L/a an läuft die Unterdruckwelle $-\Delta p$, die strichpunktiert gezeichnet ist, in entgegengesetzter Richtung von $x = L$ nach $x = 0$ zurück. Der tatsächliche Druckverlauf $p = F_t$ an den Stellen $x = 0$ bis $x = L$ ist jeweils durch die ausgezogene Linie dargestellt, die sich aus der Summe von $+\Delta p$ (strichlierte Werte) und $-\Delta p$ (strichpunktierte Werte) ergibt.

Die Abb. 56 und 57 geben eine graphische Darstellung des Druck- und Geschwindigkeitsverlaufes in einem Rohr, an dessen Ende plötzlich der Austrittsquerschnitt verschlossen wird. In ähnlicher Weise stellt Abb. 58 den Druckverlauf in einem Rohr dar, in dem der Eintrittsquerschnitt in der Zeit $T = 0$ plötzlich verschlossen wird.

Abb. 59 stellt schließlich den Druck- und Geschwindigkeitsverlauf in einem Rohr der Länge $2\,L$ dar, in dessen Rohrmitte ein Ventil plötzlich geschlossen wird.

In den Abb. 56 bis 59 ist dabei vorausgesetzt, daß der Druckanstieg infolge der plötzlichen Verzögerung der Flüssigkeit $\Delta p = a \rho w$ wesentlich kleiner ist als der Druck im Einlauf in das Rohr $p_0 = \rho g H_0$.

Damit die prinzipielle Darstellung dieser Bilder nicht ihren Sinn verliert, muß Δp so klein bleiben, daß an keiner Stelle des Rohres der Verdampfungsdruck erreicht wird.

Dies wird am besten an Zahlenwerten erläutert, die um Größenordnungen voneinander verschieden sind. Auch hier werden die Verhältnisse an Wasser von einer Dichte $\rho \doteq 10^3$ kg/m³ untersucht. Die Druckhöhen H_0 am Einlauf seien wahlweise 1 m, 10 m, 100 m. Damit erhält man folgendes Rechenschema:

Druck bei stationärer Strömung
$p_0 = \rho g H_0 \approx 10^4\, H_0$ N/m² $= 0{,}1\, H_0$ bar
Geschwindigkeit bei stationärer Strömung
$w_0 = \sqrt{2 g H_0} \approx 4{,}5 \sqrt{H_0}$ m/s
Druck durch Flüssigkeitsstoß bei plötzlichem Abschließen
$\Delta p = a \rho w_0 \approx 10^3 \cdot 10^3\, w_0$ N/m² $\approx 10\, w_0$ bar
[nach Gl. (188)].

Aus der Verbindung der drei Gleichungen ergibt sich allgemein $\Delta p = a \sqrt{2 \rho p_0}$ N/m².

Mit den obigen Zahlenwerten und $a = 1000$ m/s wird

$$\Delta p = 142 \sqrt{p_0},$$

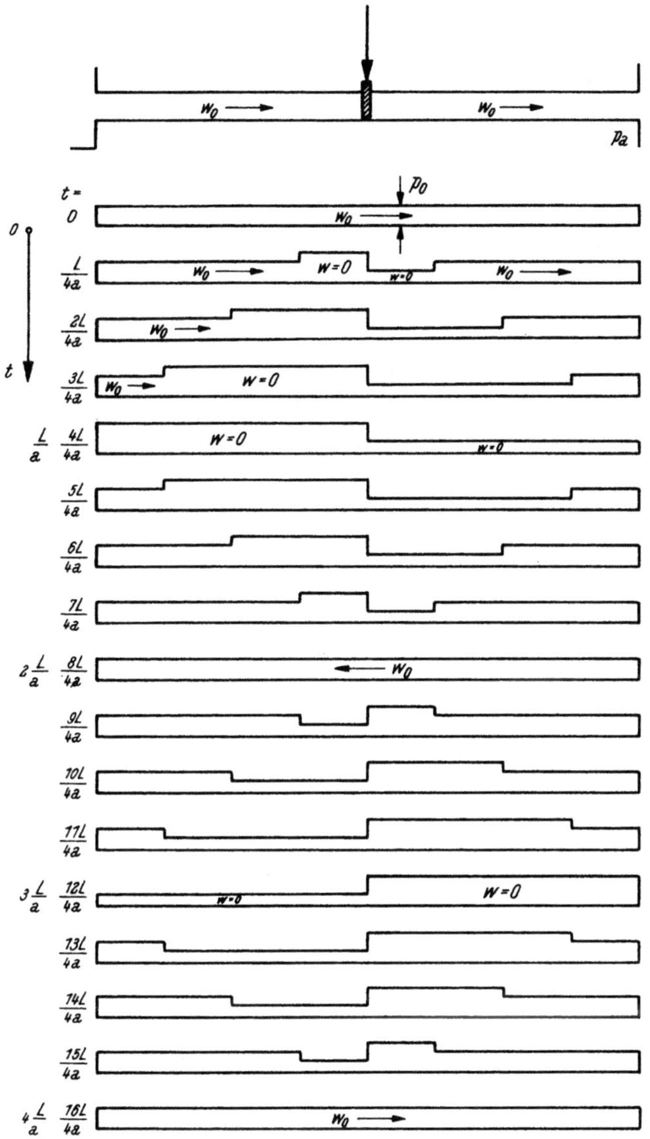

Abb. 59. Druck- und Geschwindigkeitsverlauf bei plötzlichem Abschluß eines Ventiles in der Mitte eines Ausflußrohres

wenn p_0 und Δp in bar eingesetzt werden.

Für H_0 = 1, 10 und 100 ergeben sich folgende Werte für w_0 und Δp:

H_0 m	p_0 bar	w_0 m/s	Δp bar
1	0,1	4,5	45
10	1	14,2	142
100	10	45	450

Für die drei oben betrachteten Beispiele gilt somit bei diesen Werten die Darstellung nach Abb. 56 nur innerhalb der Zeit 0 bis $2\ L/a$. Zur Zeit $2\ L/a$ würde die Druckwelle von 45, 142 bzw. 450 bar am Ende A negativ zurückgeworfen werden, was natürlich nicht möglich ist, weil Verdampfung eintritt und somit die Druckwelle aufgelöst wird.

Ob es zu Verdampfungserscheinungen oder zur Reflexion an der offenen Mündung kommt, hängt sowohl vom absoluten Druck an der Mündung E als auch von der Höhe des ankommenden Druckstoßes ab.

Im Augenblick des Schließens jedoch ergibt sich immer die Größenordnung des Druckstoßes $\Delta p = a \rho w_0$ unabhängig davon, ob es nach $2\ L/a$ zu einer Reflexion der Druckwelle oder zu ihrer Auflösung durch Verdampfung kommt.

Betrachtet man z. B. die Senkbewegung einer Hebebühne mit einem Hydrauliksystem nach Abb. 60, bei welcher plötzlich eine Verstellung des Schiebers von Stellung 3 (Senken) auf Stellung 2 (Festhalten) erfolgt, so tritt folgendes ein:

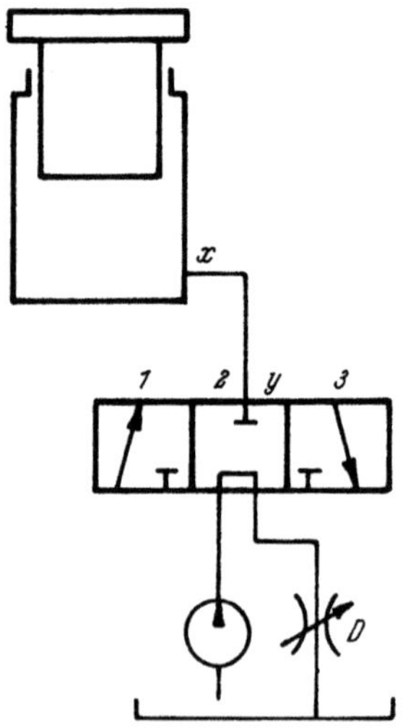

Abb. 60. Hydraulikschema einer Hebebühne (Regelung der Senkgeschwindigkeit durch Drossel im Rücklauf vom Ventil zum Öltank)

Falls der Druck während der Senkbewegung z. B. 250 bar beträgt und das Öl mit $w_0 = 10$ m/s in der Leitung mit der Länge L von x nach y strömt, entsteht zunächst ein Druckstoß Δp beim Verstellen des Schiebers von Stellung 3 in Stellung 2. Bei einer Schallgeschwindigkeit im Öl von $a = 800$ m/s und einer Dichte des Öles von $\rho = 900$ kg/m^3 ist

$$\Delta p = a \rho w_0 = 800 \cdot 900 \cdot 10 = 72 \cdot 10^5 \ \text{N/m}^2 = 72 \ \text{bar}.$$

Da im Hubzylinder an dem offenen Rohrende x der Druck von 250 bar herrscht, wird die Druckwelle von 72 bar nach L/a s negativ zurückgeworfen und senkt den Leitungsdruck von 250 bar um −72 bar. Es ergibt sich der zeitliche Druckverlauf nach Abb. 61, der mit der Periode von 4 L/a so lange oszillierend andauert, bis er infolge der Dämpfung durch Reibung allmählich abklingt, wie dies durch die strichlierte Linie angedeutet ist.

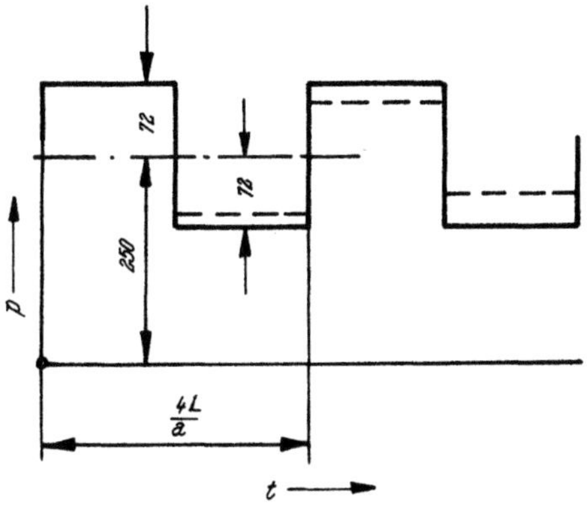

Abb. 61. Druckverlauf bei Schaltung des Schiebers von Stellung 3 auf 2 bei der Hebebühne nach Abb. 60

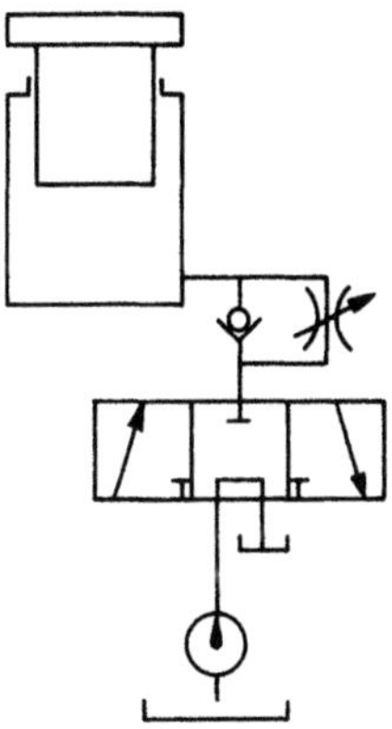

Abb. 62. Hydraulikschema für eine Hebebühne (Regelung der Senkgeschwindigkeit durch Drossel-Rückschlagventil zwischen Zylinder und Wegeventil)

Normalerweise liegt im Rücklauf zum Tank ein Drosselventil zwischen Zylinder und Steuerventil. Durch die Blende der Drossel werden die Reflexionsvorgänge und die Form der Druckwelle zwar entsprechend verändert, im Prinzip bleibt der Vorgang aber ähnlich dem eben beschriebenen, so daß auch in einem Hydrauliksystem nach Abb. 62 ähnliche Druckwellen wie im System nach Abb. 60 entstehen.

Betrachten wir schließlich noch das plötzliche Umstellen eines 4-Wege-Ventiles nach Abb. 63 von Stellung 1 in die Stellung 2. Die Leitung P–X wird am Schieber unterbrochen. Im Zylinder bleibt der Druck von etwa 250 bar

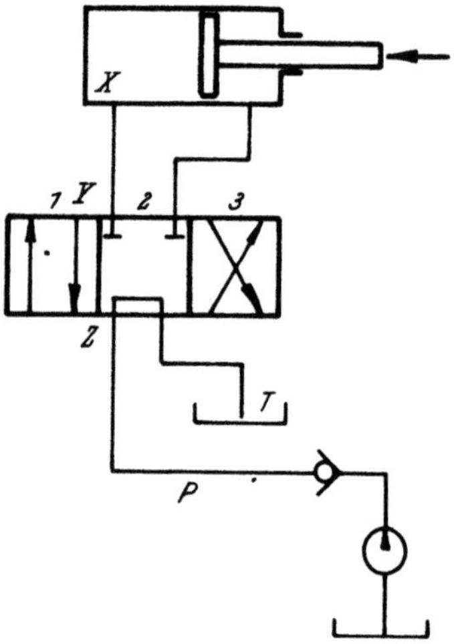

Abb. 63. Hydraulikschema für die Betätigung eines doppeltwirkenden Zylinders

weiter erhalten. Es läuft dann vom Schieber eine Unterdruckwelle $-\Delta p = a \rho w_0$ von Y nach X, etwa wie dies in Abb. 58 dargestellt wird. Bei Y beginnt eine oszillierende Druckschwankung mit der Periode $4\,L/a$, ähnlich wie in Abb. 58, wobei die Oszillation mit der Druckabsenkung von 250 auf $250 - a \rho w_0$ beginnt. Nach der Umstellung von Stellung 1 auf 2 läuft auch von Z gegen T eine Druckwelle von + 250 bar und eine Unterdruckwelle von Z in Richtung P bis zum Rückschlagventil vor der Pumpe.

Der Vorgang beim plötzlichen Öffnen eines Ventiles unterscheidet sich aber wesentlich vom Vorgang beim plötzlichen Schließen und soll deshalb etwas näher betrachtet werden:

Die Abb. 64 bis 66 zeigen den Druck an verschiedenen Stellen eines Rohres, in dem ein Ventil plötzlich, das heißt innerhalb der Zeit $t = 0$ Sekunden, geöffnet wird, zu den Zeiten $t = 0$, $t = L/2\,a$, $2\,L/2\,a = L/a$, $3\,L/2\,a$, $2\,L/a$, $5\,L/2\,a$, $3\,L/a$, $7\,L/2\,a$, $4\,L/a$ usw. und schließlich nach Beendigung der Beschleunigungsperiode zur Zeit $t = \infty$.

Vorausgesetzt sei hierbei, daß das gesamte Rohr mit Flüssigkeit gefüllt ist und das offene Rohrende unter einem Flüssigkeitsspiegel liegt, und die Dehnung des Rohres vernachlässigt wird.

Der Vorgang nach der Öffnung des Ventils wird hierbei für die drei folgenden charakteristischen Fälle dargestellt:

Abb. 64: Für ein Rohr von der Länge L, an dessen Austritt ein Ventil geöffnet wird

Abb. 65: Für ein Rohr von der Länge L, an dessen Eintritt ein Ventil geöffnet wird, und zwar a) für ein im Austritt offenes und b) für ein im Austritt geschlossenes Rohr.

Abb. 66: Für ein Rohr von der Länge $2\,L$, in dessen Mitte ein Ventil geöffnet wird.

In den drei Fällen der Abb. 64, 65 a und 66 mit offenem Rohrende im Austritt ist die Flüssigkeit im Rohr zur Zeit $t = 0$, also im Augenblick, in dem das

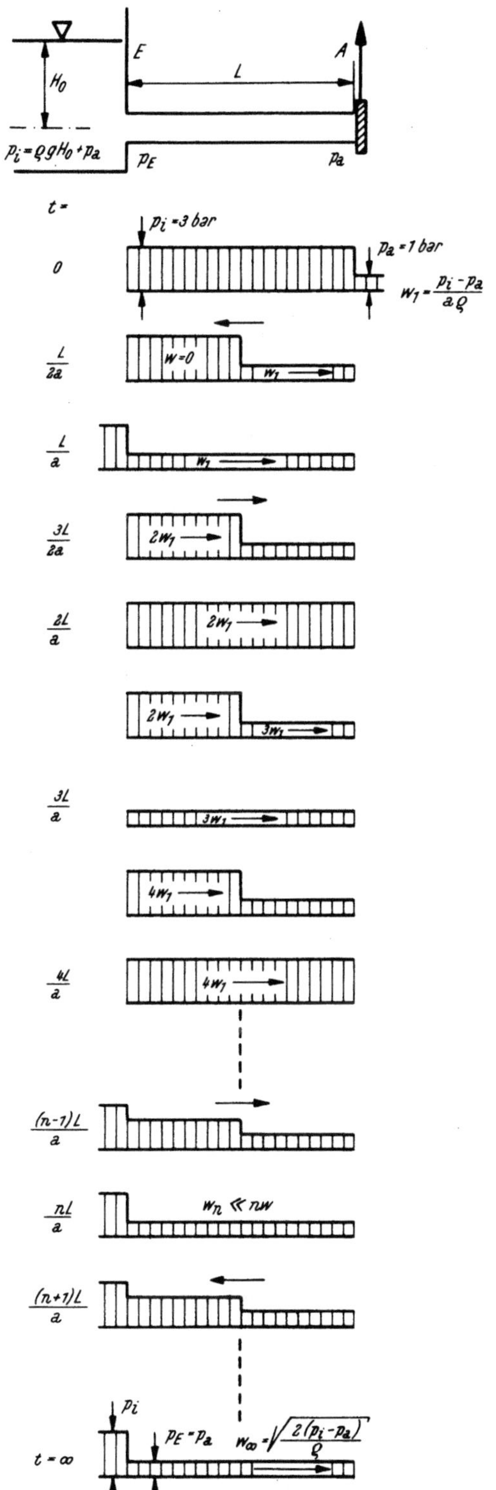

Abb. 64. Druck- und Geschwindigkeitsverlauf bei plötzlichem Öffnen eines Ventiles am Austritt eines Rohres der Länge L

Ventil geöffnet wird, in Ruhe und wird allmählich innerhalb einer bestimmten „Anlaufzeit" auf die Geschwindigkeit

$$w_\infty = \sqrt{\frac{2(p_i - p_a)}{\rho}} = \sqrt{2gH_0}$$

beschleunigt.

Vorausgesetzt sei hierbei natürlich, daß die Reibungskräfte in der Flüssigkeit und alle durch die Kontraktion bedingten Einflüsse vernachlässigt werden.

Im Gegensatz zu den Vorgängen bei einer plötzlichen Schließbewegung bleibt der Druck an allen Stellen eines am Ende offenen Rohres während der gesamten Beschleunigungsperiode kleiner oder wird höchstens gleich hoch wie der Druck vor dem Ventil vor der Öffnungsbewegung.

In den meisten Fällen kann man die Flüssigkeit bei der Berechnung der Vorgänge nach dem plötzlichen Öffnen eines Ventils auch als unzusammendrückbar betrachten und somit den Einfluß der nach der Öffnung im Rohr hin- und herlaufenden Druck- und Geschwindigkeitswellen auf die Strömung vernachlässigen.

Die Berechnung der Anlaufzeit ist dann nach dem Newtonschen Beschleunigungsgesetz gemäß Gl. (179) leicht möglich.

Es ist

$$\rho \cdot g \cdot H = \rho L \frac{dw}{dt}$$

und da das zur Beschleunigung noch verfügbare Gefälle $gH = gH_0 - \frac{w^2}{2}$ ist

$$\frac{dw}{dt} = \frac{gH}{L} = \frac{2gH_0 - w^2}{2L}.$$

Die Ausflußgeschwindigkeit w_∞, die theoretisch erst nach unendlich langer Zeit erreicht wird, ist $w_\infty = \sqrt{2gH_0}$. Durch Integration ergibt sich für jede beliebige Zeit t der Zusammenhang

$$t = \frac{L}{w_\infty} \cdot \ln \frac{w_\infty + w}{w_\infty - w}. \tag{192}$$

Hierbei ist w die zur Zeit t erreichte Geschwindigkeit. Daraus ergibt sich durch weitere Umformung

$$w = w_\infty \frac{e^{\frac{w_\infty t}{L}} - 1}{e^{\frac{w_\infty t}{L}} + 1} = w_\infty \frac{1 - e^{-\frac{w_\infty t}{L}}}{1 + e^{-\frac{w_\infty t}{L}}}. \tag{193}$$

Nach der Zeit $t = \frac{L}{\sqrt{2gH_0}} \ln 19 = 0{,}66 \frac{L}{\sqrt{H_0}}$ Sekunden beträgt w 90% von w_∞ und nach

$$t = \frac{L}{\sqrt{2gH_0}} \ln 199 = 1{,}2 \frac{L}{\sqrt{H_0}} \text{ Sekunden}$$

99% von w_∞, wenn L und H_0 in m eingesetzt werden.

Für den Ausfluß aus einem Gefäß mit $H_0 = 20$ m ist die Geschwindigkeit, die sich nach der Öffnung und unendlich langer Anlaufzeit einstellt $w_\infty = 19{,}8$ m/s.

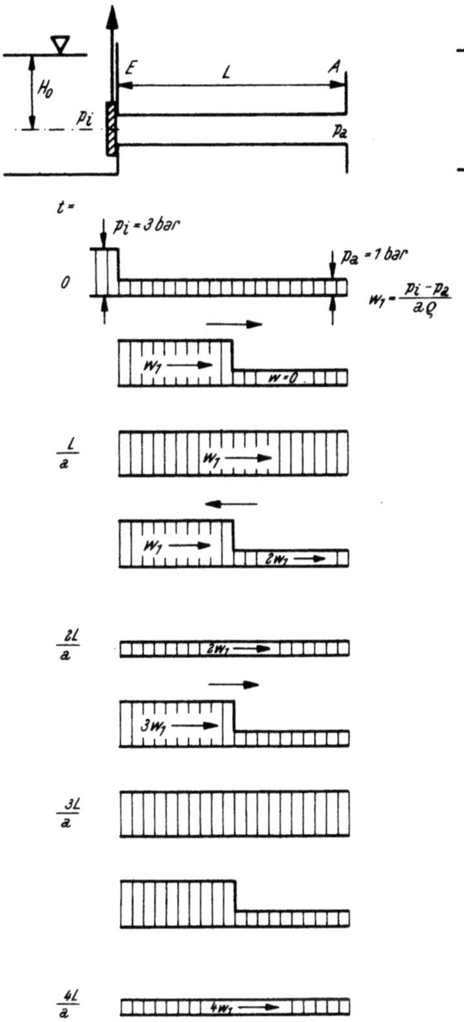

Abb. 65a

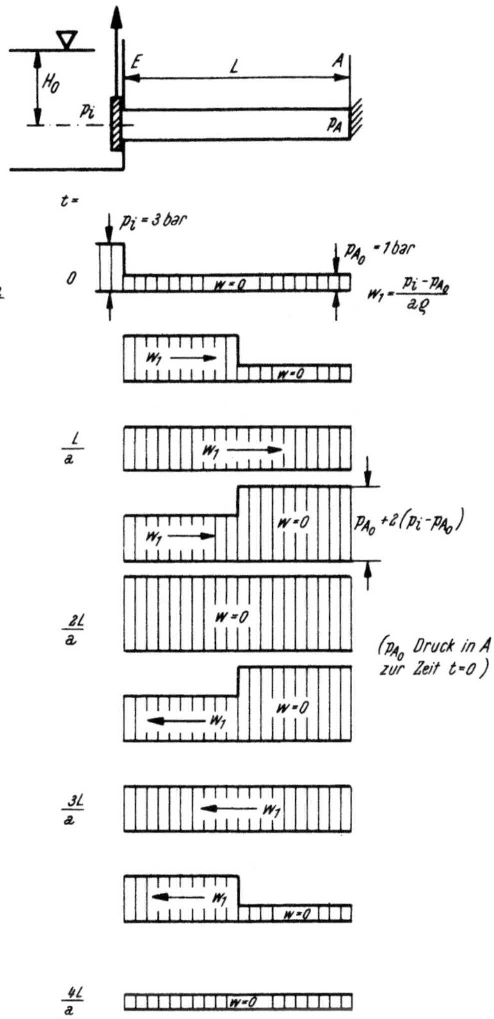

Abb. 65b

Abb. 65. Druck- und Geschwindigkeitsverlauf bei plötzlichem Öffnen eines Ventiles am Eintritt eines Rohres der Länge L, a) Rohraustritt offen, b) Rohraustritt geschlossen

Durch die plötzliche Verzögerung von $w_\infty = w_0 = 19{,}8$ auf Null kommt es dagegen beim Schließen des Ventiles zu einem Druckstoß von

$$\Delta p = a \rho w_0 = 10^3 \cdot 10^3 \cdot 19{,}8 \text{ N/m}^2 = 198 \text{ bar}.$$

Während also beim plötzlichen Schließen ein Druckstoß von 198 bar entsteht und demgegenüber der Druck der Wassersäule von 20 m mit ca. 2 bar vernachlässigt werden darf, kann während der Öffnung eines Ventiles in einer am Ende offenen Rohrleitung nur ein Druckstoß von 2 bar entstehen, durch den dann die Flüssigkeitssäule im Rohr allmählich beschleunigt wird.

In Sonderfällen, z. B. beim Verhalten vorgesteuerter Magnetventile, kann aber die Berücksichtigung der hin- und herlaufenden Wellen erforderlich werden. Vor allem aber soll durch die Betrachtung der Druckwellen nach der Öffnung eines Ventils der wesentliche Unterschied zwischen den Vorgängen nach einer Schließbewegung und nach einer Öffnungsbewegung klarer verständlich gemacht werden.

Bei Berücksichtigung der Zusammendrückbarkeit der Flüssigkeit geht der Beschleunigungsvorgang im Rohr so vor sich, daß die Geschwindigkeit nicht an allen Stellen des Rohres den gleichen Wert hat, wie das bei unzusammendrückbarer Flüssigkeit der Fall ist, sondern es sind vielmehr der mittleren von der Zeit abhängigen Strömungsgeschwindigkeit an jeder Stelle des Rohres Geschwindigkeitsabweichungen überlagert, die durch die hin- und herlaufenden Druck- und Geschwindigkeitswellen verursacht werden. Die Gln. (179) und (192) gelten dann nicht mehr.

Der Übergang vom Zustand der Ruhe vor der Öffnung in den stationären Strömungsvorgang, bei dem die Flüssigkeit im Rohr mit der Geschwindigkeit w_∞ strömt, erfolgt hierbei bei den drei betrachteten Beispielen Abb. 64, Abb. 65 a und Abb. 66 wie folgt:

In Abb. 64 ist unmittelbar nach der Öffnung des Ventiles der Druck im ganzen Rohr $p_i = 3$ bar. Die Flüssigkeit beginnt nun zunächst nur im Querschnitt A, in dem der Druck der Umgebung $p_a = p_A$ herrscht, mit der Geschwindigkeit

$$w_1 = \frac{(p_i - p_a)}{a\rho}$$

auszuströmen.

Nach $L/2\,a$ s ist die Flüssigkeit in der linken Hälfte des Rohres noch in Ruhe, während sie in der rechten Hälfte des Rohres mit der Geschwindigkeit w_1 in Richtung auf A zu strömt.

Nach L/a bewegt sich die Flüssigkeit im ganzen Rohr mit der Geschwindigkeit w_1.

Da w_1 gegenüber w_∞ immer vernachlässigbar klein ist, steht zu Beginn der Beschleunigungsperiode, also auf alle Fälle noch zur Zeit L/a, praktisch das ganze Druckgefälle $p_i - p_a$ zur Erzeugung einer bei E in das Rohr eintretenden Druckwelle zur Verfügung. Diese tritt wieder mit der Geschwindigkeitsamplitude w_1 in das Rohr ein, in dem die Flüssigkeit bereits mit w_1 gegen A strömt. Nach L/a s wird somit die Eintrittsgeschwindigkeit bei E $2\,w_1$. Nach $3\,L/2\,a$ s strömt die Flüssigkeit im linken Teil des Rohres mit $2\,w_1$ und im rechten Teil noch mit w_1 gegen A. Nach $2\,L/a$ s strömt die Flüssigkeit an allen Stellen des Rohres mit $2\,w_1$ gegen A usw., wie in Abb. 64 dargestellt.

Nach mehrmaligem Hin- und Herlaufen der Wellen wird die Eintrittsgeschwindigkeit an der Stelle E aber immer größer und ist dann nicht mehr gegen w_∞ vernachlässigbar. Es wird dann

$$p_E = p_i - \frac{\rho w_E^2}{2}$$

und für die Erzeugung der bei E eintretenden Druckwelle steht nur noch das Druckgefälle $p_i - p_E$ zur Verfügung und nicht mehr $p_i - p_a$. Die Zunahme der

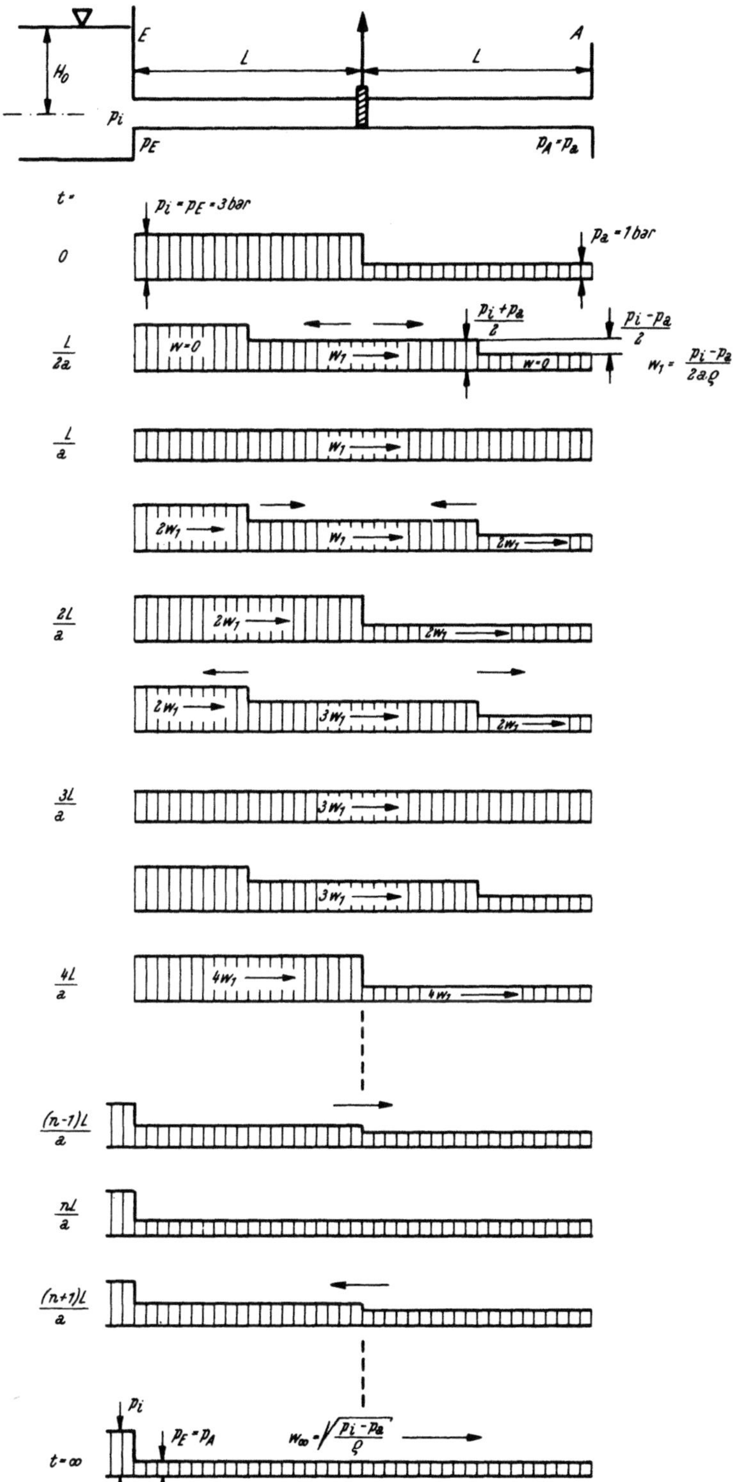

Abb. 66. Druck- und Geschwindigkeitsverlauf bei plötzlicher Öffnung eines Ventiles in der Mitte eines Rohres der Länge $2\,L$

Geschwindigkeit in der Periode 2 L/a wird immer kleiner, wie dies in Abb. 64, unten für den Druckverlauf zur Zeit $(n-1/2)\, L/a$ bis $(n+1/2)\, L/a$ angedeutet ist.

Erst nach Beendigung der Anlaufzeit, strenggenommen erst zur Zeit $t = \infty$ wird $p_E = p_A$ und

$$w_\infty = \sqrt{\frac{2(p_i - p_a)}{\rho}} \; .$$

In Abb. 65 a geht der Vorgang analog Abb. 64 vor sich, nur daß zu Beginn der Beschleunigung der Druck im Rohr $p_a = p_A$ ist und die Beschleunigung zur Zeit $t = 0$ zunächst bei E unmittelbar hinter dem geöffneten Ventil beginnt. Zur Zeit $L/2\,a$ bewegt sich die Flüssigkeit mit w_1 in der linken Hälfte des Rohres gegen A, in der rechten Hälfte ist die Flüssigkeit noch in Ruhe. Zur Zeit L/a bewegt sich die Flüssigkeit mit w_1 im ganzen Rohr gegen A, wobei aber der Druck im Rohr nun p_i und nicht wie in Abb. 64 p_a ist. Nach längerer Anlaufzeit gilt der untere Teil von Abb. 64 auch für Abb. 65 a.

Abb. 66 zeigt schließlich den Vorgang in einem Rohr, bei dem in der Mitte desselben ein Ventil geöffnet wird: Unmittelbar nach der Öffnung läuft eine Überdruckwelle mit der Amplitude

$$\frac{p_i - p_a}{2}$$

nach rechts und eine Unterdruckwelle mit der Amplitude

$$\frac{p_i - p_a}{2}$$

nach links.

Im Ventil stellt sich der Druck

$$\frac{p_i + p_a}{2}$$

ein.

Die Geschwindigkeit im ganzen Rohr wird ähnlich wie in den vorhergehenden Beispielen nach L/a s w_1, nach 2 L/a s 2 w_1, nach 3 L/a s 3 w_1 und nach 4 L/a s 4 w_1 usw., wobei w_1 hier $\frac{p_i - p_a}{2\,a\rho}$ ist. Nach Beendigung der Beschleunigung zur Zeit $t = \infty$ wird wieder p_E im Rohreintritt gleich p_a in der Umgebung sein und

$$w_\infty = \sqrt{\frac{2(p_i - p_a)}{\rho}} \; .$$

Die Abb. 66 (plötzliches Öffnen eines Ventils in der Mitte eines Ausflußrohres) und Abb. 59 (plötzliches Schließen) zeigen zwar ein ähnliches Bild; die beiden Vorgänge sind aber doch voneinander grundverschieden. Beim plötzlichen Schließen entsteht in der Zeit $t = 0$ vor dem Ventil ein Druckanstieg $+\Delta p = a\rho w_\infty$ und hinter dem Ventil ein Druckabfall von $-\Delta p = -a\rho w_\infty$, der meist zur Verdampfung führt. Nach dem plötzlichen Öffnen beginnt dagegen ein allmählicher Beschleunigungsprozeß und erst nach längerer Anlaufzeit wird die Ausströmgeschwindigkeit erreicht, die bei stationärer Strömung durch die Rohrleitung vorherrscht.

Schließlich sei noch der Vorgang in einer Rohrleitung zwischen zwei Ventilen betrachtet, der vor sich geht, wenn plötzlich eines der beiden Ventile geöffnet wird. Hierzu denken wir uns in Abb. 65 b eine horizontal liegende Rohrleitung, an deren Eintritt ein Ventil plötzlich geöffnet wird, wobei vor diesem Ventil in einem unendlich großen Behälter der Druck p_i herrsche. Am Rohraustritt denken wir uns nun aber ein Ventil, das vollkommen geschlossen bleibt, also eine am rechten Rohrende geschlossene Rohrleitung, in der vor der Öffnung des Ventils im Eintritt der Druck p_A herrsche. Die Flüssigkeit im Rohr sei vor der Öffnung des Ventils im Eintritt vollkommen in Ruhe.

Unmittelbar nach Öffnung des Ventils im Eintritt läuft dann eine Wellenfront mit der Amplitude $p_i - p_A$ gegen das geschlossene Ende des Rohres. Diese Front erreicht nach L/a s das geschlossene Ende und wird positiv zurückgeworfen. Zur Zeit L/a ist die Flüssigkeitssäule im ganzen Rohr mit der Geschwindigkeit

$$w = \frac{p_i - p_A}{a \cdot \rho}$$

in Bewegung gegen das geschlossene Ende zu. Während die Welle mit der Amplitude $p_i - p_A$ am geschlossenen Ende zurückgeworfen wird, herrscht dort der Druck $p_A + 2(p_i - p_A)$, und zwar in der Zeit von L/a bis $3\ L/a$. Zur Zeit $2\ L/a$ wird die vom geschlossenen Ende zurückgeworfenen Welle am offenen Eintritt negativ zurückgeworfen. Zur Zeit $2\ L/a$ ist die gesamte Flüssigkeitssäule im Rohr wieder in Ruhe, der Druck im ganzen Rohr ist $p_A + 2\ (p_i - p_A)$.

Zur Zeit $3\ L/a$ bewegt sich die Flüssigkeitssäule wieder mit w in Richtung zum offenen Ende und zur Zeit $4\ L/a$ ist die gesamte Periode beendet. Die Flüssigkeitssäule ist wieder in Ruhe beim Druck p_A und das Bewegungsspiel beginnt von neuem.

Aus obiger Überlegung ergibt sich folgende wichtige Erkenntnis:
Wird in einem Hydrauliksystem, in dem in einem Speicher oder hinter einer Pumpe der Druck von 300 bar ansteht, ein Ventil geöffnet, hinter dem der Druck p_a von 1 bar herrscht, so läuft zunächst eine Druckwelle von 300 bar in die Rohrleitung hinter diesem Ventil. Ist in der Rohrleitung in der Entfernung L ein weiteres Ventil, das geschlossen bleibt, so tritt in der Rohrleitung zwischen den beiden Ventilen ein Druck von 600 bar auf, wenn die Reibungskräfte vernachlässigt werden und die Rohrleitungen vollkommen starr sind. Dieser Druckstoß ist bei den meisten zur Zeit in der Ölhydraulik üblichen Betriebsbedingungen also größer als der gefürchtete Druckstoß bei einer plötzlichen Schließbewegung: Strömt die Flüssigkeit bei 300 bar mit der bei diesem Druck empfohlenen Geschwindigkeit von 10 m/s, so ist der Druckstoß Δp infolge der Verzögerung der Flüssigkeit nur

$$\Delta p = a \rho w = 1000 \cdot 1000 \cdot 10 = 10^7\ \text{N/m}^2 = 100\ \text{bar},$$

der Gesamtdruck vor dem Ventil also maximal ~ 400 bar.

5.2.1.1 Dämpfung durch Reibung

Die stark ausgezogenen Linien in Abb. 61 zeigen die periodisch auftretenden Druckschwankungen in einer Rohrleitung, die von einem Absperrventil plötzlich verschlossen wird. Das Öl, in dem die Schallgeschwindigkeit 800 m/s beträgt, strömte vorher mit einer Geschwindigkeit von 10 m/s. Dem Druck von 250 bar überlagern sich sprunghaft mit der Periode $4\,L/a$ die Drücke nach Gl. (188) in der Höhe von $p = \pm 72$ bar. Solange keine Reibung auftritt, laufen im Rohr diese Druckwellen ohne Dämpfung hin und her.

In der Praxis tritt aber Reibung auf und die Schwingungen werden gedämpft, so daß die Druckschwankungen allmählich immer kleiner werden, wie durch die strichlierte Linie in Abb. 61 angedeutet wird.

Je nach den vorliegenden Verhältnissen ist die Dämpfung proportional der Geschwindigkeit, proportional dem Quadrat der Geschwindigkeit oder folgt anderen Gesetzen. Bei laminarer Strömung ist der Reibungswiderstand genau proportional der Strömungsgeschwindigkeit. Bei turbulenter Strömung und höheren Geschwindigkeiten ist er etwa proportional w^2 bzw. $w^{1,75}$. Ähnlich wie bei mechanischen Schwingungen kann man etwa setzen

$$\Delta p_{n+1} = \Delta p_n e^{-X\tau} \tag{194}$$

Dabei bedeutet X eine Kennzahl für die Dämpfung, die von dem inneren Radius r_i des Rohres und der Geschwindigkeit w abhängt. τ ist die Dauer der Periode.

Mit $\tau = 4\,L/a$ kann die Beziehung zur Berechnung der Dämpfung auch geschrieben werden:

$$\Delta p_{n+1} = \Delta p_n e^{-\frac{4\,L\,X}{a}} \tag{195}$$

5.2.2 Druck- und Geschwindigkeitsverlauf in Rohrleitungen während der Stellbewegung eines Ventiles (Öffnungs- oder Schließzeit $T > 0$)

Erfolgt die Öffnungs- oder Schließbewegung an einer beliebigen Stelle einer Rohrleitung nicht plötzlich innerhalb der Zeit $T = 0$, sondern allmählich und nach einem bestimmten gesetzmäßigen Zusammenhang zwischen Öffnungsquerschnitt

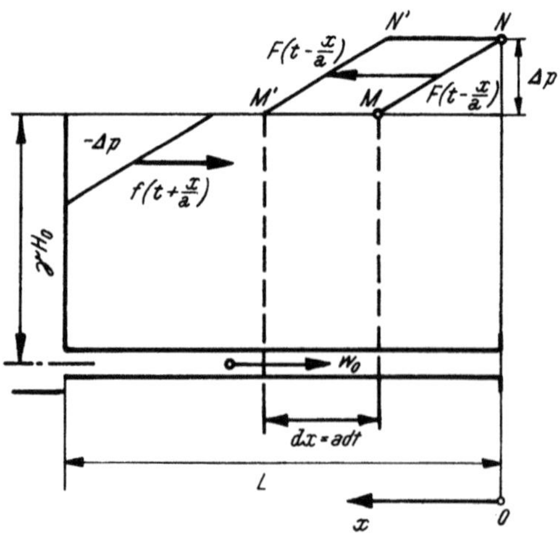

Abb. 67. Druck- und Geschwindigkeitsverlauf bei Öffnungs- bzw. Schließzeit $T > 0$

und Zeit, so kann die durch die Verzögerung bzw. Beschleunigung der Flüssigkeitsteilchen erzeugte Druckwelle ebenfalls berechnet werden, wobei der Vorgang in einzelnen Teilabschnitten von Zeitelement zu Zeitelement betrachtet wird. Wenn innerhalb eines Zeitintervalls Δt die Geschwindigkeitsänderung an einer Stelle Δw beträgt, so tritt in diesem Zeitintervall eine Druckänderung von der Größe

$$\Delta p = a \rho \Delta w$$

ein.

Alle Druckänderungen während dieser schrittweisen Betrachtung pflanzen sich mit Schallgeschwindigkeit von der Störungsstelle aus fort. Man bezeichnet mit $F(x)$ die Funktion, die die Abhängigkeit des Druckes vom Ort x zur Zeit $t = 0$ angibt. So wie jede Druckwelle bewegt sich $F(x)$ mit der Geschwindigkeit a fort und verschiebt sich deshalb in der Zeit t um at in x-Richtung. Die Abhängigkeit des Druckes von der Zeit t an der Stelle x bezeichnet man mit $F(t)$.

Die Druckwelle mit dem Überdruck $\Delta p = g \rho \Delta H$, Abb. 67, die in x-Richtung von rechts nach links läuft, ist eine Funktion F der Zeit t und des Ortes x, für die vereinfacht geschrieben werden kann [2, 51]

$$\Delta H = F\left(t - \frac{x}{a}\right) \quad \text{oder einfach} \quad \Delta H = F = \frac{\Delta p}{\rho g}. \tag{196}$$

Die gesamte Druckhöhe ist dann

$$H = H_0 + F \tag{197}$$

und

$$\Delta p = \rho g F, \quad p = p_0 + \rho g F \tag{198}$$

und weiters

$$\Delta w = \frac{\Delta p}{a \cdot \rho} = \frac{gF}{a}, \quad w = w_0 - \frac{gF}{a}. \tag{199}$$

Die Welle, die von links nach rechts entgegen der x-Richtung läuft, kann prinzipiell eine andere Funktion von Zeit und Ort sein und wird entsprechend mit f bezeichnet. Damit ergeben sich für eine in Abb. 67 von links nach rechts laufende Welle die Beziehungen

$$\Delta H = f\left(t + \frac{x}{a}\right) = f, \quad H = H_0 + f \tag{200}$$

$$\Delta p = \rho g f, \quad p = p_0 + \rho g f \tag{201}$$

$$\Delta w = \frac{gf}{a}, \quad w = w_0 + \frac{gf}{a} \tag{202}$$

Bei Überlagerungen addieren sich die Druckschwankungen ΔH der in Richtung x und $-x$ laufenden Wellen und es ergeben sich die allgemeinen Beziehungen

$$H = H_0 + F + f \tag{203}$$

$$p = p_0 + \rho g (F + f) \tag{204}$$

$$w = w_0 - \frac{g}{a}(F - f) \tag{205}$$

Bei Verwendung dieser Beziehungen zur Beschreibung des Druck- und Geschwindigkeitsverlaufes an einer beliebigen Stelle einer Rohrleitung während und nach der Schließ- oder Öffnungsbewegung eines Ventiles sind die folgenden beiden Fälle zu unterscheiden:

A. Querschnittsveränderungen, die innerhalb der Zeit $2\,L/a$ beendet sind (Schließzeit $T < 2\,L/a$).

B. Querschnittsveränderungen, die länger als $2\,L/a$ Sekunden dauern (Schließzeit $T > 2\,L/a$).

Fall A. ($T < 2\,L/a$): Der zur Zeit $t = 0$ an der Stelle $x = 0$ entstehende Wellenkopf benötigt für das Durchlaufen der Strecke L bis zum anderen Rohrende und wieder zurück zur Stelle $x = 0$ die Zeit $2\,L/a$. Wenn also die Schließzeit $T < 2\,L/a$ ist, so ist das Ventil auf alle Fälle bereits geschlossen, wenn die bei $x = 0$ entstandene Druckwelle, die bei $x = L$ negativ reflektiert wird, wieder bei $x = 0$ eintrifft.

Die vom Rohrende an der Stelle $x = L$ zurückgeworfene Welle kann somit keinerlei Änderung der bei $x = 0$ entstandenen Druckwelle mehr hervorrufen. Dieser Bewegungsvorgang wird „einfacher oder direkter Flüssigkeitsstoß" genannt.

Bei diesem einfachen oder direkten Stoß tritt deshalb am Ende der Schließbewegung zur Zeit T ein Druckstoß von der Größe $\Delta p = a\rho w_0$ ein, weil die Geschwindigkeit zur Zeit T von ihrem Anfangswert w_0 auf den Wert 0 gesunken ist. Anschließend kommt es zu periodischen hin- und hergehenden Bewegungen, ähnlich wie beim plötzlichen Abschließen oder Öffnen einer Rohrleitung. Die oszillierende Bewegung unterscheidet sich von derjenigen, die in Abb. 56 und 57 dargestellt wurde nur dadurch, daß die Wellenfront der Druckwelle nicht mehr eine lotrechte Gerade ist, sondern daß vom Beginn des Druckanstieges bis zum Erreichen des maximalen Druckberges bzw. Drucktales die Schließzeit T an der Störungsstelle verstreicht (s. Abb. 67).

Fall B. ($T > 2\,L/a$): Bei einer Querschnittsveränderung, die länger als $2\,L/a$ s dauert, trifft dagegen die reflektierte Wellenfront an der Stelle der Querschnittsveränderung $x = 0$ ein, während sich der Querschnitt noch verändert. Bei diesem Vorgang, den man einen gleichzeitig eintretenden „Stoß und Gegenstoß" nennt, geht folgendes vor sich:

Während die Schließbewegung eine Abnahme der Geschwindigkeit und damit eine Drucksteigerung vor dem sich schließenden Ventil an der Stelle $x = 0$ verursacht, trifft $2\,L/a$ s nach Beginn der Schließbewegung gleichzeitig die am gegenüberliegenden offenen Rohrende negativ zurückgeworfene Druckwelle an der Stelle $x = 0$ ein. Diese negative Druckwelle bewirkt eine Absenkung des Druckes an der Stelle $x = 0$. Der zeitliche Druckverlauf vor der Mündung ergibt sich aus der Überlagerung der durch die Schließbewegung vor dem Ventil entstehenden Druckwelle mit der negativ zurückgeworfenen Unterdruckwelle.

Die Druckhöhe vor dem Absperrvorgang nimmt also nur bis zum Eintreffen der zurückgeworfenen Unterdruckwelle genauso zu wie bei einem unendlich langen Rohr. Nach Eintreffen der Unterdruckwelle tritt ein wesentlich geringerer Druckanstieg ein. Siehe dazu auch Abschnitt 5.2.2.7, 5.2.2.8 und 8.8.

Für eine Schließbewegung mit konstanter Schließgeschwindigkeit ergeben sich noch folgende Erkenntnisse:

1. Vom Augenblick des Eintreffens der zurückgeworfenen Unterdruckwelle vor dem Absperrorgan bis zur Beendigung der Schließbewegung bleibt der Druck vor dem Abschlußorgan annähernd konstant und steigt nicht weiter an. Von der Zeit $2\,L/a$ an ist somit die zeitliche Druckänderung $\frac{dp}{dt}$ zumindest annähernd gleich 0.

2. In der Rohrmitte bleibt der Druck ebenfalls von der Zeit $2\,L/a$ an konstant, und zwar ist der Druck dort etwa der Mittelwert vom Druck p_{max} und p_0 im Rohraustritt.

Der Druck $p_{L/2}$ an der Stelle $x = L/2$ ist

$$p_{L/2} = \frac{p_{max} + p_0}{2}. \tag{206}$$

Es kann sogar nachgewiesen werden, daß sich die durch die langsame Schließbewegung ergebende Druckerhöhung im Rohr entlang der Rohrachse linear verteilt. Die Abhängigkeit $p_x = f(x)$ ist also eine Gerade und $\frac{dp}{dx}$ ist konstant. Die Abhängigkeit des Druckes von der Entfernung von der Stelle $x = 0$ ist über die ganze Rohrlänge konstant.

3. Die Strömungsgeschwindigkeit der Flüssigkeit während der Schließbewegung ist von der Zeit $2\,L/a$ an in beiden Rohrenden und in allen Querschnitten des Rohres gleich. Sie ist also vom Augenblick $t = 2\,L/a$ an nur eine Funktion der Zeit und unabhängig von der Stelle x des Rohres. Nach Beendigung der Schließbewegung geht der Bewegungsvorgang der Flüssigkeitssäule ähnlich wie beim plötzlichen Verschließen der Rohrleitung in einen periodischen Bewegungsvorgang über.

4. Erfolgt nur eine teilweise Schließbewegung, wobei nach Beendigung der Schließbewegung noch ein Teil des Querschnittes offen bleibt, so kann der Beweggungsvorgang nach Beendigung der Schließbewegung je nach dem Öffnungsverhältnis des Öffnungsquerschnittes zum Rohrquerschnitt entweder in einen periodisch fortlaufenden Vorgang oder in einen periodisch oder aperiodisch gedämpften Vorgang übergehen.

5.2.2.1 Reflexion von Druck- und Geschwindigkeitswellen an offenen Rohrenden

Wenn in Abb. 67 an der Stelle $x = 0$ am zunächst offenen Rohrende ein Absperrventil zur Zeit $t_0 = 0$ mit einer Schließbewegung beginnt, so tritt vor dem Ventil eine Verzögerung der Geschwindigkeit und damit ein Druckanstieg ein. Dieser Druckanstieg pflanzt sich mit Schallgeschwindigkeit in Richtung $+x$ vom Ventil aus fort. Es entsteht also eine Druckwelle F, etwa von der Form M–N. Die Kurve M–N, die den Druckverlauf zur Zeit t angibt, gibt auch zur Zeit $t + dt$ den Druckverlauf an, wobei ihre Lage in bezug zu x um den Abstand $dx = adt$ verschoben ist; zur Zeit $t + dt$ ist somit die Druckwelle von der Lage M–N in die Lage M'–N' weitergewandert.

Sobald diese Welle das Rohrende bei $x = L$ erreicht, wird die Druckwelle reflektiert und läuft in entgegengesetzter Richtung als Unterdruckwelle f zurück. Da der Druck an der Stelle $x = L$ immer konstant p_0 sein muß, ist $p - p_0 = 0$. Nach Gl. (204) besteht dann zwischen der in x-Richtung laufenden Welle F und der nach der Reflexion in Richtung $-x$ zurücklaufenden Welle f an der Stelle $x = L$ der Zusammenhang

$$F\left(t-\frac{L}{a}\right)+f\left(t+\frac{L}{a}\right)=0. \tag{207}$$

Daraus folgt

$$F=-f. \tag{208}$$

Das heißt in physikalischer Deutung, daß die am offenen Rohrende zurückgeworfene Welle die gleiche Form, aber das entgegengesetzte Vorzeichen hat wie die zunächst durch die Schließbewegung bei $x = 0$ erzeugte Welle F. Betrachten wir noch Gl. (205), so ergibt sich für die Geschwindigkeit an der Stelle $x = L$ in Verbindung mit Gl. (208)

$$w-w_0=-\frac{2g}{a}F. \tag{209}$$

Während an jeder Stelle des Rohres durch die von rechts nach links laufende Druckwelle F eine Geschwindigkeitsänderung $w-w_0=-g/a\,F$ verursacht wird, tritt an der offenen Mündung während der Reflexion der Welle an der Stelle $x = L$ jeweils die doppelte Geschwindigkeit $-2\,g/a \cdot F$ ein. Durch diese Beschleunigung bei $x = L$ auf den doppelten Wert der Geschwindigkeit im Rohr wird die Reflexion verursacht, bei der die in x-Richtung ankommende Überdruckwelle in entgegengesetzter Richtung als Unterdruckwelle von der gleichen Form und mit entgegengesetzem Vorzeichen zurückgeworfen wird. Der Kopf der zurückgeworfenen Welle f erreicht nach $2\,L/a$ s wieder die Stelle $x = 0$.

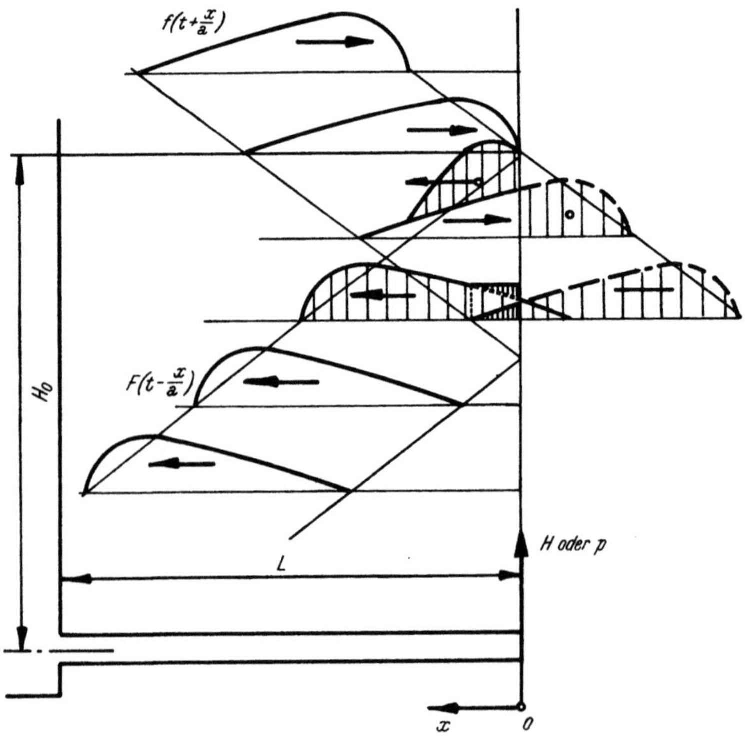

Abb. 68. Reflexion von Druckwellen an geschlossenen Rohrenden

5.2.2.2 Reflexion von Druck- und Geschwindigkeitswellen an geschlossenen Rohrenden

Für ein vollkommen verschlossenes Rohrende nach Abb. 68 gilt die Randbedingung, daß dort zu jeder Zeit t die Geschwindigkeit $w-w_0$ immer gleich 0 sein muß. Aus Gl. (205) folgt dann für die Stelle $x = 0$

$$F = f. \tag{210}$$

Aus Gl. (204) ergibt sich dann

$$p-p_0 = 2\,\rho g F\,. \tag{211}$$

Am verschlossenen Rohrende wird somit eine Druckwelle in der gleichen Form und mit gleichem Vorzeichen zurückgeworfen. Eine Überdruckwelle bleibt nach der Reflexion Überdruckwelle und eine Unterdruckwelle bleibt Unterdruckwelle. Während der Reflexion nimmt die Druckabweichung am geschlossenen Rohrende an der Stelle $x = 0$ den doppelten Wert der Druckamplitude der fortlaufenden Welle an.

5.2.2.3 Veränderungen der Druckwellen an Querschnittserweiterungen

Abb. 69 zeigt ein Rohr B–D mit einer plötzlichen Querschnittserweiterung bei C, in dem zunächst eine Welle F_1 mit Schallgeschwindigkeit von B bis C läuft. Trifft diese Welle bei C ein, so tritt dort eine Dämpfung der von B nach D laufenden Welle ein, während gleichzeitig ein Teil f_1 der Welle von C wieder nach B zurück-

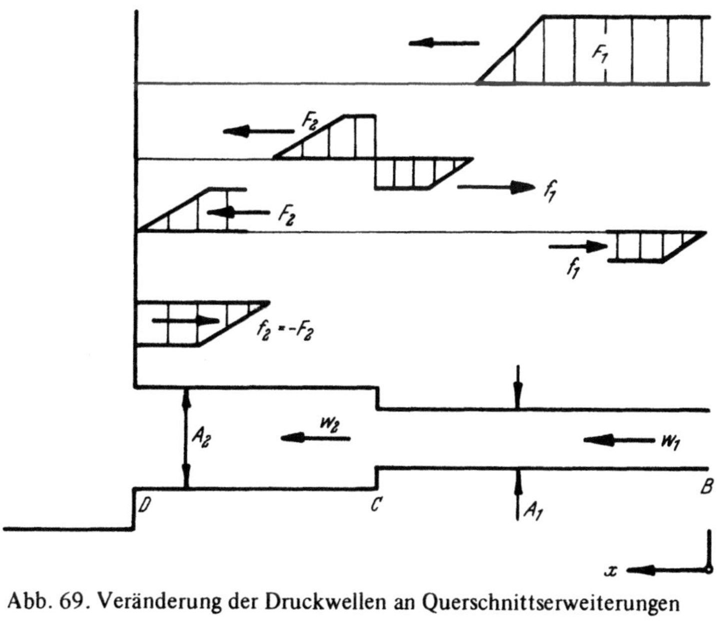

Abb. 69. Veränderung der Druckwellen an Querschnittserweiterungen

geworfen wird. Man spricht daher von einem „Durchgangsfaktor" s und einem „Reflexionsfaktor" r. Es ist

$$F_2 = sF_1 \tag{212}$$

$$f_1 = rF_1 \tag{213}$$

$$s - r = 1 \tag{214}$$

Im Punkt C muß die Kontinuitätsgleichung $A_1 w_1 = A_2 w_2$ erfüllt sein. Damit ergibt sich

$$s = \frac{2A_1}{A_1 + A_2} = \frac{2}{1 + \frac{A_2}{A_1}} \tag{215}$$

und der Reflexionsfaktor r

$$r = \frac{A_1 - A_2}{A_1 + A_2} = \frac{1 - \frac{A_2}{A_1}}{1 + \frac{A_2}{A_1}} \tag{216}$$

A_1 und A_2 sind die Rohrquerschnitte bei B und D.

Die Größe der Amplituden der Wellen F_2 und f_1, die aus der bei C ankommenden Welle F_1 entstehen, ist also vom Flächenverhältnis der beiden bei C zusammenstoßenden Rohrleitungen abhängig.

Die von C nach D durchlaufende Welle F_2 wird bei D wieder zurückgeworfen, und zwar, wenn der Querschnitt bei D keinerlei Verengung hat, mit entgegengesetztem Vorzeichen und mit gleich großer Amplitude, wie dies im vorhergehenden Abschnitt über die Reflexion an offenen Rohrenden beschrieben wurde.

5.2.2.4 Veränderung der Wellenform und Reflexion an Rohrverzweigungen

In Abb. 70 betrachten wir die Veränderung einer von B kommenden Druckwelle an der Rohrverzweigung bei C. Es ergibt sich, daß die Form der Druckwellen, die in den Rohren C–E und C–D fortlaufen, unabhängig von den Querschnitten A_2 und A_3 sind. Nach Gl. (212) und (213) ist hierbei

$$F_2 = F_3 = s \cdot F_1$$

und

$$f_1 = r \cdot F_1 .$$

Dabei muß wieder nach Gl. (214)

$$s - r = 1$$

sein und r und s ergeben sich aus der Kontinuitätsgleichung zu

$$s = \frac{2A_1}{A_1 + A_2 + A_3} \tag{217}$$

$$r = \frac{A_1 - A_2 - A_3}{A_1 + A_2 + A_3} \tag{218}$$

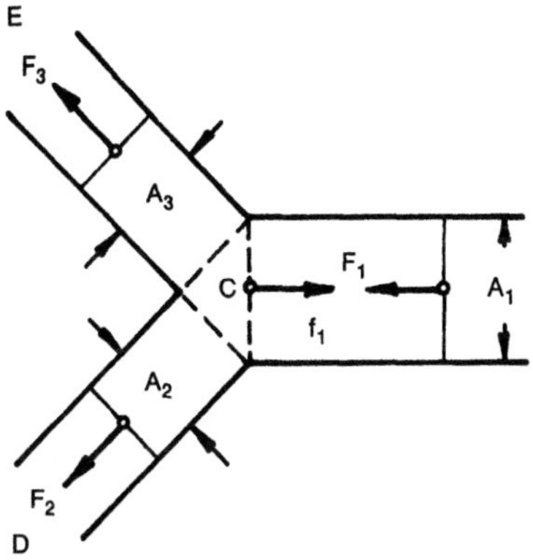

Abb. 70. Veränderung der Wellenform und Reflexion an Rohrverzweigungen

5.2.2.5 Reflexion an verengten Rohrmündungen

Die Randbedingung für die Ausströmung durch eine verengte Rohrmündung nach Abb. 71 lautet

$$Q = A\, w = \psi\, A_{mo}\, \sqrt{2\, g\, H}\,. \tag{219}$$

Dabei ist w die Strömungsgeschwindigkeit im Querschnitt A und $\sqrt{2\, g\, H}$ die Strömungsgeschwindigkeit im verengten Querschnitt $\psi\, A_{mo}$ und A_{mo} der effektiv wirksame Mündungsquerschnitt bei voll geöffnetem Ventil unter Berücksichtigung von Kontraktions- und Reibungserscheinungen und Mittelwertbildung der Geschwindigkeit über dem Rohrquerschnitt. Q ist das tatsächlich ausströmende Flüssigkeitsvolumen. Der Faktor ψ gibt also das Verhältnis des teilweise geschlossenen Querschnittes A_m zu A_{mo} an. Es ist dann

$$w = B\, \sqrt{H} \tag{220}$$

mit

$$B = \frac{\psi\, A_{mo}}{A}\, \sqrt{2\, g}\,. \tag{221}$$

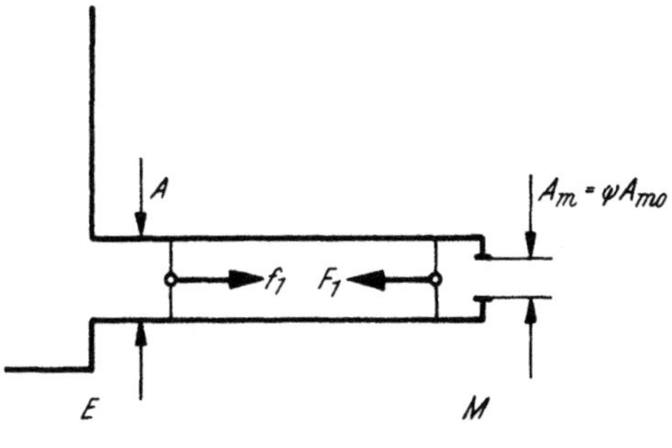

Abb. 71. Reflexion an verengten Rohrmündungen

Ist in Abb. 71 F_1 die von M nach E laufende Druckwelle, die durch Reflexion der von E nach M laufenden Welle f_1 entsteht, dann heißt die allgemeine Wellengleichung

$$p - p_0 = \rho g\,(F_1 + f_1) \tag{222}$$

$$w - w_0 = -\frac{g}{a}\,(F_1 - f_1) \tag{223}$$

Die Auflösung der Gl. (220, 222, 223) nach w ergibt

$$w = -\frac{aB^2}{2g} + \frac{B}{2}\sqrt{\left(\frac{aB}{g}\right)^2 + 4\left(\frac{p_0}{\rho g} + \frac{a w_0}{g} + 2 f_1\right)}\,. \tag{224}$$

Die Gleichung gibt die Strömungsgeschwindigkeit w zu beliebiger Zeit im Rohr unmittelbar vor der Mündung M an. Sie enthält als Kenngröße nur den Querschnitt der Mündung bzw. das Querschnittsverhältnis A_{mo}/A und die Größe der auf die Mündung zulaufenden Druckwelle f_1. Die Größe der zurückgeworfenen Welle F_1 ergibt sich dann aus Gl. (223) zu

$$F_1 = -\frac{a}{g}\,(w - w_0) + f_1\,. \tag{225}$$

$w - w_0 = \Delta w$ ist die Änderung der Strömungsgeschwindigkeit vor der Mündung M.

Die Gleichungen für eine Rohrleitung mit verengter Mündung zeigen, daß selbstverständlich F_1 immer kleiner als f_1 sein muß, weil ein Teil der Energie der Druckwelle an der teilweise offenen Mündung nicht mehr zurückgeworfen wird. Ob eine Überdruckwelle wieder als Überdruckwelle oder aber als Unterdruckwelle zurückgeworfen wird, hängt vom Querschnittsverhältnis $\frac{\psi A_{mo}}{A}$ ab.

5.2.2.6 Druckstoß durch eine Schließbewegung am Leitungsende innerhalb der Zeit $T < 2\,L/a$

Erfolgt die Schließbewegung innerhalb einer Zeitspanne $0 < T < 2\,L/a$, so erreicht der Wellenkopf, der zunächst von der Stelle $x = L$ und von ihr wieder zurück gegen $x = 0$ läuft, die Stelle $x = 0$ erst, wenn das Abschlußorgan bereits geschlossen ist.

Die Geschwindigkeit im Rohr an der Stelle $x = 0$ nimmt dabei innerhalb der Zeit $T < 2\,L/a$ von w_0 auf Null ab, wobei der Druck vor dem Rohraustritt bei $x = 0$ ständig ansteigt. Da die zurücklaufende Unterdruckwelle erst nach $2\,L/a > T$ bei $x = 0$ eintrifft, ist der Druckanstieg Δp_{max} in dem Augenblick, in dem $w = 0$ wird, auch wieder $\Delta p_{max} = a \rho w_0$.

Wenn also der Schließvorgang nicht plötzlich, sondern in der Zeit $T < 2\,L/a$ abläuft, ist der nach Beendigung der Schließbewegung auftretende Druckanstieg genauso groß, als ob die Schließbewegung in der Zeit 0 erfolgt wäre. Nur vergeht vom Augenblick des Beginns des Druckanstieges bis zum Erreichen des maximalen Druckanstieges die Zeitspanne T.

Es ist dabei belanglos, ob die Schließbewegung nach einem linearen Gesetz, Abb. 72, mit $A_{mt} = A_{mo}\,(1 - t/T)$ vor sich geht oder ob ein beliebiger anderer

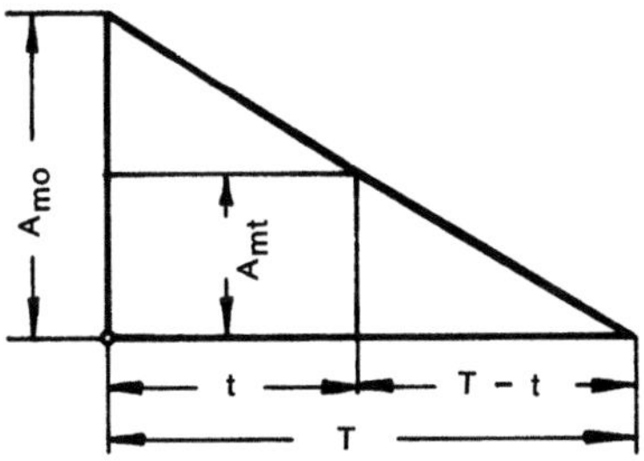

Abb. 72. Veränderung des Ventilquerschnittes mit der Zeit bei konstanter Schließgeschwindigkeit

Zusammenhang zwischen Öffnungsquerschnitt A_{mt} und der Zeit besteht. Entscheidend ist nur, daß der gesamte Schließvorgang innerhalb der Zeit $T \leqslant 2\, L/a$ beendet ist.

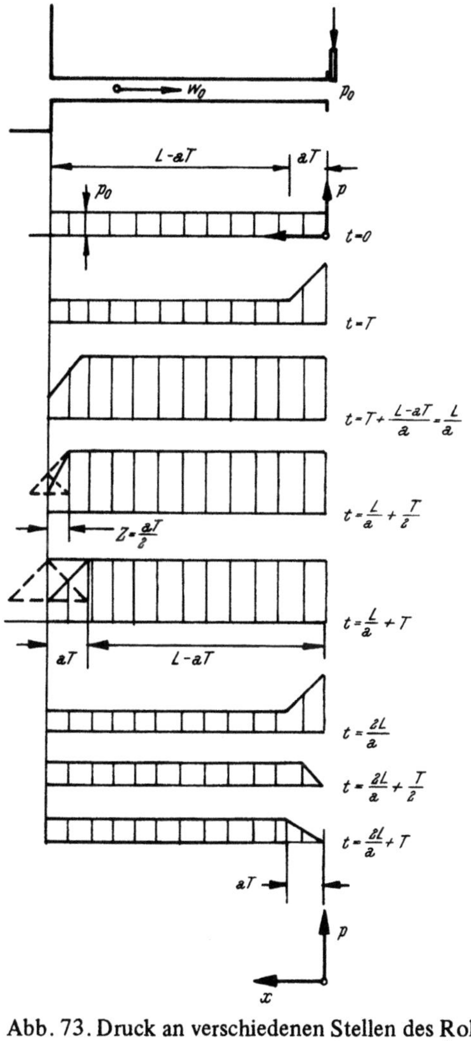

Abb. 73. Druck an verschiedenen Stellen des Rohres zu verschiedenen Zeiten zwischen $t = 0$ und $t = 2\, L/a + T$ (bei Schließvorgang innerhalb der Schließzeit t nach Abb. 72)

Für jede Abhängigkeit des Öffnungsquerschnittes von der Zeit tritt der maximale Druck im Rohr nur in einem bestimmten Abschnitt des Rohres zwischen der Stelle $x = 0$ und $x = L-Z$ ein.

Die Abhängigkeit des Druckes von der Stelle im Rohr zu verschiedenen Zeiten $t = 0$, $t = T$, $t = L/a$, $t = L/a + T/2$, $t = L/a + T$, $t = 2\,L/a$, $t = 2\,L/a + T/2$, $t = 2L/a + T$ zeigt Abb. 73. Es wird deutlich, daß nur zwischen der Stelle $x = L-Z = L-a\,T/2$ und $x = 0$ der maximale Druck auftritt. Z ist also $a\,T/2$.

Da in dem Beispiel $\Delta p = 2\,p_0$ ist, käme es von der Zeit $t = 2\,L/a + T/2$ an zur Vakuumbildung und Verdampfung am verschlossenen Rohrende bei $x = 0$.

5.2.2.7 Druckstoß bei langsamer Schließbewegung. Schließzeit $T > 2\,L/a$

Ist die Schließzeit T größer als $2\,L/a$, so trifft die bei $x = L$ negativ zurückgeworfene Unterdruckwelle nach der Zeit $2\,L/a$ bei noch teilweise geöffnetem Querschnitt an der Stelle $x = 0$ ein. Die Ausflußgeschwindigkeit durch die Mündung wird hierdurch verringert.

Zur Beschreibung dieses Vorganges denkt man sich die Schließbewegung in Teilabschnitte von Zeitintervallen Δt zerlegt. Man ersetzt also die stetige durch eine stufenweise Schließbewegung, wobei die im Rohr hin- und herlaufenden Druck- und Geschwindigkeitswellen von Zeitelement zu Zeitelement betrachtet werden. Jeder stufenweisen Schließbewegung entspricht dann eine bestimmte Verminderung der Geschwindigkeit und ein entsprechender Druckanstieg.

Beispiel. Der Vorgang der hin- und herlaufenden Druckwellen sei in einem Turbinenrohr von $L = 915$ m Länge ($2\,L/a \approx 2$) für eine Schließzeit von 6 s verfolgt; die Strömungsgeschwindigkeit vor Beginn der Schließbewegung sei 3,5 m/s.

An jeder Stelle innerhalb des Rohres gilt Gl. (204). Sie kann umgeformt werden in

$$F = \frac{p-p_0}{\rho g} - f.$$

Andererseits ist

$$p-p_0 = -a\,(w-w_0)\,\rho \tag{226}$$

Damit wird die Amplitude der entsprechenden Druckwelle

$$F_t = -\frac{a}{g}\,(w-w_0)-f_t. \tag{227}$$

Da es sich um eine Reflexion an einer offenen Mündung handelt, ist

$$f_t = -F\,(t-2\,L/a). \tag{228}$$

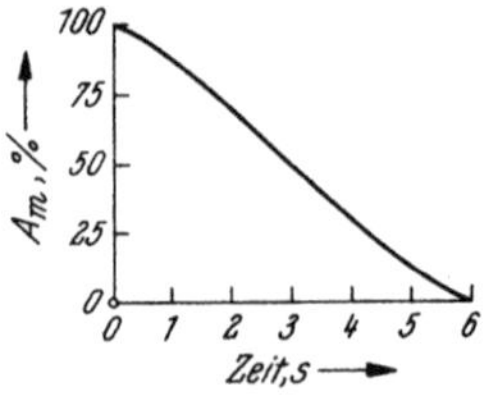

Abb. 74. Veränderung des Ventilquerschnittes mit der Zeit (zu Abb. 75 und 76)

An der Rohrmündung dagegen gilt Gl. (224), aus der sich jeweils w ergibt.

Abb. 74 gibt an, wie sich der Querschnitt A_m des Ventils während des Schließvorganges geändert hat. Nach 6 s war das Ventil geschlossen. Die Schließzeit war somit $T = 3 \cdot 2\, L/a$.

Die Abb. 75 und 76 zeigen den Druckverlauf (bar) in Abhängigkeit von der Zeit, und zwar Abb. 75 vor dem Absperrventil und Abb. 76 in der Mitte der Rohrleitung. Die Abbildungen zeigen den Druckverlauf während des Schließvorganges von 6 s und für weitere etwa 8 s. F zeigt die Druckwelle in x-Richtung, f in entgegengesetzter Richtung. Da F und f in obigen Gleichungen die Dimension m WS hat und in den Abb. 75 und 76 der Druck in bar angegeben wird, ist dort der Zahlenwert 0,1 F bzw. 0,1 f eingetragen.

Zu Abb. 75: Durch die Schließbewegung ergibt sich vor dem Ventil zunächst ein Überdruck infolge der Verzögerung der Flüssigkeit. Kurz nach Beendigung der Schließbewegung ergibt sich dagegen vor dem Ventil ein Unterdruck.

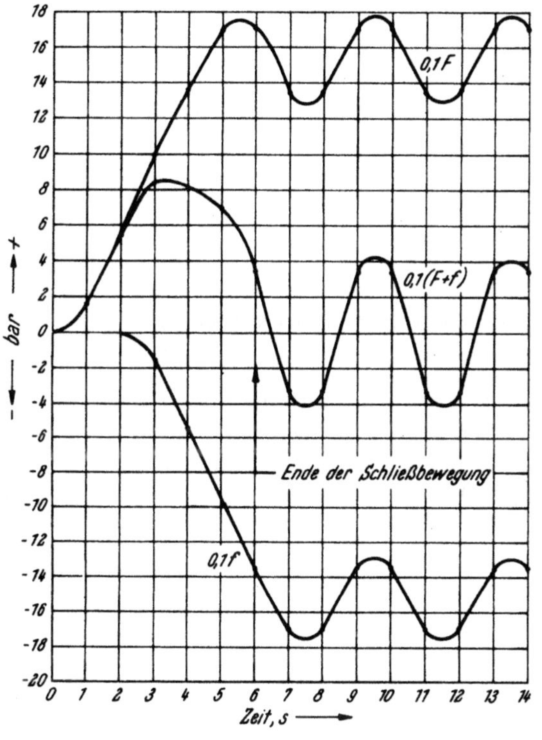

Abb. 75. Druckverlauf in Abhängigkeit von der Zeit vor dem Absperrventil (Schließvorgang nach Abb. 74)

Anschließend entsteht in dem an einem Ende offenen und am anderen Ende verschlossenen Rohr ein ähnlicher Schwingungsvorgang wie nach einer plötzlichen Schließbewegung in der Zeit $t = 0$.

Die Flüssigkeit strömt bei diesem Schwingungsvorgang aus dem offenen Rohrende periodisch ein und aus, wobei sich die Bewegungsvorgänge nach jeweils 4 L/a s wiederholen. Der Druck schwankt an jeder Stelle des Rohres mit der gleichen Periode.

Abb. 76 zeigt den Druckverlauf in der Rohrmitte. Auch hier wird nach dem Schließen des Rohres ein Unterdruck beobachtet, der periodisch in Zeitabständen von 2 L/a mit einem Überdruck von gleicher Größe abwechselt.

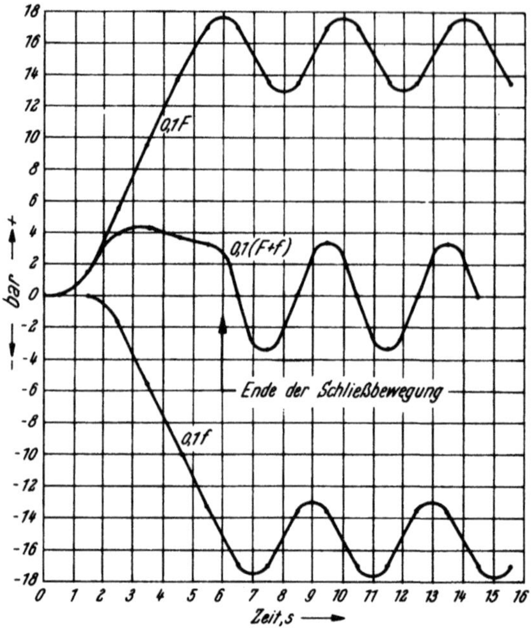

Abb. 76. Druckverlauf in Abhängigkeit von der Zeit in der Mitte der Rohrleitung (Schließvorgang nach Abb. 74)

Sowohl am Rohrende $x = 0$ als auch in der Rohrmitte $x = L/2$ ergibt sich der zeitliche Druckverlauf jeweils aus der Überlagerung der beiden Druckwellen $F + f$, wobei im vorliegenden Fall $f = -F$ ist. An der Stelle $x = 0$ ist f um 2 L/a = 2 s gegenüber F phasenverschoben, an der Stelle $x = L/2$ beträgt die Phasenverschiebung L/a = 1 s.

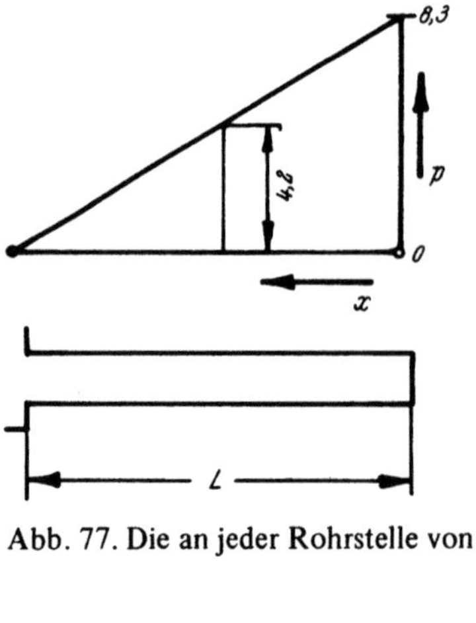

Abb. 77. Die an jeder Rohrstelle von Abb. 76 auftretenden Maximaldrücke

Der maximale durch den Flüssigkeitsstoß erzeugte Überdruck unmittelbar vor dem Absperrventil ist im vorliegenden Beispiel ca. 8,3 bar.

Abb. 77 zeigt die an jeder Stelle des Rohres beobachteten maximalen Drücke.

5.2.2.8 Druckstoß bei langsamer Schließbewegung mit konstanter Schließgeschwindigkeit

Im vorhergehenden Abschnitt wurde der Druckverlauf während und nach der Schließbewegung in einem Turbinenrohr beschrieben, wobei sich der Querschnitt gemäß Abb. 74 mit der Zeit verändert. Im folgenden Beispiel soll noch der einfachere Fall betrachtet werden, bei dem der Querschnitt des Abschlußorganes der Zeit proportional ist (konstante Schließgeschwindigkeit).

Beispiel. Wasser von der Dichte $\rho = 10^3$ kg/m^3, Rohrlänge L = 400 m, Schallgeschwindigkeit a = 1000 m/s, Druckhöhe im Austrittsquerschnitt H_0 = 90 m, Strömungsgeschwindigkeit bei stationärer Strömung im Rohr vor Beginn der Schließbewegung w = 2,5 m/s, Schließzeit T = 3 s.

Die Abb. 78 bis 80 zeigen den Druck- und Geschwindigkeitsverlauf an drei Stellen des betrachteten Turbinenrohres während der Schließbewegung und nach Abschluß derselben. Abb. 78: vor dem Abschlußorgan (x = 0), Abb. 79: in der Rohrmitte, Abb. 80: am offenen Rohreintritt ($x = L$). Die Halbperiode ist hier $2\,L/a$ = 0,8 s.

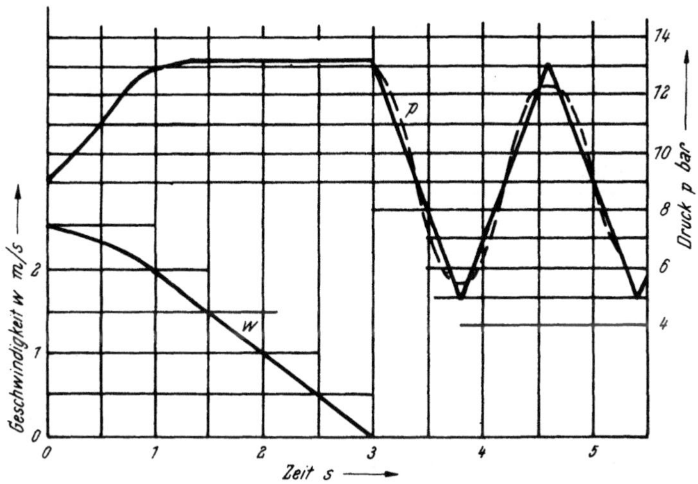

Abb. 78. Druck- und Geschwindigkeitsverlauf vor dem Abschlußorgan (konstante Schließgeschwindigkeit)

Aus diesen Bildern ergeben sich für die Zeitspanne $2\,L/a < t < T$, also im obigen Beispiel von der Zeit t = 1 bis T = 3 die folgenden Zusammenhänge:

1. Die Druckhöhe vor dem Absperrorgan bleibt nahezu konstant, sobald der Wellenkopf, der zunächst bei x = 0 entsteht und bei $x = L$ negativ reflektiert wird, wieder bei x = 0 eintrifft. Von diesem Zeitpunkt an ist der Druck konstant, im vorliegenden Beispiel 13,1 bar.

2. Der Druck in der Rohrmitte bleibt ebenfalls von dem Augenblick an konstant, in dem die zurückgeworfene Druckwelle als Saugwelle wieder am Austritts-

querschnitt eintrifft. Dieser konstante Druck in der Rohrmitte ist der Mittelwert zwischen dem Druck am Rohraustritt und am Rohreintritt. Die Druckerhöhung durch die Schließbewegung ist an allen Stellen des Rohres dem Abstand von der Mündung linear proportional. Die Abhängigkeit $p = f(x)$ ist also eine Gerade.

3. Die Strömungsgeschwindigkeit der Flüssigkeit während der Schließbewegung ist an den beiden Enden und im mittleren Querschnitt des Rohres gleich. Die ganze Flüssigkeitssäule bewegt sich also vom Augenblick $t = 2\ L/a$ an allen Stellen des Rohres mit der gleichen, nahezu nur von der Zeit abhängigen Geschwindigkeit.

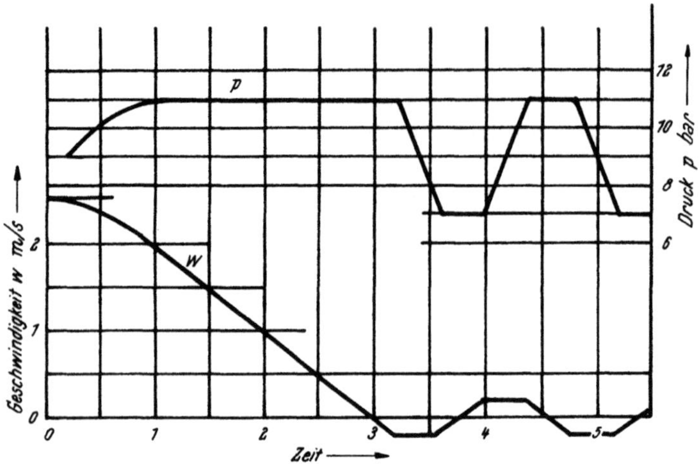

Abb. 79. Druck- und Geschwindigkeitsverlauf in Rohrmitte (konstante Schließgeschwindigkeit)

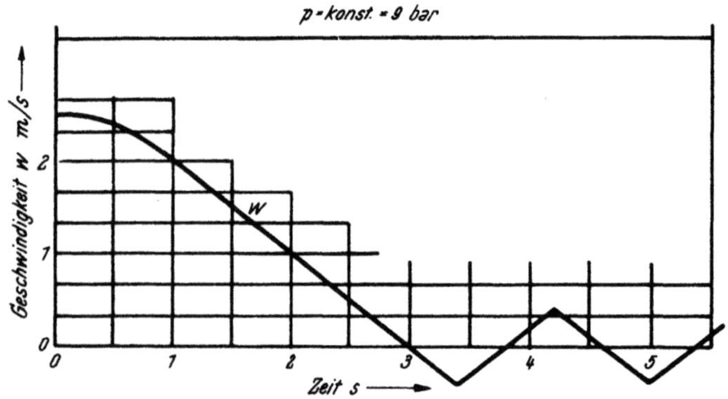

Abb. 80. Druck- und Geschwindigkeitsverlauf am offenen Rohreintritt (konstante Schließgeschwindigkeit)

5.2.2.9 Druckstoß bei langsamer Teilschließbewegung

Bisher wurden nur Vorgänge betrachtet, bei denen ein zunächst geöffnetes Ventil innerhalb der Schließzeit ganz geschlossen wird. Im folgenden soll eine Schließbewegung, die bei teilweise geöffnetem Querschnitt zur Zeit T nach Abb. 81 beendet wird, an dem gleichen Turbinenrohr untersucht werden, das im vorigen Abschnitt behandelt wurde. Dort betrug die Zeit zum vollkommenen Abschluß 3 s.

Abb. 82 zeigt hingegen den Druck vor dem Absperrorgan an der Stelle $x = 0$ während und nach der Beendigung der Teilschließbewegung, die bereits nach $T = 2$ s beendet wird, so daß noch ein Drittel des ursprünglichen Querschnittes offen bleibt.

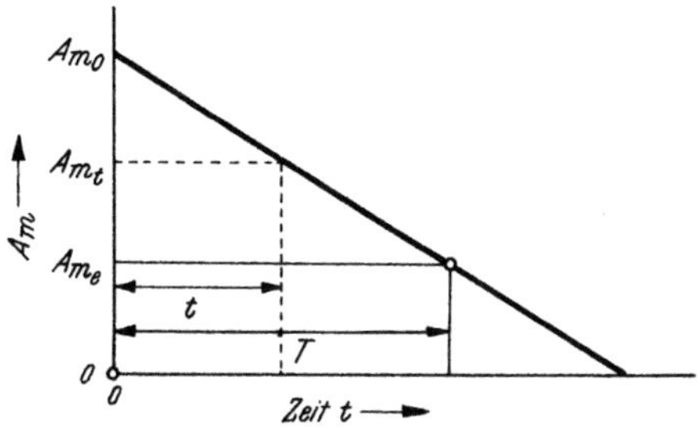

Abb. 81. Teilschließbewegung (Beendigung der Schließbewegung zur Zeit T)

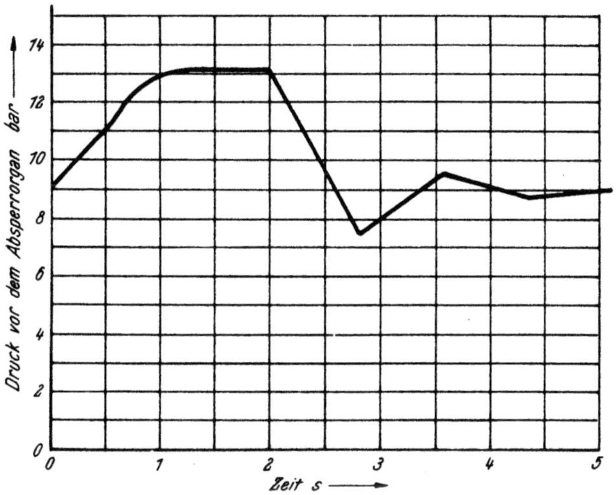

Abb. 82. Druck vor Absperrorgan an der Stelle $x = 0$ während und nach Beendigung der Teilschließbewegung nach Abb. 81

5.2.2.10 Druckverlauf während und nach Öffnen eines Querschnittes am Leitungsende

Für den negativen Druckstoß beim Öffnen eines Querschnittes gelten die gleichen Gesetze wie für den positiven Druckstoß beim Schließen. Die Vorgänge beim plötzlichen Öffnen innerhalb der Zeit $t = 0$ wurden bereits in Abschnitt 5.2.1 beschrieben. Im folgenden soll der Vorgang beim allmählichen Öffnen besprochen werden.

Ähnlich wie beim Schließvorgang sind wieder drei charakteristische Vorgänge zu unterscheiden:

1. $T = 0$
2. $T < \frac{2L}{a}$
3. $T > \frac{2L}{a}$

Die Abb. 83 bis 85 zeigen den zeitlichen Druckverlauf vor dem Ventil mit verschiedener aber konstanter Öffnungsgeschwindigkeit während und nach Beendigung des Öffnungsvorganges für eine Turbinenrohrleitung von L = 5000 m Länge mit einem Druck $p_0 = 50$ bar vor dem Ventil. Hier ist also $2\,L/a = 10$ s.

In Abb. 83 beträgt die Öffnungszeit von der geschlossenen bis zur voll geöffneten Stellung 45 s, in Abb. 84 5 s und in Abb. 85 wird der Öffnungsvorgang nach 10 s beendet, wobei erst 2/3 des Querschnittes geöffnet sind.

Der Vergleich dieser Bilder zeigt den Einfluß der Öffnungsgeschwindigkeit und der Art der Öffnung auf den Druckverlauf in der Rohrleitung vor dem Ventil. Das Ventil ist in allen drei Fällen zunächst geschlossen; zu Beginn der Bewegung ist an der Stelle $x = 0$ die Strömungsgeschwindigkeit $w = 0$. Der Druck vor dem Ventil ist $p = p_0$. Der niedrigste Druck tritt immer nach der Öffnung am Ende des direkten Stoßes ein.

Beim langsamen Öffnen nach Abb. 83 tritt nach $2\,L/a = 10$ s, also nach Eintreffen der Druckwelle, die durch Reflexion der Unterdruckwelle zur Zeit L/a am offenen Rohrende entstand, wieder ein Druckanstieg ein. Von etwas mehr als $4\,L/a$ bis zur Beendigung des Öffnungsvorganges nach 45 s bleibt der Druck dann konstant. Erst nach Beendigung der Öffnungsbewegung steigt der Druck wieder auf den Ausgangswert p_0 an. Der Druckanstieg geht hier asymptotisch vor sich. Der Druck kann aber auch oszillierend in den Beharrungszustand übergehen.

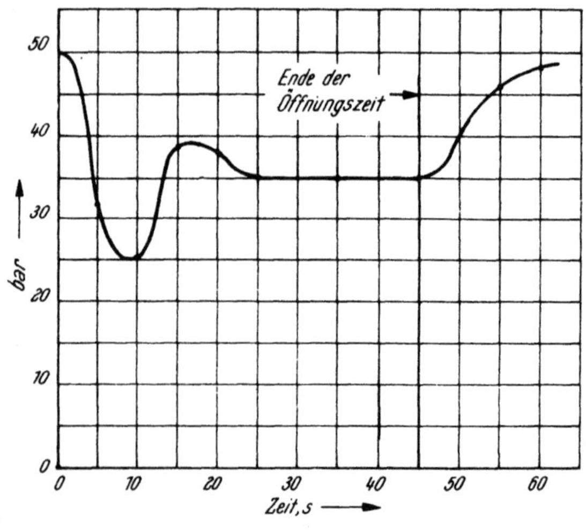

Abb. 83. Zeitlicher Druckverlauf vor dem Ventil einer Turbinendruckleitung mit $p_0 = 50$ bar, Öffnungszeit 45 s

Der asymptotische Übergang tritt nach Allievi [2] ein, wenn die stationäre Strömungsgeschwindigkeit w_e am Rohrende $x = 0$ nach Beendigung der Öffnung und nach Abklingen etwaiger Schwingungen größer als $\dfrac{2\,p_0}{a\rho}$ ist. Ist $w_e < \dfrac{2\,p_0}{a\rho}$, dann nähert sich der Druck oszillierend dem neuen Beharrungszustand.

Abb. 84 zeigt den Druck vor dem Ventil während der Öffnungszeit von $5\text{ s} = L/a$ sowie noch weitere 35 s. Die volle Öffnung des Ventiles erfolgt also innerhalb der Zeit $T < 2\,L/a$. Unmittelbar nach Öffnung des Ventiles tritt ein besonders hoher Druckabfall ein, dem dann eine Phase konstanten Druckes während der Zeit von 5 s bis t = 10 s = 2 L/a s folgt. Daraufhin nähert sich der Druck nach jeweils 2 L/a = 10 s stufenweise dem Ausgangsdruck p_0.

Abb. 85 zeigt schließlich den Vorgang bei langsamer Öffnung wie Abb. 83, jedoch mit Unterbrechung des Öffnungsvorganges nach 2 L/a s.

Die Druckhöhe verläuft nach Beenden des Öffnungsvorganges oszillierend mit der Periode 2 L/a = 20 s und mit abnehmender Amplitude.

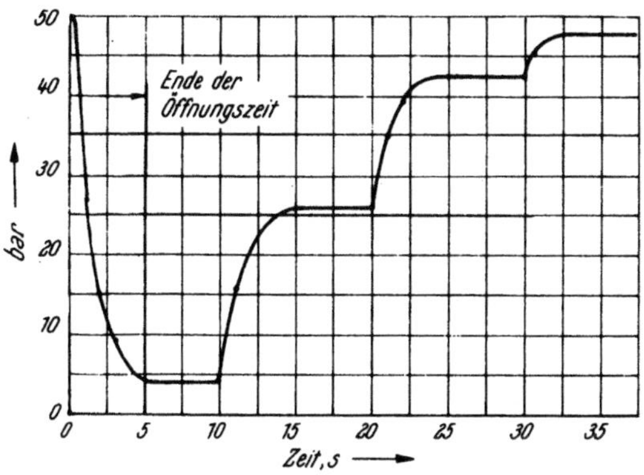

Abb. 84. Zeitlicher Druckverlauf vor dem Ventil einer Turbinendruckleitung mit p_0 = 50 bar, Öffnungszeit 5 s

5.2.2.11 Betätigung eines Absperrorganes an einer beliebigen Stelle einer Rohrleitung

Die Schließbewegung eines an einer beliebigen Stelle einer Rohrleitung liegenden Absperrorganes verursacht einen Druckanstieg vor dem Absperrorgan und einen Druckabfall hinter dem Absperrorgan.

Der Vorgang wurde für das plötzliche Abschließen innerhalb der Zeit t = 0 bereits in Abschnitt 5.2.1 näher betrachtet, Abb. 59.

Ebenso verursacht jede Öffnungsbewegung einen Druckanstieg hinter dem Absperrorgan und einen Druckabfall vor dem Absperrorgan. Auch dieser Vorgang wurde für den Fall des plötzlichen Öffnens innerhalb der Zeit t = 0 bereits untersucht, Abb. 66.

Wenn der Schließvorgang nicht in der Zeit t = 0, sondern in einer Zeitspanne T erfolgt, dann laufen von der Störungsstelle des Ventiles aus nicht lotrechte gerade Wellenfronten nach links und rechts, sondern Druckwellen, bei denen die Amplituden des Druckstoßes erst nach der Zeit T ihren Höchstwert

$$\Delta p = \pm a \rho w_0$$

erreichen.

Es läßt sich dann auch hier nachweisen, daß während der Phase des direkten Stoßes die Druckänderung vor dem Absperrorgan in jeder Phase des Vorganges von der gleichen Größenordnung ist wie die Druckänderung hinter demselben, wobei die beiden Druckänderungen lediglich das entgegengesetzte Vorzeichen haben. Somit ergibt sich aus dem Druckverlauf vor dem Ventil gleichzeitig auch der Druckverlauf auf der anderen Seite des Ventiles, wobei die beiden Druckwellen mit entgegengesetzten Vorzeichen mit Schallgeschwindigkeit vom Ventil fortlaufen. Auch beim Absperren einer Leitung an der Einlaufstelle ergibt sich der gleiche Unterdruck, der sich beim Verschließen am Rohrende als Überdruck ergeben würde.

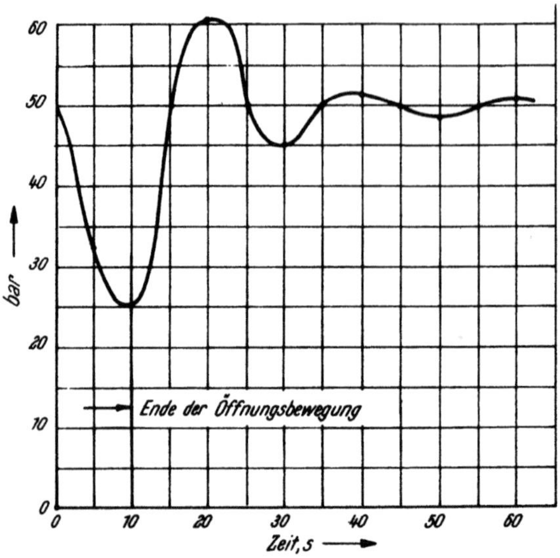

Abb. 85. Zeitlicher Druckverlauf vor dem Ventil einer Turbinendruckleitung mit $p_0 = 50$ bar, Öffnungszeit bis auf 2/3 des Querschnittes 10 s

Auch für den Öffnungsvorgang mit der Öffnungszeit T gelten die Abb. 64 bis 66, nur ist bei der Öffnungszeit $T > 0$ die lotrechte Wellenfront durch eine Druckwelle zu ersetzen, die ihren Höchstwert des Druckes erst nach T s erreicht, falls $T < 2\,L/a$ ist. Wenn $T > 2\,L/a$ und im Abstand L ein offenes Rohrende vorhanden ist, erreicht der Höchstwert des Druckanstieges gemäß früheren Ausführungen eben nur denjenigen Wert, der zur Zeit $2\,L/a$ vor dem Ventil erreicht wird, und bleibt dann etwa konstant.

Die Zunahme der Geschwindigkeit erfolgt für unzusammendrückbare Medien bei relativ rascher Öffnung auch bei $T > 0$ nach Gl. (179) und (193) oder bei langsamer Öffnung und vollkommener Vernachlässigung der Beschleunigungskräfte nach Abschnitt 6 nach den Gesetzen der quasistationären Strömung.

Nur bei besonders langen Leitungen und kurzer Öffnungszeit sind auch die hin- und herlaufenden Druckwellen zu berücksichtigen, die sich der langsamen Druckänderung während der Anlaufzeit überlagern, in der die Geschwindigkeit von 0 auf ihren Höchstwert steigt.

5.2.3 Beispiel zur Berechnung des Druckes vor dem Abschlußventil in einem Druckwasserstollen mit und ohne Berücksichtigung der Kompressibilität der Flüssigkeit

In einem Wasserstollen von der Länge 320 m, mit dem Querschnitt A_R, ströme Wasser mit der Geschwindigkeit $w_0 = 3$ m/s. Am unteren Ende des

Stollens soll ein Abschlußventil, das vor Beginn der Schließbewegung den Querschnitt A_0 habe, in einer Zeitspanne von $T = 20$ Sekunden verschlossen werden. Der Druck vor dem Ventil soll berechnet werden, und zwar

1. bei Vernachlässigung der Elastizität der Flüssigkeit, und
2. bei Berücksichtigung der Elastizität der Flüssigkeit.

Fall 1. Berechnung der Druckverteilung bei Vernachlässigung der Elastizität der Flüssigkeit: Der Querschnitt zu jeder beliebigen Zeit ergibt sich bei konstanter Schließgeschwindigkeit und einer Schließzeit T aus der Beziehung

$$A = A_0 \left(1 - \frac{t}{T}\right) .$$

Damit wird bei einer inkompressiblen Flüssigkeit die Geschwindigkeit, die dann an allen Stellen des Rohres gleichzeitig um den gleichen Wert vermindert wird,

$$w = w_0 \left(1 - \frac{t}{T}\right)$$

und

$$\frac{dw}{dt} = \frac{\Delta w}{T} = \frac{3}{20} = 0{,}15 \text{ m/s}^2 .$$

Der Druckanstieg p_m infolge der Verzögerung ergibt sich aus der Gl. (179) zu

$$p_m = \rho L \frac{dw}{dt} = 1000 \cdot 320 \cdot 0{,}15 \text{ N/m}^2 = 0{,}48 \text{ bar}.$$

Während der Schließbewegung steigt der Druck p vor der Mündung, der vor Beginn der Schließbewegung 8 bar betrug, auf

$$8 + 0{,}48 = 8{,}48 \text{ bar}.$$

Fall 2. Der Druckstoß bei plötzlichem Schließen des Ventiles innerhalb der Zeit 0, der bei einer starren Flüssigkeit einen Druckanstieg von unendlich hohem Druck ergeben würde, wird aufgrund der Beziehung

$$\Delta p = a \rho w = 1000 \cdot 1000 \cdot 3 \text{ N/m}^2 = 30 \text{ bar}.$$

Wird das Ventil in einer Zeitspanne von 20 s geschlossen, so beträgt der Druckanstieg in der Zeit $2\,L/a = 640/1000 = 0{,}64$ s nach S. 135 und 136

$$\Delta p = a \rho \Delta w = 1000 \cdot 1000 \cdot 3 \cdot \frac{0{,}64}{20} \text{ N/m}^2 = 0{,}96 \text{ bar}.$$

Von der Zeit $2\,L/a = 0{,}64$ an bliebe der Druck infolge der als Saugwelle reflektierten Druckwelle etwa konstant, um nach Abschließen des Ventiles allmählich in einer gedämpften Schwingung abzuklingen.

Der Vergleich des Ergebnisses der Berechnung des Druckanstieges bei Vernachlässigung der Elastizität der Flüssigkeit, Fall 1, mit dem Ergebnis nach dem Rechenverfahren 2, das die Elastizität der Flüssigkeit berücksichtigt, zeigt, daß bei Berücksichtigung der Elastizität der Flüssigkeit ein doppelt so hoher Druckanstieg eintritt wie bei inkompressiblen Flüssigkeiten. Dies läßt sich für Schließzeiten $T > 2\,L/a$ auch wie folgt allgemein nachweisen:

Bei inkompressiblen Flüssigkeiten ist der Druckstoß nach Gl. (179)

$$\Delta p_u = \rho L \frac{w}{T},$$

bei kompressiblen dagegen nach Gl. (188)

$$\Delta p_z = a \rho \Delta w.$$

Die Geschwindigkeitsänderung Δw während der Zeitspanne $2\,L/a$, in der eine Druckzunahme eintritt, ist aber

$$\Delta w = w \frac{2L}{a} \cdot \frac{1}{T}$$

und somit

$$\Delta p_z = a \rho w \frac{2L}{aT} = 2\,\rho L \frac{w}{T} = 2\,\Delta p_u. \tag{229}$$

Nach der Zeit $2\,L/a$ tritt nach Abschnitt 5.2.2.8 keine Druckzunahme mehr ein. Diese Beziehung gilt zwar nur für konstante Schließgeschwindigkeit, die nur in seltenen Fällen realisierbar ist, trotzdem kann aber Gl. (229) in der Form

$$\Delta p_z = 2\,\rho L \frac{dw}{dt} \tag{230}$$

als gute Näherung anstelle der Gl. (179) für unzusammendrückbare Flüssigkeiten benützt werden.

5.2.4 Pulsierende Strömung in Rohrleitungen

Vornehmlich in Saug- und Druckleitungen von Kolbenmaschinen treten pulsierende Strömungen auf, deren Bewegungsvorgänge mit den in den vorhergehenden Abschnitten behandelten Rechenverfahren für stationäre und instationäre Strömungen nicht zweckmäßig beschrieben werden können. Ist zum Beispiel der Geschwindigkeitsverlauf der Strömung in Abhängigkeit von der Zeit gegeben, so ist der „mittlere Rohrreibungswiderstand" der pulsierenden Strömung nicht etwa nach Gl. (82) aus der mittleren Geschwindigkeit zu berechnen.

Schultz-Grunow [82] hat alle Fragen der pulsierenden Strömung ausführlich behandelt und führt auch entsprechende Gleichungen zur quantitativen Beschreibung dieser Vorgänge an.

Er gibt hierbei den Zusammenhang zwischen dem Reibungswert λ_p bei pulsierender und λ bei stationärer Strömung durch die Beziehung

$$\lambda_p = \epsilon\,\lambda$$

an.

Die Größe ϵ ist, unabhängig vom zeitlichen Verlauf der Geschwindigkeit, für eine Zweizylinder-Viertaktmaschine zum Beispiel $\epsilon = 7{,}3$. Der Widerstand ist also 7,3 mal so groß wie bei stationärer Strömung. Für eine Vierzylinder-Viertaktmaschine wird $\epsilon = 2{,}2$ angegeben.

Der wesentlich größere Widerstand bei pulsierender Strömung kommt zunächst einmal dadurch zustande, daß der Mittelwert aus dem Quadrat der

Geschwindigkeit, der ja den mittleren Widerstand bestimmt, wesentlich größer ist als das Quadrat des Mittelwertes der Geschwindigkeit (siehe Abschnitt 3.15.3).

Außerdem entstehen aber auch bei pulsierender Strömung infolge der Beschleunigungen und Verzögerungen, die im Kern der Strömung stärker sind als am Rand, Gegenströmungen und dadurch eine wesentlich höhere Turbulenz als bei stationärer Strömung.

Wenn die Strömungsgeschwindigkeit w mit der Zeit t periodisch wechselt, so gilt für den Zusammenhang zwischen w und dem Druckunterschied $p_1 - p_2$ zwischen dem Druck im Rohreintritt p_1 und im Rohraustritt p_2 für eine inkompressible Flüssigkeit die Gl. (179), in der nun aber auch noch die Reibungsverluste zu berücksichtigen sind.

Der Druckunterschied zwischen 1 und 2 hat also sowohl die erhöhte Rohrreibung zu überwinden, als auch die im Rohr befindliche Flüssigkeit zu beschleunigen bzw. zu verzögern. Im letzteren Falle, also bei verzögerter Bewegung, besteht dann das Druckgefälle zwischen 1 und 2 aus dem durch die Verzögerung entstehenden Druckanstieg, vermindert um die durch Reibung verursachten Verluste.

Der Druckabfall durch Reibung ist also, auch wenn die Strömungsrichtung wechselt, immer positiv in Strömungsrichtung. Der Druckabfall durch die Massenkräfte wirkt dagegen bei entsprechend starker Verzögerung auch in der Richtung vom Rohraus- zum Rohreintritt.

Der Reibungswiderstand ist hierbei ebenso wie die Geschwindigkeit selbst eine Funktion der Zeit und näherungsweise dem Quadrat der Geschwindigkeit proportional. Bei der größten Geschwindigkeit tritt also auch die stärkste Reibung auf.

Der zur Beschleunigung oder Verzögerung erforderliche Druckabfall ist dagegen der Beschleunigung dw/dt proportional und somit um etwa 90° phasenverschoben gegenüber dem Druckabfall durch Reibung.

Bei langsamer Pulsation, also bei geringen Beschleunigungskräften, überwiegen die Reibungskräfte, bei starker Pulsation und hoher Beschleunigung dagegen die Massenkräfte. Das Druckmaximum verschiebt sich deshalb mit zunehmender Frequenz.

All diese Überlegungen gelten natürlich nur für eine über den Rohquerschnitt konstante Geschwindigkeitsverteilung. Infolge der Verzögerung kann aber auch in Randnähe eine der mittleren Geschwindigkeit entgegengesetzte Strömung eintreten, etwa wie bei der Strömung in Diffusoren mit starker Verzögerung infolge eines großen Öffnungswinkels. Siehe dazu auch [41, 58, 78, 82, 83].

Wie schon eingangs erwähnt, hat die pulsierende Strömung in Rohrleitungen vor allem bei der Auslegung von Verbrennungsmotoren große Bedeutung, da der Aufladegrad des Zylinders und damit die Leistung des Motors außerordentlich stark von der optimalen Gestaltung des Schwingungssystems Ansaug-Auspufftrakt abhängt, siehe dazu [55, 58, 82, 83]. Da es sich jedoch dabei um ein ganz spezielles Gebiet der Strömungslehre handelt, die über den Rahmen dieses Buches hinausgeht, wird lediglich auf das einschlägige Schrifttum verwiesen.

5.2.5 Druckstöße und Vibrationen durch Verzögerung von Pumpe und Antriebsmotor

Wird in einer Druckleitung hinter einer Pumpe ein Steuerventil geschlossen, so steigt der Druck in dieser Leitung oft auf unzulässig hohe Werte an. Dieser Druckanstieg wird einerseits durch die Verzögerung der Flüssigkeitssäule allein, andererseits durch die Verzögerung der bewegten Massen von Pumpe und Antriebsmotor bewirkt.

Die Drucksteigerung infolge der Verzögerung der Flüssigkeitssäule tritt, wenn die Schließbewegung in der Zeit 0 erfolgt, sofort und gleichzeitig mit der Schließbewegung ein. Die Höhe des Druckanstieges ergibt sich aus Gl. (188), soweit dieser nur durch die Verzögerung der Flüssigkeit entsteht. Der Druckanstieg infolge der Verzögerung der bewegten Massen von Pumpe und Antriebsmotor baut sich aber erst innerhalb einer Zeit t_1 nach der Schließbewegung auf:

Die Flüssigkeit zwischen Pumpe und Ventil wirkt als elastische Feder. Die gesamte Bewegungsenergie von Pumpe und Antriebsmotor wird dazu verwendet, um diese elastische Flüssigkeitssäule zusammenzudrücken. Wenn nach der Zeit t_1 alle bewegten Teile von Pumpe und Antriebsmotor zur Ruhe gekommen sind, wird der höchste Druck erreicht. Ist in der Rohrleitung kein Rückschlagventil und kein Druckbegrenzungsventil vorgesehen und wird die Reibung vernachlässigt, so wird z. B. eine Zahnradpumpe nach Erreichen des Höchstdruckes in der Druckleitung nach der Zeit t_1 durch diesen Druck sofort wieder in entgegengesetzter Drehrichtung beschleunigt und erreicht nach 2 t_1 wieder die gleiche Drehzahl, die sie zur Zeit der Schließbewegung hatte, jedoch in entgegengesetzter Drehrichtung.

Die Zeit t_1, innerhalb der der maximale Druckanstieg erreicht wird, sowie die Höhe dieses Druckanstieges können relativ genau aus dem Trägheitsmoment der rotierenden Massen und den Abmessungen der Rohrleitung und aus den Eigenschaften der Flüssigkeit berechnet werden. Auf die Wiedergabe dieser etwas umfangreichen Berechnungen soll aber hier verzichtet und nur auf die entsprechende Literatur verwiesen werden [51].

Um einen Druckstoß in den Leitungen hinter Pumpen in zulässigen Grenzen zu halten, wird meist ein Druckbegrenzungsventil in die Druckleitung gesetzt, wenn diese durch ein Ventil abgeschlossen werden kann. Meist wird dieses Druckbegrenzungsventil als Umlaufventil bezeichnet, wobei man zwischen „internen" und „externen" Umlaufventilen unterscheidet: das interne Ventil verbindet nach Überschreiten des eingestellten Druckes die Druckleitung mit der Saugleitung der Pumpe und ist oft in der Pumpe selbst eingebaut, das externe Ventil verbindet in Offenstellung die Druckleitung mit dem Flüssigkeitsbehälter, aus dem angesaugt wird, oder bei Wasser mit dem Abflußkanal.

Bei jedem Druckbegrenzungsventil besteht aber wieder die Gefahr, daß unerwünschte Pulsationen entstehen, wenn unmittelbar nach der Öffnung des Ventiles der Druck vor dem Ventil zusammenbricht, weil er zur raschen Beschleunigung der Flüssigkeit verwendet wird und deshalb rasch abnimmt, sobald die Flüssigkeit zu strömen beginnt. Das Ventil schließt dann wieder und der Druck baut sich sofort wieder auf, um das Ventil neuerlich zu öffnen.

Diese unerwünschten Pulsationen führen zu Vibrationen, Geräuschen und unter Umständen sogar zu Brüchen, insbesondere, wenn es zu Resonanz zwischen der Eigenschwingung einer Flüssigkeitssäule und der Erregung kommt.

Das Umlaufventil muß deshalb dem jeweiligen Anwendungsfall entsprechend richtig gewählt werden: Massen und Federkräfte sowie das Verhältnis Druckangriffsfläche vor der Öffnung zu Druckangriffsfläche nach der Öffnung müssen dem jeweiligen Bedarfsfall und der Flüssigkeit entsprechen.

6. Quasistationäre Strömungsvorgänge

Unter quasi-stationären Vorgängen versteht man instationäre Vorgänge, bei denen die Beschleunigungs- und Verzögerungskräfte, die infolge der zeitlichen Veränderung der Geschwindigkeit an einer bestimmten Stelle eintreten, vernachlässigt werden können. Sie werden mit den Gleichungen der stationären Strömung so behandelt, wie wenn keine zeitliche Veränderung der Drücke und Geschwindigkeiten an ein und derselben Stelle eintreten würde.

Die wichtigsten quasi-stationären Vorgänge sind:

1. Strömung von Flüssigkeiten oder Gasen durch eine Rohrleitung mit einem Ventil, dessen Querschnitt allmählich verändert wird.

2. Ausströmen von Flüssigkeiten oder Gasen aus einem Behälter ohne Zufluß.

Diese beiden Vorgänge sollen im folgenden etwas näher betrachtet werden.

6.1 Strömung durch eine Rohrleitung mit einem Ventil, dessen Querschnitt mit der Zeit verändert wird

Die Gesetze der stationären Strömung gelten, wenn der Schließvorgang so langsam vor sich geht, daß die Druckänderungen durch Verzögerungs- und Beschleunigungskräfte an ein und derselben Stelle gegenüber den Druckverlusten durch Reibung vernachlässigt werden können.

Bei rascher Schließbewegung sind dagegen umgekehrt die Verzögerungskräfte so groß, daß ihnen gegenüber die Reibungskräfte vernachlässigt werden können. Die Berechnung der Druck- und Geschwindigkeitsänderung erfolgt dann nach Abschnitt 5 als instationäre Strömung.

Solange Druck und Geschwindigkeit in jedem Augenblick und an jeder Stelle des Rohres die gleichen Werte annehmen, wie wenn das Ventil in seiner jeweiligen Stellung beharren würde, ist der Vorgang quasistationär und geht gemäß Abb. 86 a bis e wie folgt vor sich:

Beim Einlauf der Flüssigkeit in das Rohr ist zunächst zur Beschleunigung das Druckgefälle

$$p_0 - p_1 = \frac{\rho w^2}{2} \qquad (231)$$

erforderlich. In der Rohrleitung vor dem Ventil mit der Länge L zwischen 1 und 2 tritt dann bei turbulenter Strömung ein Druckverlust

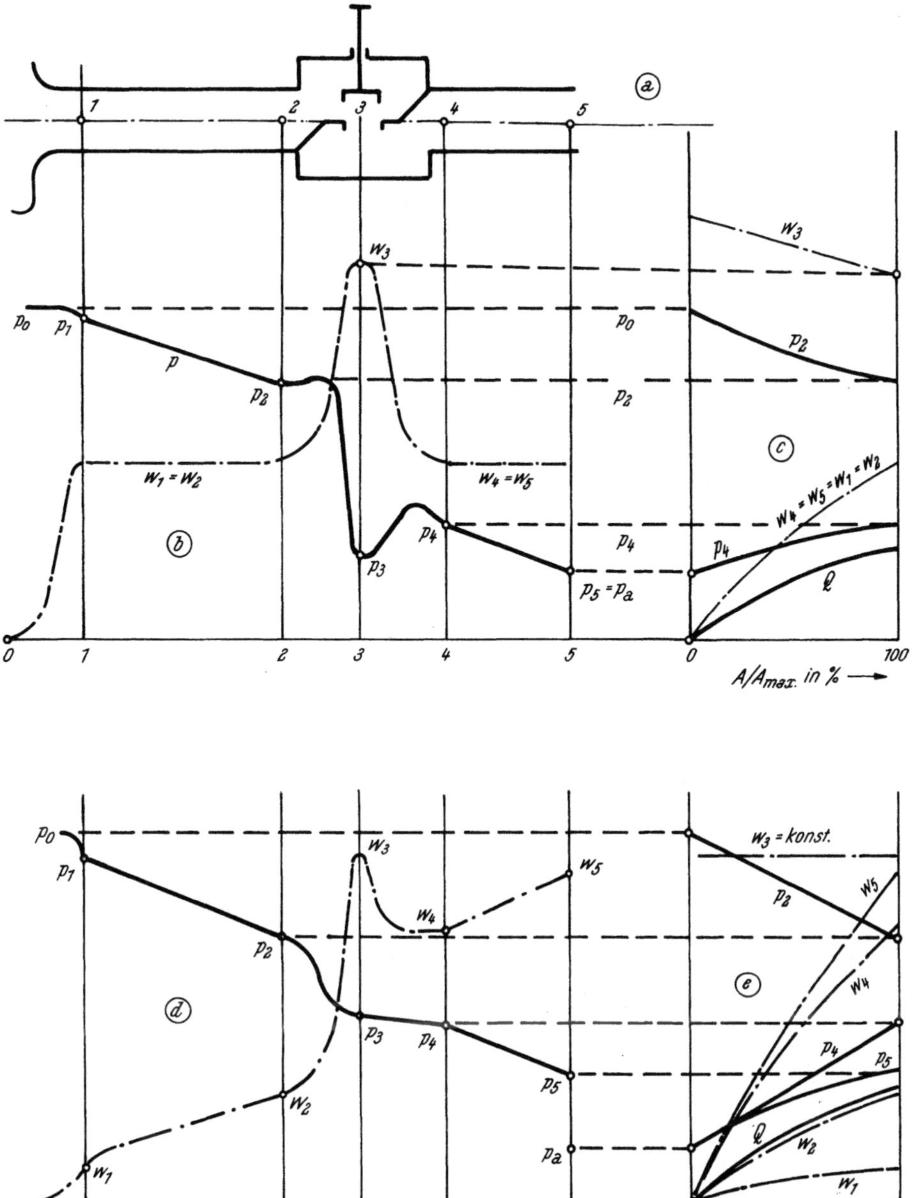

Abb. 86. Strömungsgeschwindigkeit w und Druck p in einer Rohrleitung mit Ventil.
Bei Veränderung des Querschnittes „A" bei Stelle 3 ändert sich Druck und Geschwindigkeit an den Stelle 1, 2, 3, 4, 5 der Rohrleitung.

a) Schematische Anordnung des Ventiles (3) in der Rohrleitung (1 bis 5)

b + c) Flüssigkeiten

d + e) Gase, bei überkritischem Druckverhältnis am Ventil

b + d) Druck und Geschwindigkeit an den Stellen 1 bis 5 bei offenem Ventil (A_{max})

c + e) Veränderung der Drücke und Geschwindigkeiten an den Stellen 1 bis 5 während des Schließens oder Öffnens ($0 < A/A_{max} < 100\%$)

$$p_1 - p_2 = \lambda \frac{L}{d} \frac{\rho w^2}{2} \tag{232}$$

auf, in der Rohrstrecke hinter dem Ventil mit der Länge „s" zwischen 4 und 5 mit dem gleichen Querschnitt ein Druckverlust

$$p_4 - p_5 = \lambda \frac{s}{d} \frac{\rho w^2}{2}\,. \tag{233}$$

Bei laminarer Strömung werden die Druckverluste $p_1 - p_2$ und $p_4 - p_5$ nach Gl. (84), und bei turbulenter Strömung nach Gl. (82) berechnet.

Im Ventil selbst tritt ein Verlust von

$$p_2 - p_4 = \zeta \cdot \frac{\rho w_3^2}{2} \tag{234}$$

auf. Mit der Veränderung des Ventilquerschnittes ändert sich auch die Geschwindigkeit w_3 im engsten Querschnitt 3 und w in den Rohren $L(1-2)$ und $s(4-5)$.

Bei vollkommen geöffnetem Ventil liegt der Reibungsbeiwert ζ je nach der strömungstechnischen Gestaltung desselben meist etwa zwischen 1,6 und 4.

Auch wenn die mittlere Strömungsgeschwindigkeit im Ventil w_3 bei völlig geöffnetem Ventil etwa ebenso groß wie die Strömungsgeschwindigkeit w im Rohr ist, treten infolge der Umlenkungen im Ventil Verluste auf. Der Widerstand im Ventil ist deshalb trotz gleichem geometrischen Querschnitt im Rohr und im Ventil wesentlich höher als in einer Leitung ohne Ventil. Mit Beginn der Schließbewegung nimmt jedoch der Volumenstrom und damit auch die Strömungsgeschwindigkeit w im Rohr ab. Die Strömungsgeschwindigkeit im Ventil w_3 nimmt dagegen mit fortschreitender Schließbewegung zu, und zwar ist die Geschwindigkeit im Ventil bei Flüssigkeiten, Abb. 86 b und c, immer näherungsweise

$$w_3 = K_1 \sqrt{2 \frac{(p_2 - p_4)}{\rho}}\,, \tag{235}$$

wobei K_1 eine charakteristische Konstante des Ventiles ist (s. Abschnitt 7, k_v-Wert).

Kurz vor dem Schließen des Ventiles wird die Strömungsgeschwindigkeit im Rohr sehr klein, die Druckverluste $p_1 - p_2$ und $p_4 - p_5$ werden nahezu gleich 0, die Strömungsgeschwindigkeit im Ventil erreicht dagegen gleichzeitig ihr Maximum.

Auch bei Gasen nimmt mit abnehmendem Ventilquerschnitt die Geschwindigkeit im Ventil zu, in den Rohrleitungen vor und hinter dem Ventil dagegen ab. Nach Überschreiten des kritischen Druckgefälles zwischen dem Druck vor und hinter dem Ventil nimmt die Geschwindigkeit aber nicht mehr zu, da der Wert der Schallgeschwindigkeit nicht überschritten werden kann (Abb. 86 d und e).

Mit abnehmendem Ventilquerschnitt nimmt der Massenstrom auf alle Fälle ab.

Der spezifische Massenstrom je cm^2 Absperrquerschnitt nimmt dagegen trotz konstanter Schallgeschwindigkeit zu, weil der Druck vor dem Absperrquerschnitt und damit auch ρ infolge der sinkenden Druckverluste im System ansteigt. Diese Zunahme kann sogar stärker sein als die von ρ, wenn die Gestalt des Absperrquerschnittes so ist, daß die Wirkung einer scharfkantigen Blende entsteht, bei der der Volumenstrom nach Überschreiten des kritischen Druckverhältnisses nicht konstant bleibt, sondern weiter zunimmt (s. Abb. 53).

Das am Ventil verfügbare Druckgefälle $p_2 - p_4$ geht aus dem rechten Teil von Abb. 86 hervor, in dem die Drücke p_0, p_2, p_4 und p_5 in Abhängigkeit vom Öffnungsverhältnis des Ventilquerschnittes A/A_{max} dargestellt sind. Abb. 86 b, c gilt für Flüssigkeiten und Abb. 86 d, e für Gase.

6.2 Quasistationärer Ausfluß von Flüssigkeiten aus Gefäßen

Am Boden eines zylindrischen Gefäßes mit konstantem Querschnitt A_1, das bis zur Höhe z_0 mit Flüssigkeit gefüllt ist, soll eine Austrittsöffnung A_2 plötzlich geöffnet werden, Abb. 87.

Nur wenn die gleiche Menge Flüssigkeit, die unten abfließt, in den Behälter oben wieder zufließen würde, wäre die Ausflußgeschwindigkeit nach Ablauf der für die Beschleunigung erforderlichen Zeit

$$w_2 = \sqrt{2 g z_0}\,. \tag{236}$$

Wenn jedoch keine Flüssigkeit mehr zufließt, nimmt die Ausflußgeschwindigkeit nach Öffnen des Ausflußquerschnittes zunächst zu, erreicht ein Maximum und nimmt mit abnehmender Spiegelhöhe z wieder ab.

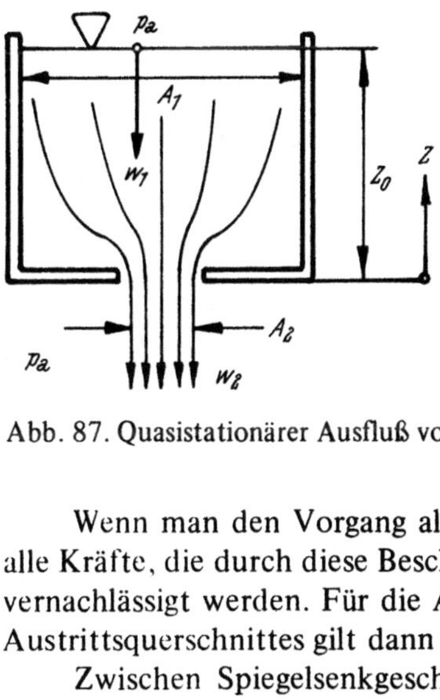

Abb. 87. Quasistationärer Ausfluß von Flüssigkeiten aus Gefäßen

Wenn man den Vorgang als quasistationär betrachten will, müssen jedoch alle Kräfte, die durch diese Beschleunigung und Verzögerung verursacht werden, vernachlässigt werden. Für die Ausflußgeschwindigkeit sofort nach Öffnung des Austrittsquerschnittes gilt dann Gl. (236).

Zwischen Spiegelsenkgeschwindigkeit w_1 und Ausflußgeschwindigkeit w_2 besteht nach der Kontinuitätsgleichung für Flüssigkeiten der Zusammenhang

$$w_1 = \frac{A_2}{A_1}\, w_2 = \frac{A_2}{A_1}\, \sqrt{2 g z}. \tag{237}$$

Diese Beziehung gilt sowohl im ersten Augenblick der Bewegung als auch während des gesamten Ausströmvorganges.

Außerdem ist die Spiegelsenkgeschwindigkeit $w_1 = -dz/dt$ und somit

$$dt = -\frac{dz}{w_1} = -\frac{A_1}{A_2}\, \frac{dz}{\sqrt{2 g z}}\,. \tag{238}$$

Durch Integration wird die Zeitspanne, die während der Senkung des Spiegels von z_0 auf z vergeht

$$\Delta t = t - t_0 = -\frac{A_1}{A_2} \int_{z_0}^{z} \frac{dz}{\sqrt{2gz}} = \frac{A_1}{A_2} \sqrt{\frac{2z_0}{g}} \left(1 - \sqrt{\frac{z}{z_0}}\right). \tag{239}$$

Für vollständige Entleerung ist $z = 0$, mithin die Ausflußzeit

$$\tau = \frac{A_1}{A_2} \sqrt{\frac{2z_0}{g}}. \tag{240}$$

Nach Truckenbrodt ist der Unterschied zwischen der Ausflußzeit unter Vernachlässigung der Beschleunigungsperiode und jener unter Berücksichtigung der Beschleunigungsvorgänge für jedes beliebige Flächenverhältnis $0 < A_2/A_1 < 1$ stets kleiner als 11% [43].

6.3 Quasistationäre Strömung von Gasen

Wie bei Flüssigkeiten sind auch bei quasistationären Strömungen der Gase alle Zustandsgrößen wie Druck, Temperatur, Dichte und Geschwindigkeit an einer bestimmten Stelle des Systems mit der Zeit veränderlich; die an einer Stelle durch Beschleunigungskräfte verursachten Druckänderungen können aber vernachlässigt werden. Innerhalb einer kurzen Zeitspanne kann dann jeder Strömungsvorgang als stationäre Strömung behandelt werden.

Bei Flüssigkeiten kommt es wegen der relativ hohen Dichte und der geringen Zusammendrückbarkeit bei instationärer Bewegung mit Berücksichtigung der Beschleunigungsdrücke zu starken Druckstößen, den sogenannten „Flüssigkeitsschlägen", die eine große Bedeutung für viele Gebiete der Technik haben. Bei Gasen ist dagegen die instationäre Strömung mit Berücksichtigung der Beschleunigungskräfte nur für die Untersuchung der Druckwellen in Saug- und Druckleitungen von Verbrennungsmotoren und Kolbenkompressoren sowie für regelungstechnische Vorgänge von Bedeutung. Die meisten instationären Vorgänge wie etwa die Strömung durch Drosselketten oder der instationäre Ausfluß aus Gefäßen können bei Gasen als quasistationäre Strömung behandelt werden.

Die quasistationären Strömungsvorgänge von Gasen unterscheiden sich aber von denen der Flüssigkeiten auch dadurch, daß die Dichte dem Druck proportional ist, während sie bei Flüssigkeiten nahezu konstant ist. Bei der Strömung durch zwei hintereinander liegende Drosseln, zwischen denen ein Behälter liegt, Abb. 47, wird bei Gasen mit abnehmendem Druck vor der ersten Drossel ein größerer Massenstrom aus der zweiten Drossel ausströmen, als durch die erste Drossel zufließt. Die zwischen den beiden Drosseln befindliche Gasmasse wird also abnehmen. Bei instationärer Stromung ist also $\dot{m}_e \neq \dot{m}_a$, wenn $\dot{m}_e$ die in den Behälter mit dem Druck p_z einfließende, und $\dot{m}_a$ die ausfließende Gasmasse ist. Bei der Strömung einer Flüssigkeit durch zwei hintereinander geschaltete Drosseln dagegen wird auch bei abnehmendem Druck vor der ersten Drossel die zwischen den beiden Drosseln befindliche Flüssigkeitsmenge konstant bleiben (vgl. Abschnitt 3.13).

6.3.1 Füllen und Entleeren von Gasbehältern

Das Aufladen oder Entladen eines Behälters geht im allgemeinen isotherm vor sich. Dann gilt: $pV = \text{const}$, wobei V das gesamte Volumen des betrachteten Gases ist. Strömt also aus einem Kessel 1/10 der Gasmasse aus und ist der Druck vor Beginn der Ausströmung 10 bar, so ist er nach Beendigung der Ausströmung 9 bar.

Befindet sich in einem Kessel vom Rauminhalt V die Luftmasse m_0 und fließt gleichzeitig an einer Stelle des Kessels die Luftmasse Δm_e durch den Querschnitt A_e zu, an einer anderen Stelle durch den Querschnitt A_a jedoch Δm_a ab, so erhält man für den Druck

$$p = \frac{mRT}{V} = (m_0 + \Delta m_e - \Delta m_a)\,\frac{RT}{V}\ . \tag{241}$$

Während der Vorgang im Behälter meist als isotherm betrachtet werden kann, wird der Vorgang in der Ausströmöffnung im allgemeinen adiabat ablaufen, weil dort die Durchströmung in kurzer Zeit erfolgt.

Bei dieser Betrachtungsweise ist also die Temperatur im Behälter T_i stets konstant. Bezeichnen T_i, p_i, ρ_i Temperatur, Druck und Dichte im Behälter, $\dot{m}$ die in der Zeiteinheit ausströmende Gasmasse, A den Ausströmquerschnitt, w die Ausströmgeschwindigkeit und ρ_m die Dichte in der Mündung, so ist während der Ausströmung

$$\dot{m} = -A\,w\,\rho_m\,. \tag{242}$$

Bezeichnet der Index 0 die Zustandsgrößen vor Beginn der Ausströmung, i während und e nach Beendigung der Ausströmung, so ist m_0 die vor Beginn des Ausströmvorganges im Behälter enthaltene Gasmasse, $m_0 = \dfrac{p_0 V}{RT_0}$, m_i die während des Ausströmvorganges jeweils im Behälter enthaltene Gasmasse, $m_i = \dfrac{p_i V}{RT_i}$, und m_e die am Ende des Ausströmvorganges noch im Behälter enthaltene Gasmasse $m_e = \dfrac{p_e V}{RT_e}$.

Wenn $T_0 = T_i = T_e$ ist, wird: $m_0 : m_i : m_e = p_0 : p_i : p_e$.

Die in einer bestimmten Zeitspanne $t_2 - t_1$ ausströmende Gasmasse ist allgemein

$$\Delta m \Big|_{t_1}^{t_2} = -\int_{t_1}^{t_2} A w\,\rho_m\,dt.$$

w und ρ_m sind Funktionen der Zeit, die sich mit der Veränderung des Druckes im Behälter entsprechend verändern. Der Druckabfall im Behälter kann graphisch schrittweise ermittelt werden, wobei jeweils für ein bestimmtes Zeitelement Δt gilt

$$\frac{\Delta p}{p} = \frac{\Delta m}{m}\ .$$

Wird also der Vorgang im Behälter selbst als isotherm betrachtet, so ist

$$\Delta p = p_i\,\frac{\Delta m}{m_i} = -\,\frac{p_i A}{m_i}\int_{t_1}^{t_2} w\,\rho_m\,dt. \tag{243}$$

Für den Bereich der überkritischen Ausströmung kann das Integral auch einfach berechnet werden, da dann die Geschwindigkeit in der Ausströmöffnung konstant bleibt. Diese ist

$$a_m = \sqrt{\kappa R T_m} = \sqrt{\kappa R T_i \frac{2}{\kappa + 1}} .$$

Für Luft ist $\kappa = 1{,}4$, also $a_m = \sqrt{1{,}4 \cdot 287 \cdot \frac{T_i}{1{,}2}} = 18{,}3 \sqrt{T_i}$.

Das in der Zeit dt ausströmende Gasvolumen ist

$$dV = -A\, a_m\, dt ,$$

die ausströmende Gasmasse ist

$$dm = -A\, a_m\, \rho_m\, dt.$$

Da

$$m_i = V \rho_i ,$$

ist auch

$$\frac{dm}{m_i} = -\left(\frac{\rho_m}{\rho_i}\right) \frac{A\, a_m}{V_i}\, dt = \frac{dp}{p_i} . \tag{244}$$

Das Dichteverhältnis ist gegeben durch $\frac{\rho_m}{\rho_i} = \left(\frac{2}{\kappa + 1}\right)^{\frac{1}{\kappa - 1}}$.

Für $\kappa = 1{,}4$ ist nach Tab. 8 $\frac{\rho_m}{\rho_i} = 0{,}634$.

Die Zeit t, die nach Beginn der Ausströmung bis zu dem Zeitpunkt vergeht, in dem die überkritische Ausströmung beendet ist, wird dann nach Integration der Gl. (244)

$$t = \frac{V \ln \frac{p_0}{p_e}}{0{,}634\, a_m A} . \tag{245}$$

Beispiel. Ein Druckbehälter von 2 m^3 Inhalt sei mit Luft von 30 bar und 20°C gefüllt. Die Luft ströme durch eine Austrittsöffnung von 1 cm^2 aus. Der Ausflußkoeffizient zur Berücksichtigung von Reibung und Kontraktion des Strahles sei 0,6. Wie lange dauert es, bis die überkritische Ausströmung beendet ist, p_i also kleiner als $p_a \cdot 1/0{,}528$ geworden ist? Der Umgebungsdruck sei 1 bar.

$$t = \frac{2 \ln \frac{0{,}528 \cdot 30}{1}}{0{,}634 \cdot 313{,}5 \cdot 0{,}6 \cdot 10^{-4}} = 463 \text{ s} = 7{,}7 \text{ min.}$$

Die Ausströmgeschwindigkeit a_m ist hierbei 313,5 m/s.

Spielt sich der Ausströmvorgang im unterkritischen Bereich ab, so muß Δp aus dem Integral von Gl. (243) schrittweise berechnet werden. Das Verfahren kann man auch im überkritischen Bereich anwenden. Es sei deshalb an den Daten des vorhergehenden Beispiels erläutert:

Der Behälter hat ein Volumen $V = 2\ m^3$. Er enthält Luft von 30 bar bei einer Temperatur von 20°C.

Die Dichte ρ_0 wird aus der Zustandsgleichung berechnet

$$\rho_0 = \frac{p_0}{RT_0} = \frac{30 \cdot 10^5}{287 \cdot 293} \cong 35\ kg/m^3 .$$

Damit wird die vor Beginn der Ausströmung im Behälter enthaltene Luftmasse

$$m_0 = V\rho_0 = 2 \cdot 35 = 70\ kg.$$

Die Austrittsöffnung ist $A = 1\ cm^2 = 10^{-4}\ m^2$. Der Ausflußkoeffizient zur Berücksichtigung von Reibung und Kontraktion des Strahles sei 0,6. Im Anfang strömt aus dem Behälter ein Massenstrom

$$\dot{m} = a_m A \rho_m .$$

Hierin ist nach Tab. 8 $\rho_m = 0{,}634\ \rho_0$ einzusetzen. Damit wird

$$\dot{m} = 313{,}5 \cdot 0{,}6 \cdot 10^{-4} \cdot 0{,}634 \cdot 35 = 0{,}417\ kg/s.$$

Nach 10 s sind also 4,17 kg ausgeflossen. Das sind 4,17/70 · 100 = 5,9%. Damit fällt auch der Druck im Behälter um 5,9%, das sind 0,059 · 30 = 1,8 bar. Der Druck im Behälter geht dann auf 28,2 bar zurück. In weiteren 10 s nimmt der Druck erneut um 5,9% ab, usw., Abb. 88.

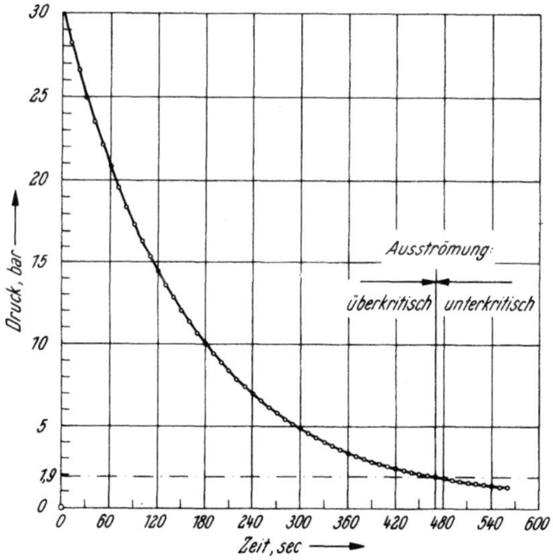

Die Berechnung erfolgt nach einer Reihe

$p_2 = p_1\ (1-0{,}059)$	10 s
$p_3 = p_1\ (1-0{,}059)^2$	20 s
$p_n = p_1\ (1-0{,}059)^{n-1}$	10 n s

Daher $1{,}9 = p_1(1-0{,}059)^{n-1}$ und $n-1 = 45{,}4$. n also 46,4 bzw. $t = 464$ s.

Abb. 88. Ausströmvorgang aus einem Druckluftbehälter von 2 m³. Abnahme des Druckes p mit der Zeit, Anfangsdruck $p_0 = 30$ bar

Diese Abbildung zeigt den Druckabfall mit der Zeit, der sich aus der Bedingung ergibt, daß der Druck jeweils in 10 s um 5,9% abnimmt. Damit ergäbe sich die Zeit t bis zum Erreichen des kritischen Druckes von $p_i = 1{,}9$ bar nach dem graphischen Verfahren auch zu 464 s.

6.3.2 Füllen und Entleeren von Druckluftzylindern

Das Füllen und Entleeren von Luftzylindern stellt einen Sonderfall des Füllens und Entleerens von Behältern dar, bei dem der Druck in den beiden Zylinderseiten eines doppelt wirkenden Zylinders auch noch von der Kolbenbelastung durch äußere Kräfte abhängt. Die Abb. 89 bis 91 veranschaulichen diesen Vorgang.

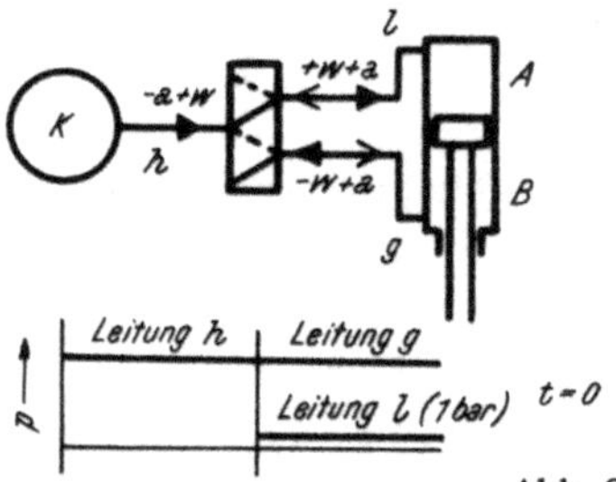

Abb. 89a

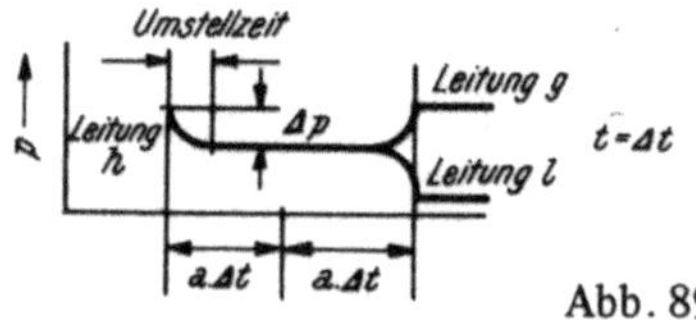

Abb. 89b

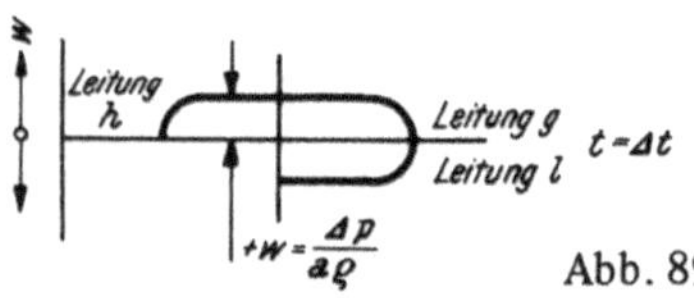

Abb. 89c

Abb. 89. Druckwellen nach Umstellung des 4-Wege-Ventiles gemäß obenstehenden Schaltplanes (vgl. Abb. 66).
a) Druck p vor Betätigung des 4/2-Ventiles
b) Druck nach Öffnen des 4/2-Ventiles
c) Geschwindigkeit nach Öffnen des 4/2-Ventiles

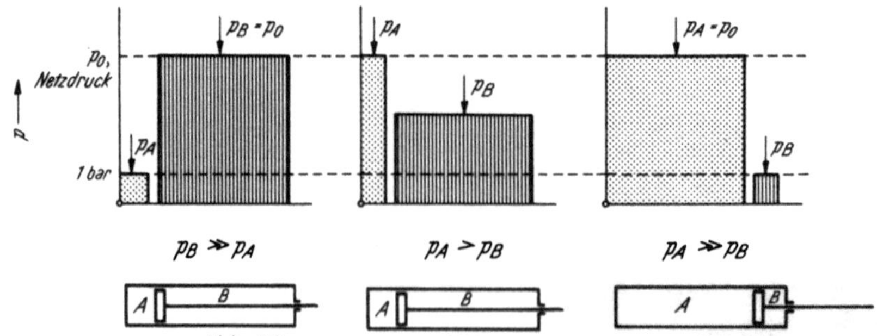

Abb. 90a Abb. 90a Abb. 90c

Abb. 90. Aufladung der drucklosen und Entleerung der druckbeaufschlagten Seite eines Druckluftzylinders.
a) Unmittelbar nach Umstellung des Ventiles
b) Zu Beginn der Kolbenbewegung
c) Nach Beendigung der Kolbenbewegung

Abb. 89 zeigt zunächst die Druckwellen, die unmittelbar nach der Umstellung des 4-Wege-Ventiles in den anschließenden Leitungen vom Ventil weglaufen. Erst L/a s nach der Ventilbetätigung erreichen diese Wellen den Zylinder, wenn L die Länge der Leitung zwischen Ventil und Zylinder bedeutet.

Abb. 90 zeigt, wie etwas längere Zeit nach der Ventilbetätigung zunächst die drucklose Zylinderseite aufgeladen wird, während die mit Luft gefüllte Seite entleert wird, und Abb. 91 zeigt den zeitlichen Druckverlauf p_A und p_B auf beiden Zylinderseiten A und B, und zwar

a) bei starker Belastung des Kolbens, und

b) bei unbelastetem Kolben.

Man erkennt, daß die Kolbenbewegung beim belasteten Kolben erst später beginnt.

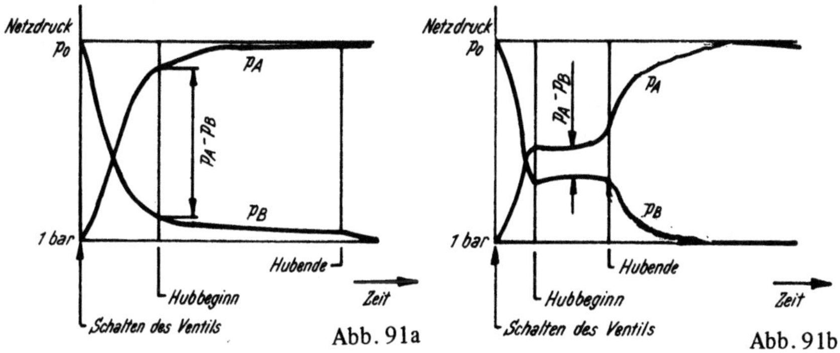

Abb. 91a Abb. 91b

Abb. 91. Druckverlauf während der Kolbenbewegung eines Druckluftzylinders. a) Bei starker Belastung des Kolbens und b) bei unbelastetem Kolben

7. Der k_v-Wert und Strömungsvorgänge in Armaturen

Als charakteristische Kenngröße für Absperr- und Regelorgane wird heute die Durchflußmenge von Wasser von 5 bis 30°C in m^3/h angegeben, die bei einem Druck verlust von 1 bar durch die Armatur fließt. Im metrischen Maßsystem ist diese Kenngröße der k_v-Wert. Dieser ist zunächst ein Maßstab für die Güte der strömungstechnischen Gestaltung des Ventils. Vergleicht man mehrere Ventile gleicher Nennweite, so ist das Ventil mit dem größten k_v-Wert strömungstechnisch am besten ausgebildet.

Der k_v-Wert ist aber auch die Kenngröße zur Berechnung des Druckverlustes bei der Strömung eines beliebigen Fluides bei beliebigen Durchflußmengen durch das Ventil. Umgekehrt kann bei gegebener Durchflußmenge eines beliebigen Mediums und gegebenem zulässigen Druckverlust rasch der erforderliche k_v-Wert und damit eine geeignete Ventiltype gefunden werden.

Früher wurde als einzige Kenngröße für Armaturen nur der Widerstandsbeiwert ζ angegeben, aus dem der Widerstand aus der Beziehung

$$\Delta p = \zeta \frac{w^2}{2} \rho \qquad (246)$$

berechnet wurde.

ζ dimensionslos
Δp N/m^2
ρ kg/m^3
w m/s, $w = Q/A$, Q in m^3/s und A in m^2.

Umgekehrt ergibt sich die Durchflußmenge in m^3/s aus der Beziehung

$$Q = A\,w = A\sqrt{\frac{2}{\zeta} \cdot \frac{\Delta p}{\rho}} \; . \qquad (247)$$

Durch die Einführung des k_v-Wertes wird die Berechnung der Durchflußmenge für beliebige Medien und Druckgefälle wesentlich vereinfacht. Ebenso kann ein gesuchtes Ventil mit dem erforderlichen k_v-Wert für gegebene Durchflußmengen und Druckverluste rascher gefunden werden.

Da der k_v-Wert die Menge Wasser in m^3 pro Stunde bei einem Druckverlust von 1 bar angibt, gilt nach Gl. (247)

$$k_v = A\,w \cdot 3600 = A \cdot 3600 \sqrt{\frac{2}{\zeta} \cdot \frac{100\,000}{1000}} = \frac{A}{\sqrt{\zeta}} \cdot 14 \cdot 3600 \text{ m}^3/\text{h}. \qquad (248)$$

Die Durchflußmenge bei anderen Druckverlusten und anderen Dichten ist dann

$$Q = k_v \sqrt{\frac{\Delta p/100\,000}{\rho/1000}}$$

wobei hier $\Delta p/100\,000$ das *Verhältnis* des beliebigen Druckverlustes in N/m^2 zum Druckverlust $\Delta p = 100\,000\ N/m^2$ ist und $\rho/1000$ das *Verhältnis* der Dichte des beliebigen Mediums zu der von Wasser. Setzt man Δp in bar und ρ in kg/dm^3, so ist

$$Q = k_v \sqrt{\frac{\Delta p}{\rho}}\ . \qquad (249)$$

Aus Gl. (249) kann die Durchflußmenge für beliebige Flüssigkeiten und bei beliebigem Druckgefälle berechnet werden, solange die Zähigkeit und deren Einfluß auf die Geschwindigkeit w vernachlässigt werden können. Die Beziehung gilt auch für Gase, solange die Zusammendrückbarkeit vernachlässigt werden darf.

Für alle weiteren Berechnungen gelten die Indices 1 und 2 für den Zustand vor (1) und hinter (2) dem Ventil, der Index v gibt den Zustand im Sitzquerschnitt.

Bei der Strömung von Wasser und $\Delta p = 1$ bar wäre die maximale Strömungsgeschwindigkeit, die in einem Ventil nach Gl. (120) erreicht werden kann,

$$w = \sqrt{2\,\frac{\Delta p}{\rho}} = \sqrt{2 \cdot \frac{100\,000}{1000}} = 14 \text{ m/s}. \qquad (250)$$

Es kann deshalb bei beliebigen Medien und Strömungsvorgängen die Durchflußmenge immer aus der Beziehung

$$Q = k_v \cdot \frac{w}{14} \qquad (251)$$

berechnet werden. Q ist dann der Volumenstrom in m^3/h bei einem Zustand des Fluids im Ventilsitzquerschnitt A_v.
Soll bei Luft oder Gasen der Volumenstrom Q_n in m^3 bei 760 Torr und $0°C = 273$ K angegeben werden, so ist

$$Q_n = Q\,\frac{p_v}{1{,}013} \cdot \frac{273}{T_v} = Q\,\frac{p_v\,269}{T_v}\ , \qquad (252)$$

wenn p_v der Druck im Ventilquerschnitt A_v in bar, und T_v die Temperatur im Querschnitt A_v in K ist. 1,013 ist der Druck in bar bei 760 Torr.

Die Gl. (250) gilt für Flüssigkeiten, Gase und Dämpfe bei kleinem Druckgefälle, solange die Zusammendrückbarkeit vernachlässigt werden kann. Ist dies nicht der Fall, dann gilt bei Gasen und Dämpfen, solange die Strömung unterkritisch bleibt, die Gl. (144)

$$w = \sqrt{2\,\frac{\Delta p}{\frac{\rho_1 + \rho_2}{2}}}\ .$$

Bei überkritischen Druckverhältnissen ist die Schallgeschwindigkeit, Gl. (153)

$$w = a = \sqrt{\kappa R T_v} \; .$$

Für Luft ist

$$T_v = T_1 / 1{,}2$$

nach Gl. (152) mit $\kappa = 1{,}4$. Der Faktor 1, 2 ist theoretisch richtig, wird aber in Wirklichkeit durch Wärmeaufnahme aus den Wänden unter Umständen verändert.

In den folgenden Abschnitten werden der Reihe nach die zweckmäßigsten Rechenverfahren zur Berechnung der Durchflußmenge aus dem k_v-Wert und zur Ermittlung des k_v-Wertes für gegebene Durchflußmengen, Medien und Druckverluste für Flüssigkeiten, Gase und Dämpfe behandelt. An einigen Beispielen wird gezeigt, wie diese Rechenverfahren durch Verwendung von Diagrammen noch zweckmäßiger gestaltet werden können.

Die Berechnungen mit dem k_v-Wert gelten nur für Absperrorgane, bei denen Δp prop w^2 ist, nicht für gerade Rohrleitungen, in denen Δp prop w^n ist, wobei $1 < n < 2$. Aber auch bei Absperrorganen sind alle Berechnungen mit dem k_v-Wert strenggenommen nur Näherungsverfahren, denn der k_v-Wert ist ebenso wie der Widerstandsbeiwert ζ keine Konstante, sondern von der Reynolds-Zahl $R_e = w \cdot d/\nu$ abhängig. Da in einem bestimmten System mit der Längenabmessung d, in dem eine Flüssigkeit mit der Zähigkeit ν fließt, die Reynolds-Zahl mit der Geschwindigkeit zunimmt, können bei verschiedenen Geschwindigkeiten bzw. Druckverlusten auch niemals ähnliche Strömungsvorgänge vor sich gehen. Mit wachsender Reynolds-Zahl nimmt ζ ab und daher k_v zu (vgl. auch Abschnitt 11).

7.1 k_v-Wert und C_v-Wert

In den Ländern, die nach dem Zollsystem arbeiten, wird als Kenngröße der C_v-Wert angegeben. Er gibt an, wieviel US gal/min Wasser von einer Temperatur von 60°F bei einem Druckverlust von 1 psi durch eine Armatur fließen [6, 24].

1 US gal/min = 0,227 m^3/h

1 psi = 0,703 mWS = 0,069 bar

Zwischen dem k_v-Wert des metrischen Systems und dem C_v-Wert des Zollsystems besteht deshalb der folgende Zusammenhang:

$$k_v = 0{,}86 \, C_v \, . \tag{253}$$

7.2 Zusammenhang zwischem dem k_v-Wert und der Widerstandszahl ζ

Für Krümmer, Formstücke, Rohrverzweigungen und Erweiterungen muß nach wie vor der Widerstandsbeiwert ζ als Kenngröße verwendet werden. Es ist deshalb notwendig, den exakten Zusammenhang zwischen k_v-Wert und Widerstandsbeiwert ζ zu kennen. Nach Gl. (248) ist mit A in cm^2

$$k_v = \frac{d^2\pi \cdot 14 \cdot 3600}{4 \cdot 10000\sqrt{\zeta}} = \frac{4\,d^2}{\sqrt{\zeta}} \tag{254}$$

und

$$\zeta = 16\;\frac{d^4}{k_v^2} = \left(\frac{4\,d^2}{k_v}\right)^2 \tag{255}$$

d Rohrdurchmesser in cm

Aus dieser Beziehung kann für jedes Ventil der k_v-Wert aus dem Widerstandsbeiwert ζ berechnet werden und umgekehrt.

7.3 Berechnung des Druckverlustes bei gegebener Durchflußmenge

Wenn der Volumenstrom k_v m³/h durch eine Armatur fließt und die Dichte des Mediums 1000 kg/m³ ist, so ist der Druckabfall gerade 1 bar.

Bei Medien mit anderen Dichten und bei anderen Volumenströmen ist der Druckverlust dann in allen Fällen, in denen die Gl. (249) gilt,

$$\Delta p = \left(\frac{Q}{k_v}\right)^2 \cdot \frac{\rho}{1000}\ \text{bar} \tag{256}$$

Q m³/h
k_v m³/h
ρ kg/m³

Beispiel 1. Gegeben: Ventil mit 50 mm DN, $\zeta = 4{,}8$. Wie groß ist der Druckverlust bei einer Durchflußmenge von 10 t Wasser/h ?

Der k_v-Wert wird

$$k_v = 4\,d^2 \sqrt{\frac{1}{\zeta}} = 4 \cdot 25 \cdot \sqrt{\frac{1}{4{,}8}} = 45{,}6\ \text{m}^3/\text{h},$$

und somit der Druckverlust bei einer Durchflußmenge von 10 m³/h

$$\Delta p = \left(\frac{10}{45{,}6}\right)^2 = 0{,}05\ \text{bar}.$$

Beispiel 2. Gegeben: Ventil mit 80 mm DN, $\zeta = 5{,}75$. Wie groß ist der Druckverlust bei einer Durchflußmenge von 10 t Luft pro Stunde von 15 bar und 90°C? Die Dichte von Luft mit 1 500 000 N/m² und 363 K ist

$$\rho = \frac{1\,500\,000}{287 \cdot 363} = 14{,}4\ \text{kg/m}^3.$$

Dem Massenstrom von 10 t Luft entspricht somit ein Volumenstrom von

$$Q = \frac{10\,000}{14{,}4} = 694 \text{ m}^3 \text{ Luft von 15 bar und } 90°\text{C}.$$

Der k_v-Wert des Ventils wird

$$k_v = 4 \cdot 64 \cdot \sqrt{\frac{1}{5{,}75}} = 107 \text{ m}^3 \text{ Wasser/h}.$$

Der Druckverlust wird nach Gl. (256)

$$\Delta p = \left(\frac{694}{107}\right)^2 \cdot \frac{14{,}4}{1000} = 0{,}606 \text{ bar}.$$

Der Druck hinter dem Ventil wird

$$15 - 0{,}61 = 14{,}39 \text{ bar}.$$

eine Korrektur wegen der Zusammendrückbarkeit der Luft ist nicht erforderlich, denn die Abnahme der Dichte beträgt nur 4%. Siehe zu diesen Beispielen auch Abschnitt 8.5, Abb. 146 und 147.

7.4 Bestimmung des k_v-Wertes zur Wahl eines geeigneten Ventiles bei gegebener Durchflußmenge

Soll der k_v-Wert dazu verwendet werden, um bei gegebener Durchflußmenge und bei gegebenem zulässigen Druckverlust ein geeignetes Ventil auszuwählen, so geht man von der Beziehung

$$Q = A \cdot w \quad \text{oder} \quad A = \frac{Q}{w}$$

aus. Die Geschwindigkeit im Ventil ist bei Flüssigkeiten und Gasen mit kleinem Druckgefälle nach Gl. (250)

$$w = \sqrt{2 \frac{\Delta p}{\rho}}$$

bei Gasen oder Dämpfen mit größerem, aber unterkritischem Druckgefälle nach Gl. (144)

$$w = \sqrt{\frac{2\,\Delta p}{\frac{\rho_1 + \rho_2}{2}}}$$

und bei überkritischem Druckgefälle die Schallgeschwindigkeit a.

Der k_v-Wert ergibt sich dann aus Gl. (251) zu $k_v = Q \cdot \frac{14}{w}$.

Beispiel 3. Welchen k_v-Wert muß ein Ventil haben, durch das $Q_n = 1600$ m³ Sauerstoff bezogen auf 0°C und 760 Torr in der Stunde fließen, wenn der Druck vor dem Ventil $p_1 = 15$ bar und die Temperatur $t_1 = 15$°C beträgt? Es wird ein Druckverlust im Ventil von $\Delta p = 5$ bar zugelassen. Der Druck hinter dem Ventil ist dann $p_2 = 10$ bar. Die Gaskonstante von Sauerstoff ist $R = 260$ J/kg K. Die Dichte bei 760 Torr und 0°C ρ_n wird

$$\rho_n = \frac{101\,300}{260 \cdot 273} = 1{,}4 \text{ kg/m}^3.$$

Die Strömung ist unterkritisch, weil

$$p_2 = 10 > 0{,}53\, p_1 = 0{,}53 \cdot 15.$$

Das Druckgefälle von 15 auf 10 bar ist aber auf alle Fälle so groß, daß die Zusammendrückbarkeit berücksichtigt werden muß; die Strömungsgeschwindigkeit muß also aus der Gleichung

$$w = \sqrt{\frac{2\,\Delta p}{\frac{\rho_1 + \rho_2}{2}}}$$

berechnet werden. Es ist

$$\rho_1 = \frac{1\,500\,000}{260 \cdot 288} \quad \text{und} \quad \rho_2 = \frac{1\,000\,000}{260 \cdot 288}$$

und

$$\frac{\rho_1 + \rho_2}{2} = \frac{2\,500\,000}{260 \cdot 288 \cdot 2} = 16{,}7 \text{ kg/m}^3.$$

Die Strömungsgeschwindigkeit in dem Ventil wird unter Annahme $T_2 = T_1$

$$w = \sqrt{2 \cdot \frac{500\,000}{16{,}7}} = 244 \text{ m/s}.$$

Hinter dem Ventil herrscht ein Druck von 10 bar und die ausströmende Gasmenge ist bei 10 bar und 15°C

$$Q = 1600 \cdot \frac{288 \cdot 1}{273 \cdot 10} = 169 \text{ m}^3\text{/h Sauerstoff von 10 bar}$$

und 15°C in der Stunde oder $\frac{169}{3600} = 0{,}0469 \text{ m}^3\text{/s}$.

Der für den Strömungsvorgang unter Berücksichtigung aller Kontraktionen und Umlenkungen wirksame freie Querschnitt A müßte also

$$A = \frac{Q}{w} = \frac{0{,}0469}{244} \text{ m}^2 = \frac{0{,}0469 \cdot 10\,000}{244} = 1{,}9 \text{ cm}^2$$

sein. Durch diesen Querschnitt strömen bei einem Druckgefälle von 1 bar nach Gl. (251)

$$k_v = 14 \cdot \frac{Q}{w} = 14 \cdot \frac{169}{244} = 9{,}7 \text{ m}^3\text{/h Wasser}.$$

Das Ventil muß also einen k_v-Wert von 9,7 haben.

Beispiel 4. Welchen k_v-Wert muß ein Ventil haben, durch das $Q_n = 2700$ m³ Stickstoff, bezogen auf 0°C und 760 Torr, pro Stunde fließen, wenn der Druck vor dem Ventil $p_1 = 10$ bar und hinter dem Ventil $p_2 = 2$ bar beträgt? Die Temperatur vor dem Ventil sei 20°C.

Da $0{,}53 \cdot p_1 = 5{,}3$ bar wesentlich größer ist als 2 bar, geht die Strömung überkritisch vor sich. Der Druck im Ventilsitz ist 5,3 bar. Die Gaskonstante von Stickstoff ist $R = 296$ J/kg K. Die Dichte bei 0°C wird daraus bei $p = 101\,300$ N/m²

$$\rho_n = \frac{101\,300}{296 \cdot 273} = 1{,}24 \text{ kg/m}^3 .$$

Die Strömungsgeschwindigkeit im Ventilsitz ist die Schallgeschwindigkeit nach Gl. (155)

$$a = \sqrt{\kappa RT/1{,}2} = \sqrt{1{,}4 \cdot 296 \cdot 293/1{,}2} = 318 \text{ m/s}.$$

Bei einem Druckgefälle von 1 bar und der Strömung von Wasser strömen durch das gesuchte Ventil nach Gl. (251)

$$k_v = Q \frac{14}{318} \text{ m}^3/\text{h}$$

Q bei $T_v = 244$ K ($T_1 = 293$ K, $T_v = \frac{T_1}{1{,}2} = 244$ K) und 5,3 bar wird aus Q_n gewonnen

$$Q = Q_n \frac{T_v \cdot 1{,}013}{273\ p_v} = 2700 \frac{244 \cdot 1{,}013}{273 \cdot 5{,}3} = 461 \text{ m}^3/\text{h und}$$

$$k_v = 461 \frac{14}{318} = 20{,}3 \text{ m}^3 \text{ Wasser/h}.$$

Beispiel 5. Welchen k_v-Wert muß ein Ventil haben, durch das in der Stunde 200 kg Heißdampf von 211°C fließen, wenn der Druck vor dem Ventil 17 bar beträgt und ein Druckverlust von 4 bar zugelassen wird? Die Strömung ist unterkritisch, weil p_2 hinter dem Ventil mit 13 bar wesentlich größer ist als der kritische Gegendruck für Heißdampf von $0{,}546 \cdot p_1 = 9{,}28$ bar.

Das spezifische Volumen von Heißdampf bei 17 bar und 211°C ist nach Gl. (34) $v_1 = 0{,}118$ m³/kg. Die Dichte ist $\rho_1 = 8{,}47$ kg/m³. Die Strömungsgeschwindigkeit wird dann näherungsweise, wenn man die Zusammendrückbarkeit vernachlässigt:

$$w = \sqrt{\frac{2\,\Delta p}{\rho_1}} = \sqrt{\frac{2 \cdot 400\,000}{8{,}47}} = 307 \text{ m/s}.$$

Dies gilt unter der Annahme, daß die Expansion im Ventil von 17 auf 13 bar nicht genau adiabat, also ganz ohne Wärmeaustausch, erfolgt, aber auch nicht nach einer Isotherme. Der Vorgang soll also zwischen adiabater und isothermer Expansion etwa so vor sich gehen, daß hinter dem Ventil Heißdampf von 13 bar und 203°C entsteht, dessen spezifisches Volumen dann $v_2 = 0{,}156$ m³/kg und dessen Dichte $\rho_2 = 6{,}41$ kg/m³ wäre. Wenn man die Zusammendrückbarkeit berücksichtigt, ergäbe sich genauer die Strömungsgeschwindigkeit

$$w = \sqrt{\frac{2\,\Delta p}{\frac{\rho_1 + \rho_2}{2}}} = \sqrt{\frac{2 \cdot 400\,000}{7{,}44}} = 328 \text{ m/s}.$$

Der Volumenstrom ist

$$Q = 200 \cdot 0{,}156 = 31 \text{ m}^3/\text{h Dampf von 13 bar}$$

und der k_v-Wert

$$k_v = Q \frac{14}{328} = 31 \frac{14}{328} = 1{,}32.$$

Beispiel 6. Welchen k_v-Wert muß ein Ventil haben, durch das 200 kg/h Heißdampf von $t_1 = 400°C$ strömt, wenn der Druck vor dem Ventil $p_1 = 17$ bar und hinter dem Ventil $p_2 = 6$ bar ist? Die Strömung ist überkritisch, weil der Druck hinter dem Ventil mit 6 bar wesentlich niedriger ist als der kritische Gegendruck. Dieser beträgt im Sitzquerschnitt

$$p_v = 0{,}546 \cdot p_1 = 0{,}546 \cdot 17 = 9{,}28 \text{ bar}.$$

Das spezifische Volumen des Heißdampfes ist nach Gl. (34)

$$v = \frac{47{,}1 \cdot 673}{10\,000 \cdot 9{,}28} - 0{,}016 = 0{,}326 \text{ m}^3/\text{kg}.$$

Der Volumenstrom im Ventilsitzquerschnitt ist dann

$$Q = 200 \cdot 0{,}326 = 65 \text{ m}^3/\text{h Heißdampf von } 9{,}28 \text{ bar und } 673 \text{ K},$$

solange der Vorgang als isotherm betrachtet werden kann.

Die Strömungsgeschwindigkeit des überkritischen Ausströmvorganges ist die Schallgeschwindigkeit. Diese beträgt für Heißdampf

$$a = 333 \cdot \sqrt{p \cdot v} \tag{257}$$

p in bar
v in m^3/kg.

also $a = 333 \cdot \sqrt{9{,}28 \cdot 0{,}326} = 580$ m/s.

Der erforderliche k_v-Wert wird

$$k_v = Q_v \frac{14}{a} = 65 \frac{14}{580} = 1{,}5 \text{ m}^3/\text{h}.$$

Berücksichtigt man bei adiabater Expansion die Abkühlung im Ventil, so kann k_v noch etwa 10% kleiner gewählt werden, also $k_v \approx 1{,}36$, was gut mit den später gezeigten exakten Formeln und Rechendiagrammen übereinstimmt. Obige Berechnungen ermöglichen die rasche ziemlich genaue Ermittlung des k_v-Wertes ohne Hilfstafeln.

7.5 Diagramme zur Wahl eines Ventiles mit richtigem k_v-Wert für beliebige Medien und Druckverhältnisse

Soll für einen bestimmten Volumenstrom Q m³/h bei gegebenem zulässigen Druckverlust Δp für ein bestimmtes Medium ein Ventil mit entsprechendem k_v-Wert gefunden werden, so kann dies mit geringer Rechenarbeit unter Zuhilfenahme der Diagramme nach Abb. 94 bis 99 sehr exakt erfolgen.

Die folgenden sechs Diagramme zur Ermittlung des k_v-Wertes für beliebige Medien und charakteristische Strömungsvorgänge sollen nun der Reihe nach erklärt und ihre Anwendung durch Beispiele erläutert werden:

Abb. 94 a und b Wasser bis 30°C (k_v^*) und Flüssigkeiten geringer Zähigkeit (k_{v1})
Abb. 95 Zähe Flüssigkeiten (k_{v2})

Abb. 96	Gase bei unterkritschem Druckverhältnis (k_{v3})
Abb. 97	Gase bei überkritischem Druckverhältnis (k_{v4})
Abb. 98	Wasserdampf bei unterkritischem Druckverhältnis (k_{v5})
Abb. 99	Wasserdampf bei überkritischem Druckverhältnis (k_{v6})

Folgende Bezeichnungen werden immer verwendet:

$k_{v1}, k_{v2}, \ldots k_{v6}$	zu wählende k_v-Werte für verschiedene Medien, m^3/h
Q_n	m^3/h, Volumenstrom eines Gases bei 0°C und 760 Torr
Q_1	m^3/h, Volumenstrom vor dem Absperrorgan
Q_2	m^3/h, Volumenstrom nach dem Absperrorgan
Q_v	m^3/h, Volumenstrom im Sitzquerschnitt
$\dot{m}$	kg/h, Massenstrom
φ	Öffnungsgrad % (bzw. Winkelöffnungsgrad)
ρ_n	kg/m^3, Dichte beim Normalzustand (0°C, 760 Torr)
ρ_1	kg/m^3, Dichte vor dem Absperrorgan
ρ_2	kg/m^3, Dichte hinter dem Absperrorgan
ρ_v	kg/m^3, Dichte im Sitzquerschnitt
p_1	bar, Druck am Eintritt
p_2	bar, Druck am Austritt
p_v	bar, Druck im Sitzquerschnitt
$\Delta p = p_1 - p_2$	bar, Druckverlust
A_1	m^2, Eintrittsquerschnitt
A_v	m^2, Sitzquerschnitt
A_2	m^2, Austrittsquerschnitt
T_1	K, Temperatur am Eintritt
t_1	°C, Temperatur am Eintritt
T_2	K, Temperatur am Austritt
t_2	°C, Temperatur am Austritt
T_v	K, Temperatur im Sitzquerschnitt
t_v	°C, Temperatur im Sitzquerschnitt
w_1	m/s, Eintrittsgeschwindigkeit
w_2	m/s, Austrittsgeschwindigkeit
w_v	m/s, Geschwindigkeit im Sitzquerschnitt
v_1	m^3/kg, spezifisches Volumen am Eintritt
v_2	m^3/kg, spezifisches Volumen am Austritt
v_v	m^3/kg, spezifisches Volumen im Sitzquerschnitt bei $p_1/2$ und t_1 (überkritische Strömung)

Es wird nach den Formeln auf S. 177 vorgegangen. Diese stammen aus der Regeltechnik, können aber für die Berechnung normaler Armaturen ohne weiteres angewendet werden.

Bei Regelventilen ergeben sich entsprechend der geforderten Durchflußmenge verschiedene k_v-Werte.

$k_{v\,\text{norm}}$	bei normaler Betriebslast
$k_{v\,\text{max}}$	bei höchster Betriebslast.

Man rechnet bei angenommener normaler Betriebslast mit einer Durchflußreserve von 100%

$$k_{v\,100} = 2 \cdot k_{v\,\text{norm}}$$

Es wird nach folgenden Formeln vorgegangen:

Druck-gefälle	Flüssigkeiten Durchfluß in m^3/h	Flüssigkeiten Durchfluß in kg/h	Gase Durchfluß in m^3/h	Gase Durchfluß in kg/h	Dampf Durchfluß in kg/h
$p_2 > \frac{p_1}{2}$ $\Delta p < \frac{p_1}{2}$	$k_v = Q \cdot \sqrt{\frac{\rho_1}{1000 \cdot \Delta p}}$	$k_v = \frac{\dot{m}}{\sqrt{1000 \cdot \rho_1 \cdot \Delta p}}$	$k_v = \frac{Q_n}{514} \cdot \sqrt{\frac{\rho_n \cdot T_1}{\Delta p \cdot p_2}}$	$k_v = \frac{\dot{m}}{514} \cdot \sqrt{\frac{T_1}{\rho_n \cdot \Delta p \cdot p_2}}$	$k_v = \frac{\dot{m}}{\sqrt{1000}} \cdot \sqrt{\frac{v_2}{\Delta p}}$
$p_2 < \frac{p_1}{2}$ $\Delta p > \frac{p_1}{2}$			$k_v = \frac{Q_n}{257 \cdot p_1} \cdot \sqrt{\rho_n \cdot T_1}$	$k_v = \frac{\dot{m}}{257 \cdot p_1} \cdot \sqrt{\frac{T_1}{\rho_n}}$	$k_v = \frac{\dot{m}}{\sqrt{1000}} \cdot \sqrt{\frac{2 v_v}{p_1}}$

oder bei angenommener maximaler Betriebslast mit einer erforderlichen Reserve von 30%

$$k_{v\,100} = 1{,}3 \cdot k_{v\,\max}\,.$$

$k_{v\,100}$ ist der k_v-Wert bei $\varphi = 100\%$, also voller Offenstellung (Ventil), bzw. $\varphi = 90°$ bei Absperr- bzw. Regelorganen mit 90° Drehbewegung. Am besten sind zur Festlegung der Größe eines Absperrorganes Diagramme nach Abb. 92 und 93. Abb. 92 zeigt für Klinger-Kolbenschieberventile k_v- und ζ-Werte bei verschiedenem φ und Abb. 93 dasselbe für Klinger-Kugelhähne bei verschiedenem φ.

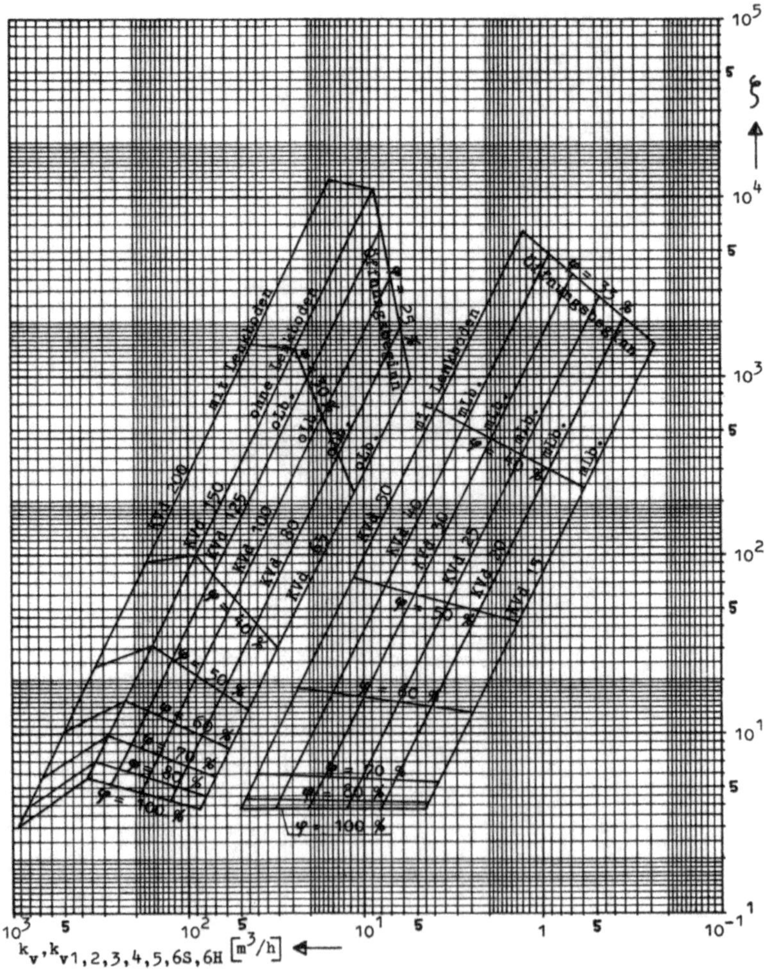

Toleranz der k_v-Werte: ± 10 %.

Abb. 92. Regulierdiagramm für Klinger-Ventile Type KVd, gültig für KVd-Ventile mit Werkstoffkennziffer II, VII und X (II = Gußeisen, VII = Stahlguß, X = Säurebest. Guß). Mit Genehmigung der Rich. Klinger Aktiengesellschaft, Gumpoldskirchen

7.5.1 Wasser und Flüssigkeiten geringer Zähigkeit

Der k_v-Wert ist die Durchflußmenge von Wasser in m^3/h mit einer Dichte von 1000 kg/m^3 bei einem Druckverlust $\Delta p = 1$ bar. Für andere Werte von ρ und andere Druckgefälle im Ventil wird die Durchflußmenge nach Gl. (256) gefunden,

$$Q = k_v \sqrt{\Delta p} \cdot \sqrt{\frac{1000}{\rho}} \tag{258}$$

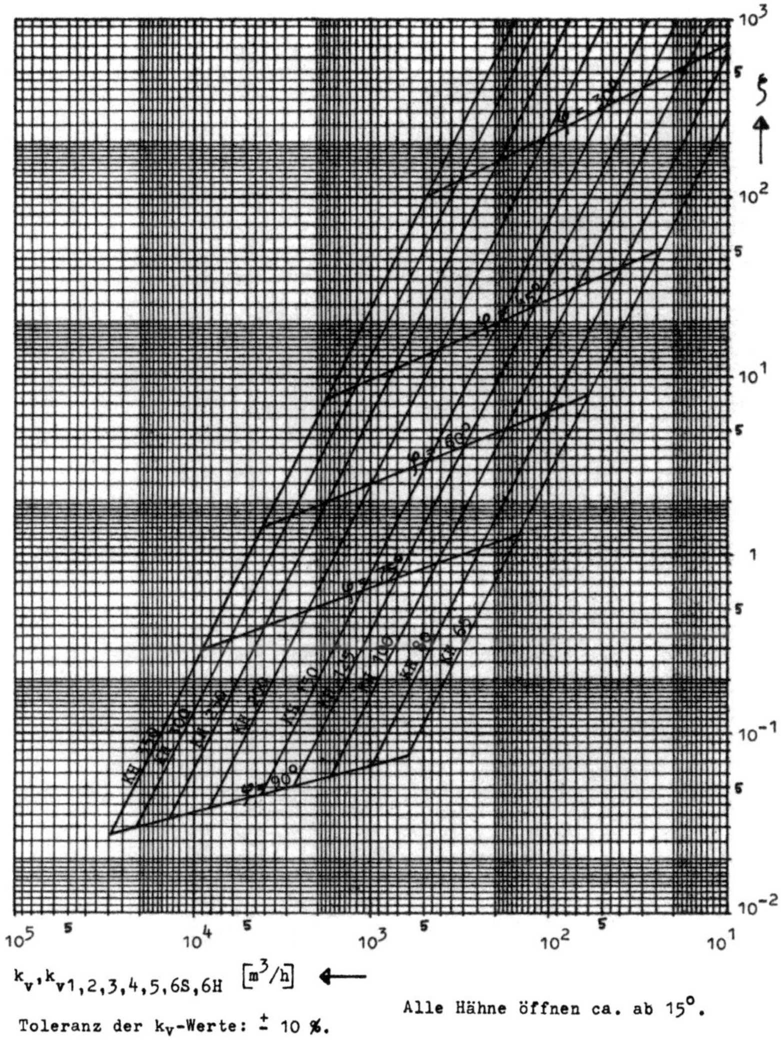

Abb. 93. Regulierdiagramm für Klinger-Kugelhähne Type KH, gültig für Werkstoffkennziffer II, VII und X bis KH 200 und für Werkstoffkennziffer VII und X ab KH 250. Bedeutung der Werkstoffkennziffer s. Abb. 92. Mit Genehmigung der Rich. Klinger Aktiengesellschaft, Gumpoldskirchen

Die Abb. 94a und b zeigen den Zusammenhang zwischen k_v, Δp und Q für $\rho = 1000$ kg/m

Beispiel 7. Welchen k_v-Wert muß ein Ventil haben, durch das $Q = 0{,}004$ m³/h Wasser von 10°C fließt, wenn ein Druckverlust von 0,04 bar zugelassen werden kann? Aus Abb. 94a: $k_v = 0{,}02$ m³/h.

Oder $Q = 20$ m³/h und $\Delta p = 1$ bar ergibt aus Abb. 94b: $k_v = 20$ m³/h (Abb. 94b).

Für Wasser über 30° und für andere dünnflüssige Medien mit beliebiger Dichte ergibt sich der erforderliche k_v-Wert eines Ventiles, durch das der Volumenstrom Q beim Druckgefälle Δp fließt, zu

$$k_{v1} = \frac{Q}{\sqrt{\Delta p}} \cdot \sqrt{\frac{\rho}{1000}} = K_1 k_v^* \,. \tag{259}$$

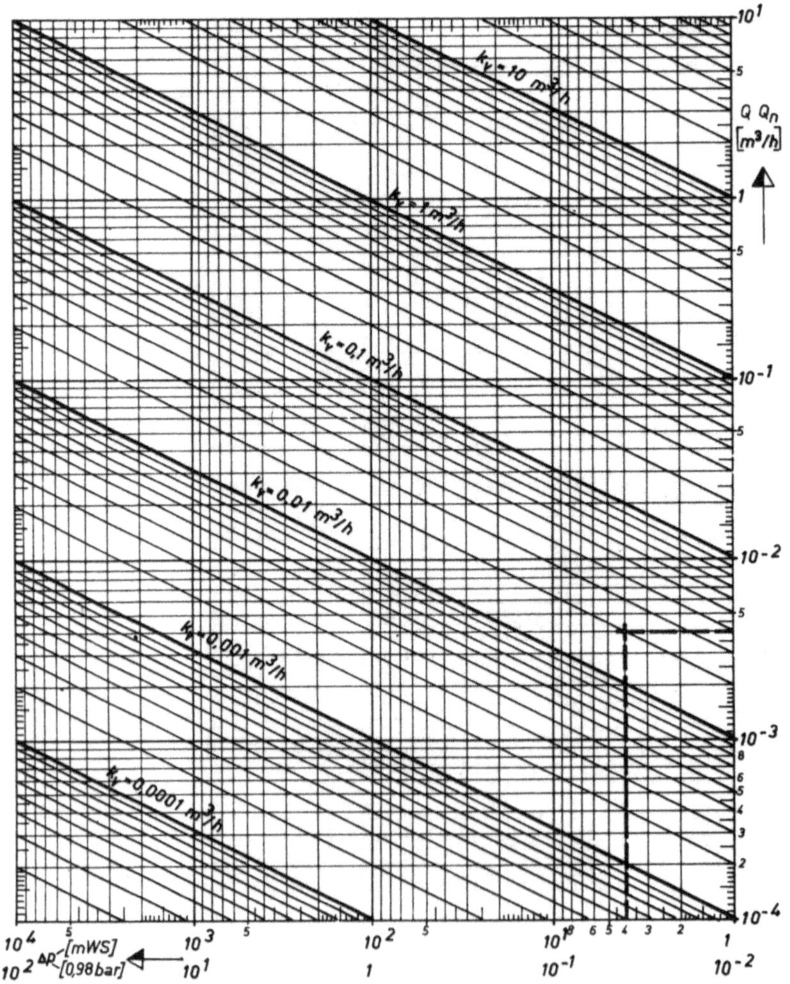

Abb. 94a. Diagramm zur Bestimmung des k_v^*-Wertes von Armaturen bei Wasser mit einer Temperatur bis maximal 30°C (Beispiel 7). Wasservolumenstrom bei einer Temperatur bis maximal 30°C, Gasvolumenstrom bei 0°C und 760 Torr (m³/h). Mit Genehmigung der Rich. Klinger Aktiengesellschaft, Gumpoldskirchen.
Beispiel: $Q = 0{,}004$ m³/h, $\Delta p = 0{,}04$ bar, $k_v = 0{,}02$

k_v^* ist hierbei die Durchflußmenge von Wasser unter 30°C beim Druckverlust von 1 bar

$$k_v^* = \frac{Q}{\sqrt{\Delta p}}$$

K_1 ist der Korrekturfaktor zur Berücksichtigung der Dichte des Fluids

$$K_1 = \sqrt{\frac{\rho}{1000}}$$

Für Angaben über die Dichte verschiedener Medien siehe Abschnitt 8.3.

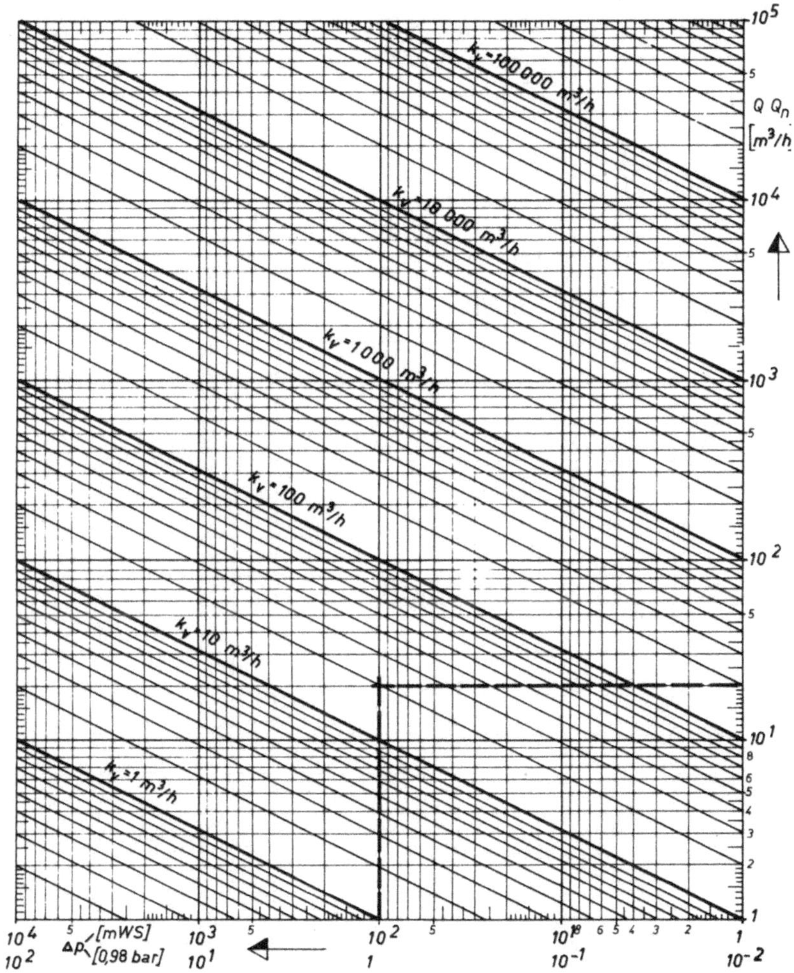

Abb. 94b. Diagramm zur Bestimmung des k_v^*-Wertes von Armaturen bei Wasser mit einer Temperatur bis maximal 30°C (Beispiel 7). Wasservolumenstrom bei einer Temperatur bis maximal 30°C, Gasvolumenstrom bei 0°C und 760 Torr (m^3/h). Mit Genehmigung der Rich. Klinger Aktiengesellschaft, Gumpoldskirchen
Beispiel: $Q = 20$ m^3/h, $\Delta p = 1$ bar, $k_v = 20$

7.5.2 Zähe Flüssigkeiten

Bei zähflüssigen Medien, deren Zähigkeit größer als 20 cSt ist, muß auch der für beliebiges ρ berechnete Wert k_{v1} zur Berücksichtigung der größeren Zähigkeit nochmals korrigiert werden. Dieser korrigierte Wert ist

$$k_{v_2} = K_2 \cdot k_{v1} = K_2 \cdot K_1 \cdot k_v^* . \tag{260}$$

Die Konstante K_2 ergibt sich aus einer Hilfsgröße Z,

$$Z = \frac{3845 \cdot Q}{\sqrt{\nu \cdot k_{v1}}} \tag{261}$$

ν in cSt.

Aus Abb. 95 kann K_2 abgelesen werden.

Beispiel 8. Welchen k_v-Wert muß ein Ventil haben, durch das $Q = 4$ m³/h zähes Öl mit $\nu = 400$ cSt fließt, wenn der Druckverlust $\Delta p = 0{,}04$ bar betragen kann ? Bei Wasser wäre $k_{v1} = 20$ m³/h. Für $\nu = 400$ wird

$$Z = \frac{3845 \cdot 4}{\sqrt{400 \cdot 20}} = 172$$

und aus Abb. 95 $K_2 = 1{,}28$.

Der k_v-Wert muß deshalb werden

$$k_{v2} = 1{,}28 \cdot 20 = 25{,}6 \text{ m}^3/\text{h}.$$

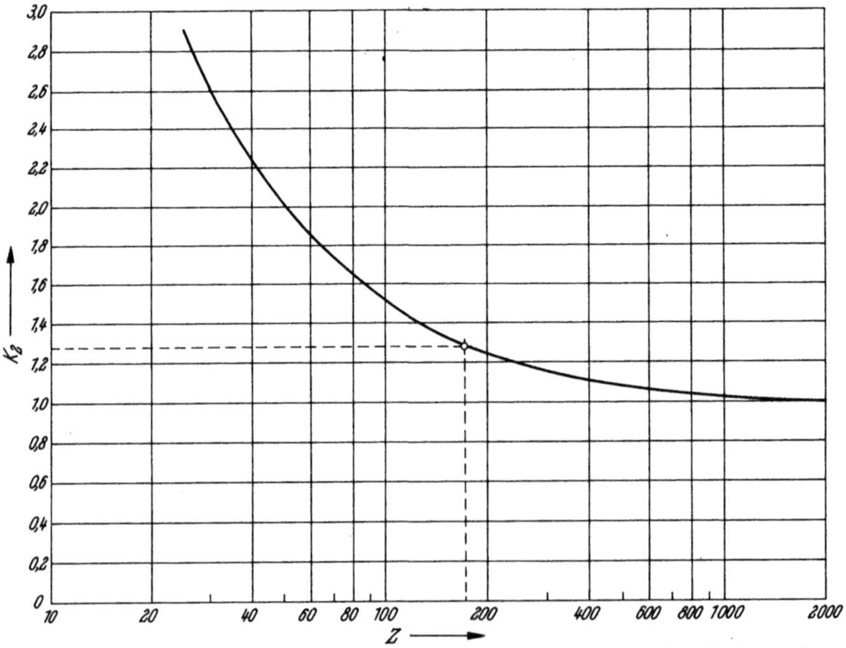

Abb. 95. Korrektur des k_{v1}-Wertes bei zähen, flüssigen Medien. Mit Genehmigung der Rich. Klinger Aktiengesellschaft, Gumpoldskirchen

Für Ventile, die von Flüssigkeiten unter hohem Δp durchflossen werden, siehe Abschnitt 9.5.

7.5.3 Gase bei unterkritischem Druckverhältnis ($p_2 > 0{,}53\,p_1$)

Solange der Druck hinter dem Ventil nicht kleiner wird als $p_2 = 0{,}53\,p_1$ ($\kappa = 1{,}4$), herrschen unterkritische Druckverhältnisse. Der k_v-Wert wird aus der Beziehung

$$k_{v3} = K_3 \cdot k_v^* = K_3 \frac{Q_n}{\sqrt{\Delta p}} \tag{262}$$

berechnet. Hierbei ist

$$K_3 = \sqrt{\frac{\rho_n T_1}{264\,000 \cdot p_2}} \tag{263}$$

k_v^* wird Abb. 94 entnommen und K_3 Abb. 96.

Bei allen weiteren Rechnungen ist die Umrechnung auf den Normzustand notwendig.

ρ (Dichte bei p_1 und t_1)	kg/m³
$\rho_n = \dfrac{\rho_1 \cdot 1{,}013 \cdot T_1}{p_1 \cdot 273}$	kg/m³ bei 0°C und 760 Torr
$Q_n = \dfrac{Q \cdot 273 \cdot p_1}{1{,}013 \cdot T_1}$	Nm³

Es wurde in den vorstehenden Berechnungen für stark kompressible Medien der Einfachheit halber vorausgesetzt, daß die Expansion im Ventil isotherm vor sich geht, das heißt, daß $T_1 = T_2$. Dies ist nur dann der Fall, wenn dem Fluid im Ventil so viel Wärme zugeführt wird, daß die Abkühlung infolge der adiabaten Expansion durch Erwärmung von außen gerade wieder aufgehoben wird (Regelfall).

Es wird sicher während der Expansion eine Abkühlung eintreten, doch wird hinter dem Sitz durch Verwirbelung und Wärmezufuhr aus der Umgebung wieder etwa T_1 erreicht. Die in der Praxis bewährten Formeln (262) und (263) geben jedenfalls die tatsächlichen Strömungsvorgänge meist mit genügender Genauigkeit wieder.

Beispiel 9: Der k_v-Wert soll für die gleichen Bedingungen wie in Beispiel 3, S. 172, nun nach den Diagrammen 94 und 96 bestimmt werden. Es war: $Q_n = 1600$ m³/h Sauerstoff, $p_1 = 15$ bar, $T_1 = 288$ K, $p_2 = 10$ bar, $\rho_n = 1{,}40$ kg/m³. $p_2 > 0{,}53\,p_1$, also ist die Strömung unterkritisch. Aus Abb. 94b $k_v^* = 720$ und aus Abb. 96 ergibt sich aus

$\rho_n = 1{,}40$ kg/m³
$T_1 = 288$ K
$p_2 = 10$ bar
$K_3 = 0{,}0125$. Der k_v-Wert wird $k_{v3} = 0{,}0125 . 720 = 9{,}00$.

Im Beispiel 3 war $k_v = 9{,}7$, also 8% größer, weil die Zusammendrückbarkeit berücksichtigt wurde.

Nach Abb. 92 wäre somit ein Ventil Kvd 25, Nennweite 25, also $D = 0{,}025$ m, zu wählen. Es hat bei einem Öffnungsgrad von $\varphi \approx 67\%$ einen k_v-Wert von ca. 9. Bei Bedarf können noch folgende Größen angegeben werden:

$\dot{m} = 1600 \cdot 1{,}40 = 2240$ kg/h

$$Q_1 = \frac{2240 \cdot 260 \cdot 288}{100\,000 \cdot 15} \approx 112 \text{ m}^3/\text{h}$$

$$Q_2 = \frac{2240 \cdot 260 \cdot 288}{100\,000 \cdot 10} \approx 168 \text{ m}^3/\text{h}$$

$$A_1 = A_2 = 0{,}00049 \text{ m}^2$$

$$w_1 = \frac{112}{3600 \cdot 0{,}00049} \approx 63 \text{ m/s}$$

$$w_2 = \frac{168}{3600 \cdot 0{,}00049} \approx 95 \text{ m/s.}$$

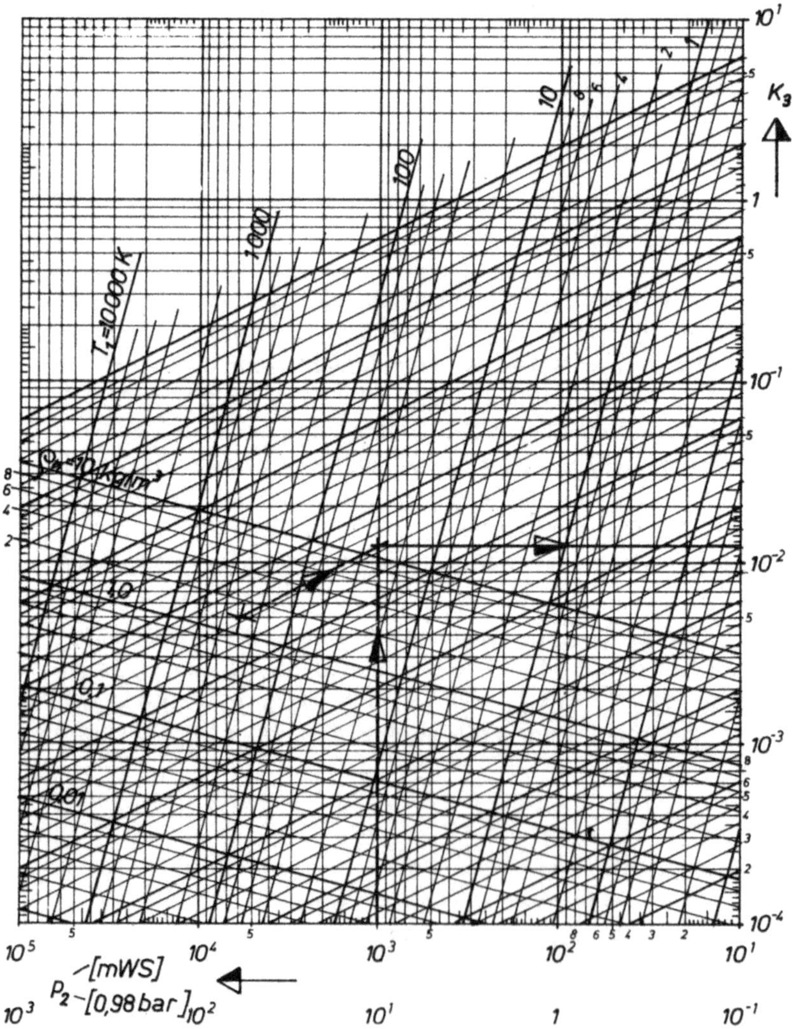

Abb. 96. Bestimmung des k_{v3}-Wertes bei Gasen mit unterkritischem Druckverhältnis. Mit Genehmigung der Rich. Klinger Aktiengesellschaft,Gumpoldskirchen
Beispiel: $\rho_n = 1{,}40$ kg/m^3, $T_1 = 288$ K, $p_2 = 10$ bar, $K_3 = 0{,}0125$

7.5.4 Gase bei überkritischem Druckverhältnis ($p_2 < 0{,}53\ p_1$)

Wenn der Druck p_2 hinter dem Ventil kleiner als $0{,}53\ p_1$ ist, herrschen überkritische Druckverhältnisse. Der Druck p_v im engsten Ventilquerschnitt wird $0{,}53\ p_1$ unabhängig vom Gegendruck p_2 hinter dem Ventil.

Der k_v-Wert wird dann aus der Beziehung

$$k_{v4} = K_4 \cdot Q_n \tag{264}$$

berechnet. Die Konstante $K_4 = \dfrac{\sqrt{\rho_n T_1}}{257\ p_1}$ (265)

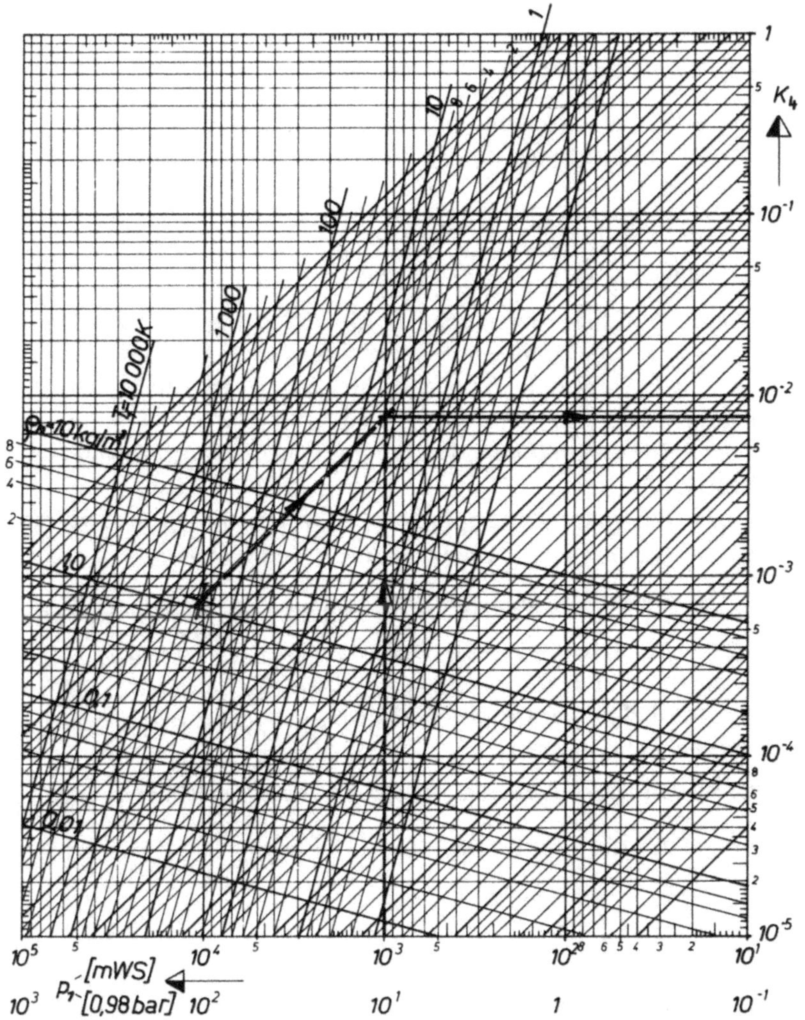

Abb. 97. Bestimmung des k_{v4}-Wertes bei Gasen mit überkritischem Druckverhältnis. Mit Genehmigung der Rich. Klinger Aktiengesellschaft, Gumpoldskirchen
Beispiel: p_1 = 10 bar, ρ_n = 1,24 kg/m³, T_1 = 293 K, K_4 = 0,0076

Beispiel 10. Für die Bedingungen von Beispiel 4 soll aus den Diagrammen der erforderliche k_{v4}-Wert bestimmt werden. Es war:

$Q_n = 2700\ m^3$ Stickstoff in der Stunde. $T_1 = 293$ K,

$p_1 = 10$ und $p_2 = 2$ bar. $\rho_n = 1{,}24\ kg/m^3$.

$p_2 > 0{,}53 \cdot p_1$ also überkritisch.

Nach Abb. 97 ist mit $p_1 = 10$ bar, $\rho_n = 1{,}24\ kg/m^3$ und $T_1 = 293$ K, $K_4 = 0{,}0076$ und $k_{v4} = 0{,}0076 \cdot 2700 = 20{,}5$, was mit den Ergebnissen in Beispiel 4 etwa übereinstimmt.

Nach Abb. 92 würde ein ganz geöffnetes Ventil Kvd 30 genügen. Wenn die verlangte Durchflußmenge sicher erreicht werden soll, wird man aber besser ein Ventil Kvd 40 wählen, bei dem dann beim Öffnungsverhältnis $\varphi = 65\%$ die verlangte Durchflußmenge erreicht wird.

7.5.5 Wasserdampf bei unterkritischem Druckverhältnis

Bei Wasserdampf ist die Strömung unterkritisch, wenn bei Sattdampf $p_2 > 0{,}577\ p_1$ ist und bei Heißdampf $p_2 > 0{,}546\ p_1$ ist. Der k_v-Wert ergibt sich direkt aus der Beziehung

$$k_{v5} = \frac{\dot{m}}{\sqrt{1000}} \sqrt{\frac{v_2}{\Delta p}} = \frac{\dot{m}}{31{,}6} \sqrt{\frac{v_2}{\Delta p}}\,. \tag{266}$$

Er ist einfach zu berechnen, kann aber auch aus Abb. 98 entnommen werden.

Wenn nur p_1, p_2 und t_1 bekannt sind, geht man so vor: Man nimmt an, daß $t_2 = t_1$ infolge Verwirbelung und Wärmeaufnahme aus der Umgebung. Der daraus resultierende Fehler ist sehr klein. Aus p_2 und $t_1 = t_2$ berechnet man v für Heißdampf nach Gl. (34), für Sattdampf entnimmt man die entsprechenden Werte von v aus Tab. 4.

Beispiel 11. $\dot{m} = 200$ kg/h Heißdampf, $p_1 = 17$ bar, $p_2 = 13$ bar, $t_1 = 211$°C. $t_2 = 203$°C, ähnlich wie bei Beispiel 5. Die Strömung ist unterkritisch, da $0{,}546 \cdot 17 = 9{,}28 < 13$, k_{v5} aus Abb. 98 ist 1,26 oder $k_{v5} = \dfrac{200}{31{,}6}\sqrt{\dfrac{0{,}156}{4}} = 1{,}26$.

Nach Diagramm Abb. 92 wird dieser k_v-Wert mit einem Ventil kvd 15 (Nennweite 15) erreicht, wenn dieses zu 49% geöffnet ist. Der Beiwert ζ ist 50. Bei voll geöffnetem Ventil wird der Druckverlust kleiner, p_2 wird größer und die Durchflußmenge wird ebenfalls größer.

Nach der Wahl dieses Ventiles können noch folgende Größen berechnet werden:

$$Q_1 = \dot{m} \cdot v_1 = 200 \cdot 0{,}118 = 24\ m^3/h$$

$$Q_2 = \dot{m} \cdot v_2 = 200 \cdot 0{,}156 = 31\ m^3/h$$

$$A_1 = A_2 = 0{,}000177\ m^2$$

$$w_1 = \frac{Q_1}{3600\,A_1} = \frac{24}{3600 \cdot 0{,}000177} = 38\ m/s$$

$$w_2 = \frac{Q_2}{3600\,A_2} = \frac{31}{3600 \cdot 0{,}000177} = 49\ m/s$$

Bei der Durchflußmenge $\dot{m}$ = 200 kg/h und halb geschlossenem Ventil ist dagegen die Geschwindigkeit im Ventilsitzquerschnitt etwa 325 m/s, wie in Beispiel 5 berechnet.

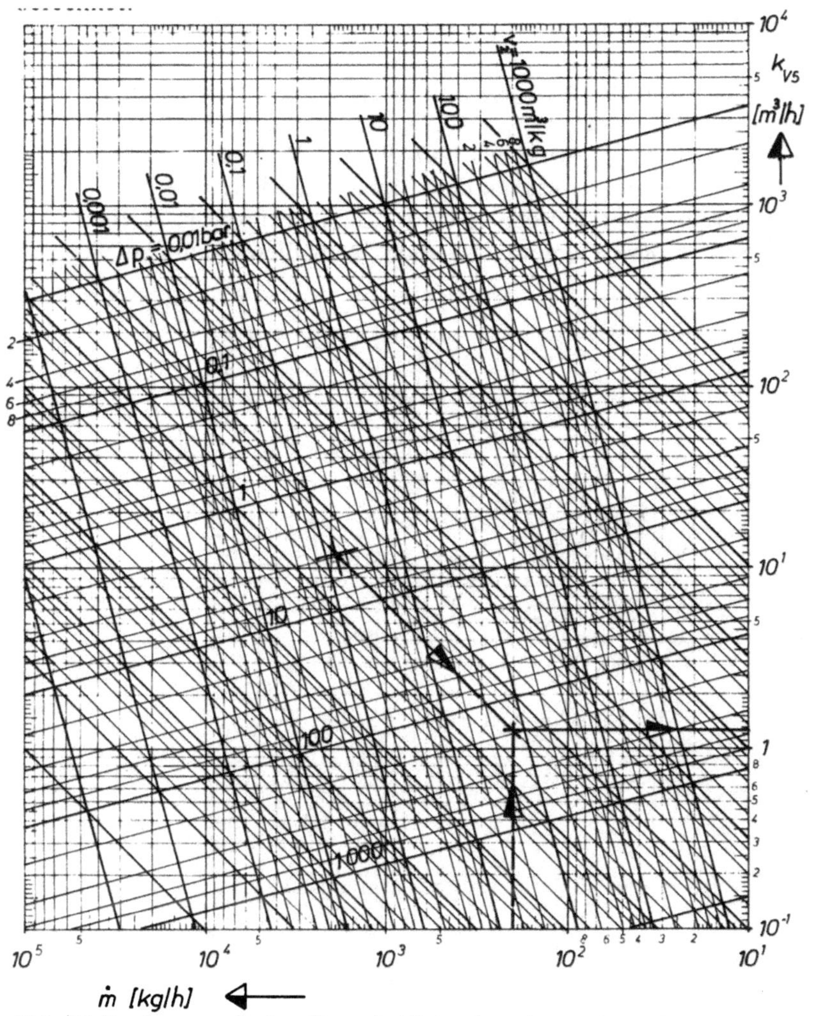

Abb. 98. Bestimmung des k_{v5}-Wertes bei Dämpfen mit unterkritischem Druckverhältnis. Mit Genehmigung der Rich. Klinger Aktiengesellschaft, Gumpoldskirchen
Beispiel: $\dot{m}$ = 200 kg/h, v_2 = 0,156 m³/kg, Δp = 4 bar, k_{v5} = 1,26

7.5.6 Wasserdampf bei überkritischem Druckverhältnis

Wenn bei Sattdampf $p_2 \leqslant 0{,}577\, p_1$ oder bei Heißdampf $p_2 \leqslant 0{,}546\, p_1$ ist, herrschen überkritische Druckverhältnisse und der k_v-Wert ergibt sich zunächst mit

$$k_{v6} = \frac{\dot{m}}{22{,}4} \sqrt{\frac{v_v}{p_1}} \quad \text{(bei gerundetem Wert } p_2 < 0{,}5 \cdot p_1\text{)}. \qquad (267)$$

Genauer wird dann noch für Sattdampf

$$k_{v6S} = k_{v6} \cdot 1{,}087$$

und für Heißdampf

$$k_{v6H} = k_{v6} \cdot 1{,}05.$$

Für v_v ist hierbei das spezifische Volumen bei der Temperatur $t_v = t_1$ im Ventil und $0{,}577\ p_1$ bei Sattdampf und $0{,}546\ p_1$ bei Heißdampf einzusetzen (p_1 in bar). Der Wert für k_{v6} kann der Abb. 99 entnommen werden.

Beispiel 12. In Beispiel 6 waren gegeben: $\dot{m} = 200$ kg/h Heißdampf, $p_1 = 17$ bar, $p_2 = 6$ bar, $t_1 = 400°$C, $t_v = 400°$C, $v_v = 0{,}326$ m³/kg. Für diese Bedingungen ergibt sich der k_{v6}-Wert aus Abb. 99 zu 1,26. Es ist dann $k_{v6H} = 1{,}05 \cdot 1{,}26 = 1{,}32$ m³/h, was mit dem Ergebnis der Berechnung in Beispiel 6 etwa übereinstimmt. Für den k_v-Wert 1,32 kann aus Abb. 92 ein Ventil mit NW 15, Type Kvd 15, gewählt werden. Wenn dieses Ventil zu 50%

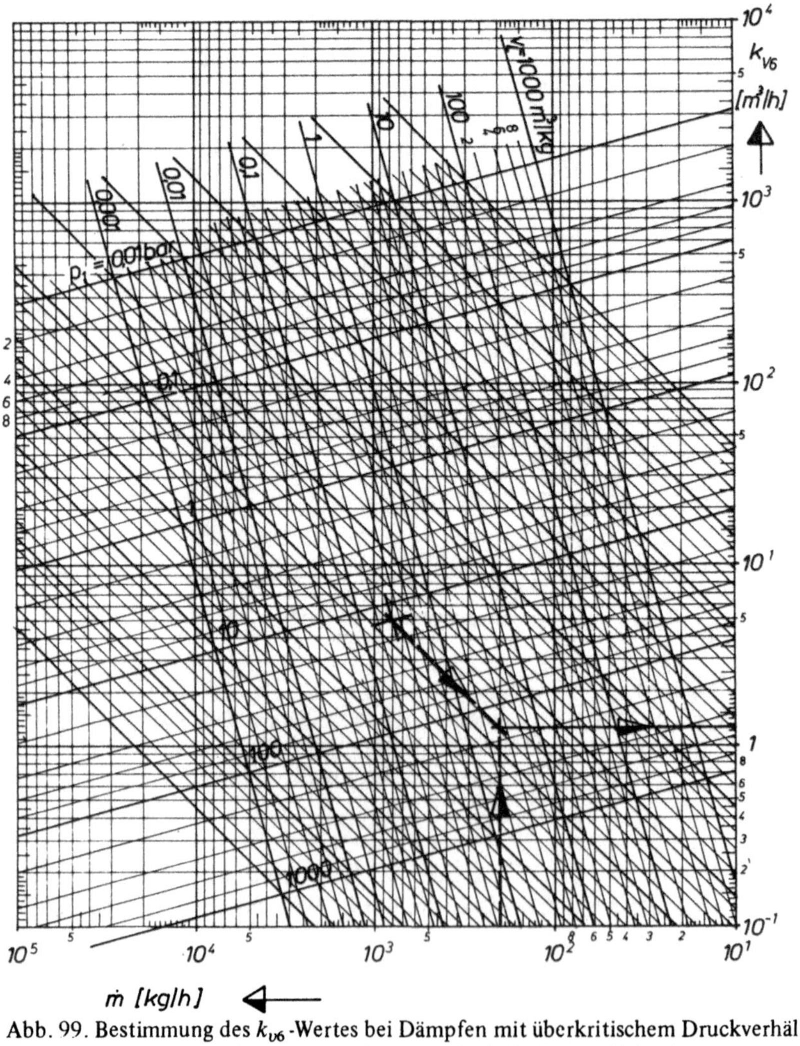

Abb. 99. Bestimmung des k_{v6}-Wertes bei Dämpfen mit überkritischem Druckverhältnis. Mit Genehmigung der Rich. Klinger Aktiengesellschaft, Gumpoldskirchen.
Beispiel: $\dot{m} = 200$ kg/h, $p_1 = 17$ bar, $v_v = 0{,}326$ m³/kg (im Diagramm v_L), $k_{v6} = 1{,}26$

geöffnet wird, so ist $\zeta = 50$ und der gewünschte k_v-Wert wird erreicht. Im halb geöffneten engsten Querschnitt tritt Schallgeschwindigkeit ein. Die Geschwindigkeiten w_1 im Eintritt und w_2 im Austritt ergeben sich wie folgt:

Es ist:
$p_1 = 17$ bar, p_v im engsten Querschnitt $p_v = 0{,}546 \cdot 17 = 9{,}28$ bar,
p_2 hinter dem Ventil 6 bar
$t_1 = 400°C$, $t_v = t_2 = 400°C$
v_v wird bei 400°C und 9,28 bar 0,326 m^3/kg
$v_1 = 0{,}17\ m^3/kg$ $\qquad Q_1 = 200 \cdot 0{,}17 = 34\ m^3/h$
$v_2 = 0{,}51\ m^3/kg$ $\qquad Q_2 = 200 \cdot 0{,}51 = 102\ m^3/h$
$A_1 = A_2 = 0{,}000177\ m^2$

$$w_1 = \frac{34}{3600 \cdot 0{,}000177} = 53\ m/s$$

$$w_2 = \frac{102}{3600 \cdot 0{,}000177} = 160\ m/s.$$

7.6 k_v-Wert für Ventilgruppen

Der k_v-Wert für eine Kette von mehreren hintereinander geschalteten Ventilen mit den k_v-Werten k_{v1}, $k_{v2} \ldots k_{vn}$ ergibt sich für eine inkompressible Flüssigkeit aus der Bedingung, daß durch mehrere hintereinander geschaltete Ventile 1, 2, ... n der gleiche Volumenstrom Q fließen muß:

$$Q = k_v \sqrt{\frac{p_0 - p_n}{\rho}} = k_{v1} \sqrt{\frac{p_0 - p_1}{\rho}} = k_{v2} \sqrt{\frac{p_1 - p_2}{\rho}} = \ldots$$
$$\ldots = k_{vn} \sqrt{\frac{p_{n-1} - p_n}{\rho}} \,. \tag{268}$$

Dabei bedeutet p_0 den Druck vor dem ersten Ventil, p_1 den Druck hinter dem ersten Ventil usw. und p_n den Druck hinter dem n-ten Ventil.

Aus der obigen Bedingung folgt

$$\frac{1}{k_v^2} = \frac{1}{k_{v1}^2} + \frac{1}{k_{v2}^2} + \ldots \frac{1}{k_{vn}^2} \,. \tag{269}$$

Für mehrere parallel geschaltete Ventile ist der gemeinsame k_v-Wert

$$k_v = k_{v1} + k_{v2} \ldots + k_{vn}. \tag{270}$$

7.7 Richtwerte von k_v bzw. ζ für verschiedene Armaturen

Der „wirksame freie Strömungsquerschnitt" A liegt je nach der strömungstechnischen Gestaltung einer Armatur etwa zwischen 100 und 30% des geometrischen Querschnittes A_0 an der engsten Stelle der Armatur. Dementsprechend liegt der k_v-Wert der betreffenden Armatur zwischen dem Wert für $A = A_0$ und $A = 0{,}3 A_0$.

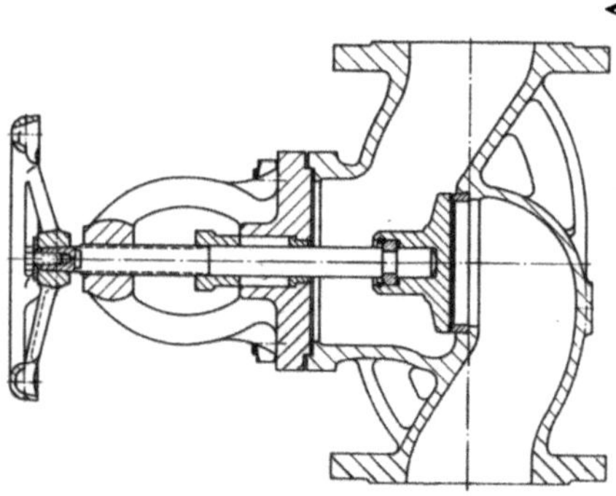

Abb. 100a

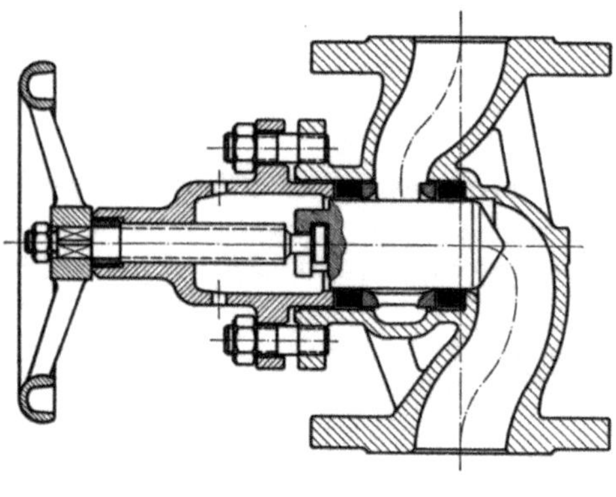

Abb. 100b

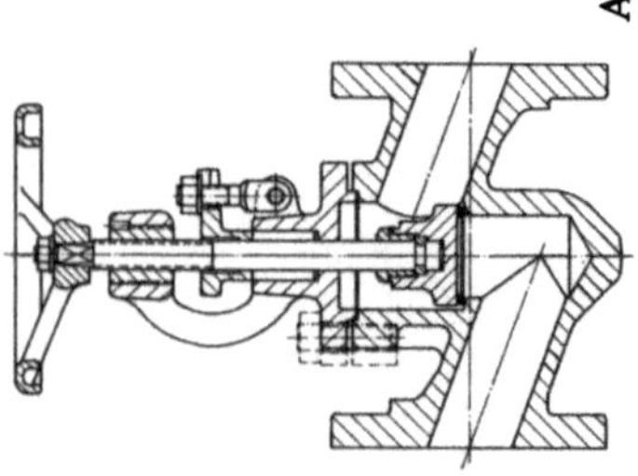

Abb. 100c

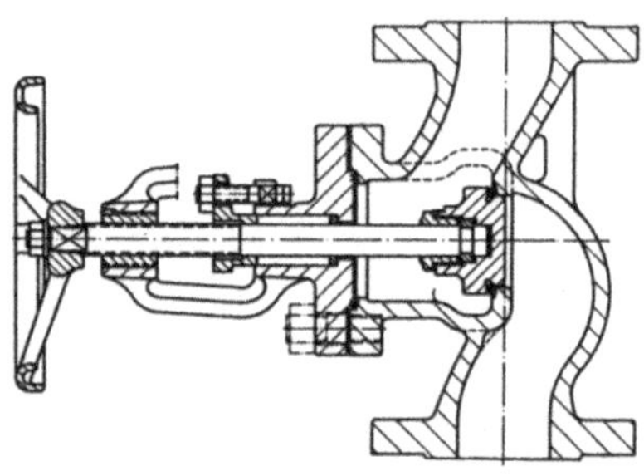

Abb. 100d

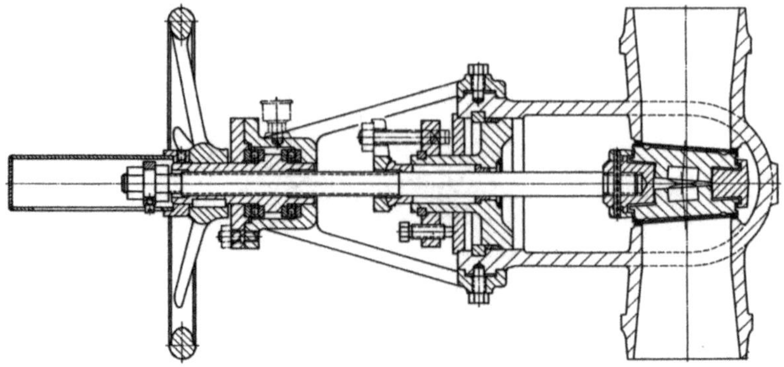

Abb. 100e

Abb. 100. Verschiedene Absperrarmaturen. a) BOA-Ventil, b) Klinger-Kolbenventil, c) Geschmiedetes KSB-Panzer-Durchgangsventil, d) Gegossenes KSB-Panzerdurchgangsventil, e) Hochdruckschieber eingezogen

Einige Richtwerte von k_v für handelsübliche Armaturen können den folgenden Tabellen und Diagrammen entnommen werden. Der k_v-Wert wird stets, ebenso wie der ζ-Wert, auf die Anschluß-Nennweite bezogen.

7.7.1 *Absperrarmaturen mit mechanischer Betätigung*

Die Betätigung erfolgt über Spindel und Handrad bzw. Handhebel oder über Stellmotore bzw. Getriebe. Als Bauarten hierfür sind folgende in Gebrauch:

Sitzventile
Kolbenschieber Bauart Klinger
Schieber
Kugelhähne
Kükenhähne
Klappen

in den verschiedenen Varianten mit vollem Durchgang und mit eingezogenem Durchgang. Kugelhähne, Kükenhähne und Schieber mit Leitrohr, alle mit vollem Durchgang, stellen das Ideal dar, weil sie praktisch dem glatten Rohr entsprechen.

In der nachfolgenden Tab. 10 wird zum k_v-Wert auch der ζ-Wert mit angegeben, weil für spätere Berechnungen auch dieser gebraucht wird.

Abb. 100 zeigt ein BOA-Ventil, ein Klinger-Kolbenschieber-Ventil, ein geschmiedetes und ein gegossenes Panzer-Durchgangs-Ventil und einen Schieber. Abb. 101 zeigt einen Jamesbury-Kugelhahn mit eingezogenem Durchgang, einen Klinger-Kugelhahn mit vollem Durchgang Type KH und einen Klinger-Ballostar-Kugelhahn mit eingezogenem Durchgang sowie eine Jamesbury-Klappe zum Einklemmen.

7.7.2 *Absperrarmaturen selbsttätig wirkend*

Hierzu gehören die verschiedenen Bauarten der Rückschlagventile mit Sitz und mit bzw. ohne Federvorlast, Abb. 102. Eine Spezial-Bauform sind die absperrbaren Rückschlagventile (mit Spindel und Handrad).

Die Rückschlagklappen Abb. 102 c nehmen eine Sonderstellung ein und sollen daher auch gesondert behandelt werden. Bei diesen wird noch immer der ζ-Wert angegeben. Dieser hängt von der Strömungsgeschwindigkeit im Rohr und von der Lage der Rohrleitung – horizontal bzw. vertikal – ab. Bei einer bestimmten Geschwindigkeit w_H (horizontal) bzw. w_V (vertikal) erreicht die Klappe ihre größte Öffnung und den kleinsten ζ-Wert, der auch für noch größere Geschwindigkeiten gilt. Sinkt die Geschwindigkeit unter w_H bzw. w_V, steigen die ζ-Werte zunehmend an. Die ζ-Werte der Tab. 11 gelten für Klappen ohne Hebel und Gewicht bei den vollen, halben und Viertelgeschwindigkeiten w_H und w_V.

Abb. 102 d zeigt ein Hoerbiger-Rückschlagventil für Luft oder Gase, das für Rohre mit Gewindeanschluß von 1/2″ bis 2″ und für größere Rohrdurchmesser mit Flanschanschluß erzeugt wird.

Diese Rückschlagventile entsprechen dem Aufbau der Hoerbigerventile, die als Saug- und Druckventile in Kolbenkompressoren verwendet werden. Sie sind deshalb besonders für pulsierende Strömung geeignet.

Tabelle 10. *k_v- und ζ-Werte von Absperrventilen.* Diese Werte sind typische Werte. Bei auszuführenden Anlagen sollten jedoch die wirklichen Werte der gewählten Armaturen eingesetzt werden

DN		15	20	25	30	40	50	65	80	100	125	150	200	250	300	350	400	500
Durchgangsventile:																		
BOA	k_v			17,3	24,3	42,2	65,8	110	161	259	415	622	1135					
	ζ			2,1	2,2	2,3	2,3	2,4	2,5	2,4	2,3	2,1	2,0					
DIN	k_v			12,5	17,6	30,5	47	63	117	156	297	445	841					
	ζ			4,0	4,2	4,4	4,5	4,7	4,8	4,8	4,5	4,1	3,6					
Klinger KVd	k_v	4,5	8	12,5	20,5	32	51	86	123	185	273	368	900					
	ζ	3,8	3,8	3,8	3,8	3,8	3,8	3,9	4,2	4,7	5,2	5,7	3					
Panzer Freifluß	k_v			20,5	30,5	56	100	169	256	350	539	790	1270					
	ζ			1,5	1,4	1,3	1,0	1,0	1,0	1,3	1,3	1,3	1,6					
Panzer Ventil geschm.	k_v			9,8	14,1	25,1	39,2											
	ζ			6,5	6,5	6,5	6,5											
Panzer Ventil Stg.	k_v							97,8	148,5	232	333	481	800					
	ζ							3,0	3,0	3,0	3,5	3,5	4,0					
Eckventile:																		
BOA	k_v			19,8	27,8	49,2	72,5	120	182	290	478	737	1410					
	ζ			1,6	1,6	1,7	1,9	2,0	2,0	1,9	1,7	1,5	1,3					
DIN	k_v			15	20,8	35,1	53,5	88,5	130	205	341	550	1130					
	ζ			2,8	3,0	3,3	3,5	3,7	3,9	3,8	3,3	2,7	2,0					
Rückschlagventile:																		
Freifluß	k_v			15,8	22,6	42,1	70,8	120	182	315	492	637	1012					
	ζ			2,5	2,4	2,3	2,0	2,0	2,0	1,6	1,6	2,0	2,5					
BOA	k_v			15,2	21,6	37	54,8	88,5	130	198	316	494	995					
	ζ			2,7	2,8	3,0	3,3	3,6	3,9	4,1	3,9	3,3	2,6					
DIN	k_v			11,8	16,4	27,8	40,8	39	94	145,5	232	367	755					
	ζ			4,5	4,8	5,3	6,0	6,6	7,4	7,6	7,2	6,0	4,5					

DN		15	20	25	30	40	50	65	80	100	125	150	200	250	300	350	400	500
Absperrklappen:																		
Jamesbury	k_v								180	340		945	1800	2900	4100			
	ζ								2,02	1,38		0,9	0,79	0,74	0,77			
Kugelhähne:																		
Jamesbury	k_v	7,1	12	30		80	100	180	300	665		855	1710					
eingezogen	ζ	1,62	1,78	0,7		0,64	1,0	0,88	0,73	0,36		1,1	0,87					
Worcester	k_v	6,86	10,3	27,4	39,4	70,3	103	248	394	532		875	1540	2270				
eingezogen	ζ	1,72	2,40	0,84	1,08	0,82	0,70	0,47	0,42	0,56		1,06	1,08	1,22				
Klinger	k_v	11,3	22,6	36,6	70	97	163	610	980	1650	2750	4200	8200	13700	20800	29000		
voller Durchgang	ζ	0,58	0,53	0,5	0,45	0,44	0,41	0,076	0,067	0,058	0,051	0,045	0,038	0,033	0,03	0,027		
Klinger	k_v	5	10,2	16,4	31	43,3	73,5	125	360	600								
eingezogen*	ζ	3	2,7	2,5	2,27	2,16	2	1,8	0,5	0,44								
Schieber eingezogen:																		
Einschn. auf NW								50	65	80	100	100	150	200	250	300	300	400
Einschn. Verh.								0,6	0,66	0,64	0,64	0,45	0,56	0,64	0,69	0,74	0,56	0,64
	k_v							240	409	614	880	820	2070	3850	6000	8900	8270	15400
	ζ							0,5	0,4	0,42	0,42	1,2	0,6	0,42	0,36	0,3	0,6	0,42
Schieber mit vollem Durchgang:																		
ohne Leitrohr								$\zeta = 0,25$	für alle NW, daher $k_v = 4\,d^2/\sqrt{\zeta}$									
mit Leitrohr								$\zeta = 0,15$										

* Der Klinger-Kugelhahn hat bis NW 65 eine Blechhohlkugel und daher etwas schlechtere Werte.

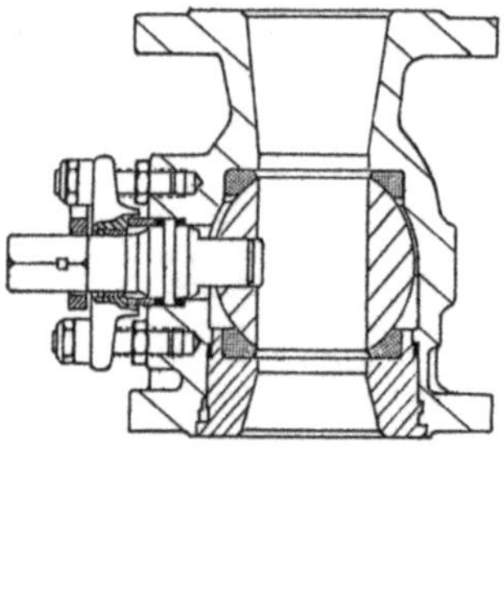

Abb. 101a

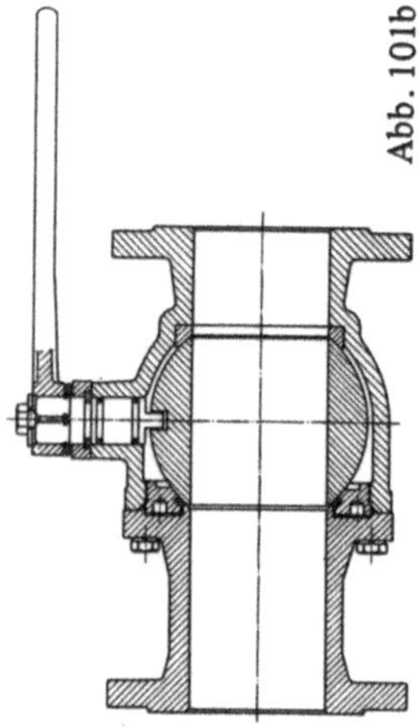

Abb. 101b

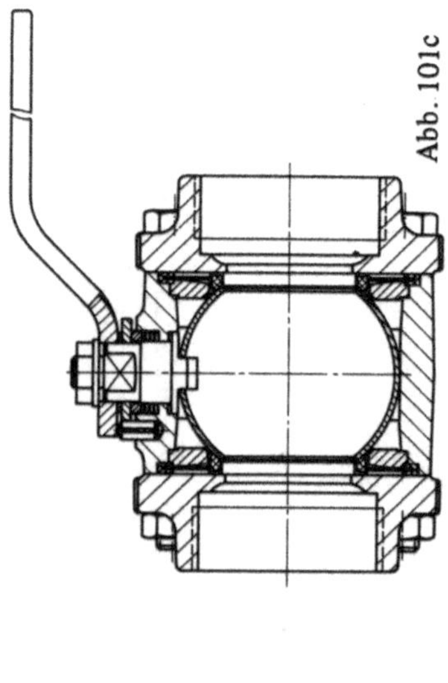

Abb. 101c

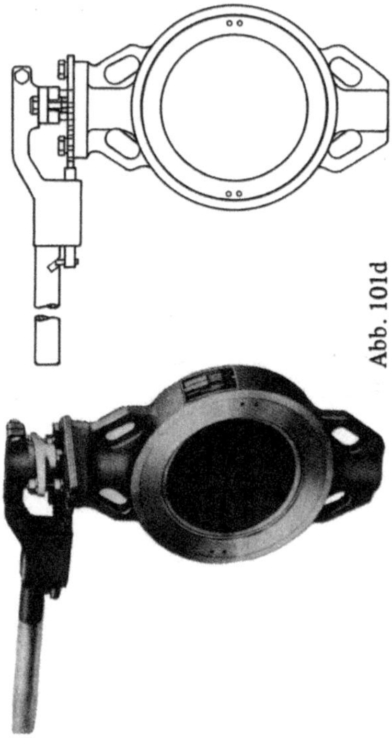

Abb. 101d

Abb. 101. Verschiedene Absperrarmaturen (Kugelhähne und Klappen). a) Jamesbury Kugelhahn mit eingezogenem Durchgang, b) Klinger Kugelhahn mit vollem Durchgang, c) Klinger Kugelhahn „Ballostar“ mit eingezogenem Durchgang, d) Jamesbury Klemm-Klappe

Ventilsitz und Ventilfänger sind aus Kohlenstoffstahl mit metallischem Korrosionsschutz. Die beweglichen Teile, wie Ventilplatte und Sinusfeder, sind aus martensitischem nichtrostendem Stahl. Die Ventile können, im Gegensatz zu Ventilen mit schweren Kegeln oder Klappen, in jeder beliebigen Einbaulage eingesetzt werden, es ist lediglich darauf zu achten, daß sich im Ventilgehäuse kein Kondensat absetzen darf.

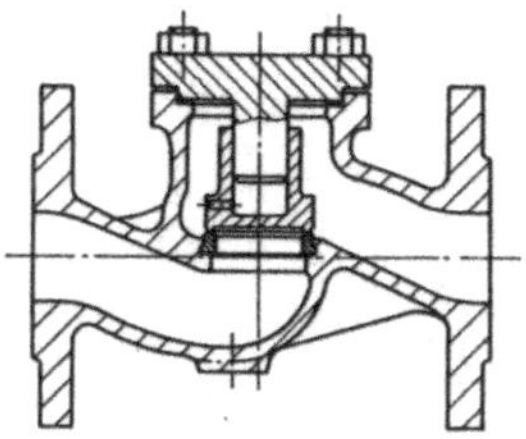
Abb. 102a

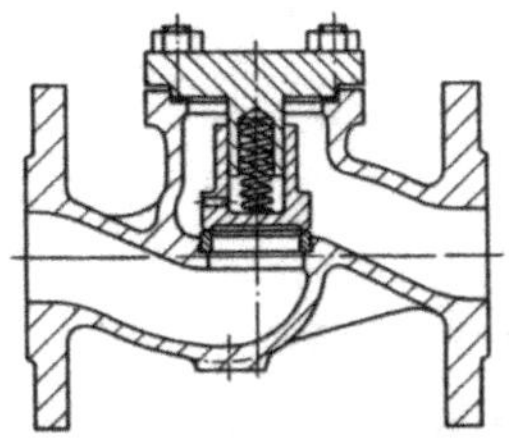
Abb. 102b

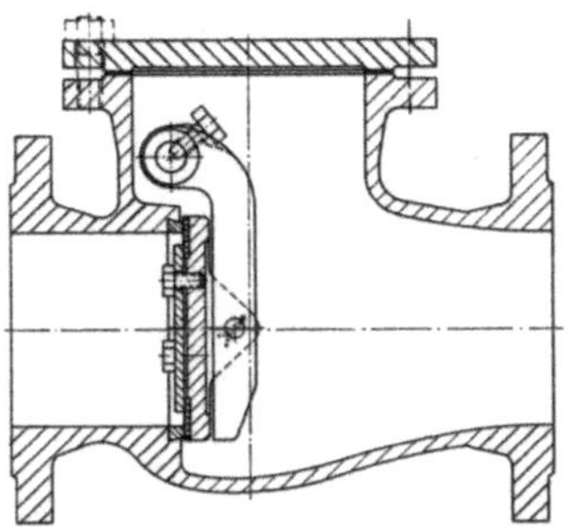
Abb. 102c

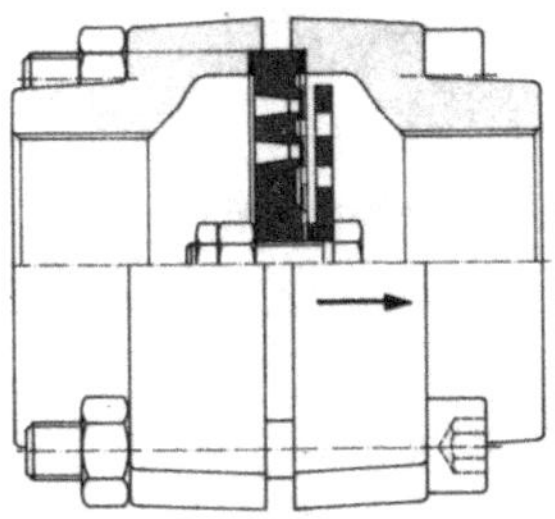
Abb. 102d

Abb. 102. Rückschlagventile. a) Tellerrückschlagventil, b) Tellerrückschlagventil mit Feder, c) Rückschlagklappe ohne Hebel und Gewicht, d) Plattenrückschlagventil (Hoerbiger Ventilwerke AG)

Tabelle 11. *ζ-Werte für Rückschlagklappen ohne Hebel und Gewicht*

Nennweite		40	50	65	80	100	125	150	175
w_H	m/s	4,4	3,1	3,0	2,3	1,6	2,8	1,6	2,2
w_V	m/s	4,1	2,8	2,1	2,0	1,6	2,8	1,6	2,2
ζ bei	w_H	0,5	0,4	0,3	0,7	0,6	1,0	0,9	0,5
	$w_{H/2}$	0,7	0,9	0,6	1,1	1,2	1,3	1,5	1,5
	$w_{H/4}$	1,2	2,5	1,4	3,5	4,0	2,3	–	–
ζ bei	w_V	0,5	0,4	0,3	0,7	0,6	1,0	0,9	0,5
	$w_{V/2}$	0,6	0,6	0,8	1,1	1,2	1,3	1,5	1,5
	$w_{V/4}$	0,8	2,0	10,2	12,0	6,0	3,5	–	–

Bei Rückschlagsklappen mit Hebel und Gewicht können die ζ-Werte je nach Einstellung ein Mehrfaches der Tabellenwerte ausmachen [24]

7.7.3 Magnetventile

Für vorgesteuerte 2/2-Ventile für Flüssigkeiten und Gase nach Abb. 103 a und Abb. 103 b geben die zwei nebenstehenden Tabellen die k_v-Werte für verschiedene Nennweiten dieser Ventile an. Die strömungstechnische Funktion der Vorsteuerung wird im Abschnitt 7.8.3 behandelt. Um jede Rechenarbeit zu ersparen, kann außer dem k_v-Wert auch der Volumenstrom durch ein Ventil für beliebige Druckgefälle ähnlich Abb. 94 dargestellt werden. Im folgenden werden solche Diagramme für Kupplungen gezeigt.

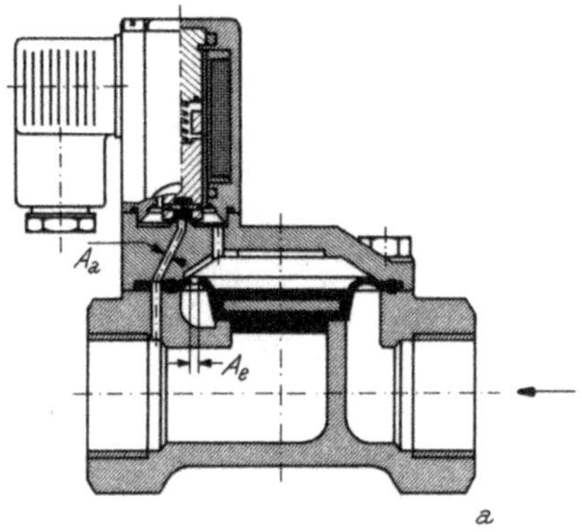

Rohr-anschluß	Ø am Ventil-sitz mm	kv Wert	Betriebsdruck, bar min.	max.
R 1/4"	13	2,4	0,5	10
R 3/8"	13	3,0	0,5	10
R 1/2"	13	3,3	0,5	10
R 3/4"	25	7,0	0,5	10
R1 "	25	10,8	0,5	10
R1 1/4"	40	20,1	0,5	10
R1 1/2"	40	28,5	0,5	10
R2	50	43,3	0,5	10

Abb. 103a. Vorgesteuertes 2/2-Magnetventil mit Membrane (GSR). DN 13 bis 50. Muffenanschluß

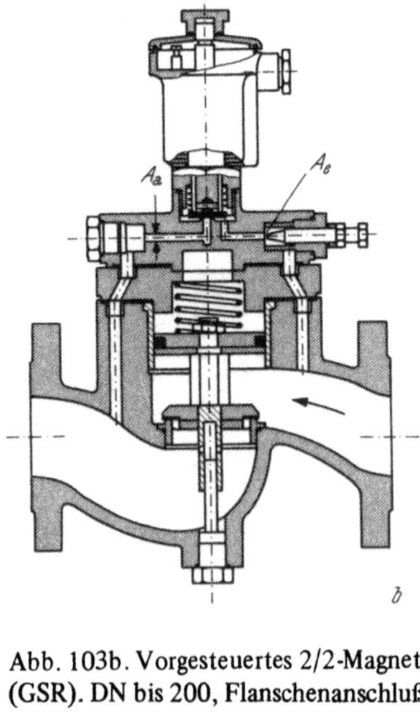

Rohr-anschluß DN	Ø am Ventil-sitz mm	kv-Wert	Betriebsdruck bar min.	max.
15	25	6,8	2	16
20	25	8,5	2	16
25	25	10,5	2	16
32	32	18,1	2	16
40	40	27,1	1,5	16
50	50	33,9	1,5	16
65	65	48,3	1	16
80	80	73,8	1	16
100	100	111	1	16
125	125	210	1	16
150	150	335	1	16
200	200	605	1	16

Abb. 103b. Vorgesteuertes 2/2-Magnetventil mit Abhebung des Ventilteilers durch Kolben (GSR). DN bis 200, Flanschenanschluß

7.7.4 Schnellkupplungen

Die Abb. 104 und 105 zeigen Diagramme für den Druckverlust in Abhängigkeit von der Durchflußmenge von Wasser, und zwar sowohl für die Verbindung

Verschlußkupplung + Stecknippel, also für eine Verschlußkupplung, in der nach Trennen nur ein Kupplungsteil schließt, während der andere geöffnet bleibt, als auch für die Verbindung Verschlußkupplung + Verschlußnippel, also eine Schnell-

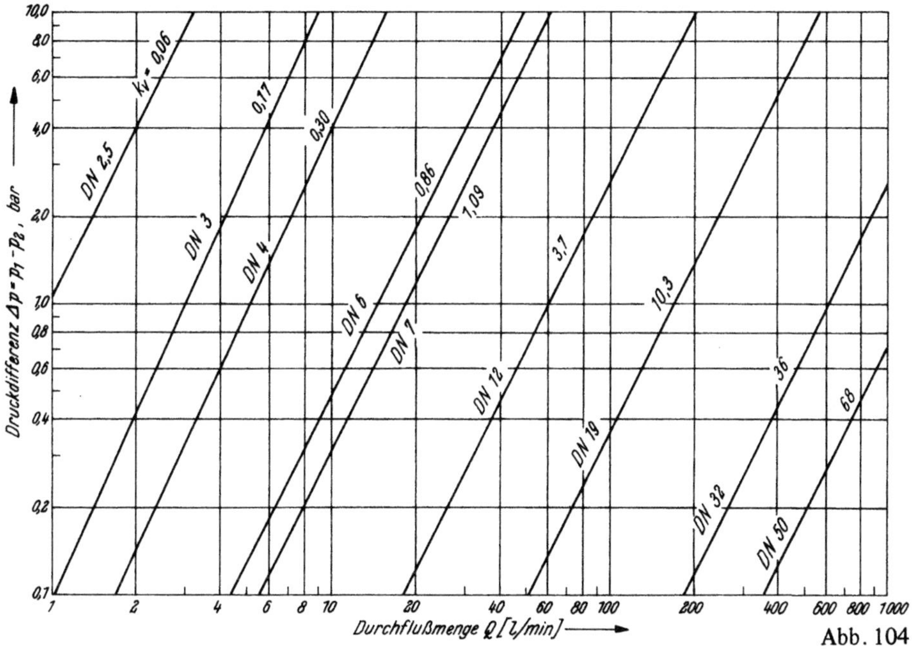

Abb. 104

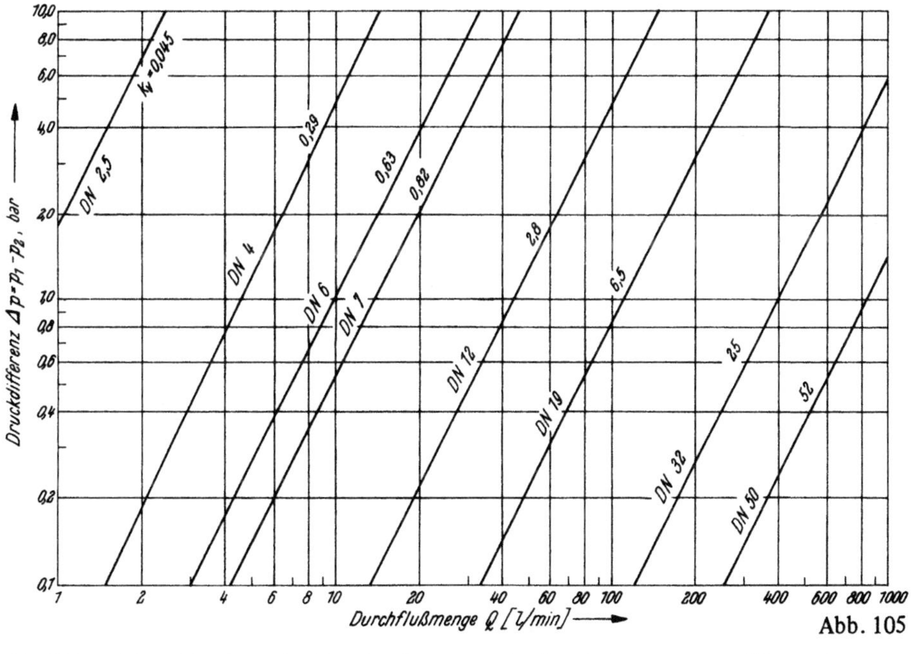

Abb. 105

Abb. 104 und 105. Zunahme des Druckverlustes mit der Durchflußmenge von Wasser durch Walther-Verschlußkupplungen: Abb. 104. Schnellverschlußkupplung + Stecknippel, einseitig schließend, Abb. 105. Schnellverschlußkupplung + Verschlußnippel, zweiseitig schließend (Walther-Präzision, Wuppertal) kupplung, in der nach Trennen beide Kupplungsteile schließen. In diesen Diagrammen kann für $\Delta p = 1$ bar auch der k_v-Wert abgelesen werden.

Abb. 106 zeigt Δp in Abhängigkeit vom Volumenstrom von Luft, bezogen auf 1 bar und 20°C, für die Kombination Verschlußkupplung + Stecknippel, weil bei Luft meist nur diese Kombination verwendet wird.

Die Schnellkupplungen selbst sind in Abb. 113, 114 und 115 gezeigt.

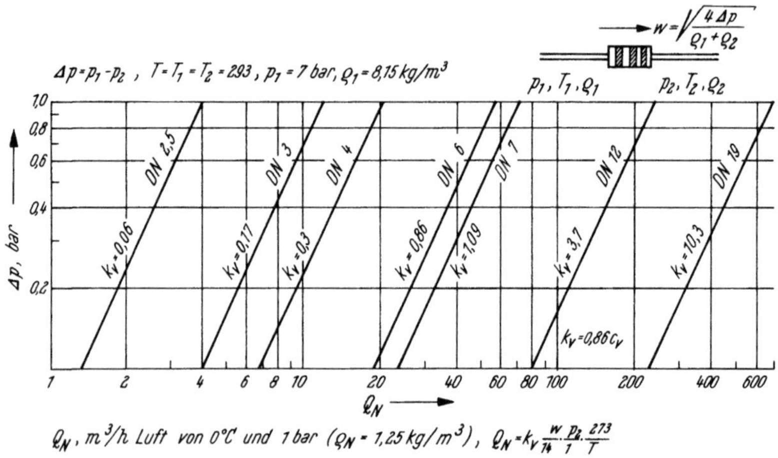

Abb. 106. Zunahme des Druckverlustes mit dem Volumenstrom von Luft durch Schnellschlußkupplungen (Walther-Präzision, Wuppertal)

7.8 Strömungsvorgänge in Armaturen

Die Strömung durch alle Armaturen mit meist veränderlichem Querschnitt kann, soweit es die Vorgänge innerhalb der Armatur selbst betrifft, immer als quasistationär betrachtet werden. Die in den Rohrleitungen vor oder hinter der Armatur entstehenden Druckschwankungen beeinflussen aber die Strömung in der Armatur selbst oft ganz wesentlich. Dies gilt sowohl für relativ langsame Druckänderungen wie etwa die quasistationäre Strömung durch eine Rohrleitung mit einem Ventil mit veränderlichem Querschnitt (Abschnitt 6), als auch für Druckstöße in kompressiblen Flüssigkeiten (Abschnitt 5). Hierbei ergibt sich der Druck unmittelbar vor und hinter dem Ventil aus den verschiedenen Gesetzen für die instationären Vorgänge gemäß den oben erwähnten Abschnitten. Die Strömung durch das Ventil selbst kann aber wohl immer als quasistationär betrachtet werden und somit nach den Gesetzen für die stationäre Strömung behandelt werden.

Die Strömungsvorgänge in den folgenden verschiedenartigen Ventilen und Armaturen sollen nun der Reihe nach in ihrem prinzipiellen Vorgang noch etwas näher erklärt werden:

1. Mechanisch betätigte Absperrventile, Schieber, Kugelhähne, Kükenhähne und Klappen

2. Handbetätigte Mehrwege-Steuerschieber der Ölhydraulik

3. Magnetventile mit und ohne Vorsteuerung einschließlich der Mehrwegeventile für hydraulische und pneumatische Steuerungen

4. Schnellkupplungen
5. Plattenventile in Kolbenverdichtern
6. Rückschlagventile
7. Drosselventile
8. Druckbegrenzungsventile
9. Zwangsgesteuerte Ventile in Kolbenmaschinen

7.8.1 Mechanisch betätigte Absperrventile, Schieber, Kugelhähne, Kükenhähne und Klappen

Alle Absperrarmaturen mit geradem Durchgang wie Schieber, Kugelhähne, Kükenhähne und Klappen mit vollem Durchgang können strömungstechnisch günstig gestaltet werden, wobei Kugelhähne und Kükenhähne sowie Schieber mit Leitrohr besonders gut abschneiden. Klappen bilden bereits ein Problem, weil der Klappenteller immer in der Strömung steht, wodurch sich einige aerodynamische Probleme ergeben, die sich neben dem Strömungswiderstand vor allem in schwer beherrschbaren Kräften auf den Klappenteller auswirken. Die Anwendung der aerodynamischen Gesetze im Strömungskanal kann hier zu einigen brauchbaren Lösungen führen.

Eingezogene Schieber, Kugel- und Kükenhähne bringen bereits strömungstechnische Probleme. Sehr oft kann infolge der vorgeschriebenen Baulängen keine ideale Diffusorströmung erreicht werden. Weiters muß die Armatur von beiden Seiten gleichmäßig gut durchströmt werden können. Doch kann durch die gerade Durchströmung immer noch ein brauchbarer Kompromiß gefunden werden.

Viel schwieriger wird die strömungstechnisch günstige Ausbildung von Absperrventilen durch die S-förmige Durchströmung des Gehäuses. Bei geneigter Anordnung der Spindel wird die Durchströmung günstiger. Bei starker Neigung kommt man zum Freiflußventil, siehe Tab. 10. Normal sind jedoch fast immer Ventile mit senkrechter Spindel in Verwendung.

Durch die starke Umlenkung treten etliche strömungstechnische Probleme auf. Die Strömung bis zum Sitz, die praktisch um zweimal 30 bis 45° und einmal um 90° umgelenkt wird, bringt keine großen Probleme, soferne man den Kanal sorgfältig durchbildet. Eine leichte und konstante Verengung kann unter Umständen zur Wirbelunterdrückung im Kanal beitragen. Die Verengung im Sitz kann etwa 10% betragen, bezogen auf die Nennweite und sollte bei kleinen Nennweiten unter diesem Wert liegen, kann ihn aber bei großen NW auch übersteigen, ohne daß der ζ-Wert sehr ungünstig beeinflußt wird. Die Strömung nach dem Sitz bringt die meisten Verluste. Die Umlenkung nach dem Sitz um 90° und die An- bzw. Umströmung des Tellers ist heikel und führt zu Ablösungen und Wirbelbildung. Es hat sich analog zum Strömungsmaschinenbau als vorteilhaft gezeigt, den Querschnitt am Beginn des S-förmigen Ausströmkanals um etwa 5% kleiner als den Sitzquerschnitt zu machen, wodurch ein Rückstau in Richtung Sitz entsteht, der zum Anlegen der entstehenden Wirbel beiträgt. Der Auslaßkanal muß dann wie ein Diffusor gleichmäßig auf den Nennquerschnitt erweitert werden.

Versuche haben gezeigt, daß der Widerstandsbeiwert ζ eines Durchgangsventiles durch Anwendung dieser Lehren erheblich gesenkt werden kann.

Speziell die Absperrorgane mit 90° Drehbewegung können infolge ihrer schnellen Schließzeit zu Druckstößen führen. Man muß daher mit entsprechender Vorsicht zu Werke gehen. Auf die möglichen Druckstöße wird in 7.8.3 Magnetventile noch näher eingegangen. Auch in Abschnitt 8.8 wird das Problem der Druckstöße praktisch behandelt. Die Theorie ist aus den Abschnitten 5 und 6 zu ersehen.

Mechanisch betätigte Absperrorgane (also Organe mit Spindel und Handrad oder entsprechender Fremdbetätigung) schließen in fast allen Fällen langsam. Trotzdem wird man die Schließzeit noch analog 8.8 überprüfen, um sicher zu gehen.

Für die Berechnung von DN und Widerstand wird man zweckmäßig Diagramme gemäß Abb. 92 und 93 verlangen, wenn man auf große Genauigkeit angewiesen ist. Für Abschätzungen genügen allgemeine Angaben nach Tab. 10.

7.8.2 Handbetätigte Mehrwege-Steuerschieber der Ölhydraulik

Zur Betätigung von Arbeitszylindern und Ölmotoren werden Mehrwege-Ventile verwendet. Man unterscheidet folgende Ventile mit drei Stellungen:

4/3-Ventile für doppeltwirkende Zylinder oder Motoren mit wechselnder Drehrichtung, und

3/3-Ventile für die Betätigung einfachwirkender Zylinder und Motoren mit unveränderlicher Drehrichtung.

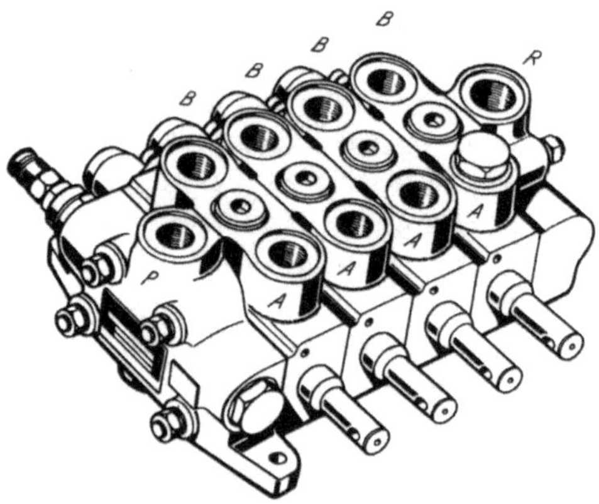

Abb. 107. Ventilblock. Anschlüsse: P Pumpe, R Rücklauf, A, B Verbraucher (Oleodinamica Salami)

Die meist verwendeten 4/3-Ventile für einen einzigen Zylinder oder Motor haben somit folgende vier Anschlüsse: einen Anschluß zur Pumpe (P), einen Anschluß zum Rücklauf (R) und zwei Anschlüsse für die Zylinderseiten A und B.

In den drei Stellungen des Schiebers werden folgende Verbindungen hergestellt: Stellung 1: von der Pumpe zur Zylinderseite A und von der Zylinderseite B zum Tank; Stellung 2: von der Pumpe zum Tank (freier Ölumlauf), Zylinderanschlüsse A und B verschlossen; Stellung 3: von der Pumpe zur Zylinderseite B und von der Zylinderseite A zum Tank.

Sollen mehrere Zylinder betätigt werden, so können mehrere Elemente von solchen Wege-Ventilen hintereinander geschaltet werden. Abb. 107 zeigt z. B. einen solchen Ventilblock für drei doppeltwirkende und einen einfachwirkenden

Zylinder, bestehend aus drei Elementen 4/3-Wegeventile und einem Element 3/3-Ventil. Abb. 108 zeigt den Schaltplan für einen Ventilblock für zwei doppeltwirkende Zylinder.

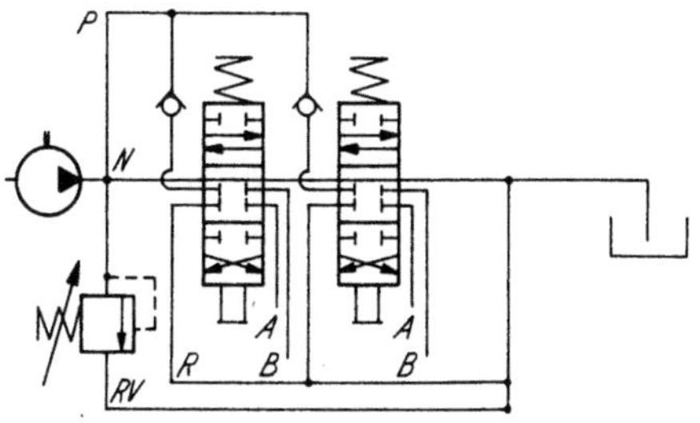

Abb. 108. Schaltplan für Ventilblock für zwei doppeltwirkende Zylinder

Infolge der verschiedenartigen Umlenkungen während der Strömung durch ein solches Schieberventil ergeben sich in den einzelnen Kanälen verschiedene Widerstände, die umso größer werden, je mehr einzelne Elemente hintereinander geschaltet werden. Abb. 109 zeigt den Strömungswiderstand eines solchen Ventilblockes mit einem bis zehn Einzelelementen [51].

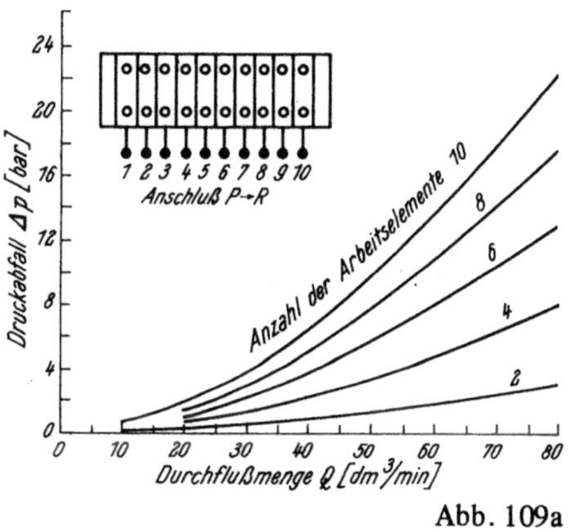

Abb. 109a

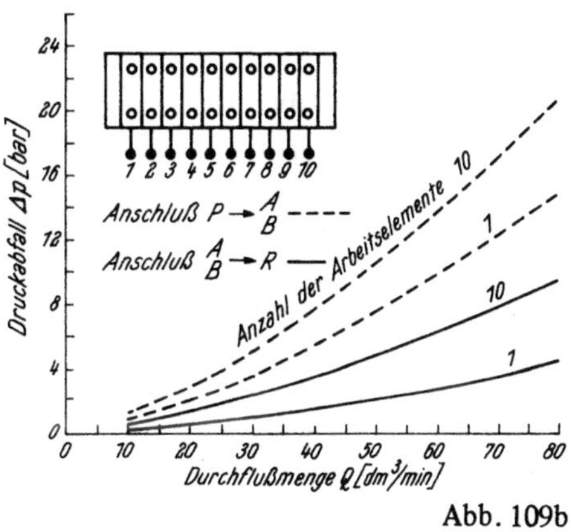

Abb. 109b

Abb. 109. Durchflußkennlinien für Ventilblöcke
a) Anschluß $P \rightarrow R$: von der Pumpe zum Rücklauf
b) Anschluß $P \rightarrow \frac{A}{B}$: von der Pumpe zu Zylinderseite A oder B.
Anschluß $\frac{A}{B} \rightarrow R$: von der Zylinderseite A oder B zum Rücklauf

7.8.3 *Magnetventile*

Magnetventile haben meist nur zwei Stellungen. Sie sind entweder ganz geschlossen oder ganz geöffnet. Bei direktgesteuerten Magnetventilen gelten ähnliche Überlegungen, wie sie in Abschnitt 7.8.1 für handbetätigte Ventile mit 90° Drehbewegung angestellt wurden. Die Schließ- und Öffnungsbewegung geht in sehr kurzer Zeit vor sich; näherungsweise wird meist angenommen, daß Öffnen und Schließen in der Zeit $T = 0$ erfolgt, also praktisch gleich den Vorgängen bei Absperrorganbauarten mit 90° Bewegung für Auf–Zu.

Die Öffnungszeit des Ventiles wird hierbei durch die Massenträgheit des Ventilkolbens mit dem Magnetkern und durch die Zeit, die zum Aufbau des Magnetfeldes nach Schließen eines Kontaktes vergeht, bestimmt.

Nach der Öffnung des vollen Querschnittes tritt eine Beschleunigung des Mediums in den Rohrleitungen vor und hinter dem Ventil ein, bis die Strömungsgeschwindigkeit der stationären Strömung erreicht wird. Die Öffnungszeit ist hierbei meist so gering, daß der Öffnungsvorgang nur einen Bruchteil derjenigen Zeit in Anspruch nimmt, die zur Beschleunigung der Flüssigkeits- oder Gassäule auf diejenige Geschwindigkeit erforderlich ist, die bei vollständig und langzeitig geöffnetem Ventil eintritt. Die Annäherung der Geschwindigkeit mit der Zeit an den stationären Vorgang erfolgt hierbei asymptotisch (vgl. Abb. 66).

Die Schließgeschwindigkeit wird durch mechanische Trägheit, elektromagnetische Trägheit und die Federkraft auf die Ventilspindel bestimmt. Unmittelbar nach Beendigung der Schließbewegung sinkt jedoch die Strömungsgeschwindigkeit im Ventil in kürzester Zeit von ihrem Maximalwert w_m bei stationärer Strömung auf den Wert 0. Wenn die Schließzeit $T = 0$ ist, kommt es hierbei zu einem Druckstoß $\Delta p = a \rho w_m$, bei Wasser also z. B.

$$\Delta p = 1000 \cdot 1000 \cdot w_m \ \mathrm{N/m^2} = 10\, w_m \ \mathrm{bar},$$

wobei w_m in m/s einzusetzen ist. Bei einer Strömungsgeschwindigkeit von 10 m/s also 100 bar (vgl. Abb. 59).

Dieser Druckstoß kommt besonders bei längeren Rohrleitungen voll zur Wirkung und kann sowohl zu einem Ventil- als auch zu einem Rohrleitungsbruch führen. Infolge der elastischen Dehnung des Rohres ist die Schallgeschwindigkeit a etwas geringer und deshalb wird $\Delta p = 6$ bis $9 \cdot w_m$. Die Größenordnung von Δp wird oft die Verwendung eines direktgesteuerten Ventiles verbieten, wenn die Strömungsgeschwindigkeit über 3 bis 4 m/s liegt.

Bei vorgesteuerten 2/2-Ventilen, Abb. 103 a, tritt eine Dämpfung der Schließ- und Öffnungsbewegung ein. Die Öffnungs- sowie die Schließzeit wird hier durch die Größe der Drosselbohrungen im Zulauf A_e und Ablauf A_a des Vorkammerraumes bestimmt. Auch bei 2/2-Ventilen mit Kolbenbetätigung, Abb. 103 b, wird die Hubzeit durch die Größe des Arbeitszylinders, also durch Hub und Bohrung, sowie die Durchmesser der Leitungen des Zuflusses A_e und Abflusses A_a dieses Zylinders bestimmt. Die in den Vorkammerraum eines vorgesteuerten 2/2-Ventils nach Abb. 103 a zufließende Menge ist $A_e w_e$. Die gleichzeitig abfließende Menge ist $A_a w_a$. Die Zuflußgeschwindigkeit w_e ergibt sich – je nachdem, ob die Strömung laminar (Kapillarrohr) oder turbulent (Blende) vor sich geht – aus

$$w_e = \mathrm{const}\,\sqrt{\Delta p_e}$$

oder

$$w_e = \mathrm{const}\,\Delta p_e$$

und die Abflußgeschwindigkeit w_a ebenso aus

$$w_a = \mathrm{const}\,\sqrt{\Delta p_a}$$

oder

$$w_a = \text{const}\,\Delta p_a$$

oder nach ähnlichen Gesetzen gemäß Abschnitt 3.13 und 3.14.

Wenn der Vorkammerraum ganz gefüllt ist und die Membrane des Hauptventiles zur Ruhe kommt, wird im ganz geöffneten Ventil w_e gleich $w_a = 0$, und p_v in der Vorkammer ist identisch mit dem Druck p_1 vor dem Ventil. Während des Öffnungsvorganges ist aber

$$\Delta p_e = p_1 - p_v$$

und

$$\Delta p_a = p_v - p_2,$$

wobei p_2 der Druck hinter dem Ventil und p_v der Druck in der Vorkammer ist.

Auf alle Fälle muß aber die strömungstechnisch wirksame Zuflußöffnung A_e bei flüssigen Medien größer als die Abflußöffnung A_a sein, sonst kommt es nach Öffnen des Vorsteuerventiles überhaupt zu keiner Entleerung des Vorkammerraumes und somit zu keiner Öffnungsbewegung. Für die Schließbewegung gilt dagegen: Je kleiner die Zuflußöffnung A_e wird, desto langsamer schließt das Ventil; je größer A_e ist, desto schneller schließt das Ventil. Bei $A_e = A_a$ wird der Druck in der Vorkammer nach längerer Anlaufzeit genau der Mittelwert zwischen dem Druck vor und hinter dem Hauptventil sein, vorausgesetzt, daß das Durchflußmedium eine Flüssigkeit ist.

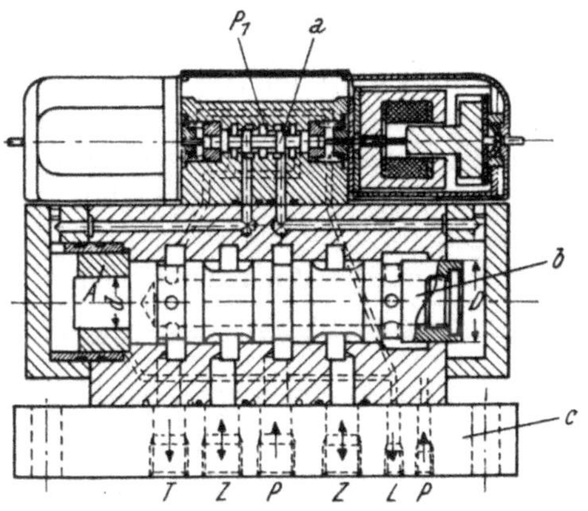

Abb. 110. Vorgesteuertes 4/3-Wegeventil mit hydraulischer Rückführung
p_1 Vorsteuerdruck
a Kolben des Vorsteuerventiles
b Kolben des Hauptventiles
c Grundplatte
d Durchmesser der linken Betätigungsfläche des Hauptsteuerkolbens
D Durchmesser der rechten Betätigungsfläche des Hauptsteuerkolbens
A Ringkolben
Anschlüsse in der Grundplatte:
T Tankrücklauf
Z Verbraucheranschlüsse
P Druckanschluß zur Hauptpumpe

Magnetventile mit „einstellbarer Schließzeit" haben meist einen konstanten Ausflußquerschnitt und eine durch eine verstellbare Drosselschraube einstellbare Zuflußöffnung, Abb. 103 b. Es kann dann praktisch jede beliebige Schließzeit zwischen 0 und Unendlich eingestellt werden, da die Schließzeit fast ausschließlich vom Flächenverhältnis A_e/A_a abhängt.

Ähnliche Überlegungen wie für vorgesteuerte 2/2-Ventile gelten auch für Mehrwegschieber der Ölhydraulik und Pneumatik, Abb. 110, wobei hier der Hauptkolbenschieber praktisch durch einen oder zwei kleine Arbeitszylinder betätigt wird, die somit nur einen Anschluß haben, durch den das Medium je nach der Stellung des Vorsteuerventiles einmal zufließt und einmal abfließt.
Die Zuflußmenge ist wieder

$$A_e w_e$$

und die Abflußmenge

$$A_a w_a$$

w_e und w_a werden durch

$$\Delta p_a = p_1 - p_a$$

und

$$\Delta p_e = p_a - p_2$$

bestimmt, wobei p_a der jeweilige Druck im Zylinder des Hauptventiles, p_1 der Druck vor und p_2 hinter dem Ventil ist.

Im Gegensatz zum 2/2-Ventil nach Abb. 103 a tritt also hier kein gleichzeitiges Zuströmen durch einen größeren Zuflußquerschnitt und Abströmen durch einen kleineren Ausfluß ein. In einem 4/3-Steuerschieber mit drei Stellungen und der Schaltfunktion nach Abb. 111 wird der Hauptsteuerkolben durch zwei 3/2-Vorsteuerventile oder ein 4/3-Vorsteuerventil und je einen Mini-Arbeitszylinder an den Enden des Hauptsteuerkolbens betätigt.

Durch Verstellen des Drosselquerschnittes zwischen Vorsteuerventil und

---

Abb. 111. Vorgesteuerte 4/3-Magnetventile, P Pumpe, P_1 Steuerölanschluß, 1, 2 Verbraucheranschluß (Zylinder oder Motor), R Rücklauf

a–e) Ein 4/3-Ventil als Vorsteuerventil für ein 4/3-Hauptsteuerventil

a) Getrennter Steuerölanschluß, gemeinsamer Rücklauf

b) Kein getrennter Steuerölanschluß, getrennter Rücklauf, freier Abfluß über Vorspannventil in Mittellage erzeugt den Steuerdruck

c) Getrennter Steuerölanschluß, Steuerdruck durch Vorspannventil

d) Getrennter Steuerölanschluß, getrennter Rücklauf, Mittellage alle Anschlüsse verschlossen

e) Kein getrennter Steuerölanschluß, kein getrennter Abfluß, wegen freiem Durchfluß durch das Vorsteuerventil ohne Zusatzventil, z. B. vorgespanntes Rückschlagventil im Rücklauf, nicht funktionsfähig, einstellbare Schaltzeit durch Drosseln

f, g) Zwei 3/2-Ventile zur Vorsteuerung eines 4/3-Hauptsteuerventiles

f) Getrennter Steuerölanschluß, gemeinsamer Rücklauf, Hauptventil Mittellage freier Durchfluß

g) Kein getrennter Steuerölanschluß, kein getrennter Rücklauf, Hauptventil Mittellage alle Anschlüsse verschlossen

e, g) Einstellbare Schaltzeit durch Drosseln

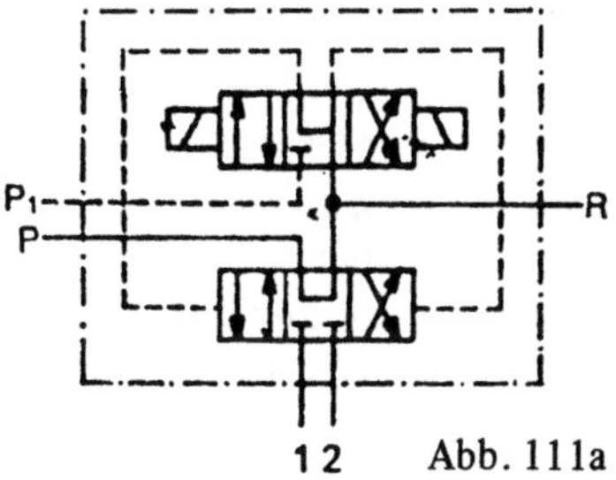

Abb. 111a

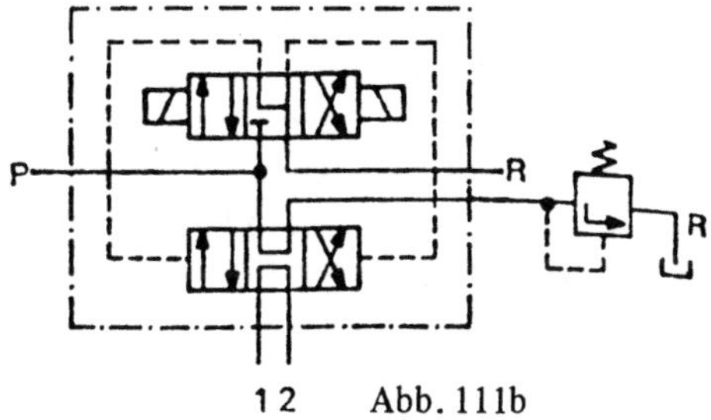

Abb. 111b

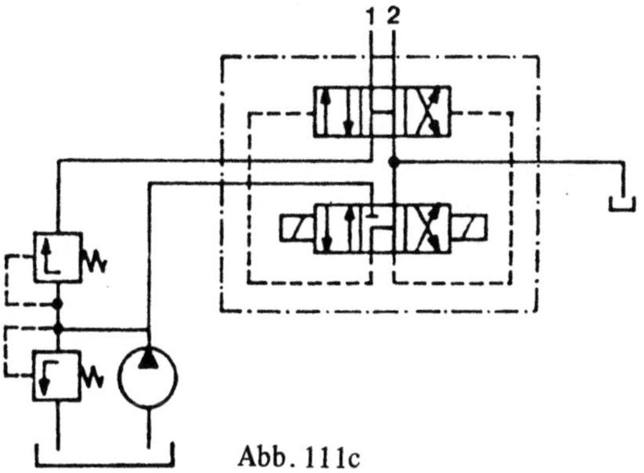

Abb. 111c

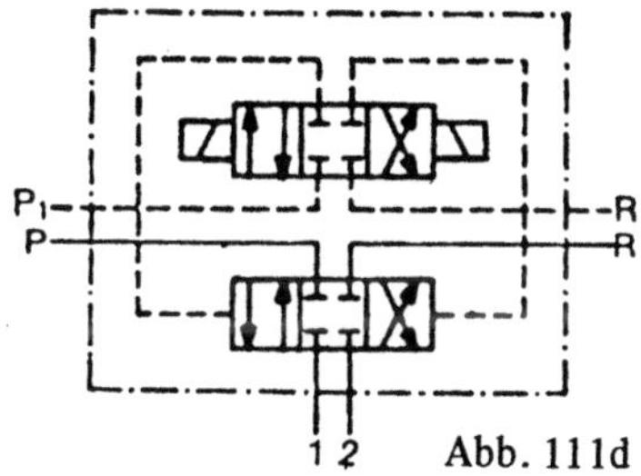

Abb. 111d

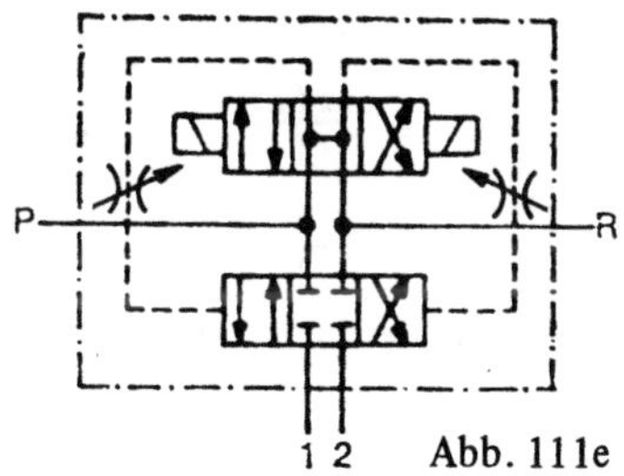

Abb. 111e

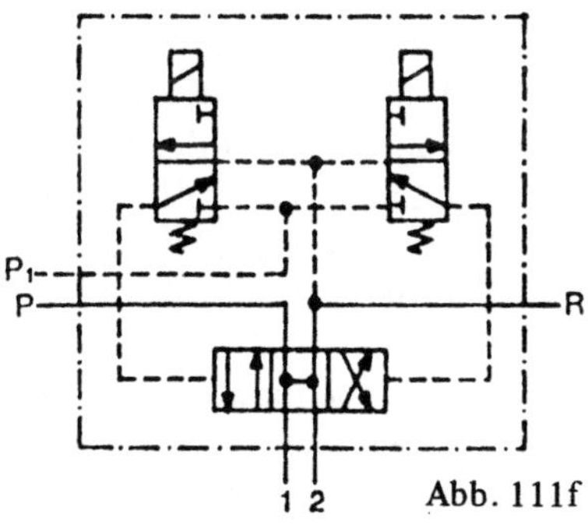

Abb. 111f

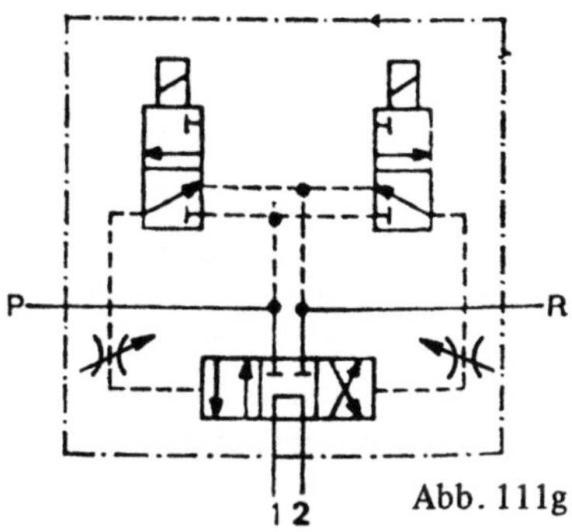

Abb. 111g

Kolben des Mini-Zylinders kann in jeder Bewegungsrichtung eine andere und beliebig große Schaltgeschwindigkeit erreicht werden. Natürlich hängt die Schaltzeit auch hier nicht nur von den Strömungsquerschnitten an dieser Drossel ab, sondern auch von den elektromagnetischen und mechanischen Verzögerungskräften am Vorsteuerventil und am Hauptsteuerventil. Vor allem wird aber die Schließzeit auch von den instationären Bewegungsvorgängen in den Druckleitungen vor und hinter dem Hauptsteuerventil und durch die mit wechselnder Temperatur veränderliche Zähigkeit beeinflußt.

Im allgemeinen können Magnetventile mit einem Magneten nur in zwei Stellungen und solche mit zwei Magneten und Federrückführung in drei Stellungen festgehalten werden.

Ein 2/2-Magnetventil, dessen Querschnitt auch stufenlos wie bei einem Motorventil verändert werden kann, zeigt Abb. 112. Seine Funktion geht aus dem Schaltplan hervor. Wenn das linke Vorsteuerventil geöffnet ist, schließt das Hauptventil, wenn das rechte Vorsteuerventil geöffnet ist, öffnet es, wenn beide Vorsteuerventile geschlossen werden, kann das Hauptventil in jeder Zwischenstellung festgehalten werden. Es kann somit stufenlos jeder beliebige Ventilquerschnitt am Hauptventil eingestellt werden. Öffnungs- und Schließgeschwindigkeit können an zwei Drosseln in den Steuerleitungen vor den Vorsteuerventilen eingestellt werden.

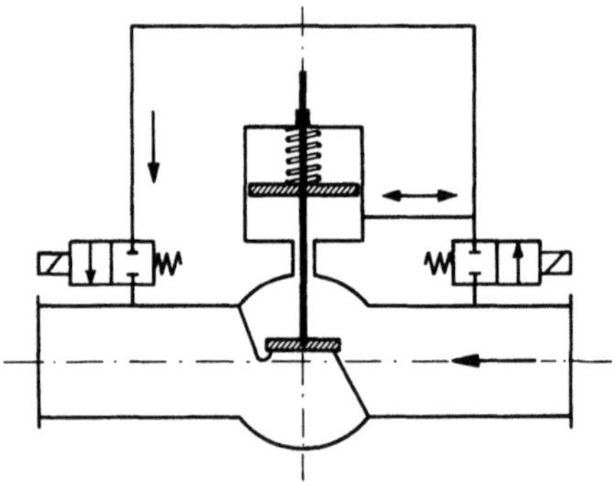

Abb. 112. Hilfsgesteuertes Durchgangsventil, einstellbar auf beliebigen Öffnungsquerschnitt

7.8.4 Schnellkupplungen

Man unterscheidet Durchgangskupplungen ohne Rückschlagventile, in denen nach Trennen von Kupplung und Nippel das Medium aus beiden Kupplungsteilen ausfließt, beidseitig schließende Kupplungen, bestehend aus Verschlußkupplung mit Rückschlagventil und Verschlußnippel mit Rückschlagventil, bei denen nach Trennen der Verbindung beide Kupplungsteile schließen, und schließlich einseitig schließende Kupplungen, bei denen nur die Verschlußkupplung schließt, wenn die Verbindung durch das Herausziehen des Stecknippels aus der Verschlußkupplung getrennt wird, Abb. 113, 114 und 115.

Beim plötzlichen Trennen der Verbindung von Verschlußkupplung und Stecknippel oder Verschlußkupplung und Verschlußnippel tritt auch bei Schnellkupplungen immer der Flüssigkeitsschlag $\Delta p = a\rho w$ ein, doch sind die Strömungsgeschwin-

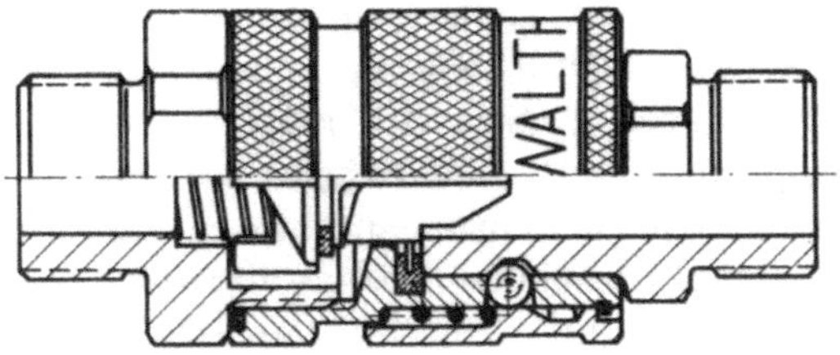

Abb. 113. Schnellverschlußkupplung + Stecknippel (Walther-Präzision)

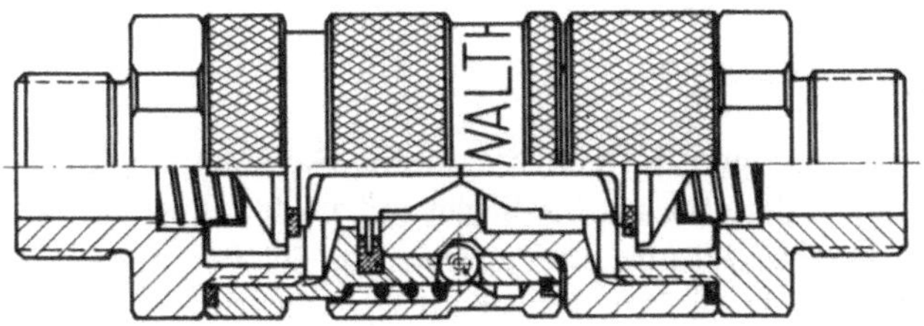

Abb. 114. Schnellverschlußkupplung + Verschlußnippel (Walther-Präzision)

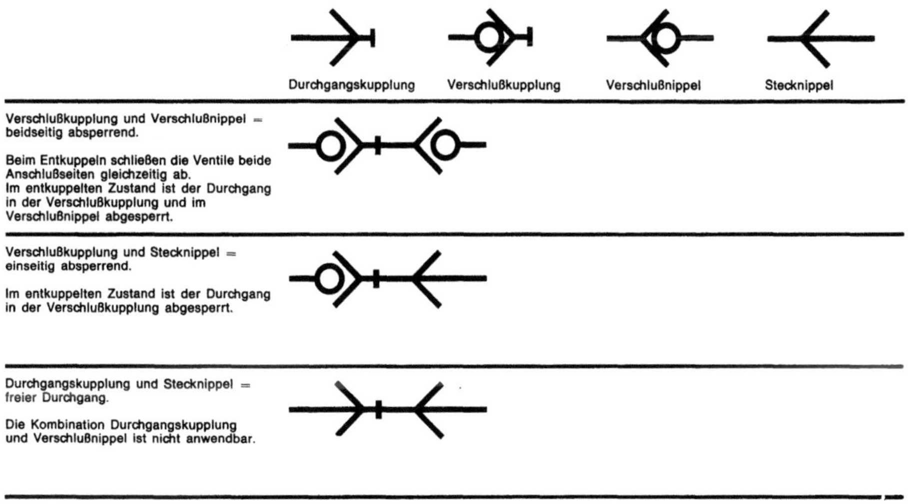

Abb. 115. Symbole für Schnellkupplungen (Walther-Präzision). An allen Anschlußstellen eines Netzes (Gas, Druckluft, Öl, Wasser usw.) können Verschlußkupplungen oder Verschlußnippel verwendet werden. Durch Einführen des Steck- oder Verschlußnippels in die Verschluß- oder Durchgangskupplung wird die Verbindung wie bei einem Steckkontakt hergestellt. Durch die Zwangsverriegelung der Ventile in der Öffnungsstellung ist der Mediumfluß unabhängig von der Strömungsrichtung

digkeiten hier meist kleiner, so daß nur in Sonderfällen Rohrbrüche oder Beschädigungen der Kupplung zu befürchten sind. Dagegen besteht bei der Lösung der Verbindung Verschlußkupplung + Stecknippel bei größeren Nennweiten folgende Gefahr: Nach dem Herausnehmen des Stecknippels fließt aus diesem plötzlich das Medium aus, und durch den Rückstoß, der auf diesen Nippel und die mit ihm verbundene Schlauchleitung ausgeübt wird, kann es zu Verletzungen kommen. Diese Gefahr besteht bei Druckluft und Gasen, etwa bei Drücken über 5 at und Nennweiten über 12 mm. Um dieses plötzliche Ausströmen aus dem Stecknippel zu vermeiden, verwendet man statt des Stecknippels einen Verschlußnippel mit „entlüftendem Ventil". Dies ist praktisch ein Stecknippel mit einem eingebauten Drosselrückschlagventil. Dieses gibt im eingekuppelten Zustand den vollen Durchflußquerschnitt frei, während es nach Trennen der Verbindung Verschlußkupplung + Verschlußnippel nur einen kleinen Austrittsquerschnitt aus dem Verschlußnippel offen läßt. Hierdurch kommt es zu einem langsamen Ausströmen aus der Schlauchleitung ohne große Rückstoßkräfte.

7.8.5 Plattenventile der Kolbenverdichter

Abb. 116 zeigt das pv-Diagramm eines Kolbenverdichters. Die Kompression beginnt in Punkt 1′ beim Druck p'_1, der etwas höher liegen soll als der Umgebungsdruck p_a, wenn die Trägheit in der Saugleitung zur Verbesserung des Liefergrades ausgenützt wird. Die Kompressionslinie 1′, 2 folgt einer Linie, die im unteren Teil

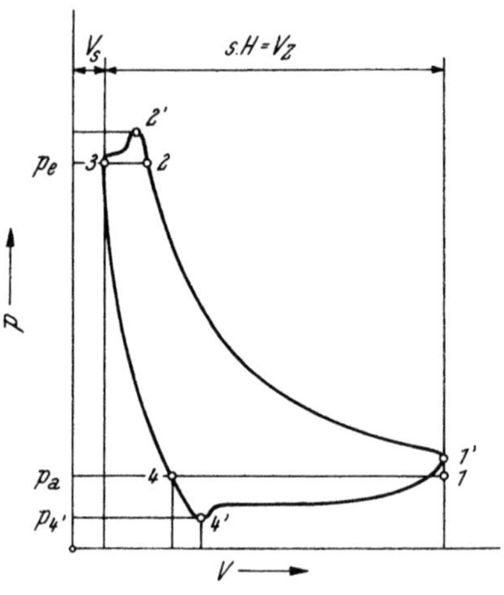

Abb. 116. pv-Diagramm des Kolbenverdichters

über der Adiabate liegt, weil die warmen Zylinderwände Wärme an das Gas abgeben, im obersten Teil jedoch unter der Hyperbel $p \cdot v$ = konstant für die Isotherme, weil das nun durch Kompression verdichtete und erwärmte Gas Wärme an die kühlen Zylinderwände abgibt. Im Punkt 2 wird der Druck im Zylinder gleich hoch wie der Druck im Druckgasbehälter p_e. Die Ventilplatte des Druckventils mit dem Querschnitt A_a öffnet aber erst, wenn die Kraft

$$A_a\,(p'_2 - p_e)$$

folgende Kräfte überwinden kann:

1. Die Federkraft, die auf die Ventilplatte des Druckventils wirkt,
2. Die Kräfte für die Beschleunigung der Ventilplatte und bei den meisten Ventilen auch noch der Dämpferplatte und der Federplatte.

All diese Beschleunigungskräfte sind im Druckventil im Augenblick der Öffnung besonders groß, weil die Kolbengeschwindigkeit in diesem Augenblick meist nahezu noch ihren Maximalwert hat.

3. Kräfte zur Beschleunigung der Gasmassen, die hinter dem Ventil zunächst in Ruhe sind.

4. Vor allem aber muß unmittelbar nach Öffnung des Ventiles ein Druckgefälle Δp_2 überwunden werden, das der stationären Strömung durch den Ventilquerschnitt A_3 entspricht. Es ist

$$\Delta p_2 = \frac{\rho_3 w_3^2}{2} = \frac{\rho_3}{2} \cdot c_k^2 \cdot \left(\frac{A_k}{A_3}\right)^2 = \frac{\rho_3}{2} r^2 \omega^2 \left(\frac{A_k}{A_3}\right)^2$$

w_3 Geschwindigkeit und
ρ_3 Dichte im veränderlichen Ventilquerschnitt A_3 während der Öffnung
A_k Kolbenfläche
r Kurbelradius
ω Winkelgeschwindigkeit

Δp_2 erreicht bei der maximalen Kolbengeschwindigkeit c_k natürlich auch seinen Maximalwert. Erst im Punkt 3 wird dieses Druckgefälle wieder gleich Null.

Die Federkraft auf die Druckventilplatte wird dann bei $\Delta p_2 = 0$ kurz vor der Totlage im Punkt 3 das Ventil schließen, was den Liefergrad etwas verschlechtert, soweit nicht durch Erzeugung einer Saugwirkung in der Druckleitung im Augenblick der Totlage des Kolbens sogar eine Verbesserung des Liefergrades möglich ist.

Nun folgt die Expansion vom Druck p_3 im schädlichen Raum $V_s = V_3$ auf den Druck p_4 im Punkt 4. Im Punkt 4 hat der Kolben wieder etwa die Hälfte oder zwei Drittel der maximalen Kolbengeschwindigkeit. Die Gassäule vor dem Saugventil ist im Punkt 4 zunächst in Ruhe. In der Zeit, in der sich das Volumen im Zylinder von V_4 auf V_4' vergrößert, sinkt der Druck unter p_a auf p_4' so lange, bis das Druckgefälle groß genug ist, um

1. die Federkraft, die auf die Saugventilplatte wirkt, zu überwinden. $p_a - p_4'$ wirkt hierbei auf die geometrische Fläche A_e des Ventileintrittsquerschnittes mit der Kraft $A_e\ (p_a - p_4')$,

2. die Masse der Ventilplatte und der eventuellen Feder- und Dämpferplatte zu beschleunigen,

3. die Gassäule im Saugrohr zu beschleunigen

4. das Druckgefälle

$$\Delta p_e = \frac{\rho_4 w_e^2}{2} = \frac{\rho_4 c_k^2}{2} \left(\frac{A_k}{A_e}\right)^2 = \frac{\rho_4}{2} \cdot \frac{r^2 \omega^2}{2} \cdot \left(\frac{A_k}{A_e}\right)^2$$

zu überwinden.

w_e Strömungsgeschwindigkeit im Querschnitt A_e des Saugventiles
ρ_4 Dichte im Querschnitt A_e
A_k Kolbenfläche
r Kurbelradius
ω Winkelgeschwindigkeit

Der Faktor 1/2 entspricht einem Wert von $c_k = 0{,}7\ c_{k\ \max}$ im Punkt 4. Während des Saughubs liegt der Druck im Zylinder zunächst immer um $\rho_4 w_e^2/2$ unter

p_a, wobei der Einströmwiderstand Δp_e bei der maximalen Kolbengeschwindigkeit etwa in Hubmitte seinen Höchstwert erreicht. Vor Ende des Saughubes soll wieder die bereits erwähnte Aufladung des Zylinders durch die Trägheit des Gases im Saugrohr erfolgen, bevor die Kompression im Punkt 1′ wieder beginnt.

7.8.6 Rückschlagventile

In Kegel- und Kugelventilen ist die zu beschleunigende Masse von Kegel oder Kugel relativ groß. Teilweise ist bei lotrechter Strömung auch das Gewicht dieser Elemente zu berücksichtigen. Leichtkegelventile verwenden Kunststoffkegel oder Aluminiumkegel mit O-Ring-Dichtung. Auch Ventile mit Nylonkugeln erreichen neben guter Abdichtung geringere Trägheitskräfte als Ventile mit Stahlkugeln. Die geringsten bewegten Massen haben Stahlplattenventile, die nach dem gleichen Prinzip wie die Saug- und Druckventile der Kolbenverdichter arbeiten. Dies gilt für Rückschlagventile für Pneumatik bzw. Hydraulik. Normale Rückschlagventile und -klappen wurden schon in Abschnitt 7.7.2 behandelt.

7.8.7 Drosselventile

Als Drosseln in hydraulischen und pneumatischen Systemen können Blenden, Abb. 117 a, Kapillarrohre mit unveränderlichem Querschnitt oder verstellbare Querschnitte wie Nadelventile, Abb. 117 b, oder Ventile mit Kerben, Abb. 117 c dienen.

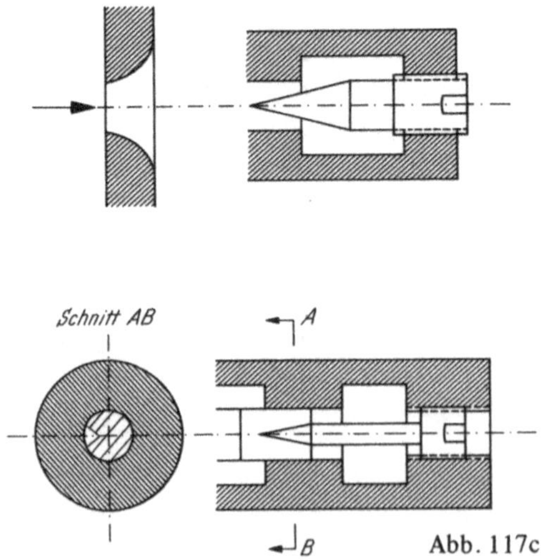

Abb. 117c

Abb. 117. Drosseln.
a) Blende
b) Nadelventil mit verstellbarem Querschnitt
c) Ventil mit Kerbe mit verstellbarem Querschnitt

Der Strömungswiderstand ist hierbei nur im Kapillarrohr in beiden Richtungen gleich groß. Durch die Blende nach Abb. 117 a wird z. B. bei gleicher

Durchflußmenge in Pfeilrichtung wegen der Kontraktion ein etwa viermal so großer Druckabfall auftreten, wie in entgegengesetzter Richtung, weil die wirksame Querschnittsöffnung in Pfeilrichtung nur halb so groß ist, wie in entgegengesetzter Richtung. Ähnliche, wenn auch nicht so krasse Unterschiede gelten auch für Drosseln nach Abb. 117 b und Abb. 117 c. Das Gesetz für den Zusammenhang zwischen dem Druckgefälle und der Durchflußmenge richtet sich nach der Art des Drosselelementes und ist also etwa

$$\Delta p = \text{const}\; w$$

für die Kapillare und

$$\Delta p = \text{const}\; w^2$$

für die Blende, oder

$$\Delta p = \text{const}\; w^{1{,}75}$$

für ein Rohr bei turbulenter Strömung usw. gemäß den Überlegungen von Abschnitt 3.13 und 3.14. Normale Absperrarmaturen in Rohrleitungssystemen können auch für Drossel- bzw. Regulierzwecke verwendet werden. Sonderbauarten kommen in der Regeltechnik zur Anwendung.

7.8.8 Druckbegrenzungsventile für Hydrauliksysteme

Ein Druckbegrenzungsventil nach Abb. 118 öffne beim Druck p_x und schließe beim Druck p_y. Wenn die Kraft $p_x \cdot A_1$ größer wird als die Kraft F der Feder mit der Länge L im geschlossenen Zustand des Ventiles, also wenn

$$p_x A_1 \geqslant F,$$

so öffnet das Ventil.

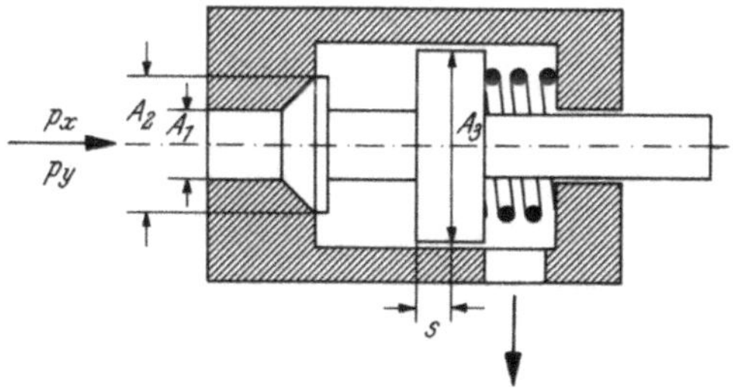

Abb. 118. Druckbegrenzungsventil

Der Ventilkolben macht dann den Hub s, wobei die Federkraft F auf

$$F \frac{L}{L-s}$$

zunimmt. Das Ventil schließt, wenn $p_y \cdot A_3$ kleiner wird als diese Federkraft im geöffneten Zustand

$$p_y A_3 \leqslant F \frac{L}{L-s}\,.$$

Daraus ergibt sich das Verhältnis des Öffnungsdruckes p_x zum Schließdruck p_y zu

$$\frac{p_x}{p_y} = \frac{A_3}{A_1} \cdot \frac{L-s}{L} .$$

Wenn das Ventil am Sitz nicht absolut dicht ist, könnte man auch setzen

$$\frac{p_x}{p_y} = \frac{A_3}{A_2} \cdot \frac{L-s}{L}$$

oder

$$\frac{p_x}{p_y} = \frac{A_3 \cdot 2}{A_1 + A_2} \cdot \frac{L-s}{L} .$$

Soweit die hydrostatischen Überlegungen.

Nun tritt aber im Augenblick der Öffnung von A_1 ein plötzlicher Druckabfall ein, wenn das Überdruckventil nicht direkt an einem großen Behälter sitzt, sondern an einer Rohrleitung. Es gelten dann ähnliche Überlegungen, wie sie im Abschnitt 6.1 für die Strömung durch eine Rohrleitung mit Ventil angestellt wurden. Der Druck p_y, bei dem das Ventil wieder schließt, ist unabhängig von der Durchflußmenge. Der Druck im Hydrauliksystem dagegen steigt mit zunehmender Durchflußmenge umso mehr, je enger und je länger die Rohrleitung zu dem Druckbegrenzungsventil ist.

Bei sehr langen Leitungen kann es auch zu Druckschwingungen kommen, also zu stehenden Druckwellen, deren Amplituden besonders groß sind, wenn Resonanz zwischen der schwingenden Flüssigkeitssäule und der Schwingung der Ventilfeder eintritt. Dies führt dann zu den bekannten, mit starken Geräuschen verbundenen Schwingungen der Sicherheitsventile. Zu ihrer Vermeidung wird A_3/A_2 bzw. A_3/A_1 so groß wie möglich gewählt, soweit es das verlangte Druckverhältnis p_x/p_y zuläßt. Außerdem kann auch noch der Kolben mit der Fläche A_3 als Dämpfungskolben ausgebildet werden, wenn ein entsprechendes Spiel zwischen dem Kolben und der Zylinderwand vorgesehen wird.

7.8.9 Zwangsgesteuerte Ventile in Kolbenmaschinen

Für das Einlaßventil (e) gilt die Gleichung

$$A_e w_e = A_k c_k$$

A_e Querschnitt des Einlaßventiles
w_e Geschwindigkeit in A_e
A_k Kolbenfläche
c_k Kolbengeschwindigkeit

Hierbei wird aber w_e weitgehend vom Druck vor dem Ventil beeinflußt, der seinerseits wieder durch die im Saugrohr hin- und herlaufenden Druckwellen bestimmt wird. Ebenso gilt für das Auslaßventil (a) die Gleichung

$$A_a w_a = A_k c_k ,$$

A_a Querschnitt des Auslaßventiles

wobei w_a, die Geschwindigkeit im Auslaßquerschnitt A_a, ebenfalls durch Schwingungen im Austrittsrohr beeinflußt wird.

8. Strömung in Rohrleitungssystemen

Bei der Dimensionierung von Rohrleitungen ist zu unterscheiden, ob es sich um Leitungen handelt, die zum „Energietransport" dienen wie etwa Wasserleitungs-, Druckluft- bzw. Gasverteilungsnetze, bei denen die Strömungsgeschwindigkeiten so gewählt werden, daß möglichst geringe Energieverluste entstehen, oder ob man einen „Ausström"-Vorgang behandelt, wie er etwa bei der Entlüftung eines Druckluftspeichers oder bei der Ausströmung aus einem Druckluftzylinder vorliegt. Im zweiten Fall geht stets die gesamte Druckenergie verloren. Die Dimensionierung erfolgt dann natürlich nach anderen Gesichtspunkten als bei Rohrleitungen für ein Energieverteilungsnetz.

Rohrleitungen, die dem Energietransport dienen, sind in den Abmessungen so auszulegen, daß die Summe aus festen Kosten und Betriebskosten ein Minimum erreichen. Feste Kosten sind der Kapitaldienst (Zinsen und Abschreibung) für die Anschaffungskosten der Rohrleitungsanlage. Die Anschaffungskosten ergeben sich aus Material-, Bearbeitungs- und Montagekosten. Die Betriebskosten werden durch den Druckverlust verursacht, der durch Pumpenarbeit, Kompressorarbeit oder bei Dampferzeugung durch erhöhten Brennstoffverbrauch gedeckt werden muß. Da mit größerer lichter Weite die Strömungsgeschwindigkeit, der Druckverlust und somit die Betriebskosten abnehmen, die Kapitalkosten aber ansteigen, ist zur Erreichung des Kostenminimums der optimale Durchmesser zu bestimmen.

Anders liegen die Verhältnisse bei Ausströmvorgängen, bei denen die Energie als verloren zu betrachten ist. Es treten hier meist hohe Geschwindigkeiten – bei Gasen in der Größenordnung der Schallgeschwindigkeit – auf, wobei eine Berechnung der Druckverteilung in einem langen Ausströmrohr nach Abschnitt 4.6 nur näherungsweise möglich ist.

8.1 Optimale Nennweite von Rohrleitungen

Beim Entwurf von Rohrleitungssystemen muß die optimale Nennweite d_w ermittelt werden, bei der die Gesamtkosten je m³ durchgeleiteten Medium ein Minimum werden.

Die Kosten setzen sich zusammen aus:

a) den Energiekosten

$$K_E = N_e \cdot b \cdot p / Q_{\text{ges}} \text{ in S/m}^3 \tag{271}$$

N_e Leistungsaufnahme von Pumpen bzw. Kompressoren in kW

b jährliche Betriebsstundenzahl in h
p Arbeitspreis für kWh in S
Q_{ges} jährliche Gesamtfördermenge in m^3/Jahr

K_E bzw. N_e wird man besser in zwei Teile aufspalten, nämlich Teil 1 für die Überwindung der statischen Druckhöhe und Teil 2 für die Überwindung des Druckhöhenverlustes durch Leitungswiderstände. Dieser zweite Teil ist für diese Betrachtung maßgebend.

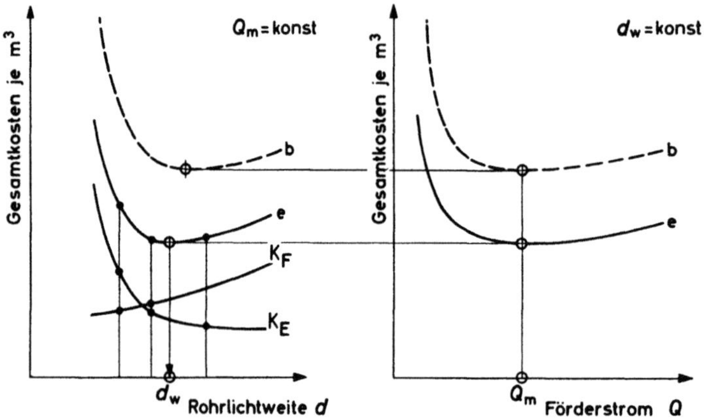

Abb. 119a Abb. 119b

Abb. 119. Richtlinien zur Auswahl der optimalen Nennweite von Rohrleitungen.
a) Ermittlung der wirtschaftlichen Nennweite
b) Abhängigkeit der Rohrleitungsbetriebskosten von der Durchflußmenge

b) den festen Kosten K_F für Verzinsung und Abschreibung der Baukosten K_B (Rohrleitung, Armaturen, Maschinen, Grunderwerb, Rohrverlegung, Bauwerke) sowie den Unterhalts- und Wartungskosten K_U

$$K_F = (K_B \cdot \frac{z + a}{100} + K_U)/Q_{ges} \text{ in S/m}^3 \tag{272}$$

z Zinsfuß in %
a Abschreibungssatz in %

Die effektive Durchflußmenge kann starken Schwankungen unterliegen. Für die Berechnung von d_w wird daher die mittlere Durchflußmenge $Q_m = \frac{Q_{ges}}{b}$ in m^3/h gewählt. Es muß auch auf eventuelle Steigerungen von Q_m in den nächsten Jahren Rücksicht genommen werden.

Für den festgelegten Wert Q_m ermittelt man für mehrere verschiedene DN die Kosten K_E und K_F, trägt sie über DN auf und legt Kurven durch die gefundenen Punkte, Abb. 119a. Durch Addition der Kurven K_E und K_F erhält man die Kurve der Gesamtkosten e, die ein Minimum aufweist, unter dem der gesuchte Durchmesser d_w abgelesen wird.

Folgendes ist dabei zu beachten: d_w wird umso kleiner, je geringer die Energiekosten und je höher die Baukosten werden. In Abb. 119a gilt Kurve e für einen geringeren und Kurve b für einen höheren Arbeitspreis der kWh.

Mit abnehmendem DN steigen die Gesamtkosten rasch, mit zunehmendem DN jedoch nur langsam an. Weicht bei festliegendem d_w die tatsächliche Durchflußmenge von der mittleren ab, dann steigen die Gesamtkosten je m^3 mit wachsendem Q nur langsam, mit fallendem Q jedoch rasch an; Abb. 119b.

Bei Falleitungen (Leitungen mit natürlichem Gefälle, die ohne Pumpe betrieben werden) sind die Gesamtkosten je m^3 Durchfluß am kleinsten, wenn DN so gewählt wird, daß das vorhandene statische Gefälle H gerade durch die Leitungswiderstände aufgezehrt wird.

Dann ergibt sich die wirtschaftliche Rohrweite

$$d_w = \sqrt[5]{6{,}4 \cdot \lambda \cdot l \cdot (Q_m/1000)^2/H} \text{ in m} \tag{273}$$

Q_m mittlerer Durchfluß in m^3/h
H statisches Gefälle in m
l Leitungslänge in km
λ Rohrreibungszahl (s. Abb. 20)

Beispiel:

$Q_m = 4320\ m^3/h$
$H = 45$ m
$l = 25$ km
$\lambda = 0{,}015$

$$d_w = \sqrt{6{,}4 \cdot 0{,}015 \cdot 25 \cdot 4{,}32^2/45} = 1 \text{ m}.$$

8.2 Äquivalente Rohrlängen und Widerstandswerte verschiedener Einbauten

Rohrleitungssysteme bestehen aus geraden Rohrstücken, aus Formteilen wie Krümmern und dergleichen und verschiedenen anderen Einbauten, die für die Berechnung des Druckverlustes des ganzen Systems in gerade Rohrstücke gleichen Druckverlustes umgerechnet werden. Diese fiktiven geraden Rohrstücke nennt man die „äquivalente Rohrlänge" von Einbauten bzw. Formteilen.

Aus den Gl. (82) und (246) ergibt sich

$$\zeta = \lambda \frac{l}{d} \tag{274}$$

und damit wird die äquivalente Rohrlänge eines Formstückes in m

$$l_{z1} = \frac{\zeta}{\lambda} \cdot \frac{d}{1000} \tag{275}$$

wenn d die Nennweite des Rohres in mm ist.

Die für die Druckverlustrechnung maßgebende Gesamtlänge des Systems l_z setzt sich aus den geraden Rohrstücken und der äquivalenten Rohrlänge von Einbauten und Formteilen zusammen. Wenn nun die Widerstandsbeiwerte der Formteile und Einbauten (oder auch k_v-Werte bei Armaturen) bekannt sind, dann kann deren äquivalente Rohrlänge ermittelt werden.

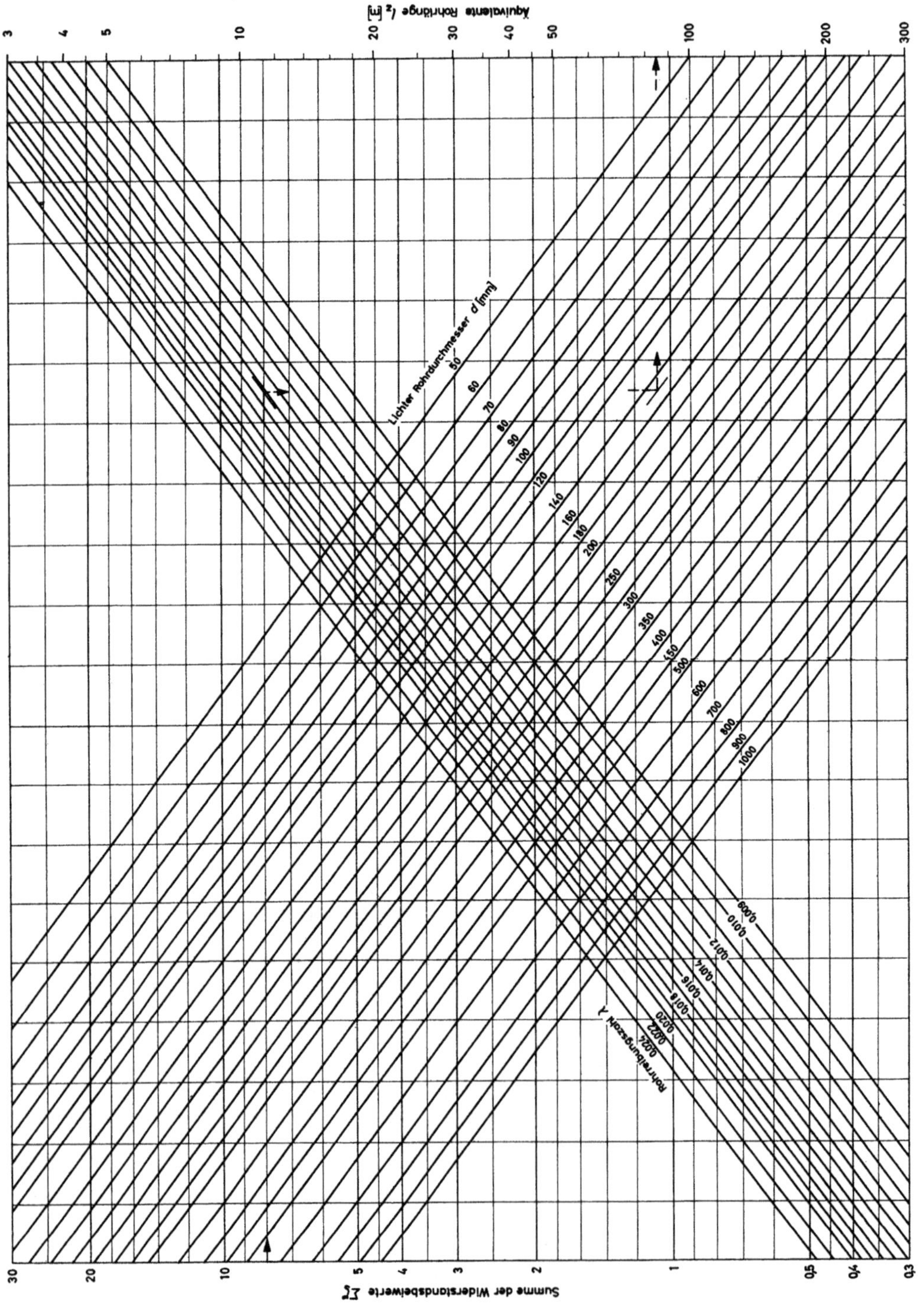

Abb. 120. Ermittlung der äquivalenten Rohrlänge. (KSB Armaturen-Handbuch 1965, Klein, Schanzlin & Becker AG, Frankenthal, Pfalz)

Es ist

$$l_z = \frac{\Sigma \zeta}{\lambda} \cdot \frac{d}{1000} \tag{275a}$$

$\Sigma\zeta$ Summe der ζ-Werte aller Einbauten, Formstücke und Absperrorgane.
Aus Abb. 120 kann die äquivalente Rohrlänge direkt entnommen werden.

Für die verschiedenen Armaturen sind ζ und k_v-Werte im Abschnitt 7.7.1 bis 7.7.4 und in Tab. 10 und 11 angegeben bzw. wird man diese Werte vom Hersteller verlangen.

Falls k_v-Werte vorliegen, ergibt sich ζ aus Gl. (255)

$$\zeta = \left(\frac{4\,d^2}{k_v}\right)^2 .$$

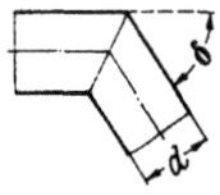

Kniestück

a) Einfache Kniestücke

δ	5°	10°	15°	22,5°
ζ	0,02	0,035	0,05	0,09
δ	30°	45°	60°	90°
ζ	0,14	0,28	0,56	1,2

Die geraden Rohrlängen sind bis an die Knickstellen zuzurechnen. $x = \Sigma\, l + \zeta d/\lambda_R$, wobei unter $\Sigma\, l$ die Gesamtlänge der geraden Rohrstrecken zu verstehen ist.

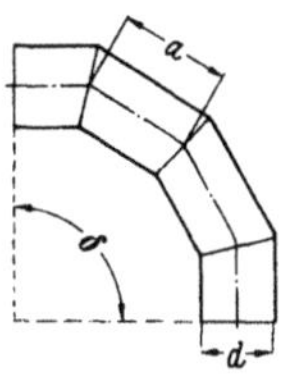

Segment-Bogen

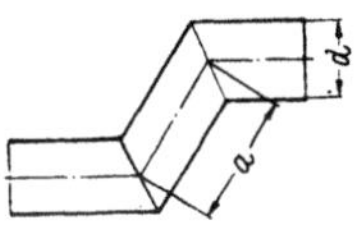

Segment-Etage

b) Segmentbogen und Segmentetage
Widerstandsbeiwerte ζ

δ \ a/d	1,5	2	4	6
90°	0,24	0,26	0,28	0,29
60°	0,19	0,20	0,22	0,23
45°	0,14	0,15	0,16	0,17
30°	0,095	0,10	0,11	0,11
15°	0,055	0,06	0,065	0,07
Etagenstück	0,25	0,23	0,21	0,19

Die geraden Zu- und Ablaufstrecken ($\Sigma\, l$) sowie die geraden Zwischenstrecken (Σa) sind hinzuzurechnen mit $x = \Sigma\, l + \Sigma\, a + \zeta d/\lambda_R$.

c) Knieformstücke

Es ist mit folgenden Widerstandsbeiwerten ζ zu rechnen zuzüglich gerader Rohrstrecken.

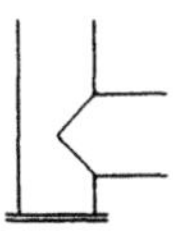

Knie mit Reinigungsflansch

$\zeta = 2$ bis 2,5

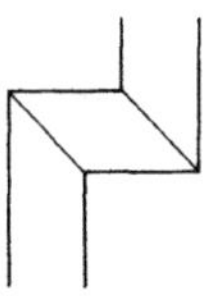

Etagen-Kniestück

$\zeta = 3{,}5$ bis 4

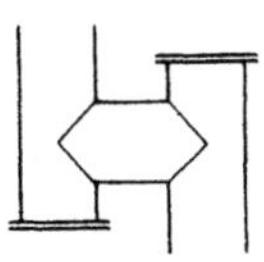

Etagenstück mit Reinigungsflanschen

$\zeta = 4$ bis 5

Abb. 121. Widerstandsbeiwerte ζ von Kniestücken

Wenn bei englischen Armaturen C_v-Werte angegeben sind, dann erhält man k_v aus

$$k_v = 0{,}86\, C_v$$

oder

$$\zeta = \left(\frac{4{,}65\, d^2}{C_v}\right)^2$$

Die Abb. 121 bis 125 zeigen ζ-Werte für verschiedene Kniestücke, Abzweigstücke, Ein- und Ausläufe und für sonstige besondere Einbauten.

a) Recht- und schiefwinklige Abzweigstücke

Abzweigstücke *a* und *b* für Stromtrennung, *c* und *d* für Stromvereinigung

		Stromtrennung				Stromvereinigung			
		senkrecht		schief		senkrecht		schief	
G_a/G_z	G_a/G_d	ζ_a	ζ_d	ζ_a	ζ_d	ζ_a	ζ_d	ζ_a	ζ_d
0,0	0,0	0,96	0,05	0,90	0,04	—1,20	0,06	—0,90	0,05
0,2	1/4	0,88	—0,08	0,68	—0,06	—0,40	0,18	—0,37	0,18
0,4	2/3	0,89	—0,04	0,50	—0,04	0,10	0,30	0,00	0,19
0,6	1,5	0,96	0,07	0,38	0,07	0,47	0,40	0,22	0,06
0,8	4,0	1,10	0,21	0,35	0,20	0,72	0,50	0,37	—0,18
1,0	∞	1,29	0,35	0,48	0,33	0,92	0,60	0,38	—0,54

Es bedeuten die Zeiger: a Abgang, d Durchgang, z zusammen. Die positiven Werte der Tafel besagen Druckabfall, die negativen Druckanstieg. *G* ist der Gewichtsdurchfluß

b) Ausgehalste T-Stücke

T-Stück *a* für Stromtrennung T-Stück *b* für Stromvereinigung

Stromtrennung

G_a/G_d	0	0,5	1
G_a/G_z	0	1/3	1/2
ζ_a	—	1,0	1,4
ζ_d	0,2	0	—

Stromvereinigung

G_a/G_d	0	0,5	1
G_a/G_z	0	1/3	1/2
ζ_a	—	0,7	1,3
ζ_d	0,2	0	—

Abb. 122. Widerstandsbeiwerte ζ von Abzweigstücken

a) Gekrümmte Hosenstücke

ϱ/d	0,5	0,75	1	1,5	2
ζ	1,1	0,6	0,4	0,25	0,2

ϱ ist der Krümmungsradius in m, *d* die Lichtweite in m.

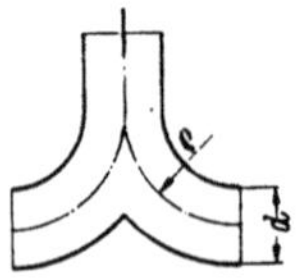

Hosenstück, gekrümmt

b) Geradliniges Hosenstück

α	10°	30°	45°	60°	90°
ζ	0,1	0,4	0,7	1,0	1,4

α ist der Ablenkungswinkel. Geradlinige T-Stücke werden bei Formstücken aus dem Vollen angewandt.

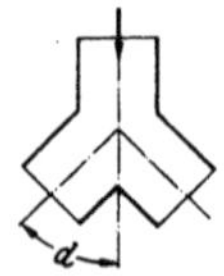

Hosenstück, geradlinig

Abb. 123. Widerstandsbeiwerte ζ von Hosenstücken

Zusätzlich dazu gibt Abb. 126a ζ-Werte von plötzlichen Erweiterungen bzw. Verengungen und Abb. 126b die Widerstandszahlen von Absperrschiebern mit Reduzierstücken in Abhängigkeit vom Durchmesserverhältnis und vom Reduzierwinkel $\varphi/2$.

Abb. 127 zeigt Werte l/d für Kniestücke, also praktisch die Angabe der äquivalenten Rohrlänge als Vielfaches von DN nach Angaben von H. Kirchbach. Diese Daten stimmen mit den Angaben der Abb. 121 recht gut überein, wenn man ein λ von etwa 0,02 zugrunde legt. Bei Winkeln kleiner als 45° muß λ jedoch kleiner werden.

Für die Erleichterung verschiedener Rechnungen sind einige l/d-Werte noch in Tab. 12 angegeben.

Tabelle 12. *Werte für l/d für Fittings*

	l/d
90° Bogen Standard	30
45° Bogen Standard	16
90° Bogen großer Radius	20
90° Knie	50
45° Knie	26
Standard T a) Strom durch Balken	20
b) Strom durch Abzweig	60

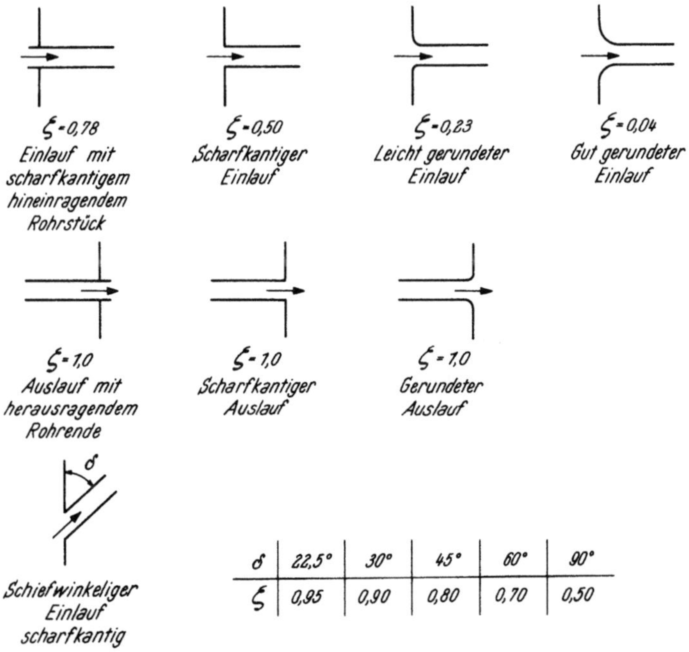

δ	22,5°	30°	45°	60°	90°
ζ	0,95	0,90	0,80	0,70	0,50

Abb. 124. ζ-Werte von Ein- und Ausläufen. Beispiel: Bestimme den Widerstandsbeiwert eines Rohrstückes von der Länge gleich Durchmesser mit scharfkantigem Ein- und Auslauf. Das Rohrstück von der Länge gleich Durchmesser kann vernachlässigt werden, da $\zeta = \lambda\, l/d = \lambda$. Der Widerstand des scharfkantigen Einlaufs ist $\zeta = 0{,}5$ und der des scharfkantigen Auslaufs $\zeta = 1{,}0$. Daher $\zeta_{ges} = 1{,}5$

a) Meßblenden und Kurzventurirohre

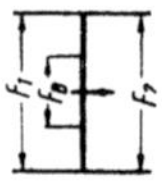

a: Meßblende

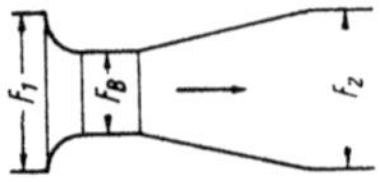

b: Kurzventurirohr

$m = F_B/F_1$	0,1	0,2	0,3	0,4	0,5	0,6
Meßblende ζ	226	48	18	7,8	3,8	1,8
Kurzventurirohr ζ	17	3	1	0,5	0,3	–

$m = F_B/F_1$	0,25	0,36	0,49	0,64
d_B/d_1	0,5	0,6	0,7	0,8
Meßblende ζ	28	12	4	1,3
Kurzventurirohr ζ	1,7	0,6	0,3	0,2

m ist das Öffnungsverhältnis, d. i. der engste Querschnitt des Meßgeräts F_B (Skizze *a* und *b*) zum lichten Rohrquerschnitt $F_1 = F_2$; $m = F_B/F_1 = F_B/F_2 = d_B^2/d_1^2$ (Zeiger siehe Skizzen).

b) Für Rundschweißen ist $\zeta = 0{,}02$ bis 0,05 anzusetzen.

c) Wellrohrausgleicher je Welle $\zeta = 2$
mit Leitrohr $\zeta = 0{,}3$

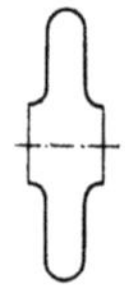

Wellrohrausgleicher

d) Flanschverbindungen
NW bis 50 mm $\zeta = 0{,}01$
NW über 50 mm $\zeta = 0{,}005$

e) Wassermeßuhren
Scheibenprinzip $\zeta = 8$
Kolbenprinzip $\zeta = 12$
Drehmomentprinzip $\zeta = 6$

f) Wasserabscheider

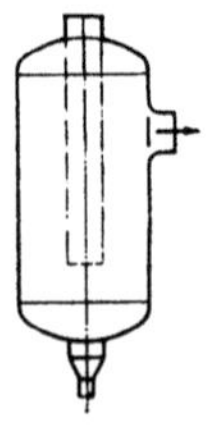

Wasserabscheider *a*
$\zeta = 2{,}5$

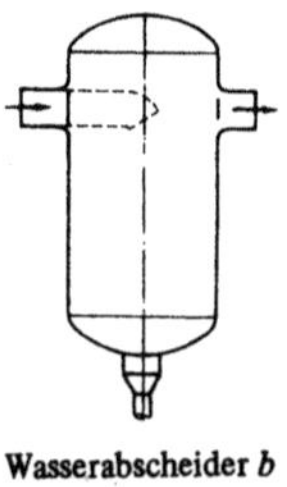

Wasserabscheider *b*

Eintritt tangential: $\zeta = 3$
Eintritt normal: $\zeta = 3$ bis 8

g) Lyrabogen
Glattrohr-Lyrabogen $\zeta = 0{,}6$ bis 0,8
Faltenrohr-Lyrabogen $\zeta = 1{,}3$ bis 1,6
Wellrohr-Lyrabogen $\zeta = 3{,}2$ bis 4,0

h) Saugkörbe mit Fußventil
Normale Bauweise $\zeta = 2{,}2$ bis 2,5
KSB-Bohrlochsaugkörbe $\zeta = 1{,}1$ bis 1,9

Abb. 125. Widerstandsbeiwert ζ von besonderen Einbauten

Abb. 128 zeigt schließlich noch die Werte von l/d für 90° Rohrbögen. Durch die getrennte Angabe des Widerstandes infolge der Länge und des Widerstandes infolge der Krümmung kann aus diesem Schaubild auch die äquivalente Länge für Bögen mit mehr als 90° berechnet werden

$$\frac{l}{d} = R_{\text{ges}} + (n-1)\left(R_l + \frac{R_b}{2}\right) \tag{276}$$

n Zahl der 90° Bogen (z. B. in einer Spirale)
R_{ges} Gesamtwiderstand für einen 90° Bogen in l/d
R_l Widerstand infolge der Länge für einen 90° Bogen in l/d
R_b Widerstand infolge der Krümmung für einen 90°Bogen in l/d

Beispiel. Bestimme die äquivalente Rohrlänge für einen 90° Bogen und für einen 270° Bogen mit $r/d = 12$, $d = 50$ mm.

Für 90° und $r/d = 12$ ergibt die Kurve für den Gesamtwiderstand in Abb. 128 den Wert 34,5. Die äquivalente Länge wird damit $l_z = 1{,}73$ m.

Für 270° wird nach Gl. (276) vorgegangen

$$l/d = 34{,}5 + (3-1)(18{,}7 + 15{,}8/2) = 87{,}7$$

und damit $l_z = 4{,}4$ m.

Dieser Wert ist kleiner als der dreifache Wert für 90°. Dies entspricht auch der Theorie, die bei Krümmern sehr kompliziert ist [36]. Die Gl. (276) kann auch für Krümmer mit weniger als 90° verwendet werden. Bei 45° z. B. wird $n-1 = -0{,}5$ und damit l/d für obiges Beispiel 21,2 bzw. $l_z = 1{,}06$ m.
Siehe dazu auch [6, 16, 18, 24, 40, 45, 46, 50].

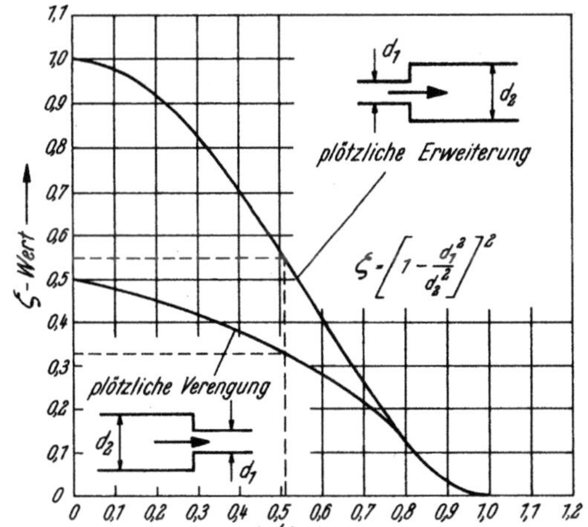

Abb. 126a

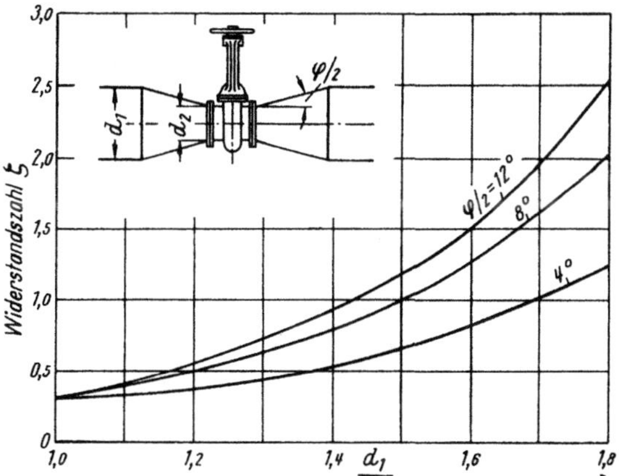

Abb. 126b

Abb. 126. Widerstandszahl ζ von Erweiterungen und Verengungen.
a) ζ-Werte für plötzliche Erweiterungen und Verengungen. Für $d_1/d_2 = 0{,}51$ ergibt sich z. B. ζ zu 0,55 für plötzliche Erweiterung und ζ zu 0,33 für plötzliche Verengung. Achtung: Die ζ-Werte basieren auf der Geschwindigkeit in der Leitung mit kleinerem Durchmesser. Zur Umrechnung auf ζ-Werte basierend auf dem größeren Durchmesser müssen die Diagrammwerte mit dem Faktor $(d_2/d_1)^4$ multipliziert werden
b) Widerstandszahlen von Absperrschiebern mit Reduzierstücken in Abhängigkeit vom Durchmesserverhältnis und vom Reduzierwinkel $\varphi/2$

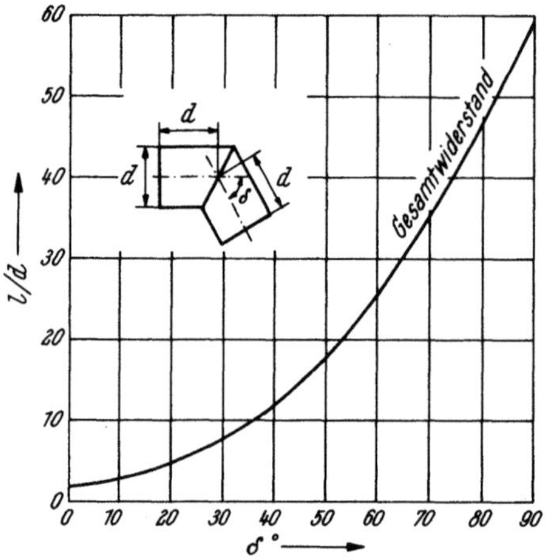

Abb. 127. Werte von l/d für Kniestücke

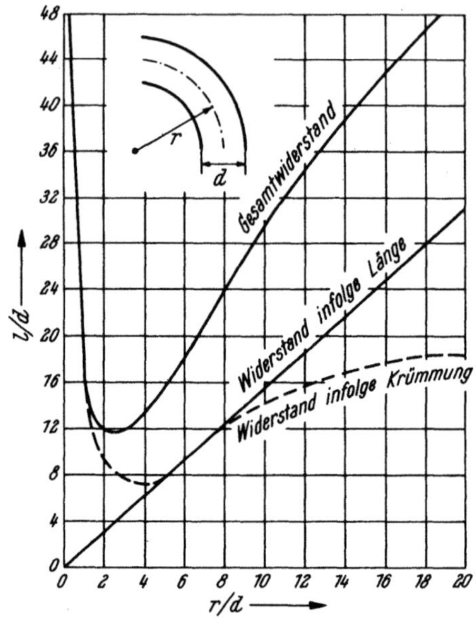

Abb. 128. Werte von l/d für 90° Rohrbögen

8.3 Anwendungsgrenzen der Regeln für die Berechnung von Rohrleitungssystemen mit Hilfe der äquivalenten Rohrlänge

Der Druckverlust in geraden Rohren kann dank umfangreicher Versuche und Messungen über den Zusammenhang von λ, Re und Rauhigkeit im laminaren und turbulenten Bereich mit hoher Genauigkeit berechnet werden (Gln. (63), (66), (82) und Abb. 20, 129, 130, 131, 132, 145, 148, 149, 150 und Tab. 26 a, b).

Während λ für gerade Rohre immer in Abhängigkeit von Re und Rauhigkeit angegeben wurden, werden die ζ-Werte für Einbauten meist unabhängig von Re angegeben, obwohl selbstverständlich ζ ebenso wie λ nicht unabhängig von der Strömungsgeschwindigkeit und von der Zähigkeit des Fluids ist.

Messungen an Krümmern, Kniestücken, Fittings, Rohrschlangen, Armaturen usw. zeigen jedoch, daß eine fast gleichartige Abhängigkeit von λ und ζ von Re besteht und daß diese Werte im technisch wichtigsten Bereich etwa ab $Re = 10^5$ konstant bleiben.

Bei nicht allzu genauen Berechnungen kann man daher schon ab $Re = 10^4$ die Angaben zur Festlegung der äquivalenten Rohrlänge verwenden. Man muß allerdings im Auge behalten, daß unterhalb $Re = 10^5$ bis herab zu $Re = 10^4$ die meisten ζ-Werte um etwa 10–15% ansteigen.

Im Laminar- und Grenzbereich ist aber Vorsicht geboten, siehe dazu auch Abb. 145 und Tab. 25. Ebenso wird man bei zähen Flüssigkeiten andere Methoden wählen müssen, siehe Abb. 150 bzw. Abb. 95.

Messungen von Ventilen im Laminarbereich liegen leider nicht vor, doch könnte eine Abhängigkeit von ζ und λ insoferne bestehen, als theoretisch

$$\zeta_l = \zeta_t \frac{\lambda_l}{\lambda_t} \tag{277}$$

sein müßte.
Index l = laminar
Index t = turbulent.

Wenn man also den Druckverlust in einem System mit laminarer Strömung berechnen muß, könnte man in erster Annäherung mit Gl. (277) die ζ-Werte umrechnen und sodann wieder mit dem richtigen λ aus Abb. 120 die äquivalente Rohrlänge bestimmen. Der Gesamtdruckverlust wird dann aus der Summe der geraden Rohrstücke und der äquivalenten Rohrlänge nach Gl. (67, 275) berechnet.

Bei Krümmern wird der Umlenkverlust davon abhängig sein, inwieweit die Krümmerströmung ausgebildet ist [36]. Sind kurze gerade Rohrstücke zwischen einzelnen 90°-Krümmern, dann werden die Verluste größer sein als bei einem Krümmer mit 180° bzw. 270°, siehe dazu Abb. 128 und Gl. (276).

Die Beeinflussung einzelner Krümmer verschwindet aber vollständig, wenn die geraden Rohrlängen mehr als etwa 20 d betragen. Bei einem Abstand von mehr als 10 d ist jedoch praktisch keine zusätzliche Störung mehr vorhanden. Für Laminarströmung finden sich Angaben bei [36].

Auch die Stoßstelle von Flanschverbindungen, insbesondere bei nicht exakter Zentrierung ist mit einem Verlustbeiwert von etwa $\zeta = 0{,}005$ bis 0,01 zu bewerten, ebenso wie Schweißnähte mit $\zeta = 0{,}02$ bis 0,05 (s. Abb. 125), wobei der größere Wert für kleine DN und der kleinere Wert für große DN gilt.

Bei relativ kurzen Systemen muß man auch den Ein- und Auslaufverlust immer in Rechnung setzen, Abb. 32, 33, 34, 36, 124 und S. 73 bis 77, 102 und Gl. (67), (122), (124), (125), (126).

Solange jedoch die geraden Rohrstücke länger als 10 d sind (und bei normalen industriellen Anlagen sind sie meist länger als 50 d) und solange man sich annähernd im vollständig rauhen Gebiet der Strömung befindet ($Re \geqslant 10^5$), in dem alle Strömungswiderstände etwa proportional w^2 sind, kann man immer mit der äquivalenten Rohrlänge für Einbauten rechnen.

Bei Rohrleitungssystemen mit sehr kurzen geraden Rohrstücken zwischen Ventilen, Krümmern und anderen Drosselelementen kann der Zusammenhang zwischen Δp und Q auch durch einen k_{vx}-Wert für dieses gesamte System nach Gl. (269) beschrieben werden, solange Δp proportional w^2 ist [84]. Auch der Einlaufverlust, der auf alle Fälle proportional w^2 ist, sollte bei der Berechnung der Reibungsverluste in Rohrleitungssystemen nicht übersehen werden.

Gl. (112) zeigt zunächst, daß die Eintrittsenergie $\rho w^2/2$ auch bei relativ langen Rohren gegenüber dem Reibungsverlust $\lambda \frac{l}{d} \cdot \frac{\rho w^2}{2}$ nicht vernachlässigt werden soll. Bei $\lambda = 0{,}02$ wird bei $l = 50\,d$ der Reibungsverlust eines Rohres gerade gleich groß dem Einlaufverlust. Die Ausflußmenge wird also bei einem Rohr mit $l = 50\,d$ um $1/\sqrt{2}$ kleiner sein als bei einer gut gerundeten Düse vom Durchmesser d ohne Rohr. Bei $l = 750\,d$ wird $\lambda\, l/d = 15$ und $\lambda\, l/d + 1 = 16$. Die Ausflußmenge durch ein Rohr mit $l = 750\,d$ ist dann nur mehr ein Viertel der Ausflußmenge durch eine gut gerundete Düse vom Durchmesser d. Der Reibungsverlust im Rohr ist dabei 15 mal so groß als der Eintrittsverlust.

Um die Form des Rohreintrittes noch besser zu erfassen, wird man den Druckverlust im Einlauf Δp_E mit Gl. (123) berechnen.

Wird in dem obigen System mit einem Ausflußrohr vom Querschnitt $A = \frac{d^2 \pi}{4}$ am Rohrende ein teilweise geschlossenes Ventil mit dem Querschnitt $A_v < A$ eingebaut, so wird der Druckverlust

$$\Delta p = \frac{\rho w^2}{2} \left[\frac{1}{\mu^2} + \lambda \frac{l}{d} + \left(\frac{A^2}{A_v^2} - 1 \right) \right] .$$

A_v ist dabei der strömungstechnisch wirksame Querschnitt des teilweise geschlossenen Ventiles unter Berücksichtigung von Kontraktion und Reibung und ergibt sich aus dem k_v-Wert bei dieser Offenstellung zu

$$A_v = \frac{k_v}{14} \cdot \frac{10.000}{3600}$$

in cm², wenn k_v in m³/h angegeben wird, siehe dazu Abb. 92.

Die Ausflußgeschwindigkeit im Rohr wird

$$w = \sqrt{\frac{2\,\Delta p}{\rho}} \sqrt{\frac{1}{\frac{1}{\mu^2} + \lambda \frac{l}{d} + \left(\frac{A^2}{A_v^2} - 1 \right)}}$$

$$w = \sqrt{\frac{2\,\Delta p}{\rho}} \sqrt{\frac{1}{\frac{1}{\mu^2} + \lambda \frac{l}{d} + \left(\frac{A^2 \cdot 5{,}04^2}{k_v^2} - 1 \right)}}$$

A cm²

Die Ausflußmenge in m³/h ist

$$Q = A \cdot w \, \frac{3600}{10.000}$$

oder

$$Q = \frac{d^2 \pi}{4} \sqrt{\frac{2\,\Delta p}{\rho}} \sqrt{\frac{1}{\frac{1}{\mu^2} + \lambda \frac{l}{d} + \left[\left(\frac{A \cdot 5{,}04}{k_v} \right)^2 - 1 \right]}} \cdot \frac{3600}{10\,000} .$$

Solange die Strömungswiderstände proportional w^2 sind, könnte man mit $\Delta p = 100\,000$ N/cm² und daher $\sqrt{\frac{2\,\Delta p}{\rho}} = 14$ für dieses System, bestehend aus Ausflußrohr mit teilweise geschlossenem Ventil, den k_{vx}-Wert

$$k_{vx} = \frac{d^2 \pi}{4} \cdot 14 \cdot \frac{3600}{10.000} \sqrt{\frac{1}{\frac{1}{\mu^2} + \lambda \frac{l}{d} + \left[\left(\frac{d^2 \pi \; 5{,}04}{4\, k_v} \right)^2 - 1 \right]}} \; \text{m}^3/\text{h} \qquad (278)$$

einführen.

d cm
k_{vx} m^3/h
k_v ist dabei der Durchflußbeiwert des Ventiles bei dieser teilweisen Offenstellung.

Bei höheren Differenzdrücken Δp bar und anderen ρ (kg/dm^3) ergäbe sich die Ausflußmenge nach Gl. (249) zu

$$Q = k_{vx} \sqrt{\frac{\Delta p}{\rho}} .$$

Die folgenden Beispiele sollen nun zeigen, daß sich die obigen Überlegungen auch einfacher mit der Methode der äquivalenten Rohrlängen behandeln lassen, die praktisch zu den gleichen Ergebnissen führt.

Beispiele:

1. Behälter mit Auslaufrohr DN 50 mit scharfkantigem Einlauf und $l/d = 10$, 50 und 100.
Mit $\mu = 0{,}8$ nach Abb. 32 ergibt sich mit Gl. (124) bei $\Delta p = 100\,000\ N/m^2$ und $\rho = 1000\ kg/m^3$ unter Annahme eines konstanten λ von 0,02 für

$l/d = 10$ $\bar{w} = 10{,}6$
$l/d = 50$ $\bar{w} = 8{,}8$
$l/d = 100$ $\bar{w} = 7{,}5$

Mit der Methode der äquivalenten Rohrlänge wird nach Abb. 124 ζ für den Einlauf 0,5 und ζ für Auslauf $1{,}0 \cdot \Sigma\,\zeta = 1{,}5$ und die äquivalente Rohrlänge nach Gl. (275a) bzw. Abb. 120

$$l_z = \frac{\zeta}{\lambda} \cdot \frac{d}{1000} = 3{,}75\ \text{m}.$$

Der Druckverlust des gesamten geraden Rohrstückes wird

$$\Delta p = \lambda \frac{l}{d} \cdot \frac{w^2 \rho}{2} ,$$

wobei nun zu l jeweils 3,75 zuzuzählen ist. Damit wird

$l/d = 10$ $\bar{w} = 10{,}8$
$l/d = 50$ $\bar{w} = 8{,}9$
$l/d = 100$ $\bar{w} = 7{,}5$

2. Mit einer gerundeten Einlaufdüse mit $\mu = 0{,}95$ wären die Werte nach Gl. (124)

$l/d = 10$ $\bar{w} = 12{,}4$
$l/d = 50$ $\bar{w} = 9{,}7$
$l/d = 100$ $\bar{w} = 8{,}0$

Mit der äquivalenten Rohrlänge wäre $\Sigma\zeta = 1{,}04$ und $l_z = 2{,}6$, und damit ergäbe sich

$l/d = 10$ $\bar{w} = 12{,}7$
$l/d = 50$ $\bar{w} = 9{,}9$
$l/d = 100$ $\bar{w} = 8{,}1$

Bei $\mu = 0{,}98$ ergäben sich in beiden Fällen gleiche Werte !

3. Der k_v-Wert einer gut gerundeten Ausflußdüse mit 1 cm Durchmesser (0,78 cm²) ergibt sich zu

$$k_v = \frac{d^2 \pi}{4} \sqrt{\frac{2\,\Delta p}{\rho}} \cdot 3600 \text{ m}^3/\text{h}$$

mit $\Delta p = 100\,000$ N/m², $\rho = 1000$ kg/m³, $d = 0{,}01$ m ergibt dies

$$k_v = 3{,}99 \text{ m}^3/\text{h}.$$

Man kann aber auch gemäß Abb. 124 sagen: ζ Einlauf ist 0,04, ζ Auslauf ist 1, daher $\Sigma\,\zeta$ der Düse 1,04.

$\Delta p = \zeta \dfrac{w^2 \rho}{2}$ und daher bei $\Delta p = 100\,000$ N/m², $w = 14$ m/s

$$Q = k_v = A \cdot w \cdot 3600 = 3{,}96 \text{ m}^3/\text{h}.$$

Also auch hier ergibt sich eine gute Übereinstimmung, wenn man von den ζ-Werten ausgeht.

4. Ist hinter der gut gerundeten Düse mit $\mu = 0{,}95$ ein Rohr von $l = 50$ cm und $d = 1$ cm, so wird die Ausströmgeschwindigkeit mit $\lambda = 0{,}02$ bei $\Delta p = 100\,000$ N/m² Gl. (124)

$$w = 14 \sqrt{\frac{1}{\frac{1}{\mu^2} + \lambda \frac{l}{d}}} = \frac{14}{1{,}45} = 9{,}65 \text{ m/s}$$

und die Ausflußmenge

$$Q = k_{vx} = 0{,}78 \cdot 10^{-4} \cdot 9{,}65 \cdot 3600 = 2{,}71 \text{ m}^3/\text{h}.$$

Mit der äquivalenten Rohrlänge gerechnet, ergibt sich l_z mit $\Sigma\,\zeta = 1{,}04$ zu 0,52 m und damit die Länge der gesamten Leitung zu 1,02 und aus $\Delta p = \lambda \dfrac{l}{d} \dfrac{w^2 \rho}{2}$ bei $\Delta p = 100\,000$ N/m², $w = 9{,}9$ m/s
und die Ausflußmenge

$$Q = 2{,}77 \text{ m}^3/\text{h}.$$

Auch wieder eine gute Übereinstimmung mit der nach Gl. (124) berechneten Ausflußmenge.

5. Wird unter gleichen Bedingungen das Rohr 50 m lang, dann wird $w = 1{,}4$ m/s und

$$Q = k_{vx} = 0{,}39 \text{ m}^3/\text{h}.$$

Das gleiche Resultat ergibt sich mit der äquivalenten Rohrlänge. Es muß allerdings gesagt werden, daß hier $Re = 1{,}4 \cdot 10^4$ statt $9{,}65 \cdot 10^4$ ist und daher λ berichtigt werden sollte. λ wäre nach Abb.14 bzw. 20 0,028. Damit wird nach Gl. (124) $w = 1{,}18$ m/s und $Q = 0{,}33$ m³/h. Mit der äquivalenten Rohrlänge wird $w = 1{,}19$ m/s und $Q = 0{,}33$ m³/h.

6. Setzt man an das Rohr von Beispiel 4 ein teilweise geschlossenes Ventil mit $k_v = 1$ und mit dem technisch wirksamen Querschnitt

$$A_v = \frac{1}{14} \cdot \frac{10.000}{3600} = 0{,}2 \text{ cm}^2$$

bei A des Rohres von 0,78 cm², dann wird die Strömungsgeschwindigkeit im Rohr

$$w = 14 \sqrt{\frac{1}{\frac{1}{\mu^2} + \lambda\frac{l}{d} + \left(\frac{A}{A_v}\right)^2 - 1}} = 14 \sqrt{\frac{1}{1{,}1 + 1 + 14{,}2}} = 3{,}46 \text{ m/s}$$

und Q wird

$$Q = k_{vx} = 0{,}97 \text{ m}^3/\text{h},$$

also wesentlich geringer als durch das Rohr ohne Ventil und natürlich auch etwas geringer als durch das Ventil allein. Alle Betrachtungen gelten immer nur für $\Delta p = 100\,000 \text{ N/m}^2$ konstant!

Dieses Beispiel mit der äquivalenten Rohrlänge gerechnet ergibt:

$$k_v = 1,\ \zeta = \left(\frac{4\,d^2}{k_v}\right)^2 = 16.$$

ζ Einlauf = 0,04, ζ Auslauf = 1
$\Sigma\,\zeta$ = 17,04
l_z = 8,52
gesamte Rohrlänge 9,02 m
und damit $w = 3{,}33$ m/s
und $Q = 0{,}94 \text{ m}^3/\text{h}$

Somit auch wieder gute Übereinstimmung.

Diese Beispiele sollten zeigen, daß auch bei kurzen, geraden Rohrstücken zwischen entsprechenden Einbauten mit der äquivalenten Rohrlänge gerechnet werden kann, ohne einen nennenswerten Fehler zu begehen. Je länger allderdings die geraden Rohrstücke werden, umso genauer wird die Methode.

Lediglich eine Ventilkette wird man gemäß 7.6 berechnen, dann aber auch die äquivalente Rohrlänge für diese Kette festlegen und zu den geraden Rohrstücken addieren.

Damit wurde gezeigt, daß in allen praktischen Fällen die Methode, Einbauten durch eine äquivalente Rohrlänge auszudrücken, zielführend ist, wenn alle Verlustquellen durch die entsprechenden ζ-Werte berücksichtigt werden.

8.4 Tabellen und Abbildungen für Rauhigkeit, Widerstandszahl, Dichte, Zähigkeit und Gaskonstante

In Ergänzung zu Abb. 20 gibt Tab. 13 Angaben über Rauhigkeitswerte k. Zusätzlich zeigen Abb. 129 und Abb. 130 Werte von λ für neue blanke und für neue innen bituminierte Stahlrohre sowie Abb. 131 und Abb. 132 λ-Werte für neue blanke und neue innen bituminierte Gußeisenrohre.

Angaben über kinematische und dynamische Zähigkeit für Flüssigkeiten und Gase finden sich in Abb. 133, 134, 137, 138 und Abb. 37 und 38 sowie in Abb. 6, 7 und 8. Ferner finden sich Daten für Dichte von Flüssigkeiten und wässrigen Lösungen in Abb. 135, 136 und Daten für Gase in Tab. 17. In dieser ist außerdem das Dichteverhältnis S_g aus Gl. (166) angegeben.

Weiterhin geben die Tabellen 21 und 22 Dichte und kinematische Zähigkeit für verschiedene Petroleum- und Gasolinarten, Abb. 142 und 143 die gleichen Angaben für rohe Erdöle und Abb. 141 für Teere und Heizöle. Tab. 14 zeigt die Dichte von Meerwasser und Tab. 15 die kinematische Zähigkeit desselben. Tab. 16 schließlich gibt noch die Dichte und kinematische Zähigkeit von Kochsalzlösungen in Wasser.

Tab. 20 endlich zeigt verschiedene Stoffwerte für Flüssigkeiten und Gase. Abb. 138 veranschaulicht Daten über kinematische Zähigkeit einiger Gase, während Tab. 23 das Dichteverhältnis S_g sowie die dynamische und kinematische Zähigkeit von technischen Gasgemischen darstellt.

Schließlich gibt Tab. 18 noch Aufschluß über verschiedene Arten von Wärmeträgermitteln und Tab. 19a und b zeigt Stoffwerte derselben, während Abb. 139 a, b, c und d die Dichte über der Temperatur dieser Wärmeträgermittel angibt, und Abb. 140 a, b, c und d deren Zähigkeit.

Tabelle 13. *Rauhigkeitswerte k in mm von verschiedenen Rohrwerkstoffen und Oberflächen*

Werkstoffart und Rohrart	Zustand	k in mm
Gezogene und gepreßte Rohre aus Kupfer und Messing, Glasrohre, Kunststoffrohre, neu	technisch glatt, auch Rohre mit Metallüberzug (Kupfer, Nickel, Chrom),	0,00135 bis 0,00152
		0,0015 bis 0,0070
Gummidruckschlauch	glatt	0,00162
Nahtlose Stahlrohre gewalzt oder gezogen (handelsüblich), neu	typische Walzhaut	0.02 ··· 0,06
	gebeizt	0,03 ··· 0,04
	ungebeizt	0,03 ··· 0,06
	bei engen Rohren gelegentlich	bis 0,1
	rostfreier Stahl, mit Metall-Spritzüberzug	0,08 ··· 0,09
	sauber verzinkt (Tauchverfahren)	0,07 ··· 0,10
	handelsübliche Verzinkung	0,10 ··· 0,16

Tabelle 13 (Fortsetzung)

Werkstoffart und Rohrart	Zustand	k in mm
Aus Stahlblech geschweißte Rohre, neu	typische Walzhaut, Längsschweißen	0,04 · · · 0,10
	bituminiert	0,01 · · · 0,05
	zementiert	etwa 0,18
	galvanisiert, für Belüftungsrohre	etwa 0,008
Stahlrohre, gebraucht	gleichmäßige Rostnarben	etwa 0,15
	mäßig verrostet, leichte Verkrustung	0,15 · · · 0,4
	mittelstarke Verkrustung	etwa 1,5
	starke Verkrustung	2 · · · 4
	nach längerem Gebrauch gereinigt	0,15 · · · 0,20
Stahlrohre, gebraucht	bituminiert, Bitumen z. T. gelöst, Roststellen	etwa 0,1
	nach mehrjährigem Betrieb (Mittelwert für Ferngasleitungen)	etwa 0,5
	Ablagerungen in blättriger Form, Ferngasleitung nach 20jähr. Betrieb	etwa 1,1
	25 Jahre in Betrieb, unregelmäßige Teer- und Naphthalinablagerungen	etwa 2,5
Aus Stahlblech gefalzte oder genietete Rohre	neu, gefalzt	etwa 0,15
	neu, je nach Nietart und Ausführung	
	leichte Nietung	etwa 1
	schwere Nietung	bis 9
	25 Jahre altes, stark verkrustetes, genietetes Rohr	12,5
Gußeiserne Rohre	neu, typische Gußhaut	0,2 · · · 0,6
	neu, bituminiert	0,1 · · · 0,13
	gebraucht, angerostet	1 · · · 1,5
	verkrustet	1,5 · · · 4
	nach mehrjährigem Betrieb gereinigt	0,3 · · · 1,5
	Mittelwert in städtischen Kanalisationsanlagen	1,2
	stark verrostet	4,5
Holzrohre	neu	0,2 · · · 1
	nach langem Betrieb (Wasser)	0,1
Betonrohre	neu, handelsüblich, Glattstrich	0,3 · · · 0,8
	neu, handelsüblich, mittelrauh	1 · · · 2
	neu, handelsüblich, rauh	2 · · · 3
	neu, Stahlbeton, sorgfältig geglättet	0,1 · · · 0,15
	neu, Schleuderbeton, glatter Verputz	0,1 · · · 0,15
	neu, Schleuderbeton ohne Verputz	0,2 · · · 0,8
	Rohre mit glattem Verputz nach mehrjährigem Betrieb (Wasser)	0,2 · · · 0,3
	Mittelwert Rohrstrecken ohne Stöße	0,2
	Mittelwert Rohrstrecken mit Stößen	2,0
Rohre aus Asbest-Zement	neu, glatt	0,03 · · · 0,1
Tonrohre	neu, gebrannt, Drainagerohre	etwa 0,7
	neu, aus rohen Tonziegeln	etwa 9

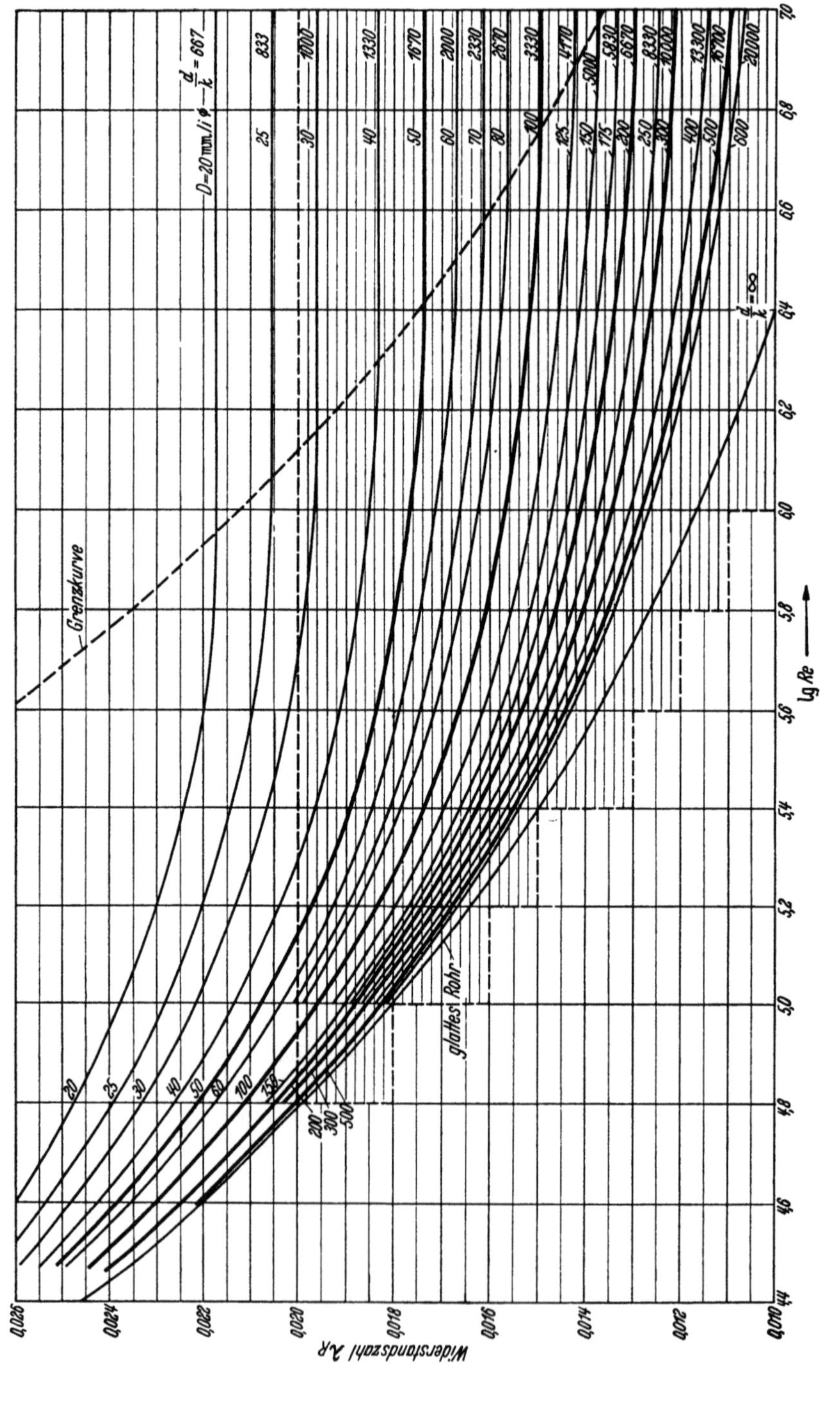

Abb. 129. Widerstandszahl λ für neue, blanke, gerade Stahlrohre nach Prandtl-Colebrook mit der absoluten Rauhigkeit $k = 0{,}03$ mm (d/k, beide Werte in gleicher Dimension: m oder mm)

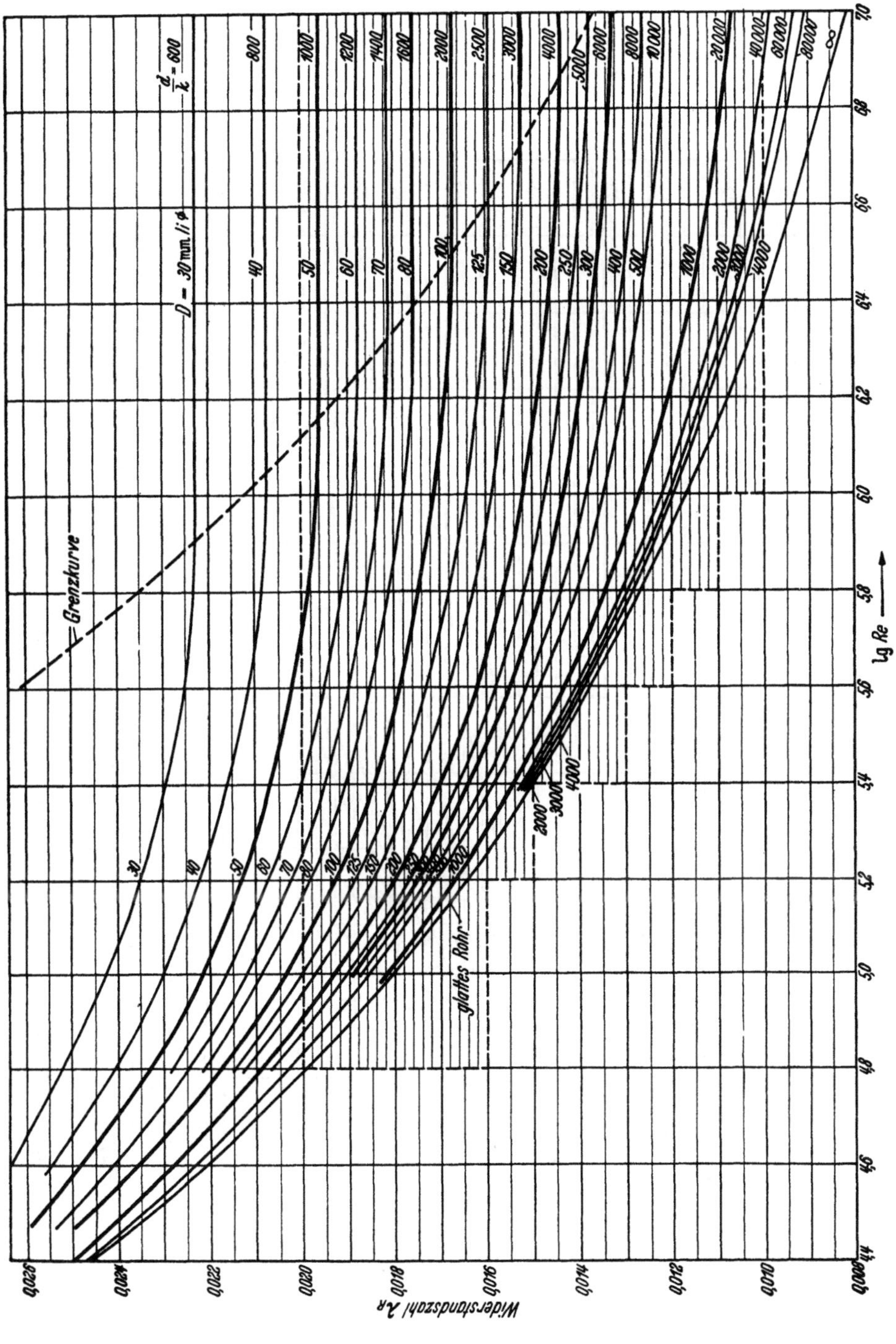

Abb. 130. Widerstandszahl λ für neue, innen bituminierte, gerade Stahlrohre, nach Prandtl-Colebrook, mit der absoluten Rauhigkeit $k = 0{,}05$ mm (d/k, beide Werte in gleicher Dimension: m oder mm)

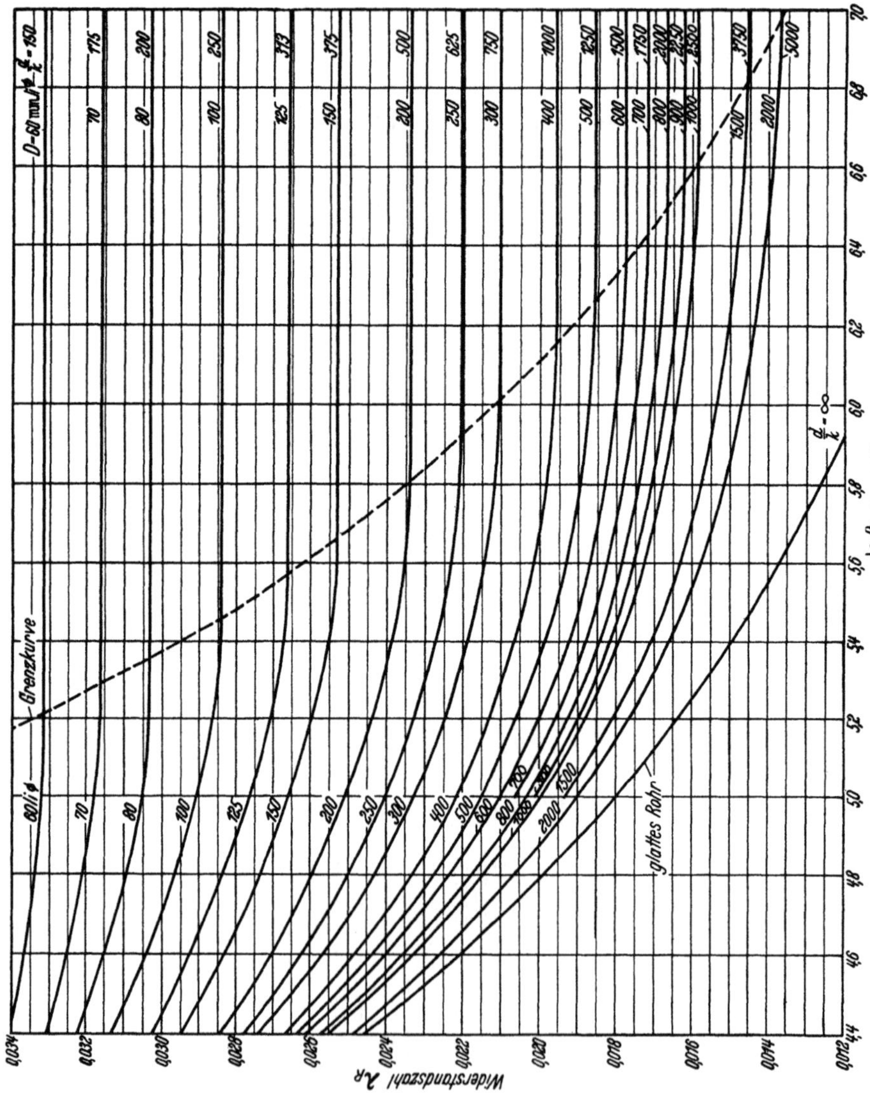

Abb. 131. Widerstandszahl λ für neues, blankes, gerades Rohr aus Gußeisen, nach Prandtl-Colebrook mit der absoluten Rauhigkeit $k = 0{,}4$ mm (d/k, beide Werte in gleicher Dimension: m oder nm)

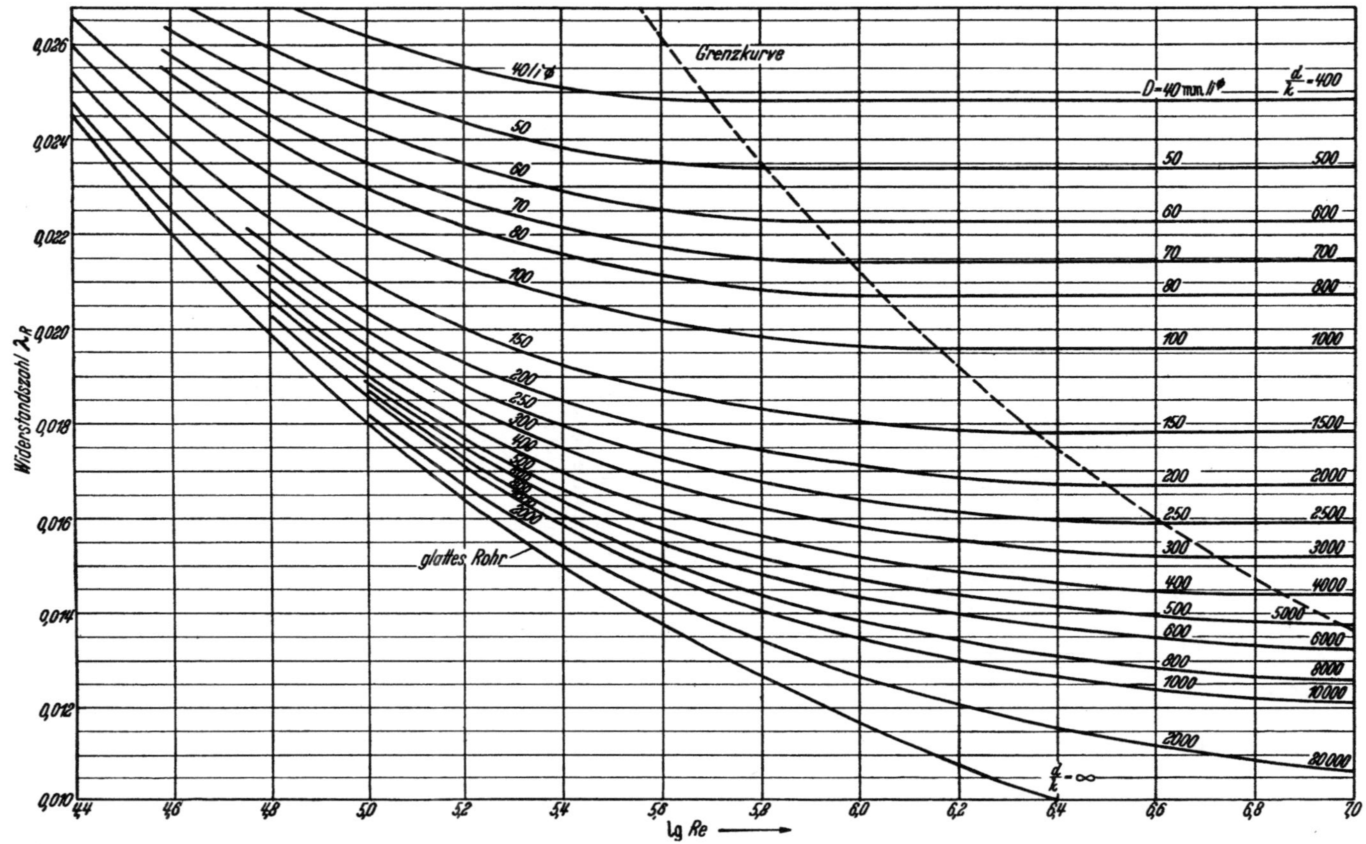

Abb. 132. Widerstandszahl λ für neues, innen bituminiertes, gerades Rohr aus Gußeisen, nach Prandtl-Colebrook, mit der absoluten Rauhigkeit $k = 0{,}1$ mm (d/k, beide Werte in gleicher Dimension: m oder mm)

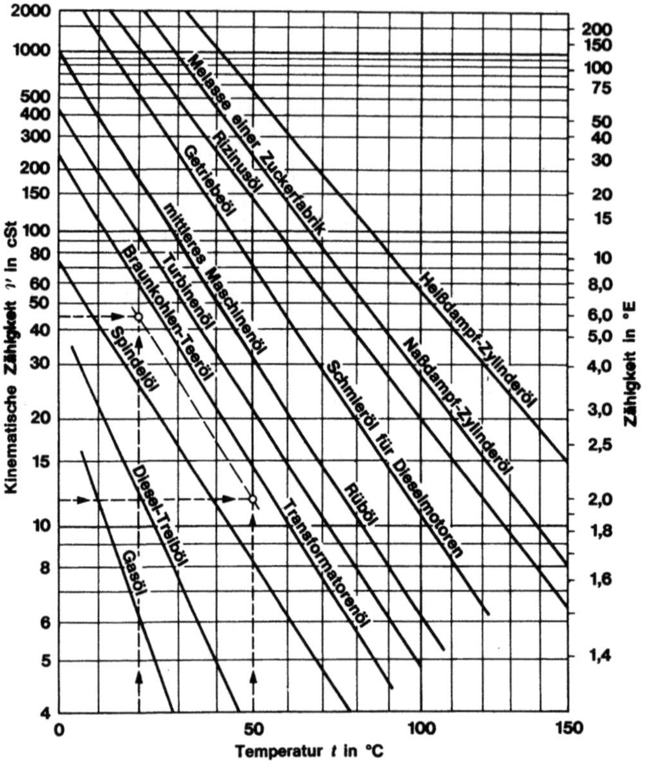

Abb. 133. Abhängigkeit der kinematischen Zähigkeit von der Temperatur für Flüssigkeiten bei 1 bar. Diese Abbildung kann auch zum Abschätzen der Zähigkeit anderer Flüssigkeiten dienen. Sind nur zwei Punkte bekannt, trägt man diese ein und verbindet sie geradlinig. Ist nur ein Punkt bekannt, so wird durch diesen eine sich zwischen die benachbarten Linien einfügende Gerade gelegt. Hierdurch findet man in beiden Fällen ungefähr die Zustandslinie. Beispiel: Gegeben: Öl, 11,8 cSt bei 50°C, gesucht: seine Zähigkeit bei 20°C, gefunden: 45 cSt.

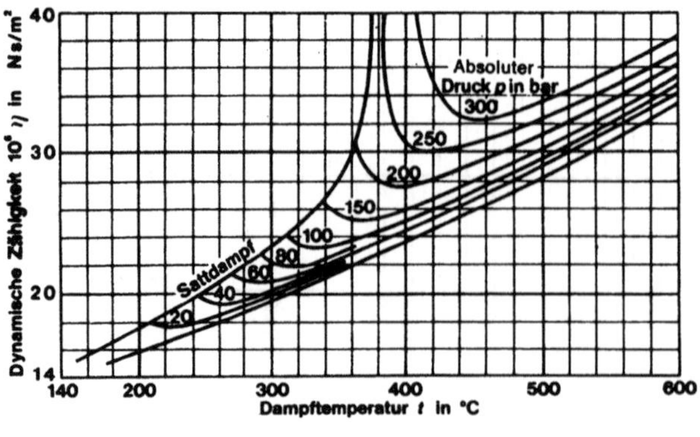

Abb. 134. Dynamische Zähigkeit von Wasserdampf bei verschiedenen Temperaturen nach Timroth

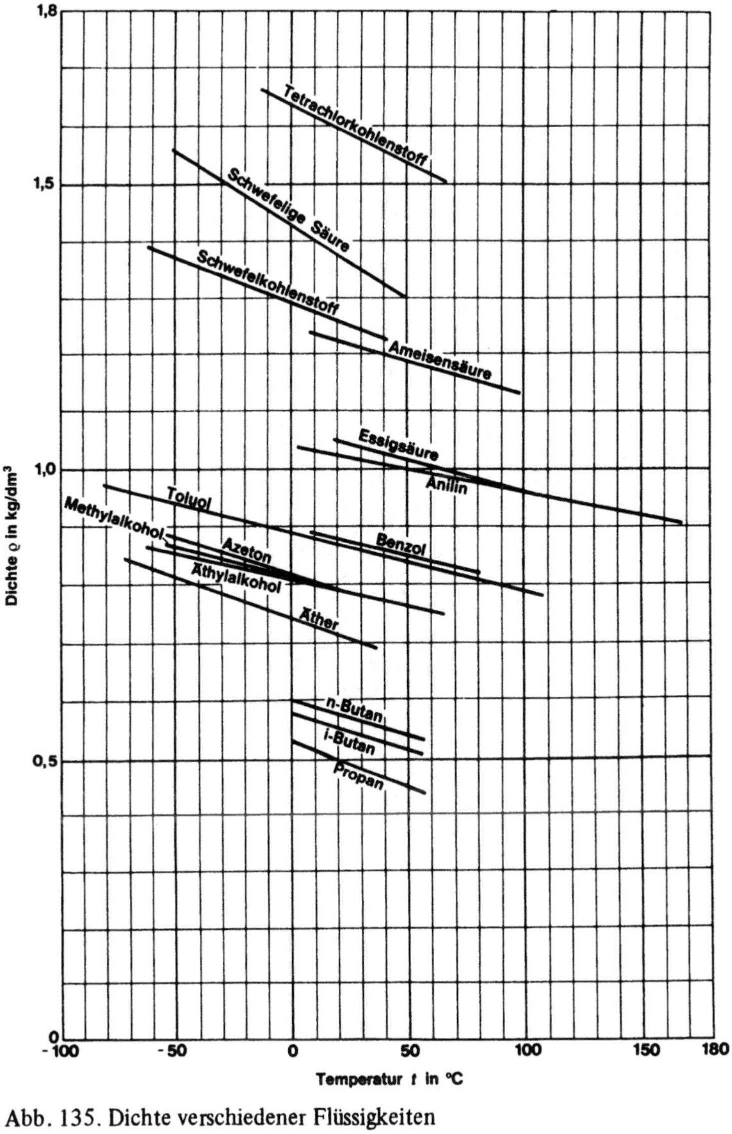

Abb. 135. Dichte verschiedener Flüssigkeiten

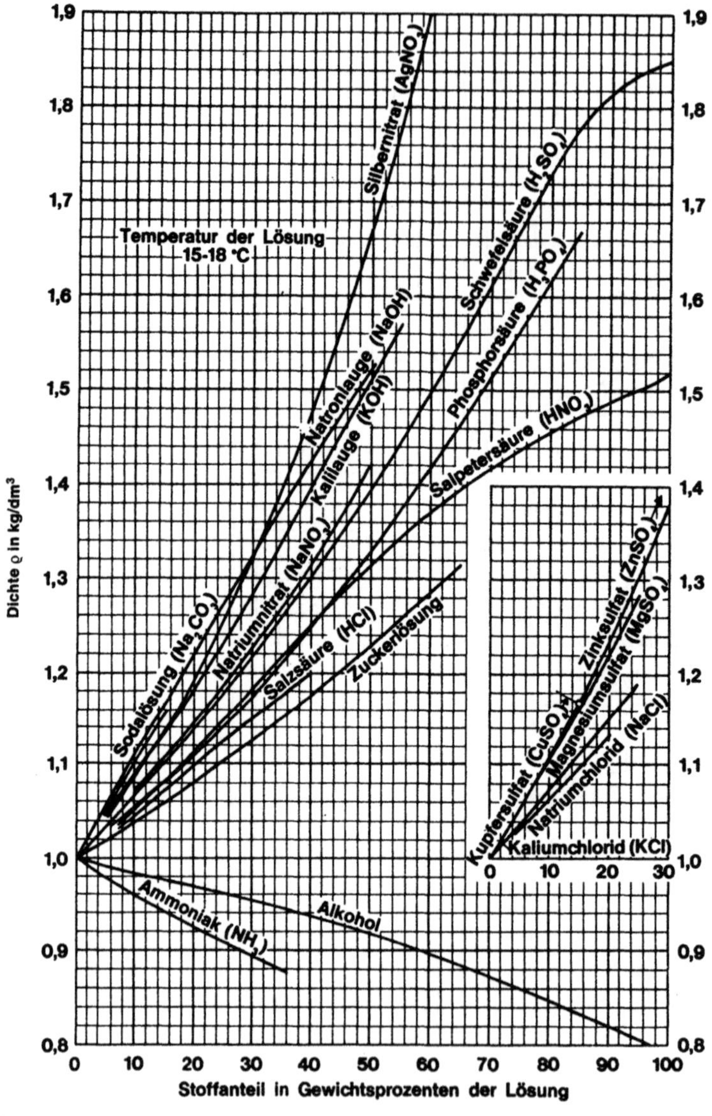

Abb. 136. Dichte wäßriger Lösungen

Tabelle 14. *Dichte des Meerwassers ρ in kg/m³*

Wenn die Dichte ρ bei 15°C beträgt kg/m³	dann ist die Dichte bei t°C 0	5	10	20	25	30
1000,0	1000,8	1000,9	1000,6	999,1	998,0	996,6
1010,0	1011,3	1011,2	1010,8	1009,0	1007,7	1006,3
1020,0	1021,8	1021,5	1020,9	1018,9	1017,5	1016,0
1030,0	1032,3	1031,3	1031,0	1028,8	1027,3	1025,7

Tabelle 15. *Kinematische Zähigkeit des Meerwassers $10^6 \nu$ in m²/s*

	Salzgehalt in Masseteilen (Gewichtsteilen)				
t°C	0 vT	10 vT	20 vT	30 vT	40 vT
0	1,789	1,804	1,815	1,825	1,834
1	1,725	1,732	1,742	1,752	1,763
2	1,670	1,674	1,688	1,700	1,709
3	1,615	1,621	1,635	1,647	1,656
4	1,565	1,575	1,589	1,601	1,611
5	1,516	1,530	1,544	1,556	1,566
10	1,306	1,320	1,334	1,348	1,360
15	1,142	1,152	1,165	1,179	1,192
20	1,007	1,019	1,032	1,045	1,058
25	0,897	0,905	0,917	0,930	0,944
30	0,805	0,816	0,827	0,838	0,849

Tabelle 16. *Dichte in kg/m³ und kinematische Zähigkeit in m²/s von Kochsalzlösungen in Wasser in Masseteilen (Gewichtsteilen)*

	5 vH NaCl		10 vH NaCl		20 vH NaCl	
t °C	ρ	$10^6 \nu$	ρ	$10^6 \nu$	ρ	$10^6 \nu$
−10	–	–	–	–	1160	3,25
− 5	–	–	1078	2,20	1158	2,71
0	1038	1,79	1077	1,87	1156	2,31
5	1038	1,54	1076	1,62	1154	1,98
10	1037	1,31	1074	1,41	1152	1,73
15	1036	1,17	1073	1,25	1150	1,64
20	1034	1,05	1071	1,11	1147	1,36
25	1032	0,98	1069	1,01	1145	1,21

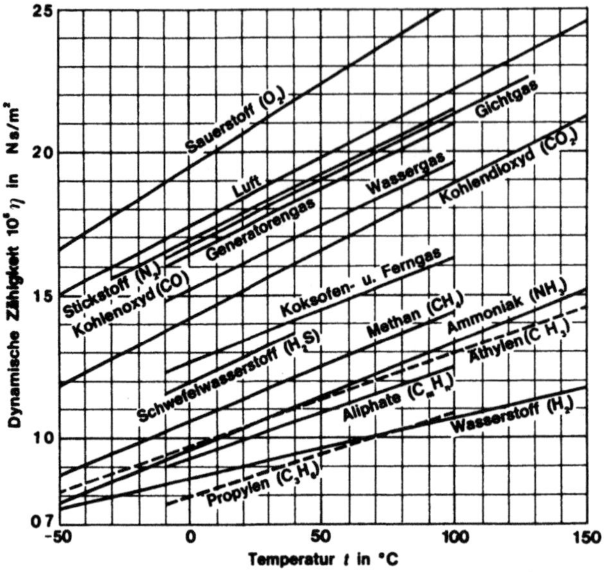

Abb. 137. Dynamische Zähigkeit einiger Gase bei verschiedenen Temperaturen und 1 bar

Tabelle 17. *Gaskonstante, Dichte, spezifische Wärme und κ von Gasen*

Gas	Zeichen	Molekulargewicht M	Dichte bei 0°C 1,013 bar (760 Torr) ρ kg/m³	Dichteverhältnis S_g (Luft = 1)	Gaskonstante R J/kg K	Spez. Wärme bei 0°C c_p kJ/kg K	c_v kJ/kg K	$\kappa = c_p/c_v$
Luft	–	(29)	1,293	1,000	287,0	1,005	0,716	1,40
Helium	He	4	0,1785	0,138	2078	5,240	3,160	1,66
Wasserstoff	H_2	2	0,0899	0,0695	4124	14,250	10,120	1,41
Stickstoff	N_2	28	1,251	0,968	296,8	1,038	0,741	1,40
Sauerstoff	O_2	32	1,429	1,105	259,8	0,913	0,653	1,40
Kohlenoxid	CO	28	1,250	0,967	296,8	1,038	0,741	1,40
Stickoxid	NO	30	1,340	1,037	277,0	0,996	0,720	1,39
Stickoxydul	N_2O	44	1,988	1,538	188,9	0,892	0,703	1,27
Kohlendioxid	CO_2	44	1,977	1,530	188,9	0,821	0,632	1,30
Schwefeldioxid	SO_2	64	2,927	2,264	129,8	0,607	0,477	1,27
Methan	CH_4	16	0,717	0,554	518,8	2,156	1,635	1,32
Äthan	C_2H_6	30	1,356	1,049	276,7	1,730	1,444	1,20
Propan	C_3H_8	44	2,019	1,152	188,6	1,680	1,490	1,13
Butan-n	C_4H_{10}	58	2,703	2,091	143,1	1,59	1,47	1,1
Äthylen	C_2H_4	28	1,260	0,975	296,6	1,612	1,290	1,25
Azetylen	C_2H_2	26	1,171	0,906	319,6	1,511	1,214	1,26
Benzoldampf[1]	C_6H_6	78	(3,48)	(2,69)	(107)	(1,11)	(1,01)	(1,1)
Ammoniak	NH_3	17	0,771	0,596	488,3	2,056	1,566	1,31
Chlorwasserstoff	HCl	36,5	1,639	1,268	228,0	0,800	0,569	1,40
Schwefelwasserstoff	H_2S	34	1,539	1,191	243,9	0,996	0,749	1,33
Wasserdampf[2]	H_2O	18	(0,804)	(0,662)	(462)	(1,86)	(1,39)	(1,33)

[1] Klammerwerte sind unsicher.

[2] Wasserdampf kann nicht in den Normzustand übergeführt werden.

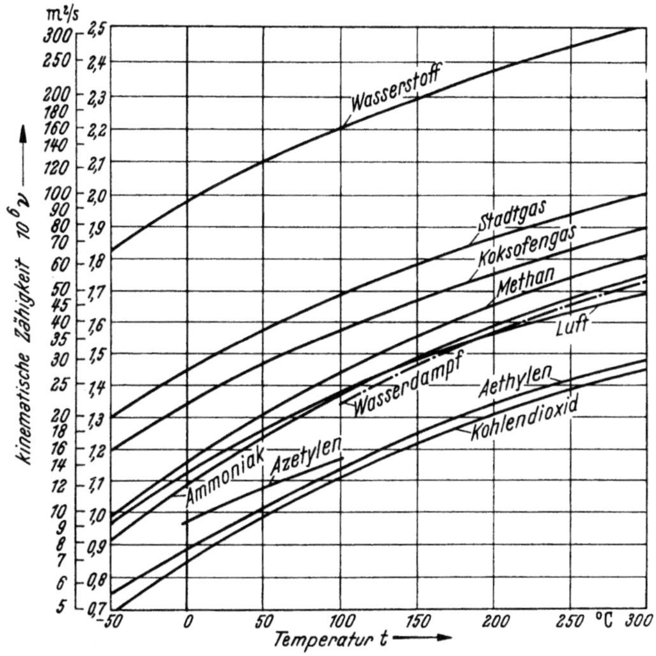

Abb. 138. Kinematische Zähigkeit $10^6 \nu$ einiger Gase bei Normdruck in logarithmischer Auftragung abhängig von der Temperatur

Tabelle 18. *Arten von natürlichen und synthetischen Wärmeträgermitteln*

Organische Wärmeträgermittel	
natürliche	synthetische
Fraktionen der Mineralöle aromatisch: Ring-Verbindung aliphatisch: Kettenverbindung	Chemische Verbindungen guter Thermostabilität. Bis auf Silikat-Verbindungen und Siloxane auf Benzolring aufgebaut, da Benzolringe sich als thermisch stabilste Verbindungen erweisen.
Art [1]	Art [1]
1 Aliphatische Mineralöle	6 Alkylsubstituierte aromatische Kohlenwasserstoffe
2 Aromatische Mineralöle	7 Aromatische Äther
3 Naphtenbasische Mineralöle	8 Chlorierte Aromaten
4 Paraffinbasische Mineralöle	9 Chloriertes Diphenyl
	10 Diphenyl-Diphenyloxid
	11 Ditolyloxid
	12 Hydriertes Terphenyl
	13 Organische Silikate
	14 Orthodichlorbenzol
	15 Synthetische Aromaten
	16 Terphenyl
	17 Triaryldimenthan

[1] Die Ziffern unter "Art" kommen in Tab. 19a und 19b wieder vor.

Tabelle 19a. *Stoffwerte von organischen, natürlichen Wärmeträgermitteln (Ölen).* * t'_{max} ist die maximal zulässige Temperatur bei Aufbringung eines Druckpolsters, meist Stickstoff

1 Art	2 Handelsname	3 Hersteller	4 Verwendungsbereich in °C			5 Schmelz/Stock-punkt	6 Koch-punkt	7 Dampfdruck in bar bei		8 Dichte ρ in kg/dm³ bei		9 Kinematische Zähigkeit ν in cSt bei	
			t_{min}	t_{max}	t'_{max}*	°C	°C	t_{min}	t_{max}	t_{min}	t_{max}	t_{min}	t_{max}
1	BP Energol HM 65	BP Benzin und Petroleum AG	0	340	340	−17	360	–	0,408	0,88	0,67	400	0,5
1	BP Energol HM 40	BP Benzin und Petroleum AG	−20	250	250	−50	260	–	0,544	0,89	0,71	300	0,5
1	Fina 31 Wärmeträgeröl	Deutsche Fina GmbH	−10	300	320	−17	340	–	0,75	0,87	0,677	~1000	0,5
1	Gulf 395 Oil	Gulf Oil Deutschland GmbH	−10	320	340	−15	360			0,887	0,898	~ 181	
1	Gulf 343 Oil	Gulf Oil Deutschland GmbH	−10	320	340	−15	360			0,868	0,879	~ 38	
1	Gulf 341 Oil	Gulf Oil Deutschland GmbH	−10	320	340	−15	360			0,858	0,868	~ 20	
1	Gulf 816 Oil	Gulf Oil Deutschland GmbH	−40	280	300	−45	370			0,882	0,887	~ 7	
1	Shell Wärme-übertragungsöl A	Deutsche Shell AG		250		−40	260		0,75		0,74		0,5
1	Shell Wärme übertragungsöl B	Deutsche Shell AG		320		−25	340		0,19		0,688		0,6
1	Shell Wärme-übertragungsöl C	Deutsche Shell AG		320		−30	> 360		0,175		0,71		0,48
1	Texaco Eterna CT 1	Dea nnd Texaco Verkauf GmbH	−10	250	320	−14	355			0,892	0,725	~1000	0,95
1	Texaco Eterna CT 2	Dea und Texaco Verkauf GmbH	− 5	250	320	−14	355			0,84	0,725	~2000	1,06
1	Thermaloel T	Esso AG	−10	320	360	−18	372	–	0,095	0,882	0,675	520	0,6
2	Aral Oel WTX	Aral AG	− 5	315	315	−25	355	–	0,5	0,98	0,775	~2000	0,5
2	Aral Oel WTO	Aral AG	−25	220		−34	260	–	0,3	1,0	0,856	~1000	0,6
2	Mobil Therm Light	Mobil Oil AG	−25	220		−32	~265	–	0,5	1,0	0,841	~1000	0,5
2	Mobil Therm 600	Mobil Oil AG	0	315	315	−25	~355	–	0,5	0,99	0,77	~2000	0,45
3	Mobil Therm 594	Mobil Oil AG	−40	250		−50	~290	–	0,5	0,92	0,72	~100	0,45
4	Mobil Therm 605	Mobil Oil AG	− 5	320	320	−10	~390	–	0,15	0,89	0,67	~400	0,6

Tabelle 19b. *Stoffwerte von organischen, synthetischen Wärmeträgermitteln.* * t'_{max} ist die maximal zulässige Temperatur bei Aufbringung eines Druckpolsters, meist Stickstoff

Art	Handelsname	Hersteller	Verwendungsbereich in °C			Schmelz/Stockpunkt	Kochpunkt	Dampfdruck in bar bei		Dichte ρ in kg/dm³ bei		Kinematische Zähigkeit ν in cSt bei	
			t_{min}	t_{max}	t'_{max}*	°C	°C	t_{min}	t_{max}	t_{min}	t_{max}	t_{min}	t_{max}
6	Avilub A 3819 N	Deutsche Avia Mineralöl GmbH	−20	320	320	−50	330	–	0,23	0,955	0,715	2000	0,48
10	Diphyl	Farbenfabriken Bayer AG	+20		400	12,3	256 258	–	11,33	1,062	0,717	4,05	0,196
14	Diphyl O	Farbenfabriken Bayer AG	−15		250	−18	179	–	4,50	1,340	1,038	1,98	0,365
11	Diphyl DT	Farbenfabriken Bayer AG	−30		340	−54	284	–	3,15	1,067	0,778	~120	0,33
9	Diphyl A 30	Farbenfabriken Bayer AG	±0	320		−21	333	–	0,789	1,405	1,098	1130	0,427
17	Marlotherm L	Chemische Werke Hüls AG	−50	260	330	−70	280	–	2,8	1,04	0,74	180	0,24
17	Marlotherm S	Chemische Werke Hüls AG	−15	350		−35	390	–	0,41	1,05	0,78	400	0,42
6	Mediatherm 250 IL	Kettlitz-Chemie GmbH & Co. KG	−30	320		−50	345			0,945	0,736	3600	0,64
15	Santotherm 55	Monsanto	−5		315	−29	335	–	0,33	0,93	0,691	300	0,60
16	Santotherm 66	Monsanto	+5		343	−25	340	–	1,034	1,05	0,75	300	0,36
12	Santotherm 88	Monsanto	+150		425	60	364	–	2,04	1,01	0,79	300	0,23
8	Santotherm FR-Lo-Temp.	Monsanto	−30	205	–	−51	222	–	0,408	1,498	1,246	300	0,45
8	Santotherm FR-O	Monsanto	−8	260	–	−26	271	–	0,428	1,44	1,169	300	0,40
8	Santotherm FR-1	Monsanto	+4	315	–	−19	327	–	0,748	1,40	1,094	300	0,3
8	Santotherm FR-2	Monsanto	+16	315	–	−7	343	–	0,462	1,46	1,158	300	0,4
7	Santotherm 77	Monsanto	+30		370	+7	~443	–	0,229	1,16	0,885	300	0,46
13	Santotherm 190	Monsanto	+5		355	−29	427	–	0,115	1,225	0,965	300	0,70
13	Santotherm 130	Monsanto	−70		150	−73	216	–	0,136	0,965	0,765	300	0,54
6	Texatherm 320	Dea und Texaco	−20	320	320	−50	330	–	0,23	0,933	0,715	~2000	0,48

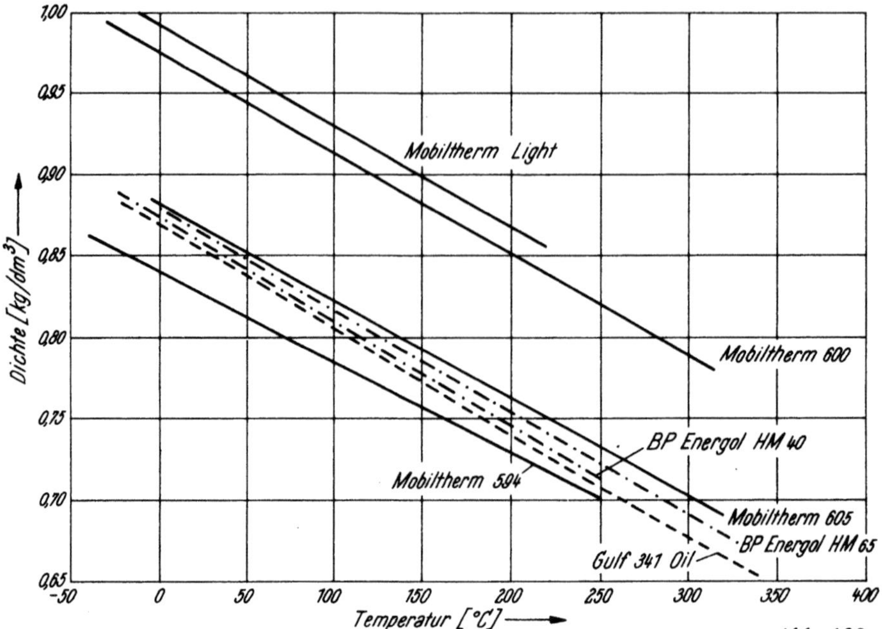

Abb. 139a

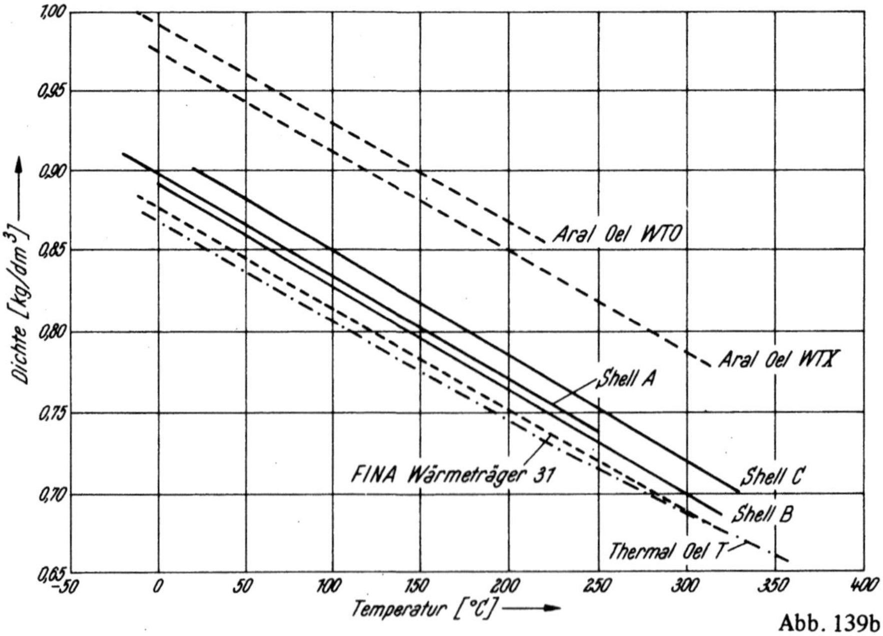

Abb. 139b

Abb. 139 a, b. Dichte von Wärmeträgermitteln gemäß Tab. 19 a, b

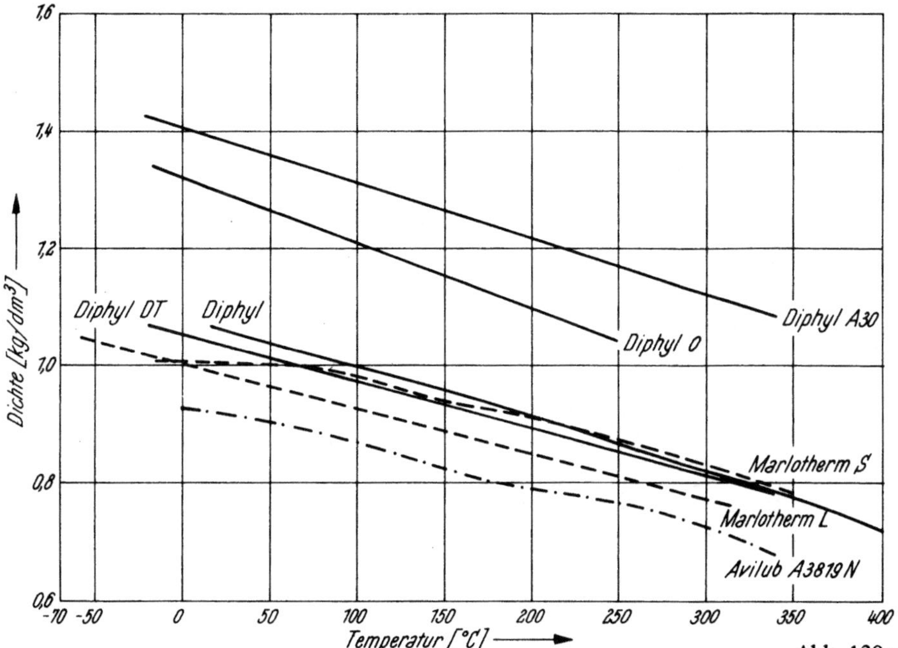

Abb. 139c

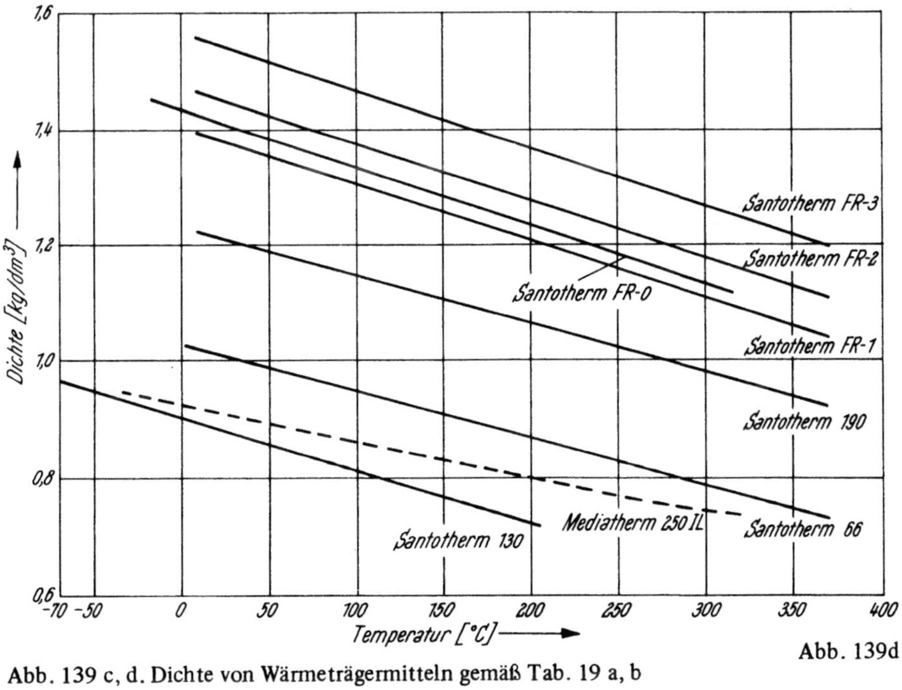

Abb. 139d

Abb. 139 c, d. Dichte von Wärmeträgermitteln gemäß Tab. 19 a, b

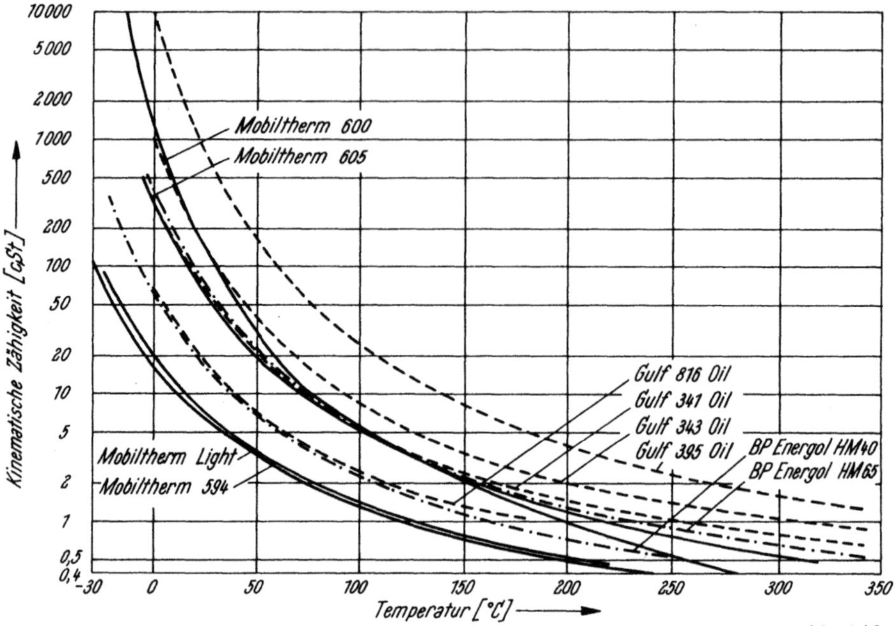

Abb. 140a

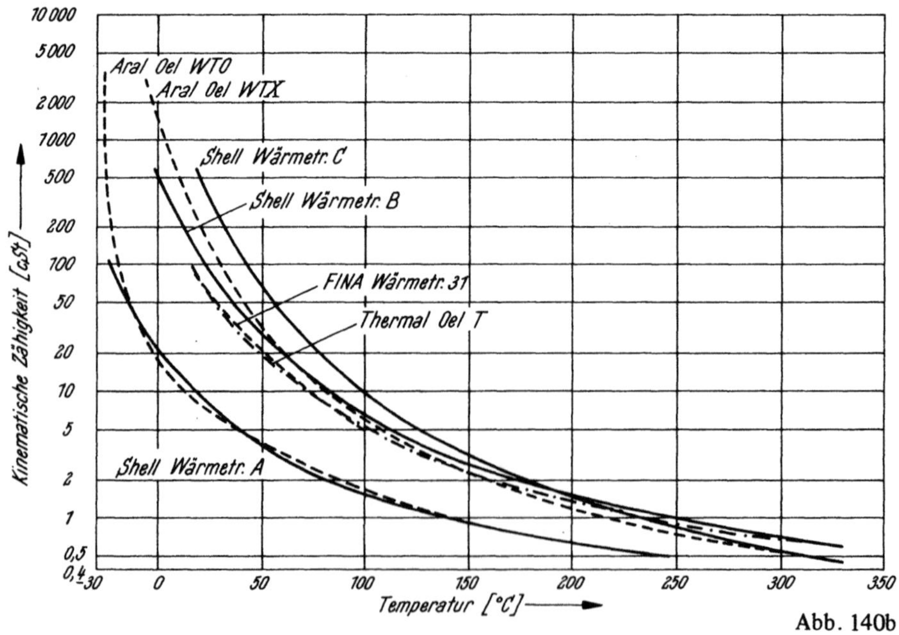

Abb. 140b

Abb. 140 a, b. Kinematische Zähigkeit von Wärmeträgermitteln gemäß Tab. 19 a, b

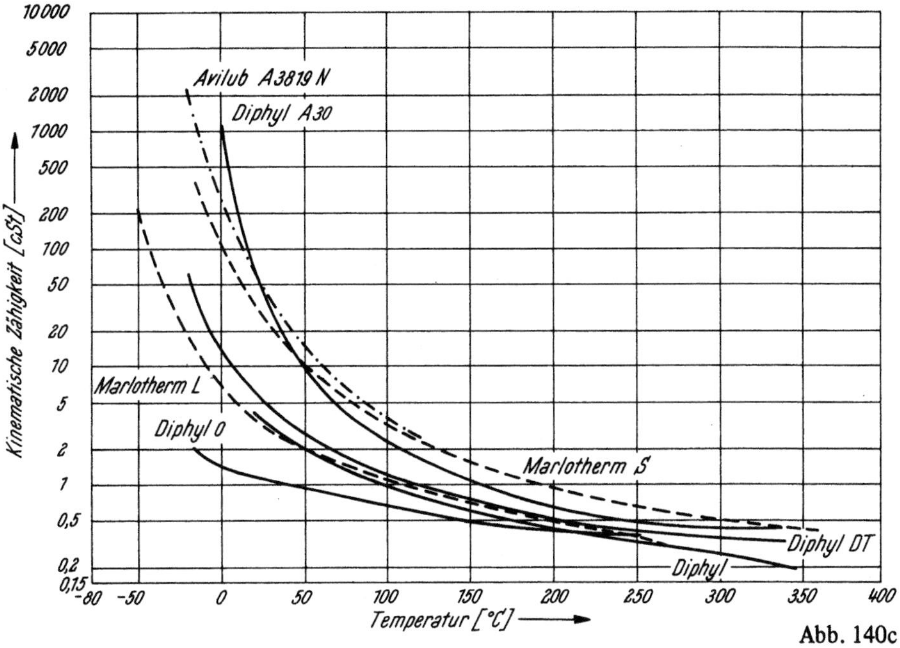

Abb. 140c

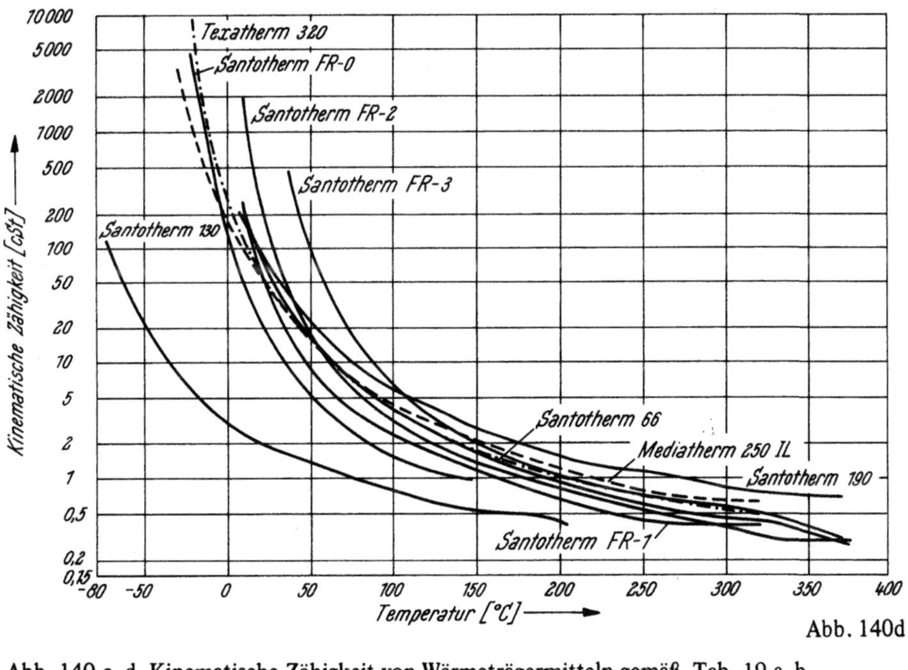

Abb. 140d

Abb. 140 c, d. Kinematische Zähigkeit von Wärmeträgermitteln gemäß Tab. 19 a, b

Tabelle 20. *Stoffwerte für Flüssigkeiten und Gase*

Stoff	t °C	ρ kg/dm³	c_p kJ/kg K	$10^6 \eta$ Ns/m²	$10^6 \nu$ m²/s
a) Flüssigkeiten (bei 1 atm = 760 Torr)					
Quecksilber	20	13,546	0,1394	1559,79	0,115
Wasser	0	0,9998	4,2203	1789,34	1,789
	20	0,9982	4,1826	1005,52	1,006
	40	0,9921	4,1784	653,34	0,658
	60	0,983	4,1909	469,89	0,478
	80	0,972	4,1993	354,14	0,364
	100	0,958	4,2161	282,52	0,294
	150	0,917	4,2705	184,42	0,201
	200	0,865	4,5008	138,32	0,160
	250	0,799	4,8566	111,83	0,140
Kohlendioxid	20	0,771	3,6425	48,07	0,062
	30	0,596	–	32,37	0,054
Ammoniak	0	0,639	4,6473	240,34	0,376
	20	0,610	4,7729	219,74	0,361
Schwefeldioxid	–20	1,485	1,2727	464,99	0,313
	0	1,435	1,3565	367,87	0,257
	+ 20	1,383	1,3900	304,11	0,220
Benzol C_6H_6	20	0,8791	1,7375	650,40	0,740
Äthylenglykol	20	1,113	2,3822	21317,13	19,15
$C_2H_4(OH)_2$	40	1,099	2,4744	9653,04	8,79
	60	1,085	2,5623	5307,21	4,89
	80	1,070	2,6502	3305,97	3,08
	100	1,056	2,7423	2403,45	2,27
Spindelöl	20	0,871	1,8500	13057,11	15,0
	40	0,858	1,9343	6808,14	7,93
	60	0,845	2,0180	4179,06	4,95
	80	0,832	2,1017	2835,09	3,40
	100	0,820	2,1855	2001,24	2,44
	120	0,807	2,2692	1540,17	1,91
Transformatorenöl	20	0,866	1,8924	31607,82	36,5
	40	0,854	1,9929	14224,50	16,7
	60	0,842	2,0934	7318,26	8,7
	80	0,830	2,1980	4316,40	5,2
	100	0,818	2,2943	3099,96	3,8
Flugmotorenöl	20	0,893	1,8380	796493,52	892
Rotring	40	0,881	1,9217	204126,48	231
	60	0,868	2,0054	71240,22	82,0
	80	0,856	2,0892	31519,53	36,7
	100	0,844	2,1771	16608,33	19,7
	120	0,832	2,2692	9908,10	11,9
	140	0,819	2,3613	6504,03	7,94
20% $MgCl_2$	–20	1,184	2,9893	12959,01	10,94
Sole	0	1,184	3,0354	5493,60	4,64
	+ 20	1,184	3,0814	2854,71	2,41

Fortsetzung Tabelle 20

Stoff	t °C	ρ kg/dm³	c_p kJ/kg K	$10^6\eta$ Ns/m²	$10^6\nu$ m²/s
b) Gase (bei 735,56 Torr)					
Wasserstoff H_2	−50	0,1064	–	7,3575	69
	0	0,0869	14,235	8,4366	97
	50	0,0734	14,361	9,4176	128
	100	0,0636	14,444	10,3005	162
	200	0,0502	14,528	12,0663	241
	300	0,0415	14,750	13,9302	336
Wasserdampf H_2O	100	0,578	1,8840	12,8511	22,1
	200	0,452	1,9259	16,5789	36,8
	300	0,372	2,0096	20,1105	54,1
	400	0,316	2,0515	23,5440	74,4
	500	0,275	2,1771	26,7813	97,5
Luft	−50	1,533	1,0048	14,6169	9,5
	0	1,251	1,0048	17,0694	13,6
	50	1,057	1,0048	19,6200	18,6
	100	0,916	1,0090	21,7782	23,8
	200	0,722	1,0257	25,8984	35,9
	300	0,596	1,0467	29,6262	49,7
	400	0,508	1,0676	32,9616	64,8
	600	0,391	1,1176	38,8476	99,3
	800	0,138	1,1136	44,4393	140
	1000	0,268	1,1848	49,3443	184
	1200	0,232	1,2099	53,7588	232
	1400	0,204	1,2309	57,8790	284
	1600	0,182	1,2393	61,6068	339
Kohlendioxid	−50	2,373	–	11,2815	4,76
CO_2	0	1,912	0,8289	13,8321	7,22
	50	1,616	0,8750	16,1865	10,0
	100	1,400	0,9252	18,5409	13,2
	200	1,103	0,9964	22,9554	20,8
Schwefeldioxid	0	2,83	0,6238	11,5758	4,1
SO_2	50	–	0,6489	14,0283	
	100	–	0,6740	16,2846	
	200	–	0,7201	20,6991	
Ammoniak	0	0,746	2,1687	9,3195	12,5
NH_3	50	0,626	2,1980	11,0853	17,7
	100	0,540	2,2315	13,0473	24,1
	200	0,425	2,3948	16,5789	39,1

Tabelle 21. *Dichte und kinematische Zähigkeit von Petroleum verschiedener Herkunft* (15,6°C = 50°F)

Benennung des Petroleums		ρ (15,6°C) kg/m³	$10^6\ \nu$ (20°C) m²/s
Deutsches Petroleum		816	1,790
Desgleichen		810	2,831
Amerikanisches wasserhelles Petroleum		790	2,566
Amerikanisches Standard White Petroleum		800	2,970
Russisches Meteor Petroleum		800	2,094
Russisches Nobel Petroleum		824	2,568
Nobelpetroleum		823	2,199
Galizisches Petroleum		809	2,789
Petroleum verschiedener Art			
Benennung	A	808	1,305
	B	808	1,765
	C	799	2,031
	D	809	2,341
	E	799	2,371
	F	817	2,771
		ρ (15,0°C)	$10^6\ \nu$ (20°C)
St. W. Kerosin – Texas Co.		801	1,935
W. W. Kerosin – Texas Co.		802	1,925
W. W. Kerosin – Standard Oil Co.		807	1,896
Kerosin – The Kanotex Ref. Co.		824	2,858
Russisches Baku-Kerosin		825	2,170
Export Baku-Kerosin		822	2,260
Emba-Kerosin		826	2,390
Grosny-Kerosin		813	2,380

Tabelle 22. *Dichte und kinematische Zähigkeit (Werte $10^6\ \nu$ in m²/s) von Gasolin verschiedener Art von Petroleum* (15,6°C = 50°F)

Gasolin Nr.	ρ (15,6°C) kg/m³	Temperatur °C 5	15	25	35	45	55
1	748	1,029	0,887	0,787	0,690	0,625	0,551
2	743	1,044	0,863	0,728	0,664	0,594	–
3	737	0,936	0,818	0,703	0,640	0,578	0,518
4	726	0,682	0,591	0,522	0,470	0,426	0,383
5	722	0,733	0,633	0,568	0,499	0,450	0,406
6	717	0,792	0,671	0,583	0,504	0,473	–
7	716	0,710	0,644	0,546	0,483	0,436	0,410
8	708	0,697	0,614	0,550	0,475	0,425	0,393
9	702	0,611	0,546	0,481	0,445	0,398	0,356
10	701	0,620	0,545	0,498	0,428	0,382	0,358
11	699	0,614	0,532	0,468	0,428	0,385	0,338
12	694	0,575	0,504	0,457	0,408	0,373	0,337
13	680	0,510	0,456	0,403	0,356	0,334	0,310
Petroleum	813	3,16	2,62	2,02	1,74	1,47	–

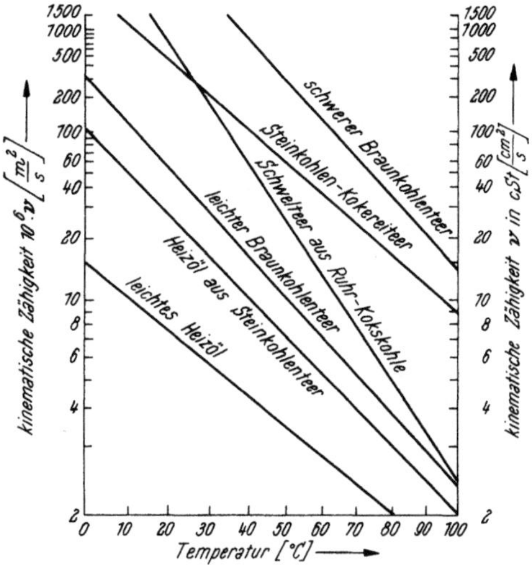

Abb. 141. Kinematische Zähigkeit von Ölen und Teeren bei 1 bar

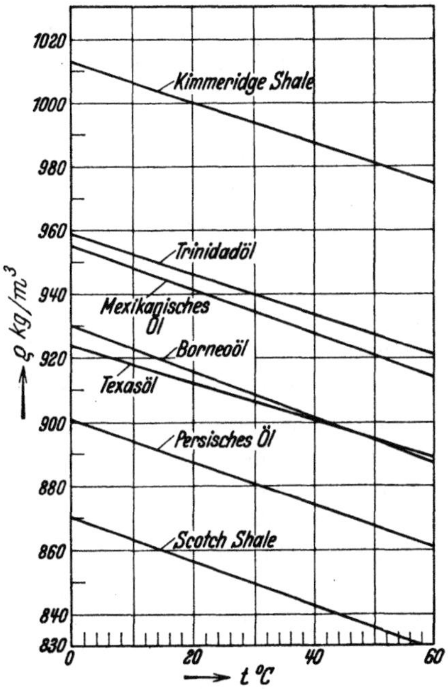

Abb. 142. Dichte von rohen Erdölen (nach Watkins)

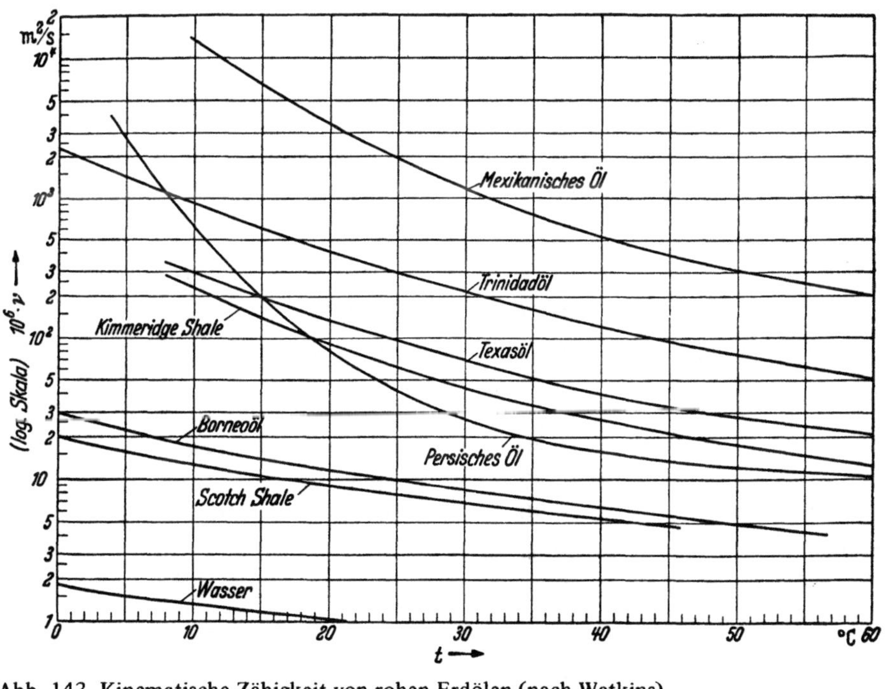

Abb. 143. Kinematische Zähigkeit von rohen Erdölen (nach Watkins)

Tabelle 23. *Dichteverhältnis S_g, dynamische Zähigkeit $10^6 \eta$ in Ns/m^2 und kinematische Zähigkeit $10^6 \nu$ in m^2/s von technischen Gasgemischen, aus der Analyse berechnet.* Index n bedeutet Normzustand

Gas	S_g	$10^6 \eta_n$	$10^6 \nu_n$
Kokereigas, Generatorgas, Schwelgas, Gichtgas $10^6 \nu_n \approx 12{,}91\, S_g^{-0,62}$; Maximalabweichungen −4/+ 6 vH			
Kokereigas	0,349	11,36	25,20
Kokereigas	0,372	11,82	24,58
Stadtgas	0,405	11,74	22,40
Koksofengas	0,421	11,74	21,55
Halbwassergas/Koks	0,720	14,80	15,88
Schwelgas/Braunkohle	0,774	14,24	14,23
Schwelgas/Steinkohle	0,799	15,94	15,41
Mondgas/Steinkohle	0,817	15,09	14,28
Mischgas/Steinkohle	0,849	16,14	14,70
Generatorgas/Anthrazit	0,855	16,28	14,74
Generatorgas/Koks	0,861	15,90	14,29
Generatorgas/Eßkohle	0,864	16,06	14,39
Luftgas/Braunkohle	0,870	15,69	13,92
Generatorgas/Braunkohle	0,872	16,01	14,20
Mischgas/Braunkohle	0,880	16,04	14,10
Luftgas/Holz	0,889	15,75	13,70
Klargas/Steinkohle	0,890	16,34	14,21
Luftgas/Torf	0,901	15,38	13,20
Luftgas/Steinkohle	0,902	16,11	13,81
Luftgas/Koks	0,967	16,41	13.14
Gichtgas	0,971	16,17	12,88
Gichtgas	0,978	16,12	12,77
Gichtgas	0,986	16,15	12,67
Wassergas $10^6\, \nu_n \approx 33{,}0–21{,}2\, S_g$; Maximalabweichungen ± 1 vH			
Wassergas/Steinkohle	0,493	14,24	22,32
Wassergas/Koks	0,529	15,01	21,90
Wassergas/Koks	0,544	15,22	21,62
Wassergas/Koks	0,561	15,19	20,94
Wassergas/Koks	0,590	15,41	20,20
Erdgas und Ölgas $10^6 \nu_n \approx 7{,}93/S_g$; Maximalabweichungen ± 2 vH			
Erdgase			
Ravenna	0,557	10,20	14,17
Sahara	0,569	10,20	13,84
Turin	0,589	10,11	13,29
Alpenvorland	0,590	10,22	13,41
Birmingham USA	0,602	10,42	13,41
Klein-Burgwedel	0,626	10,14	12,53
Kansas City	0,632	10,68	13,04
Plön	0,740	10,05	10,51
Ölgas	0,695	9,97	11,09

8.5 Wirtschaftliche Geschwindigkeiten in Rohrleitungen. Hydraulischer Radius. Strömung im Laminar- und Übergangsbereich. Korrekturfaktoren für stark kompressible Medien bei hohen Geschwindigkeiten

Tab. 24 gibt wirtschaftliche Geschwindigkeiten für die wichtigsten in der Industrie verwendeten Fluide.

Tabelle 24. *Wirtschaftliche Geschwindigkeiten für verschiedene Medien in m/s*

Wasserleitungen	
Saugleitungen von Pumpen je nach Saughöhe, Wassertemperatur (< 70°)– bei Kreiselpumpen und kaltem Wasser bis 2 m/s	0,5 ÷ 1
Pumpendruckleitungen – bei lufthaltigem Wasser mit Korrosionsgefahr bis 4 m/s	1,5 ÷ 2
Verteilungsnetze für Trink- und Nutzwasser	
Hauptleitungen	1 ÷ 2
Nebenleitungen	0,5 ÷ 0,7
Fernwasserleitungen	1,5 ÷ 3
Kraftleitungen für Wasserturbinen	
steile Anordnung, kleine Durchmesser	2 ÷ 4
desgleichen, große Durchmesser – Durchmesser über 1 m bis 10 m/s	3 ÷ 6 ÷ 8
lange, flache Anordnung	1 ÷ 3
Speisewassersaugleitungen – bei $t > 70$°C Zulauf, Zulaufhöhe bei 100°C Richtzahl 4 ÷ 8 m je nach Konstruktion der Pumpe	
im Festdruckbetrieb	0,6 ÷ 1
im Gleitdruckbetrieb	1,5 ÷ 3
Speisewasserdruckleitungen	2 ÷ 4
Preßwasserdruckleitungen	15 ÷ 20
desgleichen, kurze Anschlüsse	20 ÷ 30
Steigleitungen von Wasserhaltungen	1 ÷ 1,5
Druckleitungen von Heißwasserheizungen	2 ÷ 3
Ölleitungen (auch Produktleitungen wie Benzin, Benzol, Gasöl)	
Wirtschaftliche Fördergeschwindigkeit Temperatur bei zähen Ölen 35–40°C	1,0 ÷ 2,0
Luftleitungen	
Wirtschaftliche Strömungsgeschwindigkeit w_n, bezogen auf Normzustand	10 ÷ 50
Preßluftleitungen im Betriebszustand	2 ÷ 10 (15)
Gasleitungen	
Hochdrucknetze	5 ÷ 16
Hauptleitungen der Niederdrucknetze	3 ÷ 10
Hausverteilungsleitungen	max ÷ 1,0
Dampfleitungen	
Heißdampf mit $v \approx 0{,}025$ m³/kg	30 ÷ 40
Heißdampf mit $v \approx 0{,}05$ m³/kg	35 ÷ 45
Heißdampf mit $v \approx 0{,}1$ m³/kg	40 ÷ 50
Heißdampf mit $v \approx 0{,}2$ m³/kg	45 ÷ 60
Sattdampf	15 ÷ 25
Leitungen für Kolbenmaschinen	10 ÷ 20
Dampfleitungen über 500°C und über 125 bar	40 ÷ 50

In Tab. 24 sind keine Angaben über Ölgeschwindigkeiten in Hydraulikanlagen gemacht. Abb. 144 zeigt diese in Abhängigkeit vom Rohrdurchmesser. In ganz kurzen Kanälen und Bohrungen $l = 0{,}5-2\,d$ an Schiebern z. B. können die zulässigen Geschwindigkeiten das 2- bis 5-fache betragen. In Druck- bzw. Drosselventilen treten je nach Druckgefälle und Zähigkeit Geschwindigkeiten auf, die bis zum 10fachen der Angaben in Abb. 144 betragen.

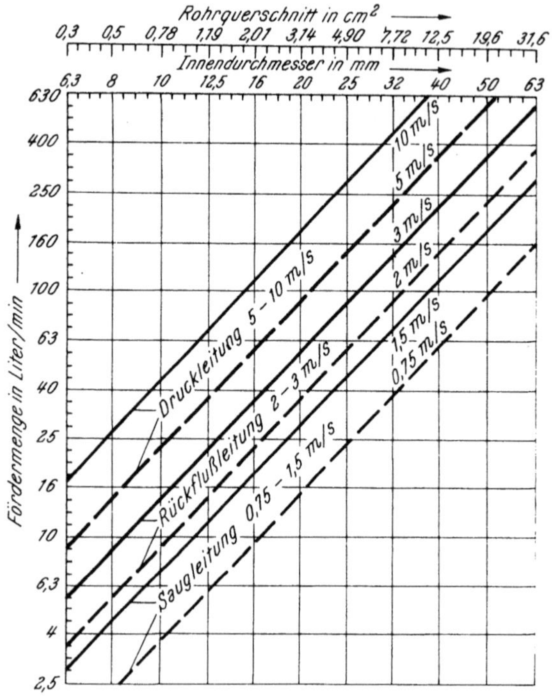

Abb. 144. Richtwerte für Geschwindigkeiten in Rohrleitungen für Hydraulikanlagen

Bei Leitungen mit beliebiger Querschnittsform sowie bei nicht vollgefüllten Leitungen (Kanälen) erfaßt man den Druckhöhenverlust durch Vergleich mit dem vollgefüllten kreisrunden Rohr vom Durchmesser d', welcher bei gleicher Strömungsgeschwindigkeit, Rauhigkeit und Länge denselben Strömungsverlust ergeben würde. Solche gleichwertige Querschnittsformen haben gleiches Verhältnis von

$$\frac{A}{U} = \frac{\text{nasser Querschnitt}}{\text{benetzter Umfang}} = \text{hydraulischer Radius.}$$

Da für den Kreisquerschnitt $4\,A/U = d$ ist, können alle normalen Formeln und Abbildungen zur Bestimmung des Druckhöhenverlustes auch für andere Querschnittsformen benützt werden, wenn anstatt des Durchmessers die gleichwertige Nennweite $d' = 4\,A/U$ des nicht kreisrunden bzw. des nicht vollgefüllten Querschnittes eingesetzt wird. Auch bei Bildung der Reynolds-Zahl wird anstatt d der Ausdruck $4\,A/U$ genommen.

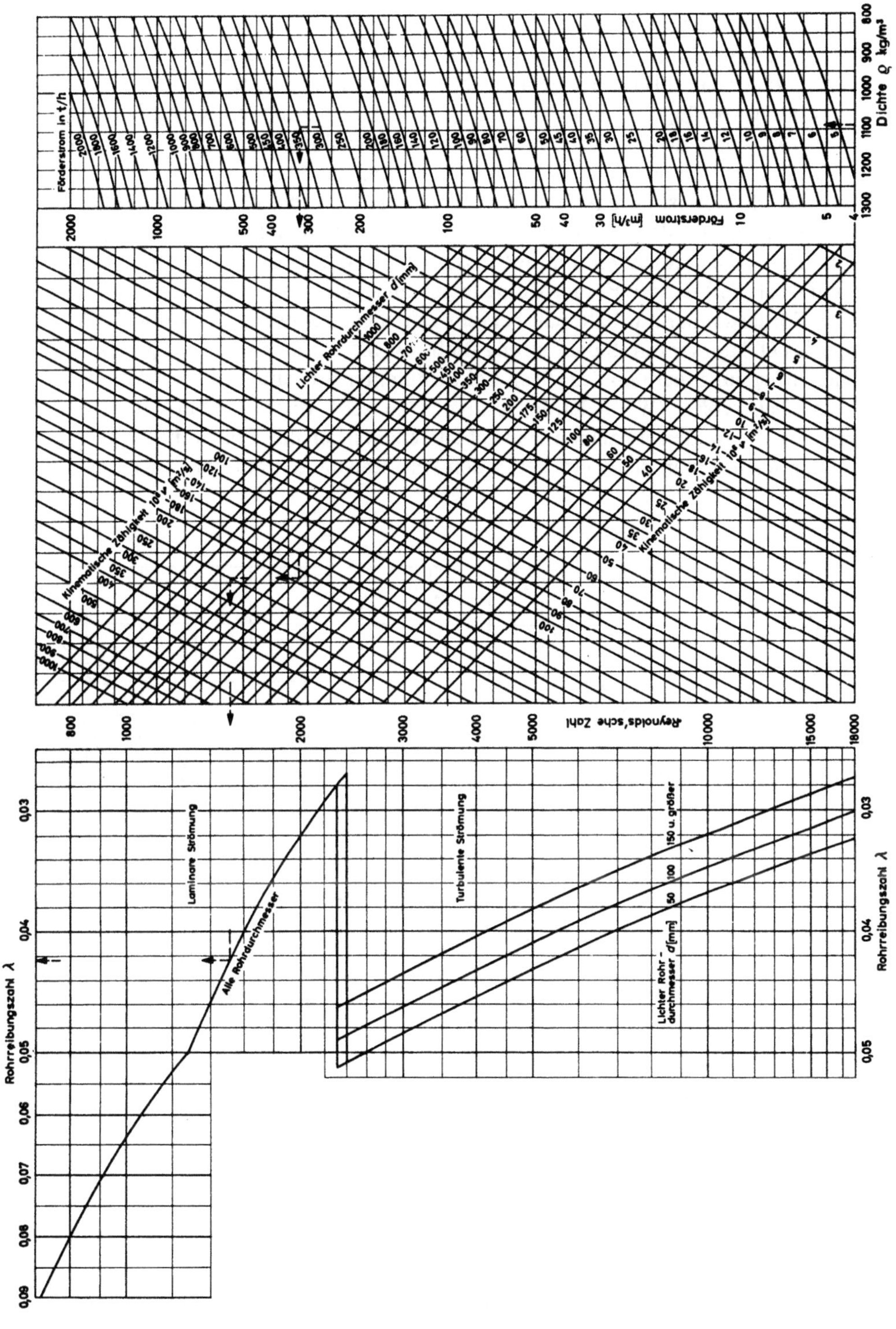

Abb. 145. Rohrreibungszahl λ für die laminare Rohrströmung sowie für das Übergangsgebiet zur turbulenten Strömung (KSB Armaturen-Handbuch 1965, Klein, Schanzlin & Becker AG, Frankenthal, Pfalz)

Um die Rohrreibungszahl λ aus der Reynolds-Zahl, der Nennweite und der Rauhigkeit des Rohres zu ermitteln, verwendet man für turbulente Strömungsvorgänge Abb. 20 bzw. Abb. 129, 130, 131 und 132. Für laminare Strömung gilt nach Gl. (84) $\lambda = 64/Re$. In diesem Fall, sowie in der Nähe des Übergangsgebietes kann λ auch nach Watkins und Danforth gemäß Abb. 145 ermittelt werden.

Strömungsvorgänge beidseits des Übergangsgebietes kommen häufig bei Ölleitungen vor, wobei der Zähigkeit des Öles bei der jeweiligen Fördertemperatur in bezug auf den Strömungswiderstand große Bedeutung zukommt.

Für den Betrieb ist es sehr wichtig, daß man das Öl während der Förderung auf der Temperatur hält, für die die Leitung und die Pumpanlagen berechnet wurden. Die Wirtschaftlichkeit und Betriebssicherheit der ganzen Anlage hängt von der Sorgfalt ab, mit der die Förderbedingungen eingehalten werden.

Die Fördertemperatur hält man bei sehr zähen Ölen zwischen 35°C und 40°C. Solange das Öl laminar durch die Leitung fließt, ist die Wärmeabgabe nur gering (Wärmeleitung nur innerhalb des Öles). Bei turbulenter Strömung ist die Wärmeabgabe erheblich größer (Wärmeleitung und mechanische Wärmefortführung – Konvektion – mit den einzelnen Flüssigkeitsteilchen an die Rohrwand). Bei zähen Ölen schützt man die Rohre gegen den Wärmeaustausch mit der Umgebung.

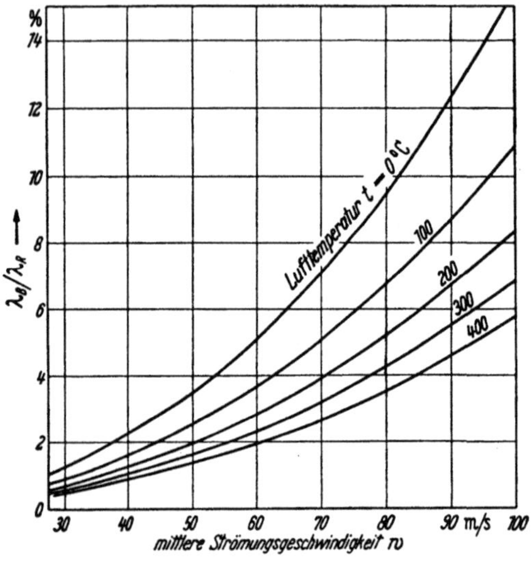

Abb. 146

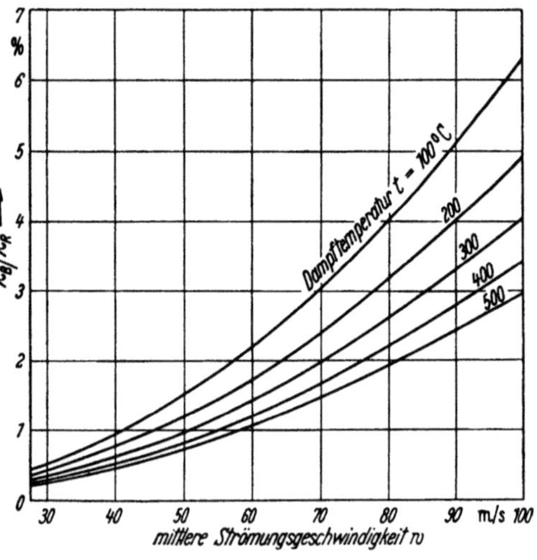

Abb. 147

Abb. 146 und 147. Vergrößerung des Reibungsbeiwertes λ bei der Strömung von expandierenden Gasen (Luft und Dampf)
λ_B: Reibungsbeiwert mit Berücksichtigung der Expansion
λ_R: Reibungsbeiwert bei Fluiden ohne Expansion bei fallendem Druck

Werte für die kritische Geschwindigkeit, bei der die laminare Strömung in die turbulente übergeht, gibt Tab. 25 an. Hier liegt die Rauhigkeit $k = 0{,}08$ bis 0,10 mm nach Watkins zugrunde und die kritische Reynolds-Zahl $Re = 2400$, Abschnitt 3.10.1.

Tabelle 25. *Kritische Geschwindigkeit in m/s bei verschiedenem Rohrdurchmesser und verschiedener kinematischer Zähigkeit des Öls*

$10^6 \nu$ m²/s	d = 0,1 m	d = 0,15 m	d = 0,2 m	d = 0,25 m	d = 0,3 m	d = 0,35 m	d = 0,4 m
1	0,0240	0,0160	0,0120	0,0096	0,0080	0,0069	0,0060
2	0,0480	0,0320	0,0240	0,0192	0,0160	0,0137	0,0120
5	0,1200	0,0800	0,0600	0,0480	0,0400	0,0343	0,0300
10	0,2400	0,1600	0,1200	0,0960	0,0800	0,0686	0,0600
20	0,480	0,320	0,240	0,192	0,160	0,137	0,120
30	0,720	0,480	0,360	0,288	0,240	0,206	0,180
40	0,960	0,640	0,480	0,384	0,320	0,274	0,240
50	1,200	0,800	0,600	0,480	0,400	0,343	0,300
60	1,440	0,960	0,720	0,576	0,480	0,412	0,360
70	1,680	1,120	0,840	0,672	0,560	0,480	0,420
80	1,920	1,280	0,960	0,768	0,640	0,549	0,480
90	2,160	1,440	1,080	0,864	0,720	0,617	0,540
100	2,400	1,600	1,200	0,960	0,800	0,686	0,600
200	4,800	3,200	2,400	1,920	1,600	1,371	1,200
300	7,200	4,800	3,600	2,880	2,400	2,065	1,800
400	9,600	6,400	4,800	3,840	3,200	2,740	2,400
500	12,00	8,00	6,00	4,80	4,00	3,43	3,00
600	14,40	9,60	7,20	5,76	4,80	4,12	3,60
700	16,80	11,20	8,40	6,72	5,60	4,80	4,20
800	19,20	12,80	9,60	7,68	6,40	5,49	4,80
900	21,60	14,40	10,80	8,64	7,20	6,17	5,40
1000	24,00	16,00	12,00	9,60	8,00	6,86	6,00
2000	48,00	32,00	24,00	19,20	16,00	13,71	12,00
3000	72,00	48,00	36,00	28,80	24,00	20,65	18,00
5000	120,0	80,0	60,0	48,0	40,0	34,3	30,0

Bei Luft- und Dampfleitungen muß, wenn die Geschwindigkeit über 30 m/s steigt, neben dem λ_R für die Reibung auch noch ein Beschleunigungsglied λ_B berücksichtigt werden. Dieses entspricht dem zusätzlichen Druckverlust infolge der Expansion des Mediums und der damit verbundenen Zunahme der Strömungsgeschwindigkeit bei stationärer Strömung in einem Rohr konstanten Querschnitts. Dies ist in Abb. 146 und 147 für Luft und Dampf als Prozentfaktor λ_B/λ_R ausgedrückt. Es wird also zum ermittelten λ_R aus der Rohrreibung der gefundene Prozentsatz addiert [36].

8.6 Druckverlust in Rohrleitungen für kaltes Wasser

Wasserleitungen unterliegen dem Rostangriff. Sie werden deshalb vorzugsweise als Graugußrohre, aber auch als Stahl- und Asbestzementrohre verlegt. Stahl- oder Gußrohre sind zum Teil auch innen bituminiert. Für entsprechende λ-Werte siehe dazu Abb. 130 und 132. Die sehr unterschiedliche natürliche Rauhigkeit verursacht verschieden hohe Druckverluste.

Tabelle 26a. *Strömungsgeschwindigkeit w, Wasserstrom Q und Druckverlust H_V in gußeisernen Wasserleitungen mit den mittleren Rauhigkeiten k = 0,1 bzw. k = 0,4 mm für je 100 m Rohrleitungslänge.* Aus KSB Armaturen-Handbuch 1965, Klein, Schanzlin & Becker AG, Frankenthal, Pfalz

w m/s	Q in m^3/h H_v in m WS	Lichter Rohrdurchmesser in mm													
		25	32	40	50	65	80	100	125	150	175	200	250	300	350
	Q	0,71	1,16	1,81	2,83	4,78	7,25	11,3	17,7	25,4	34,6	45,2	70,7	102	139
0,4	H_v (k = 0,1)	1,24	0,90	0,67	0,50	0,36	0,28	0,21	0,16	0,13	0,11	0,089	0,067	0,054	0,045
	H_v (k = 0,4)	1,62	1,16	0,86	0,64	0,43	0,33	0,25	0,19	0,15	0,13	0,11	0,079	0,063	0,052
	Q	1,06	1,74	2,72	4,25	7,17	10,8	16,9	26,5	38,1	51,9	67,8	106	153	208
0,6	H_v (k = 0,1)	2,58	1,92	1,42	1,05	0,76	0,58	0,43	0,34	0,27	0,22	0,19	0,14	0,11	0,095
	H_v (k = 0,4)	3,50	2,54	1,89	1,38	0,95	0,73	0,55	0,42	0,33	0,28	0,23	0,17	0,14	0,114
	Q	1,41	2,32	3,62	5,66	9,55	14,5	22,6	35,3	50,8	69,2	90,4	141	204	277
0,8	H_v (k = 0,1)	4,44	3,26	2,41	1,82	1,30	1,00	0,76	0,58	0,46	0,38	0,32	0,25	0,20	0,16
	H_v (k = 0,4)	6,14	4,38	3,24	2,38	1,66	1,27	0,97	0,73	0,58	0,48	0,40	0,30	0,24	0,20
	Q	1,77	2,90	4,52	7,04	11,9	18,1	28,3	44,1	63,6	86,6	113	177	254	346
1,0	H_v (k = 0,1)	6,75	4,95	3,68	2,78	1,98	1,53	1,16	0,88	0,70	0,58	0,49	0,37	0,30	0,25
	H_v (k = 0,4)	9,52	6,79	5,02	3,68	2,58	1,98	1,50	1,13	0,89	0,74	0,62	0,47	0,38	0,31
	Q	2,12	3,48	5,42	8,45	14,3	21,7	33,9	53,0	76,3	104	136	212	305	416
1,2	H_v (k = 0,1)	9,55	6,94	5,14	3,90	2,80	2,16	1,63	1,24	0,99	0,82	0,70	0,53	0,42	0,35
	H_v (k = 0,4)	13,6	9,65	7,16	5,23	3,70	2,82	2,14	1,61	1,28	1,08	0,89	0,67	0,54	0,44
	Q	2,48	4,06	6,33	9,86	16,7	25,3	39,6	61,8	89,1	121	158	247	356	485
1,4	H_v (k = 0,1)	12,6	9,30	6,94	5,23	3,76	2,90	2,19	1,67	1,32	1,10	0,93	0,71	0,57	0,47
	H_v (k = 0,4)	18,4	13,0	9,70	7,07	5,03	3,84	2,92	2,18	1,73	1,43	1,20	0,91	0,72	0,60
	Q	2,83	4,64	7,24	11,3	19,1	28,9	45,2	70,6	102	139	181	283	407	554
1,6	H_v (k = 0,1)	16,1	11,9	8,88	6,77	4,84	3,73	2,82	2,15	1,70	1,42	1,20	0,91	0,73	0,61
	H_v (k = 0,4)	23,8	16,8	12,5	9,22	6,55	4,97	3,76	2,82	2,24	1,85	1,55	1,18	0,93	0,77
	Q	3,19	5,22	8,14	12,7	21,5	32,6	50,9	79,5	115	156	204	318	458	624
1,8	H_v (k = 0,1)	20,4	15,0	11,2	8,47	6,08	4,69	3,54	2,70	2,14	1,78	1,50	1,14	0,92	0,76
	H_v (k = 0,4)	30,0	21,3	15,7	11,7	8,27	6,30	4,75	3,56	2,82	2,33	1,97	1,48	1,18	0,97
	Q	3,54	5,80	9,04	14,1	23,9	36,2	56,5	88,3	127	173	226	353	509	693
2,0	H_v (k = 0,1)	25,0	18,4	13,7	10,4	7,45	5,73	4,32	3,30	2,62	2,18	1,85	1,40	1,13	0,93
	H_v (k = 0,4)	36,9	26,1	19,4	14,4	10,2	7,77	5,84	4,37	3,47	2,87	2,42	1,82	1,45	1,20
	Q	3,89	6,38	9,94	15,5	26,3	39,8	62,1	97,1	140	190	249	388	560	762
2,2	H_v (k = 0,1)	30,0	22,2	16,5	12,5	8,97	6,89	5,21	3,97	3,14	2,61	2,22	1,69	1,35	1,12
	H_v (k = 0,4)	44,6	31,6	23,4	17,5	12,4	9,38	7,05	5,28	4,19	3,46	2,92	2,20	1,75	1,45

		400	450	500	600	700	800	900	1000	1100	1200	1400	1600	1800	2000
	Q	181	229	283	407	554	724	916	1131	1368	1627	2216	2895	3663	4524
0,4	H_v (k = 0,1)	0,038	0,033	0,029	0,023	0,019	0,016	0,014	0,0125	0,011	0,010	0,0084	0,0072	0,0062	0,0055
	H_v (k = 0,4)	0,044	0,038	0,034	0,027	0,022	0,019	0,016	0,014	0,013	0,012	0,0095	0,0081	0,0070	0,0062
	Q	271	344	424	611	831	1086	1374	1696	2051	2441	3324	4342	5495	6786
0,6	H_v (k = 0,1)	0,081	0,070	0,061	0,049	0,041	0,035	0,030	0,027	0,024	0,022	0,018	0,015	0,013	0,012
	H_v (k = 0,4)	0,097	0,083	0,073	0,058	0,048	0,041	0,036	0,032	0,028	0,025	0,021	0,018	0,015	0,014
	Q	362	458	565	814	1108	1447	1832	2262	2735	3254	4431	5790	7326	9048
0,8	H_v (k = 0,1)	0,14	0,12	0,105	0,084	0,070	0,060	0,052	0,046	0,041	0,037	0,031	0,026	0,023	0,020
	H_v (k = 0,4)	0,17	0,15	0,13	0,10	0,085	0,072	0,062	0,055	0,049	0,044	0,036	0,031	0,027	0,024
	Q	452	573	707	1018	1385	1810	2290	2827	3421	4071	5542	7238	9161	11310
1,0	H_v (k = 0,1)	0,21	0,18	0,16	0,13	0,107	0,092	0,079	0,070	0,063	0,056	0,047	0,040	0,035	0,031
	H_v (k = 0,4)	0,26	0,23	0,20	0,16	0,13	0,112	0,096	0,085	0,076	0,068	0,057	0,048	0,042	0,037
	Q	543	687	848	1221	1663	2171	2748	3393	4104	4885	6650	8685	10 993	13572
1,2	H_v (k = 0,1)	0,30	0,26	0,23	0,18	0,15	0,13	0,112	0,099	0,089	0,080	0,067	0,057	0,050	0,043
	H_v (k = 0,4)	0,37	0,32	0,28	0,23	0,19	0,16	0,14	0,12	0,108	0,098	0,081	0,069	0,060	0,052
	Q	633	802	990	1425	1940	2533	3206	3958	4790	5700	7758	10 133	12 825	15 834
1,4	H_v (k = 0,1)	0,40	0,35	0,30	0,25	0,21	0,17	0,15	0,13	0,12	0,11	0,090	0,077	0,066	0,059
	H_v (k = 0,4)	0,50	0,43	0,38	0,31	0,25	0,22	0,19	0,17	0,15	0,13	0,11	0,093	0,081	0,071
	Q	724	916	1130	1629	2217	2895	3664	4524	5474	6514	8867	11 581	14 657	18 096
1,6	H_v (k = 0,1)	0,52	0,45	0,40	0,32	0,26	0,23	0,20	0,17	0,15	0,14	0,12	0,099	0,086	0,075
	H_v (k = 0,4)	0,65	0,56	0,49	0,40	0,33	0,28	0,24	0,21	0,19	0,17	0,14	0,12	0,104	0,092
	Q	814	1031	1272	1832	2494	3257	4122	5089	6158	7328	9975	13 029	16 489	20 358
1,8	H_v (k = 0,1)	0,65	0,56	0,50	0,40	0,33	0,28	0,25	0,22	0,19	0,17	0,15	0,124	0,107	0,094
	H_v (k = 0,4)	0,82	0,71	0,63	0,50	0,42	0,35	0,30	0,27	0,24	0,22	0,18	0,15	0,13	0,12
	Q	905	1145	1414	2036	2771	3619	4580	5655	6842	8143	11 084	14 476	18 322	22 620
2,0	H_v (k = 0,1)	0,80	0,69	0,61	0,49	0,41	0,35	0,30	0,27	0,24	0,21	0,18	0,15	0,13	0,12
	H_v (k = 0,4)	1,01	0,87	0,77	0,61	0,51	0,43	0,37	0,33	0,29	0,27	0,22	0,19	0,16	0,14

Tabelle 26b. *Strömungsgeschwindigkeit w, Wasserstrom Q und Druckverlust H_V in gußeisernen Wasserleitungen mit den mittleren Rauhigkeiten k = 0,1 bzw. k = 0,4 mm für je 100 m Rohrleitungslänge*

w m/s	Q in m^3/h H_v in m WS	Lichter Rohrdurchmesser in mm													
		25	32	40	50	65	80	100	125	150	175	200	250	300	350
	Q	4,24	6,96	10,8	16,9	28,6	43,4	67,8	106	153	208	271	424	610	832
2,4	H_v (k = 0,1)	35,5	26,1	19,5	14,8	10,6	8,13	6,17	4,71	3,73	3,09	2,63	2,00	1,61	1,33
	H_v (k = 0,4)	53,1	37,6	27,8	20,8	14,7	11,2	8,37	6,28	4,98	4,11	3,47	2,61	2,08	1,72
	Q	4,60	7,54	11,8	18,3	31,0	47,0	73,5	115	165	225	294	459	661	901
2,6	H_v (k = 0,1)	41,4	30,5	22,8	17,2	12,4	9,48	7,21	5,50	4,35	3,61	3,07	2,33	1,88	1,55
	H_v (k = 0,4)	62,5	44,0	32,6	24,4	17,2	13,1	9,82	7,36	5,83	4,82	4,07	3,06	2,43	2,02
	Q	4,96	8,12	12,7	19,7	33,4	50,6	79,1	124	178	242	316	495	712	970
2,8	H_v (k = 0,1)	47,7	35,2	26,3	19,9	14,3	11,0	8,32	6,33	5,04	4,18	3,56	2,69	2,16	1,79
	H_v (k = 0,4)	72,1	50,9	37,8	28,2	20,0	15,2	11,4	8,52	6,75	5,58	4,71	3,54	2,85	2,33
	Q	5,31	8,70	13,6	21,1	35,8	54,3	84,7	133	191	260	339	530	764	1039
3,0	H_v (k = 0,1)	54,3	40,3	30,1	22,7	16,3	12,5	9,50	7,23	5,75	4,77	4,06	3,08	2,46	2,04
	H_v (k = 0,4)	82,8	58,3	43,2	32,4	22,9	17,4	13,0	9,77	7,74	6,40	5,40	4,06	3,22	2,69
	Q	5,66	9,28	14,5	22,6	38,1	57,8	90,4	141	204	277	362	565	814	1109
3,2	H_v (k = 0,1)	61,5	45,8	34,2	25,7	18,5	14,2	10,8	8,21	6,53	5,44	4,60	3,50	2,81	2,33
	H_v (k = 0,4)	94,4	66,6	49,3	36,9	26,1	19,9	14,8	11,1	8,83	7,30	6,15	4,63	3,67	3,05
	Q	6,01	9,86	15,4	23,9	40,6	61,5	96,0	150	216	294	384	600	865	1178
3,4	H_v (k = 0,1)	69,3	51,6	38,5	29,0	20,8	16,1	12,1	9,22	7,37	6,11	5,20	3,95	3,16	2,62
	H_v (k = 0,4)	107	75,2	55,7	41,7	29,5	22,5	16,8	12,6	9,98	8,25	7,95	5,23	4,15	3,45
	Q	6,38	10,4	16,3	25,4	43,0	65,1	102	159	229	312	407	636	916	1247
3,6	H_v (k = 0,1)	77,4	57,5	42,9	32,3	23,2	17,9	13,5	10,3	8,21	6,85	5,79	4,40	3,53	2,93
	H_v (k = 0,4)	119	84,3	62,4	46,8	33,1	25,2	18,8	14,1	11,2	9,22	7,78	5,86	4,65	3,86
	Q	6,73	11,0	17,2	26,8	45,4	68,7	107	168	242	329	429	671	966	1317
3,8	H_v (k = 0,1)	85,5	63,9	47,5	36,0	25,9	19,9	15,0	11,4	9,13	7,62	6,45	4,89	3,91	3,24
	H_v (k = 0,4)	133	93,8	69,5	52,1	36,8	28,0	20,9	15,7	12,4	10,3	8,65	6,51	5,17	4,29
	Q	7,08	11,6	18,1	28,2	47,7	72,4	113	177	254	346	452	707	1018	1386
4,0	H_v (k = 0,1)	94,5	70,8	52,6	39,7	28,6	21,9	16,6	12,6	10,1	8,40	7,10	5,39	4,30	3,60
	H_v (k = 0,4)	147	104	77,0	57,6	40,7	31,1	23,2	17,4	13,8	11,4	9,57	7,22	5,73	4,76
		400	450	500	600	700	800	900	1000	1100	1200	1400	1600	1800	2000
	Q	995	1260	1555	2240	3048	3981	5038	6220	7526	8957	12 192	15 924	20 154	24 882
2,2	H_v (k = 0,1)	0,96	0,83	0,73	0,59	0,49	0,42	0,36	0,32	0,29	0,26	0,21	0,18	0,16	0,14
	H_v (k = 0,4)	1,22	1,06	0,93	0,74	0,61	0,52	0,45	0,40	0,35	0,32	0,27	0,23	0,20	0,17
	Q	1086	1374	1696	2443	3326	4343	5496	6786	8208	9770	13 300	17 371	21 985	27 144
2,4	H_v (k = 0,1)	1,13	0,98	0,87	0,70	0,58	0,50	0,43	0,38	0,34	0,30	0,25	0,22	0,19	0,16
	H_v (k = 0,4)	1,45	1,25	1,10	0,88	0,73	0,62	0,54	0,47	0,42	0,38	0,32	0,27	0,23	0,20
	Q	1176	1489	1838	2647	3603	4705	5955	7351	8894	10 586	14 409	18 819	23 818	29 405
2,6	H_v (k = 0,1)	1,32	1,14	1,01	0,81	0,68	0,58	0,50	0,44	0,40	0,36	0,30	0,25	0,22	0,19
	H_v (k = 0,4)	1,70	1,47	1,29	1,03	0,86	0,73	0,63	0,55	0,49	0,44	0,37	0,31	0,27	0,24
	Q	1267	1603	1979	2850	3880	5067	6413	7916	9580	11 400	15 517	20 267	25 650	31 668
2,8	H_v (k = 0,1)	1,53	1,33	1,18	0,94	0,78	0,67	0,58	0,51	0,46	0,41	0,34	0,29	0,25	0,22
	H_v (k = 0,4)	1,97	1,70	1,49	1,19	0,99	0,84	0,73	0,64	0,57	0,52	0,43	0,36	0,31	0,28
	Q	1357	1718	2121	3054	4156	5429	6871	8482	10 264	12 215	16 625	21 715	27 484	33 930
3,0	H_v (k = 0,1)	1,75	1,51	1,34	1,07	0,89	0,76	0,66	0,58	0,52	0,47	0,39	0,33	0,29	0,25
	H_v (k = 0,4)	2,26	1,95	1,71	1,37	1,13	0,96	0,83	0,73	0,65	0,59	0,49	0,42	0,36	0,32
	Q	1447	1833	2262	3258	4434	5790	7329	9047	10 948	13 028	17 734	23 162	29 315	36 192
3,2	H_v (k = 0,1)	1,99	1,72	1,53	1,21	1,02	0,86	0,75	0,66	0,60	0,53	0,44	0,38	0,33	0,29
	H_v (k = 0,4)	2,56	2,22	1,95	1,56	1,29	1,10	0,95	0,83	0,74	0,07	0,56	0,47	0,41	0,36
	Q	1538	1947	2403	3461	4711	6153	7787	9613	11 632	13 843	18 842	24 610	31 147	38 453
3,4	H_v (k = 0,1)	2,23	1,95	1,72	1,37	1,14	0,98	0,84	0,75	0,67	0,60	0,50	0,43	0,37	0,32
	H_v (k = 0,4)	2,90	2,51	2,20	1,76	1,45	1,24	1,07	0,94	0,84	0,76	0,63	0,54	0,46	0,41
	Q	1628	2062	2545	3664	4987	6515	8245	10 178	12 316	14 659	19 950	26 058	32 980	40 716
3,6	H_v (k = 0,1)	2,50	2,17	1,91	1,53	1,28	1,09	0,94	0,83	0,75	0,67	0,56	0,48	0,41	0,36
	H_v (k = 0,4)	3,24	2,81	2,46	1,97	1,63	1,38	1,20	1,05	0,94	0,85	0,71	0,60	0,52	0,46
	Q	1719	2176	2687	3868	5265	6877	8703	10 743	13 001	15 472	21 059	27 505	34 812	42 977
3,8	H_v (k = 0,1)	2,79	2,41	2,13	1,70	1,41	1,21	1,04	0,92	0,83	0,75	0,62	0,53	0,46	0,40
	H_v (k = 0,4)	3,62	3,13	2,74	2,19	1,81	1,54	1,34	1,17	1,05	0,95	0,79	0,67	0,58	0,51
	Q	1809	2290	2828	4072	5542	7239	9161	11 309	13 684	16 286	22 167	28 952	36 644	45 239
4,0	H_v (k = 0,1)	3,06	2,67	2,34	1,88	1,56	1,34	1,15	1,02	0,91	0,83	0,69	0,59	0,50	0,44
	H_v (k = 0,4)	4,00	3,47	3,04	2,43	2,01	1,70	1,48	1,30	1,16	1,05	0,88	0,74	0,64	0,56

Die Tabellen 26a und b geben für

$k = 0{,}1$ neues bituminiertes Gußrohr sowie neues Asbestzementrohr

$k = 0{,}4$ neues Gußrohr mit Gußhaut sowie gereinigtes Gußrohr nach mehrjährigem Betrieb

die nach Prandtl-Colebrook berechneten Druckverluste H_V für kaltes Wasser von 8 bis 20°C und für 100 m gerade Leitungslänge. Die kinematische Zähigkeit $10^6 \nu$ verringert sich in diesem Temperaturbereich von 1,39 auf 1,01 m^2/s, der Widerstand verringert sich hierdurch aber nur um 2%.

Den Tabellen können auch die Werte der Strömungsgeschwindigkeiten und des Wasserstromes Q für die verschiedenen DN entnommen werden. Zwischenwerte sind leicht zu schätzen bzw. zu interpolieren [59].

Für Rohrwerkstoffe mit der Rauhigkeit $k = 0{,}06$ bis 4 findet man die zu erwartenden Druckverluste, indem man aus Abb. 148 den Faktor r bestimmt und die H_V $(k = 0{,}1)$ Werte aus Tab. 26a und b damit multipliziert. Zwischenwerte von r können geschätzt werden. Die schraffierten Streifen unten in Abb. 148 zeigen die k-Werte für den jeweiligen Rohrzustand. Strömungswiderstände von Armaturen und Formstücken sind dem Druckverlust der geraden Rohrleitung zuzuzählen, siehe Abschnitt 8.2. Aus Abb. 149 kann dann unmittelbar der zusätzliche Druckhöhenverlust H_z abgelesen werden. Für 1 m Leitungslänge ist somit der Druckabfall

$$\Delta H = \frac{1}{100}\, r \cdot H_V + H_z \pm H_g \qquad \begin{matrix} + \text{ steigende Leitung} \\ - \text{ fallende Leitung} \end{matrix} \qquad \text{in m WS.}$$

H_g ist die geodätische Höhendifferenz für steigende bzw. fallende Leitungen. Dieser Betrag ist zu berücksichtigen, um die gesamte Druckhöhe zu erhalten. Die wirtschaftlichen Geschwindigkeiten wurden bereits in Tab. 26 angegeben.

Beispiel.

1. Druckverlust einer gereinigten älteren gußeisernen Wasserleitung, DN 175, $l = 340$ m, $Q = 225$ m^3/h, $H_g = 7$ m ansteigend. $\Sigma\zeta$ der eingebauten Armaturen und Formstücke gleich 8,0. Aus Tab. 26 folgt $w = 2{,}6$ m/s, H_V $(k = 0{,}1) =$ 3,61 m WS/100. Für den geschätzten k-Wert 0,8 ergibt sich aus Abb. 148 $r = 1{,}7$. Aus Abb. 149 folgt für $w = 2{,}6$ m/s und $\Sigma\zeta = 8{,}0$: $H_z = 2{,}7$ m WS. Somit beträgt der gesamte Druckabfall in dieser Leitung

$$\Delta H = \frac{340}{100} \cdot 1{,}7 \cdot 3{,}61 + 2{,}7 + 7 = 30{,}6 \text{ m WS oder } 30{,}6 \cdot 0{,}098 \cong 3 \text{ bar.}$$

Der Druckverlustberechnung muß besonders bei inkrustierten Leitungen die tatsächliche Nennweite zugrunde gelegt werden, da der Druckverlust für gleichbleibendes Q von der 5. Potenz derselben abhängt.

2. Für 100 m Rohrleitung mit DN 125 beträgt $Q = 53$ m^3/h. Aus Tab. 26 ergibt sich H_V $(k = 0{,}1) = 1{,}24$ m WS. Diese Leitung sei durch Inkrustierung auf 119 mm verengt. Die Rauhigkeit wird mit $k = 3$ mm geschätzt. Nach Abb. 148 ist Faktor $r \approx 2{,}7$, somit bei gleichem Q, da H_V auch verkehrt proportional d^5 ist.

$$H_V \approx 1{,}24 \cdot \left(\frac{125}{119}\right)^5 \cdot 2{,}7 = 4{,}3 \text{ m WS.}$$

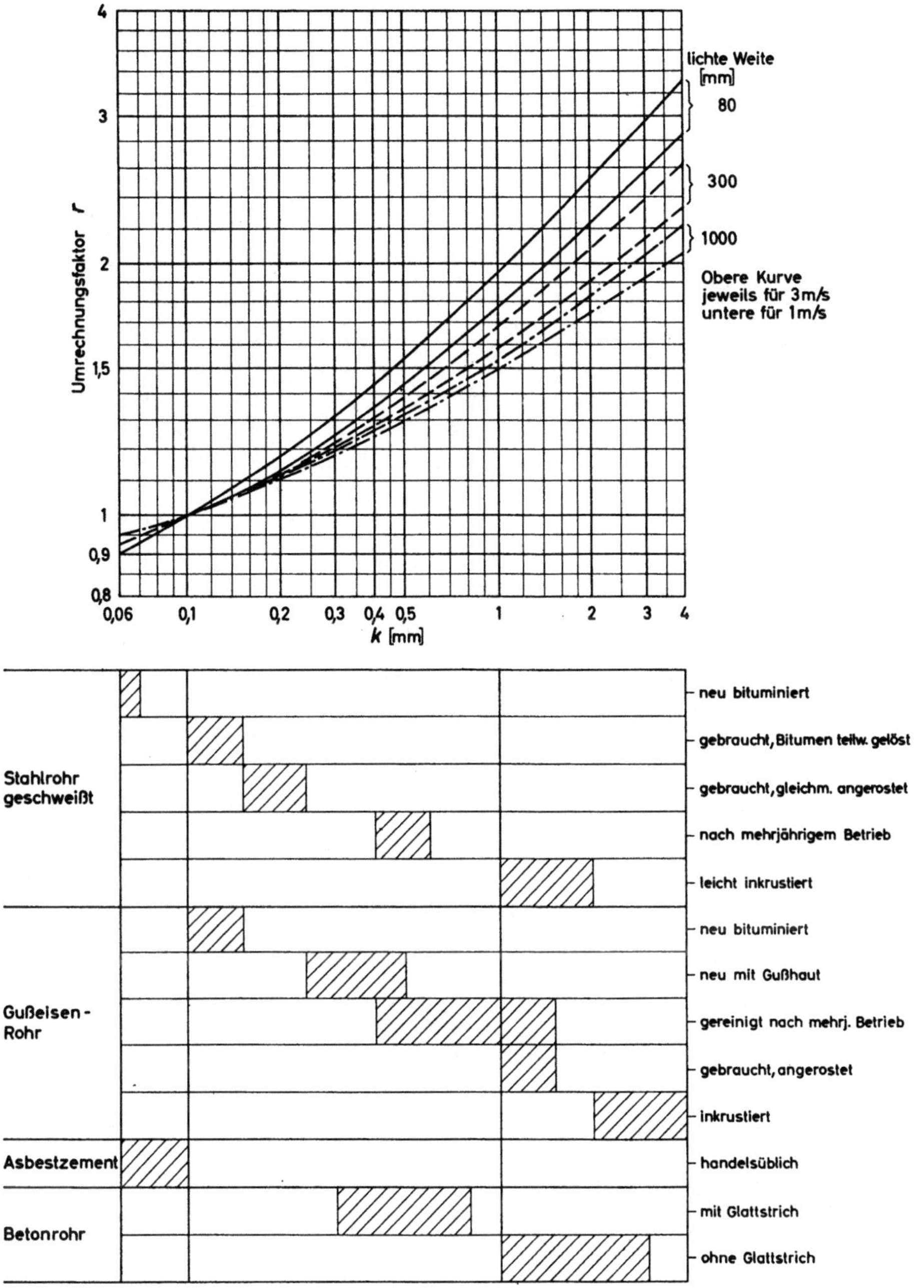

Abb. 148. *k*-Werte und Umrechnungsfaktor *r* für Werte der Tab. 28 für H_V (k = 0,1) (KSB Armaturen-Handbuch 1965, Klein, Schanzlin & Becker AG, Frankenthal, Pfalz)

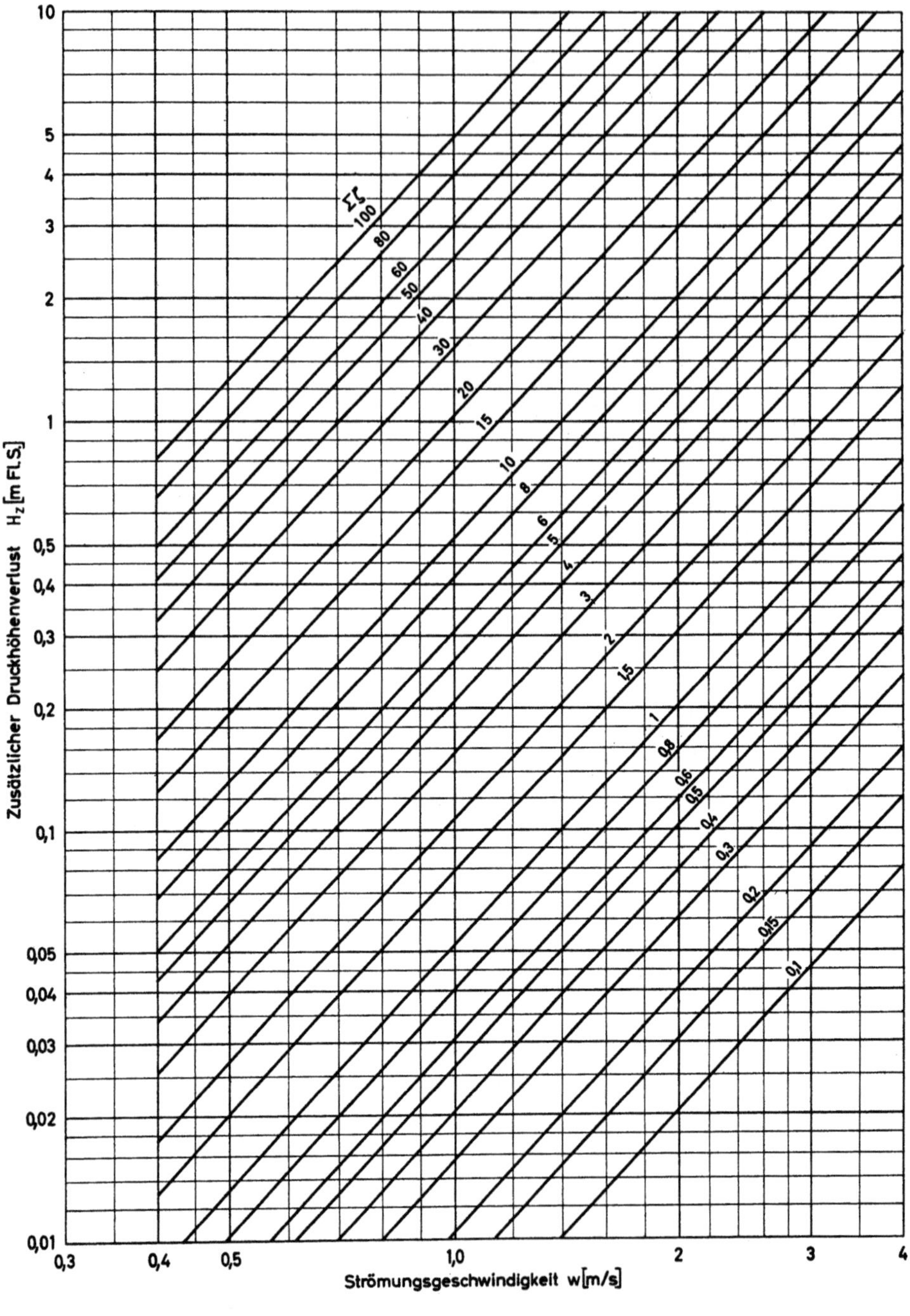

Abb. 149. Druckhöhenverlust durch Armaturen und Formstücke in Rohrleitungen für kaltes Wasser (KSB Armaturen-Handbuch 1965, Klein, Schanzlin & Becker AG, Frankenthal, Pfalz)

8.7 Diagramme für den Druckverlust in Rohren bei Flüssigkeiten unterschiedlicher Zähigkeit

Ausgehend von der allgemeinen Formel für den Druckverlust

$$\Delta p = \lambda \frac{l}{d} \frac{w^2 \rho}{2}$$

erhält man den Druckverlust für 100 m Rohrlänge in m Flüssigkeitssäule zu

$$H = \frac{\Delta}{\rho g} = \lambda \frac{50\, w^2}{dg} \quad .$$

Für den laminaren Bereich wird

$$\lambda = \frac{64}{Re} = \frac{64\, \nu}{w \cdot d}$$

und somit

$$H = \frac{3200 \cdot \nu \cdot w}{g \cdot d^2} \quad .$$

Für den turbulenten Bereich verwendet man folgende Formel für λ

$$\lambda = \alpha + 16 \sqrt{\frac{d}{Re}} \; ,$$

wobei α für glattes Stahlrohr mit 0,013 angenommen wird. Damit ergibt sich λ zu

$$\lambda = 0{,}013 + 16 \sqrt{\frac{d}{Re}} = 0{,}013 + 16 \sqrt{\frac{\nu}{w}} \; .$$

λ ist also nicht konstant, sondern nimmt mit zunehmendem w ab.

Die nachfolgenden Diagramme der Abb. 150 zeigen den Druckverlust pro 100 m Rohrleitung für Flüssigkeiten verschiedener Zähigkeit in m Flüssigkeitssäule für 12 verschiedene Rohrdurchmesser von 10 bis 300 mm in Abhängigkeit von der Durchflußmenge. Die Zähigkeit der Flüssigkeit ist als Parameter in allen 12 Diagrammen in °E eingesetzt. Für Angaben der Zähigkeit in anderen Einheiten erfolgt die Umrechnung nach Abb. 9a und b.

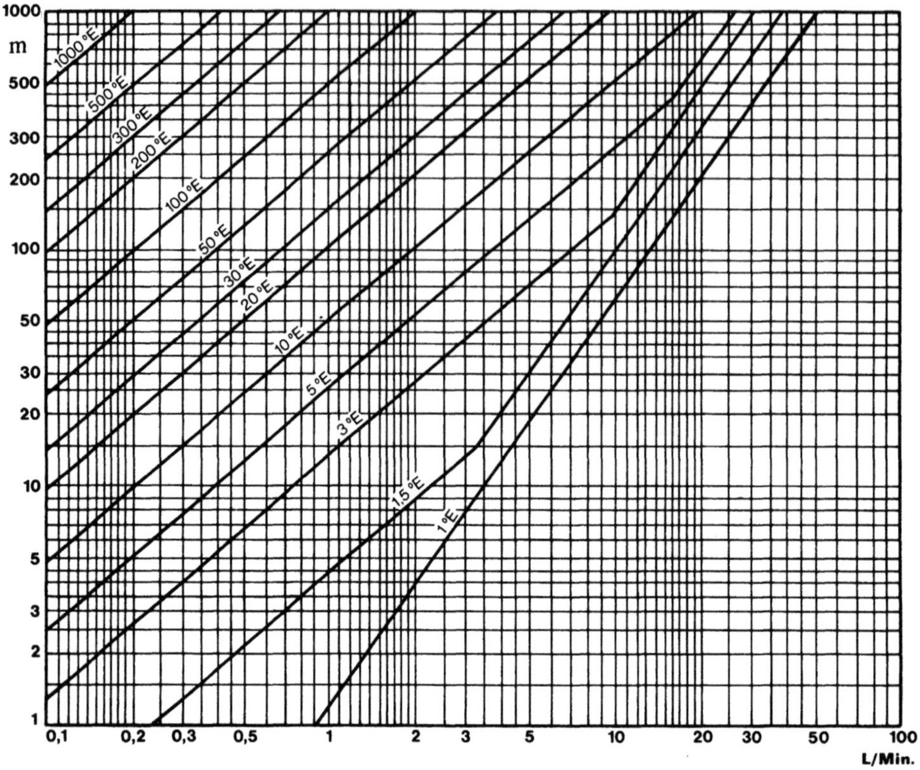

DN 10

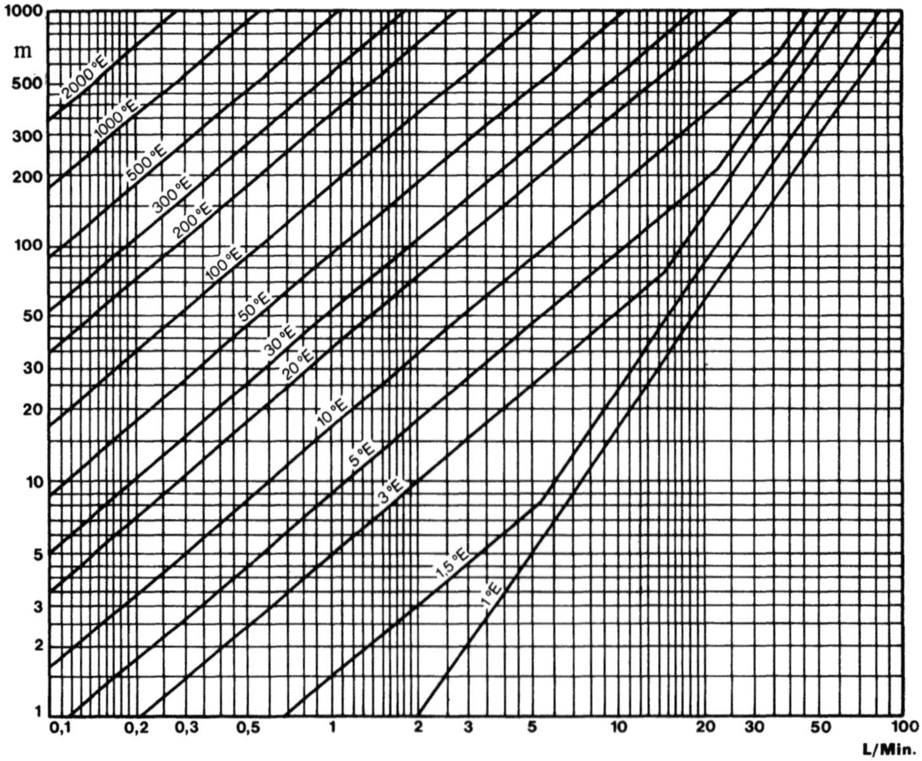

DN 15

Abb. 150. Diagramme für den Druckverlust in Rohren bei Flüssigkeiten unterschiedlicher Zähigkeit. Druckgefälle in m Flüssigkeitssäule pro 100 m Rohrleitung. Mit Genehmigung der Fa. Myhrwold & Rasmussen

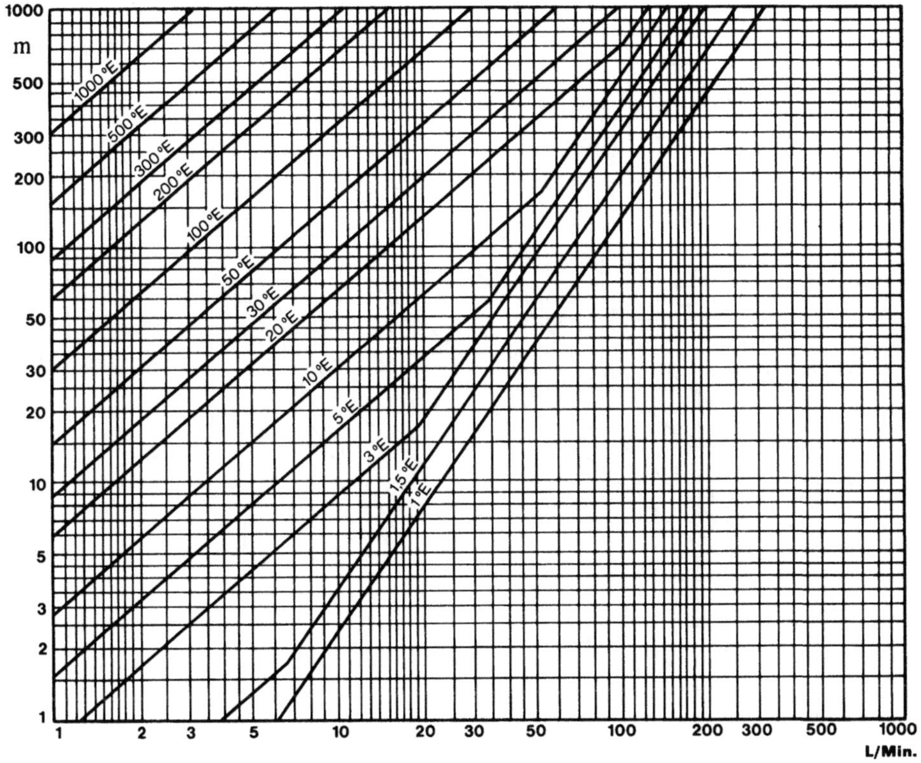
1000
m
500
300
200
100
50
30
20
10
5
3
2
1
1000 °E
500 °E
300 °E
200 °E
100 °E
50 °E
30 °E
20 °E
10 °E
5 °E
3 °E
1,5 °E
1 °E
1
2
3
5
10
20
30
50
100
200
300
500
1000
L/Min.

DN 20

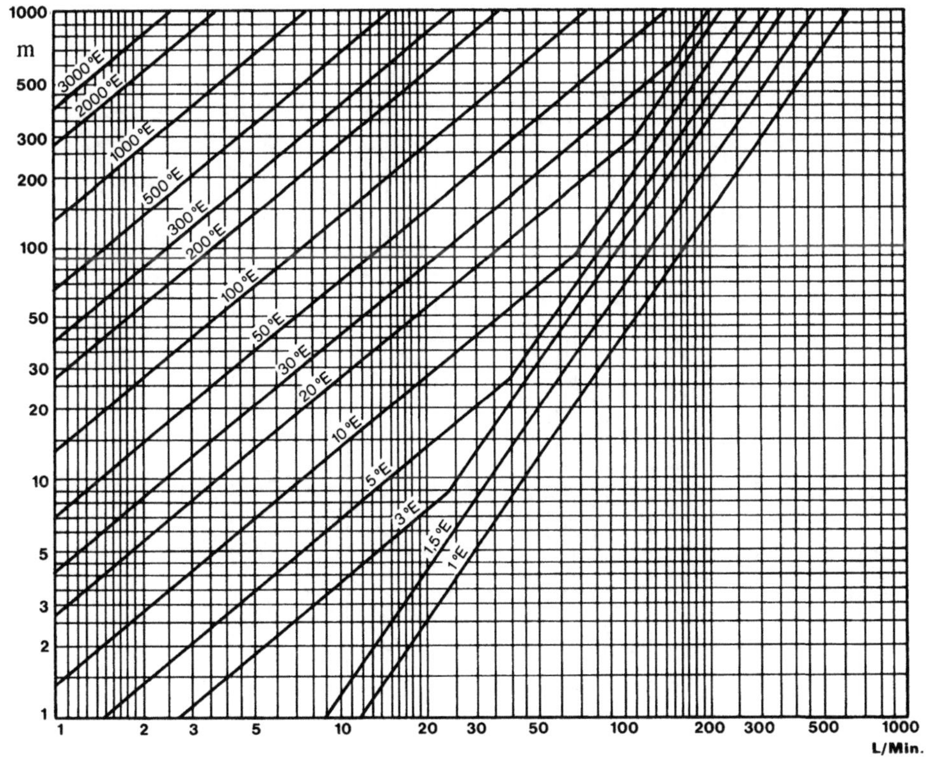
1000
m
500
300
200
100
50
30
20
10
5
3
2
1
3000 °E
2000 °E
1000 °E
500 °E
300 °E
200 °E
100 °E
50 °E
30 °E
20 °E
10 °E
5 °E
3 °E
1,5 °E
1 °E
1
2
3
5
10
20
30
50
100
200
300
500
1000
L/Min.

DN 25

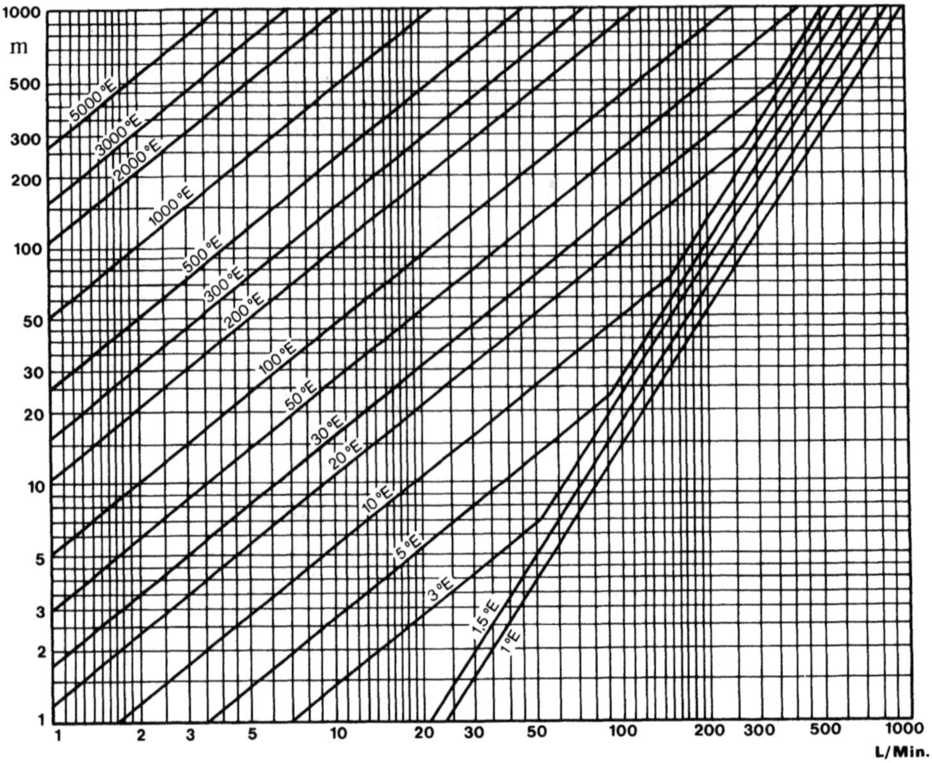
1000
m
500
300
200
100
50
30
20
10
5
3
2
1
5000 °E
3000 °E
2000 °E
1000 °E
500 °E
300 °E
200 °E
100 °E
50 °E
30 °E
20 °E
10 °E
5 °E
3 °E
1,5 °E
1 °E
1
2
3
5
10
20
30
50
100
200
300
500
1000
L/Min.

DN 30

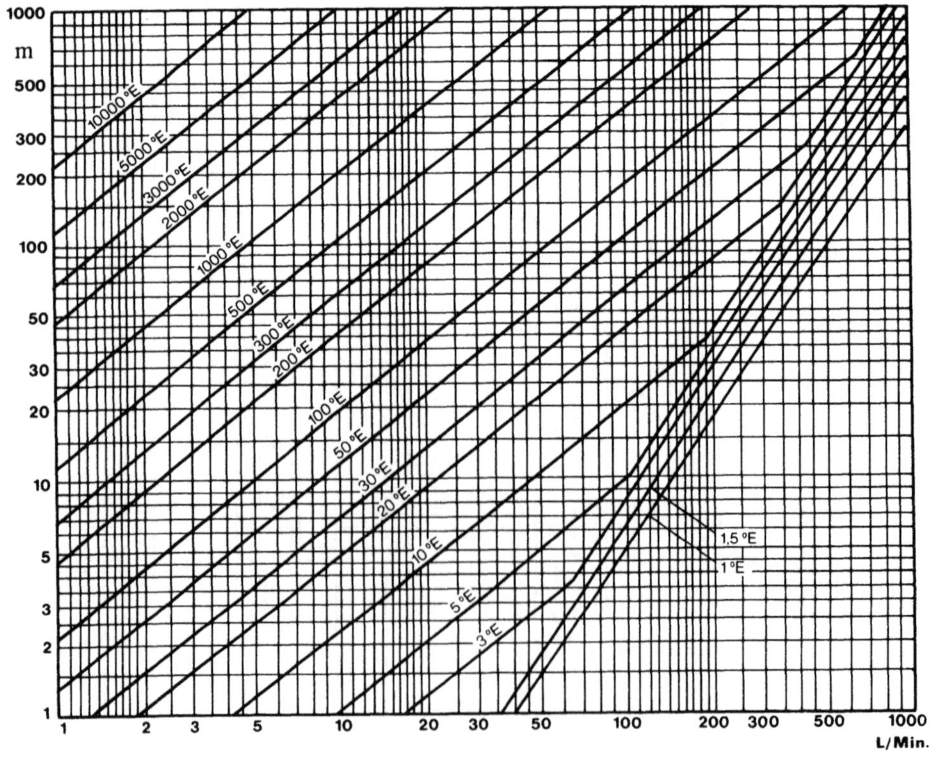
1000
m
500
300
200
100
50
30
20
10
5
3
2
1
10000 °E
5000 °E
3000 °E
2000 °E
1000 °E
500 °E
300 °E
200 °E
100 °E
50 °E
30 °E
20 °E
10 °E
5 °E
3 °E
1,5 °E
1 °E
1
2
3
5
10
20
30
50
100
200
300
500
1000
L/Min.

DN 40

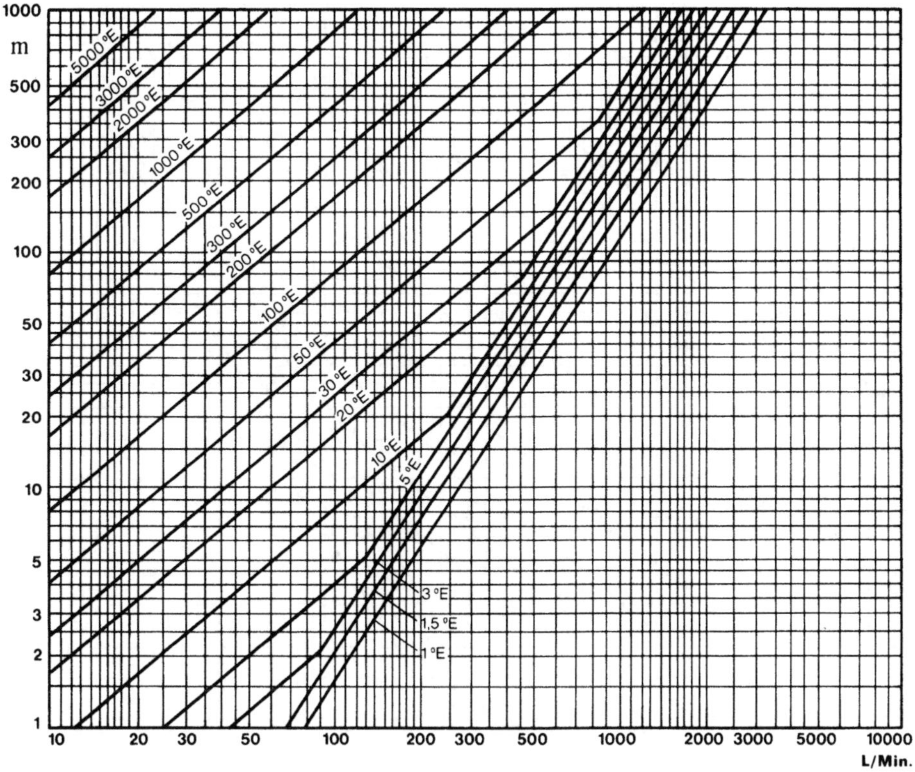

1000
m
500
300
200
100
50
30
20
10
5
3
2
1
10
20
30
50
100
200
300
500
1000
2000
3000
5000
10000
L/Min.
5000 °E
3000 °E
2000 °E
1000 °E
500 °E
300 °E
200 °E
100 °E
50 °E
30 °E
20 °E
10 °E
5 °E
3 °E
1,5 °E
1 °E

DN 50

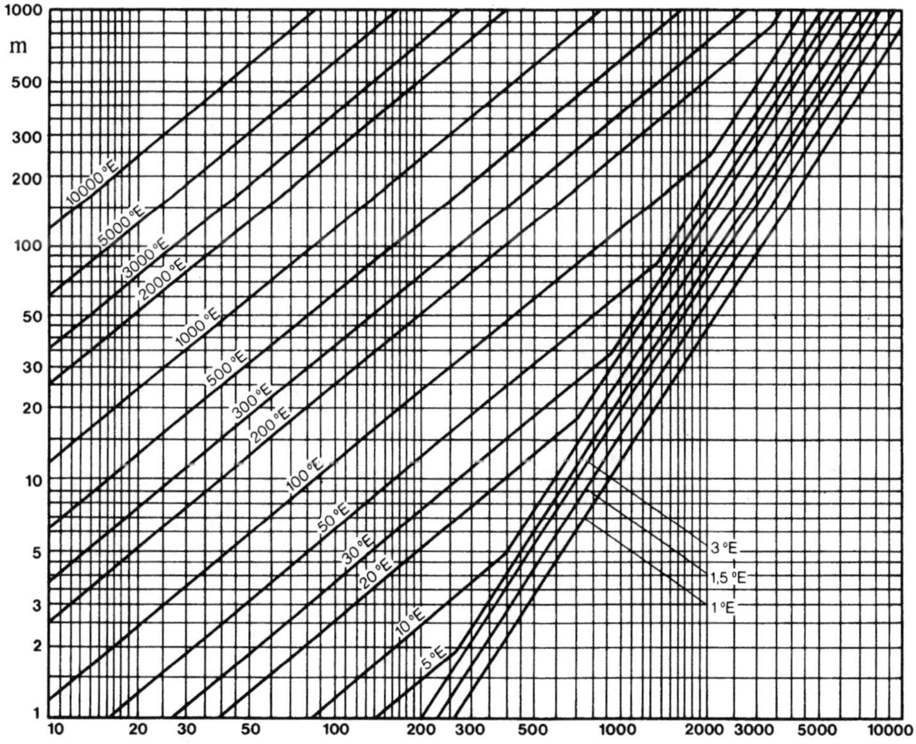

1000
m
500
300
200
100
50
30
20
10
5
3
2
1
10
20
30
50
100
200
300
500
1000
2000
3000
5000
10000
L/Min.
10000 °E
5000 °E
3000 °E
2000 °E
1000 °E
500 °E
300 °E
200 °E
100 °E
50 °E
30 °E
20 °E
10 °E
5 °E
3 °E
1,5 °E
1 °E

DN 80

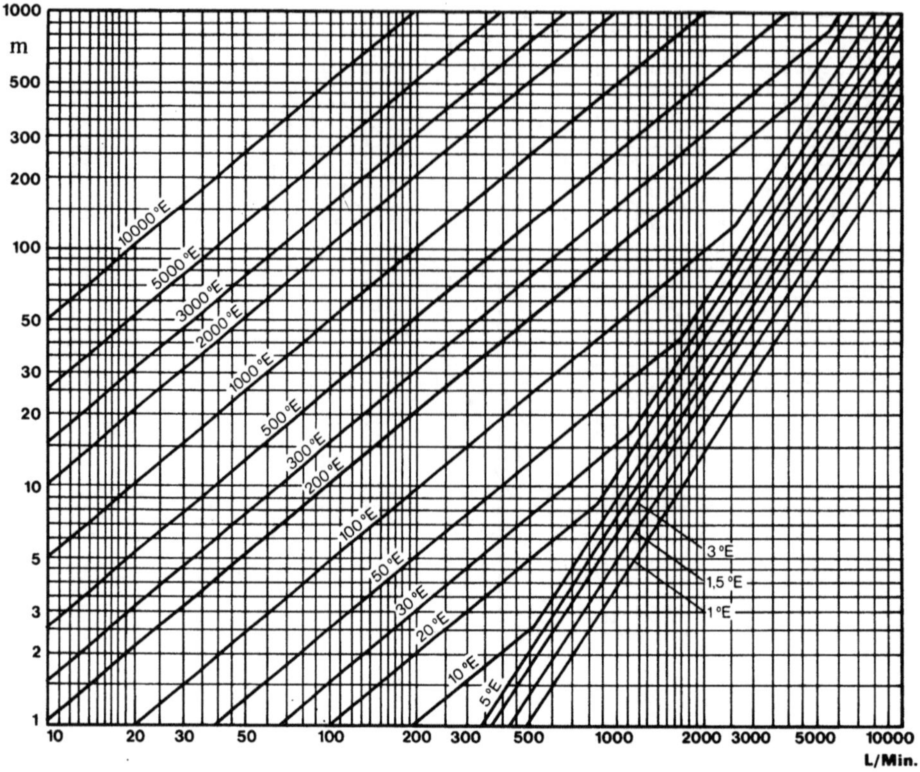
1000
m
500
300
200
100
50
30
20
10
5
3
2
1
10
20
30
50
100
200
300
500
1000
2000
3000
5000
10000
L/Min.
10000 °E
5000 °E
3000 °E
2000 °E
1000 °E
500 °E
300 °E
200 °E
100 °E
50 °E
30 °E
20 °E
10 °E
5 °E
3 °E
1,5 °E
1 °E

DN 100

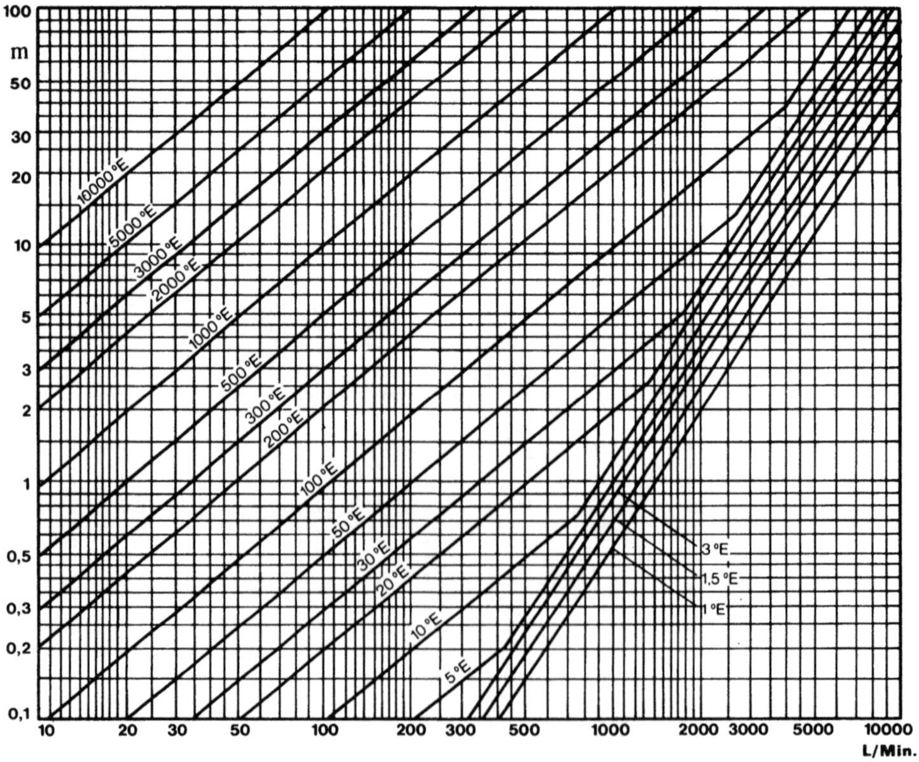
100
m
50
30
20
10
5
3
2
1
0,5
0,3
0,2
0,1
10
20
30
50
100
200
300
500
1000
2000
3000
5000
10000
L/Min.
10000 °E
5000 °E
3000 °E
2000 °E
1000 °E
500 °E
300 °E
200 °E
100 °E
50 °E
30 °E
20 °E
10 °E
5 °E
3 °E
1,5 °E
1 °E

DN 150

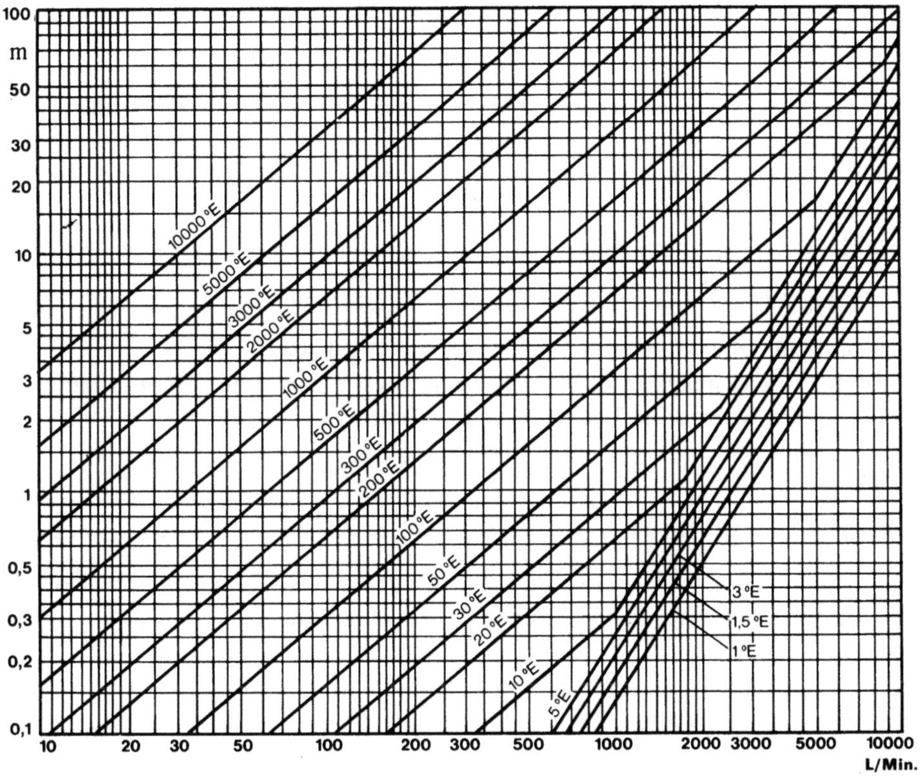
100
m
50
30
20
10
5
3
2
1
0,5
0,3
0,2
0,1
10000 °E
5000 °E
3000 °E
2000 °E
1000 °E
500 °E
300 °E
200 °E
100 °E
50 °E
30 °E
20 °E
10 °E
5 °E
3 °E
1,5 °E
1 °E
10
20
30
50
100
200
300
500
1000
2000
3000
5000
10000
L/Min.

DN 200

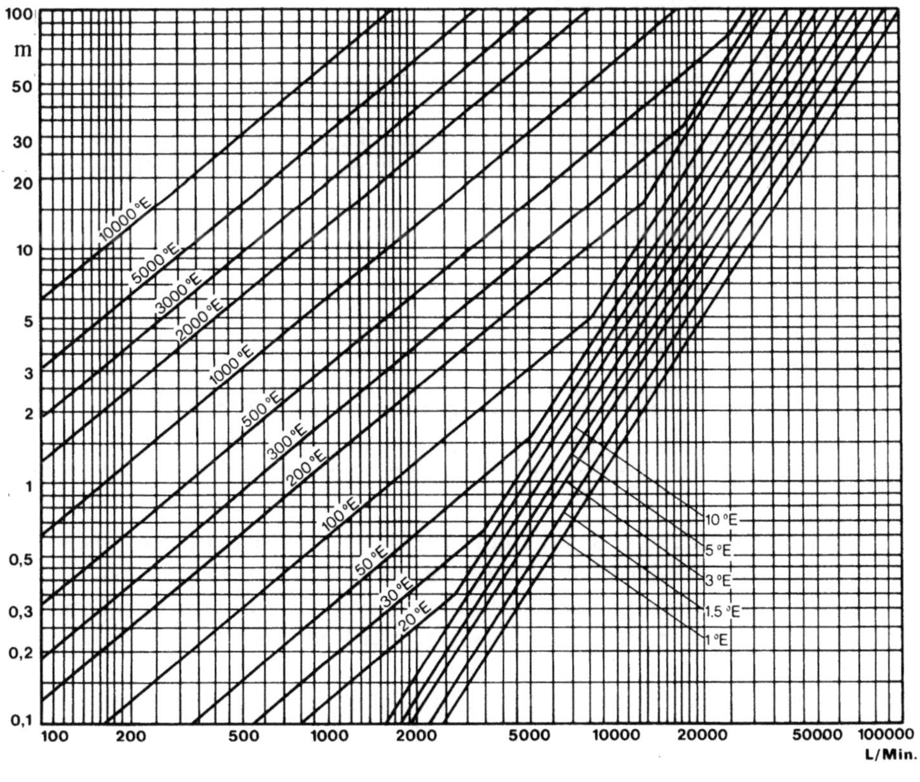
100
m
50
30
20
10
5
3
2
1
0,5
0,3
0,2
0,1
10000 °E
5000 °E
3000 °E
2000 °E
1000 °E
500 °E
300 °E
200 °E
100 °E
50 °E
30 °E
20 °E
10 °E
5 °E
3 °E
1,5 °E
1 °E
100
200
500
1000
2000
5000
10000
20000
50000
100000
L/Min.

DN 300

8.8 Druckschwankungen durch rasche Änderung der Strömungsgeschwindigkeit und Möglichkeiten der Abhilfe

In längeren flüssigkeitsdurchströmten Rohrleitungen entstehen bei raschen Änderungen der Strömungsgeschwindigkeit (Betätigung von Armaturen, An- und Abschalten von Pumpen, Rohrbruch) Druckschwankungen, die möglicherweise zur Gefährdung der Anlage führen.

Jede Geschwindigkeitsänderung Δw an einer bestimmten Stelle ist mit einer Druckänderung $\Delta H = \frac{a}{g} \Delta w$ gekoppelt. Sowohl die Geschwindigkeits- als auch die Druckänderung pflanzt sich mit Schallgeschwindigkeit fort.

Die Schallgeschwindigkeit in Wasser beträgt bei 4°C und unter Voraussetzung eines völlig starren Rohres 1422 m/s. Für andere Temperaturen gilt

Temperatur	0	4	10	20	30	40	50	75	100	150	200	250	°C
Schallgeschwindigkeit	1403	1422	1448	1483	1509	1529	1542	1555	1543	1465	1340	1160	m/s

Für Temperaturen über 100°C gelten diese Werte nur für Wasser unter entsprechend hohem Druck, sowie unter der Voraussetzung, daß keine Luftblasen im Wasser enthalten sind.

Die Fortpflanzungsgeschwindigkeit in elastischen Rohren ist infolge der Dehnung derselben geringer und wird nach Gl. (190) für Wasser

$$a = \frac{1422}{\sqrt{1 + \frac{D}{S} \cdot \frac{E_W}{E_R}}} \text{ m/s}$$

Darin ist D der Durchmesser, S die Wanddicke des Rohres und $E_W = 2{,}03 \cdot 10^9 \text{ N/m}^2$ der Elastizitätsmodul für Wasser. Der Elastizitätsmodul E_R des Rohres wird für Stahlrohr $2{,}16 \cdot 10^{11}$ N/m² und für Ge-Rohr $8{,}8 \cdot 10^{10}$ N/m². Siehe dazu die Werte in Tab. 27.

Tabelle 27. *Schallgeschwindigkeit a m/s von Druckwellen in Wasserleitungen*

bei $\frac{\text{Rohrdurchmesser } D}{\text{Rohrwanddicke } S}$ =		20	40	60	80	100	120	140	160
für Stahlrohre	a =	1300	1215	1140	1075	1020	975	935	900
für Gußrohre	a =	1190	1060	960	880	815	765	720	680

An Unstetigkeitsstellen der Rohrleitung (wie Querschnittsänderungen, Änderung von Rohrwandstärke oder Material, eingebauten Armaturen, Pumpen bzw. Turbinen, Rohrverzweigungen, Zwischenbehältern, Rohrenden usw.) werden Druckwellen reflektiert und laufen dann in entgegengesetzter Richtung wieder zurück, siehe dazu auch Abschnitt 5.

Daher ergeben sich die Druckwerte an einer bestimmten Leitungsstelle zu einer bestimmten Zeit durch Überlagerung dieser hin- und herlaufenden Wellen.

Die volle der Geschwindigkeitsänderung Δw entsprechende Druckänderung ΔH bildet sich nur dann aus, wenn die Geschwindigkeitsänderung in einer Zeit $\Delta t \leqslant 2 L/a$ erfolgt, wobei L der Abstand der nächsten Reflexionsstelle vom Ort der Geschwindigkeitsänderung ist. Ist die Zeit länger, dann trifft die reflektierte Welle noch vor der vollen Druckänderung an der Entstehungsstelle ein und mildert diese durch Überlagerung einer Unterdruckwelle.

Beispiel. Bei einer Wasserleitung von $L = 5000$ m ohne Änderung des Querschnittes, Materials und der Wanddicke liegt die Reflexionsstelle am offenen Eintritt in die Leitung. Die Reflexionszeit t wird mit $a = 1020$ m/s

$$t = \frac{2L}{a} = 2 \cdot \frac{5000}{1020} = 9{,}8 \text{ s.}$$

Erfolgt das Schließen eines Absperrorgans oder der Auslauf einer Pumpe, deren Antrieb abgestellt wurde, in kürzerer Zeit, so steigt und fällt der Leitungsdruck auf die Extremwerte.

$H_{\max,\min} = H_0 \pm a/g \cdot w_0$,
H_0 Betriebsdruck der Leitung.

Ist also z. B. $H_0 = 60$ m und $w_0 = 0{,}75$ m/s, dann wird

$$H_{\max,\min} = 60 \pm \frac{1020}{9{,}81} \cdot 0{,}75 = 60 \pm 78 \text{ m.}$$

Beim Schließen des Absperrorganes steigt also der Druck vor diesem auf mehr als das Doppelte des Druckes bei stationärer Strömung und hinter dem Absperrorgan fällt er bis auf den Verdampfungsdruck, was zum Abreißen der Wassersäule führt.

Diese Druckspitzen gefährden die Leitung. Aber auch die Unterschreitung des Verdampfungsdruckes birgt eine Gefahr. Zuerst verdampft die Flüssigkeit, was zum Abreißen führt, und beim folgenden Druckanstieg kondensiert dieser Dampfpolster, wobei die vorher getrennten Wassersäulen mit Gewalt aufeinanderschlagen (Wasserschlag), was mit erheblichen Drucksteigerungen verbunden ist. Zur Unterdrückung dieser Druckschwankungen muß man Sicherheitsmaßnahmen treffen. Man muß die mit einem Schaltvorgang (Pumpe, Armatur) verbundenen Geschwindigkeitsänderungen während einer Zeit vornehmen, die gegenüber der Reflexionszeit der Rohrleitung groß ist. Damit können genügend viele indirekte Wellen entstehen und auf den Gesamtdruck einwirken und dadurch die Druckamplituden mildern. Während diese Forderung bei hand- oder maschinenbetätigten Absperrorganen leicht erfüllbar ist, ist die Abschaltzeit der Pumpen wegen der geringen rotierenden Massen meist zu klein. Ihre Rückschlagklappe schließt dann schon innerhalb der Reflexionszeit, wodurch die volle Druckschwankung wirksam wird. Dem kann man entgegenwirken durch

Schwungmassen
Windkessel
Standrohre
Nebenauslässe

(Standrohre oder Nachsaugbehälter liefern beim Schaltvorgang Wasser in die Rohrleitung, Nebenauslässe führen das sich stauende Wasser durch Schnellöffnung ab und schließen sich langsam wieder) [24].

8.9 Tabelle zur Berechnung des Druckabfalles in Preßluftleitungen

Wenn die Änderung der Dichte während der Strömung vernachlässigt werden darf, dann stellt Tab. 28 ein praktisches Hilfsmittel zur Druckverlustberechnung in Preßluftleitungen dar.

Die Werte gelten für 100 m Rohrlänge bei 6 bar. Da der Druckverlust den tieferstehenden Überlegungen zufolge umgekehrt proportional dem absoluten Druck ist, können auch bei höheren oder niedrigeren Drücken als 6 bar (Bereich 4–8 bar) die Druckverluste geschätzt werden. Der Druckverlust wird um 16% geringer, wenn der Absolutdruck um 1 bar steigt und umgekehrt. Ebenso können die Verluste in kurzen Leitungen der Druckluftsteuerungen berechnet werden. Zu diesem Zweck sind in der Tabelle auch Druckverlustwerte von wesentlich mehr als 6 bar enthalten.

Die Tabellenwerte ergeben sich aus

$$\Delta p = \lambda \frac{l}{d} \cdot \frac{\rho w^2}{2} .$$

Wird die Durchflußmenge Q auf den Ansaugzustand eines Kompressors bei 1 bar bezogen, so ergibt sich für einen bestimmten Druck p_x in der Rohrleitung

$$w = \frac{Q}{p_x} \frac{4}{d^2 \pi}$$

und

$$\rho = \frac{p_x}{RT} .$$

Solange λ als konstant angenommen wird, ist der Druckverlust bei der Strömung von Q m³/s durch ein Rohr vom Durchmesser d und der Länge l

$$\Delta p_x \doteq \lambda \frac{l}{d} \cdot \frac{p_x}{RT} \cdot \frac{1}{2} \cdot \frac{Q^2}{p_x^2} \left(\frac{4}{d^2 \pi}\right)^2 = \text{const} \frac{Q^2}{p_x d^5} . \tag{279}$$

Für ein bestimmtes p_x also

$$\Delta p_x = \text{const} \frac{Q^2}{d^5} . \tag{279a}$$

Nun ist aber im Blasius'schen Bereich

$$\lambda = \frac{0{,}316}{\sqrt[4]{Re}}$$

und

$$Re = \frac{wd}{\nu} = \frac{wd\rho}{\eta} = \frac{wd}{\eta} \cdot \frac{p_x}{RT} = \frac{Q}{p_x} \cdot \frac{4}{d^2 \pi} \cdot \frac{d p_x}{\eta RT} = \frac{Q}{d \pi} \cdot \frac{4}{\eta RT} .$$

Nach Abschnitt 3.3.1 ist η bei Gasen unabhängig vom Druck. Bei konstanter Temperatur ist deshalb

$$Re = \text{const} \frac{Q}{d} \quad \text{und} \quad \lambda = 0{,}316 \sqrt[4]{\frac{d \pi \eta RT}{4 Q}} = \text{const} \sqrt[4]{\frac{d}{Q}} .$$

Dann wird für einen bestimmten Druck p_x nach Gl. (279)

$$\Delta p_x = \text{const}\ \frac{Q^2}{p_x d^5} \cdot \left(\frac{Q}{d}\right)^{-0{,}25} = \text{const}\ \frac{Q^{1{,}75}}{p_x d^{4{,}75}} = \text{const}\ \frac{Q^{1{,}75}}{d^{4{,}75}}. \qquad (280)$$

Die Tab. 28 geht von $\Delta p = 0{,}072$ für ein Rohr von 50 mm lichte Weite und 100 m Länge aus, in dem $\lambda = 0{,}02$ ist und durch das 300 m³/h strömen

$$w = \frac{Q}{Ap} = \frac{300 \cdot 1 \cdot 10\,000}{3600 \cdot 6 \cdot 19{,}6} = 7 \text{ m/s}$$

$$\Delta p = \lambda \frac{l}{d}\, \frac{\rho w^2}{2} = 0{,}02 \cdot \frac{100}{0{,}05} \cdot \frac{7{,}386 \cdot 7^2}{2} = 7238 \text{ N/m}^2 = 0{,}072 \text{ bar.}$$

Alle anderen Tabellenwerte für andere Werte von Q und d ergeben sich dann aus diesem Wert für $p_x = 6$ bar aus

$$\Delta p_6 = \text{const}\ \frac{Q^{1{,}75}}{d^{4{,}75}}\ . \qquad (281)$$

Die Tabelle gibt die Werte Δp_6 für 100 m Rohrlänge und Q in m³/h bzw. lit/min an, wobei Q bei 10°C und 1 bar angenommen wird. Q wurde nicht in m³ bei 0°C und 1,013 bar angegeben, um die Berechnung der Druckverluste bei anderen Drücken p_x zu vereinfachen:
Für beliebige andere Drücke p_x über oder unter 6 bar ist

$$\Delta p_x = \Delta p_6\ \frac{6}{p_x} \qquad (282)$$

für $p_x = 7$ also z. B.

$$\Delta p_7 = 0{,}072 \frac{6}{7} = 0{,}072 \cdot 0{,}86,$$

also um 14% geringer als bei 6 bar, oder $p_x = 5$ bar

$$\Delta p_5 = 0{,}072 \frac{6}{5} = 0{,}072 \cdot 1{,}2,$$

also um 20% höher als bei 6 bar.

In Handbüchern der Drucklufttechnik und in Katalogen findet man meist Tabellen für den Druckverlust von 100 m Rohrlänge, die für ein konstantes λ für alle Durchmesser und Durchflußmengen bzw. Geschwindigkeiten nach der Beziehung

$$\Delta p = \text{const}\ \frac{Q^2}{d^5}$$

gelten. Diese Werte weichen von denen der Tab. 28 maximal etwa bis 50% ab.

Soll auch noch bei Verwendung anderer Rohrwerkstoffe der Einfluß der Rauhigkeit d/k berücksichtigt werden, so ergibt sich aus Abb. 20 für die gegebene Rauhigkeit und Reynolds-Zahl das entsprechende λ^*.

Der Druckverlust Δp^* für 100 m Rohrleitung ergibt sich dann aus Δp der Tab. 28 für dieses λ^* zu

Tabelle 28. *Reibungsverluste* Δp *(bar) in Druckluftleitungen von 100 m Länge bei einem Druck von 6 bar.* $T = 283\ K = 10°C \cdot \lambda = 0{,}02$ *(bei* $Q = 300\ m^3/h$ *und DN 50)*

Angesaugte Luftmenge		Rohrdurchmesser in mm													
l/min	m^3/h	3	6	10	13	16	20	25	32	40	50	60	70	80	90
10	0,6	0,87	0,03	0,003	0,001										
50	3,0	14,49	0,54	0,048	0,014	0,005	0,002								
100	6,0	48,74	1,81	0,160	0,046	0,017	0,006	0,002							
200	12,0	163,95	6,09	0,538	0,155	0,058	0,020	0,007	0,002						
300	18,0	333,33	12,39	1,094	0,315	0,117	0,041	0,014	0,004	0,002					
500	30,0	814,91	30,28	2,676	0,769	0,287	0,099	0,034	0,011	0,004	0,001				
850	50,0		76,65	6,772	1,948	0,726	0,252	0,087	0,027	0,009	0,003	0,001			
1200	70,0		140,15	12,382	3,561	1,328	0,460	0,159	0,049	0,017	0,006	0,002	0,001		
1500	90,0		207,10	18,298	5,262	1,963	0,680	0,236	0,073	0,025	0,009	0,004	0,002	0,001	
1850	110,0		298,93	26,411	7,595	2,833	0,982	0,340	0,105	0,036	0,013	0,005	0,003	0,001	0,001
2350	140,0		454,34	40,142	11,544	4,306	1,492	0,517	0,160	0,055	0,019	0,008	0,004	0,002	0,001
2700	160,0		579,30	51,183	14,719	5,490	1,902	0,659	0,204	0,071	0,024	0,010	0,005	0,003	0,002
3350	200,0		844,87	74,656	21,470	8,007	2,774	0,961	0,298	0,103	0,036	0,015	0,007	0,004	0,002
4200	250,0				31,893	11,895	4,121	1,428	0,442	0,153	0,053	0,022	0,011	0,006	0,003
5000	300,0				43,272	16,138	5,592	1,937	0,600	0,208	0,072	0,030	0,015	0,008	0,004
6700	400,0				72,216	26,934	9,332	3,233	1,001	0,347	0,120	0,051	0,024	0,013	0,007
8300	500,0					39,179	13,575	4,703	1,456	0,504	0,175	0,074	0,035	0,019	0,011
11700	700,0					71,448	24,755	8,577	2,655	0,920	0,319	0,134	0,064	0,034	0,020
15000	900,0						38,238	13,249	4,101	1,421	0,492	0,207	0,100	0,053	0,030
18300	1100,0						54,154	18,763	5,809	2,013	0,697	0,293	0,141	0,075	0,043
21600	1300,0						72,382	25,079	7,764	2,690	0,932	0,392	0,189	0,100	0,057
25000	1500,0						93,484	32,390	10,027	3,474	1,204	0,506	0,243	0,129	0,074
28400	1700,0							40,488	12,534	4,343	1,505	0,633	0,304	0,161	0,092
31600	1900,0							48,806	15,109	5,235	1,814	0,763	0,367	0,195	0,111
42000	2500,0							80,298	24,858	8,613	2,984	1,255	0,604	0,320	0,183
50000	3000,0								33,726	11,685	4,049	1,703	0,819	0,434	0,248
63000	3800,0								50,538	17,510	6,067	2,552	1,227	0,651	0,372
99999	6000,0									39,305	13,618	5,728	2,754	1,461	0,835

$$\Delta p^* = \Delta p \, \frac{\lambda^*}{\lambda}, \qquad (283)$$

wobei das λ der Tabelle für die betreffende Durchflußmenge Q und den Durchmesser d

$$\lambda = 0{,}02 \left(\frac{Q \cdot 50}{d \cdot 300}\right)^{-0{,}25}$$

ist.

Als Faustformel mit $\lambda \approx 0{,}02$ kann man für 100 m Rohrleitung auch ansetzen

$$\Delta p = \frac{\rho w^2}{d} \ \mathrm{N/m^2}$$

$$\rho = \frac{p}{RT} \quad \text{in kg/m}^3$$

w m/s
d m
p $\mathrm{N/m^2}$

Beispiel: Druckluftleitung 4 bar, 80 m Länge, $d = 200$ mm, $w = 10$ m/s, Temperatur 41°C.

$$\rho = \frac{p}{RT} = \frac{4 \cdot 10^5}{287 \cdot 314} = 4{,}4 \ \mathrm{kg/m^3}$$

$$\Delta p = 0{,}8 \, \frac{4{,}4 \cdot 100}{0{,}2} = 1760 \ \mathrm{N/m^2} = 0{,}0176 \ \mathrm{bar}.$$

Ist Q gegeben, erhält man w aus

$$w = \frac{1}{p} \cdot \frac{Q}{A}$$

p bar
Q $\mathrm{m^3/s}$ bezogen auf 1 bar
A $\mathrm{m^2}$

8.10 Allgemeines Druckverlust-Rechendiagramm

Dieses Diagramm baut sich in zwei Teilen auf, Abb. 151 a, b, c und Abb. 152a und b. Der erste Teil bestimmt unter Annahme eines const $\lambda = 0{,}016$ den Druckverlust für 10 bzw. 100 m Rohrleitung für Dampf, Wasser, Luft und verschiedene Gase.

Der zweite Teil korrigiert das Ergebnis unter Berücksichtigung des richtigen λ-Wertes für neues Stahlrohr und der Reynolds-Zahl für die verschiedenen Medien. Die dynamische Zähigkeit für Dampf, Luft und Wasser kann direkt dem Diagramm entnommen werden, während diese für Gase aus der folgenden Formel berechnet bzw. aus den Tabellen und Abbildungen in Abschnitt 8.4 abgelesen werden kann.

Die Tafel ist noch im technischen Maßsystem gehalten und wurde nicht umgerechnet. Wenn man die Drücke in bar ansetzt, beträgt der Fehler nur 2%. Die dynamische Zähigkeit in kps/m^2 kann durch Multiplikation mit 9,81 in Ns/m^2 verwandelt werden.

Die dynamische Zähigkeit η $kp\ s/m^2$ von Gasen zwischen $-20°C < t < 500°C$ ist

$$\eta = \eta_0 \left(\frac{t + 273}{273}\right)^n , \tag{284}$$

wobei η_0 die Zähigkeit bei 0°C ist. Der Exponent n ist der folgenden Tabelle zu entnehmen.

	Kohlensäure CO_2	Sauerstoff O_2	Stickstoff N_2	Wasserstoff H_2	Ammoniak NH_3
$10^6\ \eta_0$	1,425	1,965	1,683	0,852	0,93
n	0,866	0,702	0,694	0,67	1,05

Von $-50°C$ bis 150°C können die Werte direkt der Abb. 137 entnommen werden.

Die dynamische Zähigkeit von Gemischen aus verschiedenen Gasen mit den Raumanteilen $n_1, n_2, \ldots$ und den dynamischen Zähigkeiten $\eta_1, \eta_2, \ldots$ findet man in guter Annäherung aus der Formel

$$\eta_{\text{Gemisch}} \approx \frac{n_1 \cdot \eta_1 \cdot Z_1 + n_2 \cdot \eta_2 \cdot Z_2 + \ldots}{n_1 \cdot Z_1 + n_2 \cdot Z_2 + \ldots} . \tag{285}$$

Die Konstanten Z_1, Z_2 der im Gemisch enthaltenen Gase betragen nach Herning-Zipperer für:

O_2	N_2	CO	CO_2	H_2	CH_4	C_mH_n
70	59	62	116	8	55	96

Diese Formel kann für alle Temperaturen verwendet werden. Genauso findet man die Dichte bzw. das spezifische Volumen eines Gasgemisches aus den Werten der Einzelgase

$$\underbrace{\rho_n = \frac{1}{v_n}}_{\text{Gemisch}} = \frac{n_1 \cdot \rho_{n1} + n_2 \cdot \rho_{n2} + \ldots}{n_1 + n_2 + \ldots} \tag{286}$$

ρ_n Dichte im Normzustand (0°C, 760 Torr)

$$\rho = \frac{273}{T} \cdot \frac{p}{1{,}013} \rho_n = \frac{269\, p}{T} \cdot \rho_n \quad \text{in kg/m}^3 \tag{287}$$

$T = 273 + t$

oder falls ρ' bei p' und T' bekannt ist

$$\rho = \frac{p \cdot T'}{p' \cdot T} \cdot \rho' \quad \text{oder auch} \quad \rho = \frac{100\,000\, p}{R \cdot T} . \tag{288}$$

wenn p in bar und R in J/kg K eingesetzt wird. Die Skala des Berichtigungsbeiwertes μ aus dem linken Teil, Abb. 152b, des Diagrammes stimmt maßstäblich mit der Δp Skala des ersten Teiles, Abb. 151c, überein. Es kann daher der μ-Wert als Strecke von 1,0 aus gemessen in der Δp Skala von Spalte 8 angetragen werden, und zwar nach unten, wenn μ größer als 1, und nach oben, wenn μ kleiner als 1.

Beispiel A. Eine gerade Rohrleitung mit 120 m Länge und DN 50 wird von 10 t/h Wasser mit 100 bar und 50°C durchflossen. Wie groß ist der Druckverlust? Das Beispiel A zeigt aus Spalte 3, Abb. 151a, für Wasser von 100 bar und 50°C ein v = 0,001 m^3/kg in Spalte 4. Man geht nun in Abb. 151b von v = 0,001 in Spalte 5 waagrecht bis zur senkrechten Linie 10 t/h, von hier schräg nach oben bis zum Schnitt mit DN 50 und wieder waagrecht bis Spalte 6 mit w = 1,45 m/s. Von w = 1,45 in Abb. 151c weiter bis zur Linie „Druckverlust für 100 m Rohrlänge" in Spalte 7. Vom Schnittpunkt senkrecht bis zu der aus Spalte 4 verlängerten v-Linie und von da schräg nach oben bis zum Schnitt mit der senkrechten Durchmesserlinie 50. Weiter waagrecht zur Spalte 8, wo der Druckverlust 0,34 bar/100 m Rohrlänge abgelesen wird. Die Leitung hat daher einen Druckverlust von $1{,}2 \times 0{,}34 = 0{,}408$ bar.

Wäre der Druckverlust für ein Ventil DN 50 mit ζ = 4,8 zu ermitteln, dann ergibt sich aus Abb. 120 eine äquivalente Rohrlänge von 15 m (λ = 0,016). Damit würde der Druckverlust $0{,}15 \times 0{,}34 = 0{,}051$ bar.

In diesem Fall nimmt man allerdings besser die Wendegerade für „Druckabfall für 10 m Rohrlänge". Damit wird Δp für 10 m = 0,032 bar und für das Ventil $0{,}032 \cdot 1{,}5 = 0{,}048$ bar, also kleiner als vorher.

Beispiel B. 125 m gerade Rohrleitung DN 80 führt 10 t/h Dampf von 40 bar 400°C, oder 10 t/h Luft von 15 bar und 90°C oder 10 t/h Sauerstoff von 10 bar und 0°C. Gefragt ist Δp. Für Dampf wird aus Spalte 3, Abb. 151a, für Luft aus Spalte 2 das spezifische Volumen bestimmt und in Spalte 4 abgelesen. Für Sauerstoff wird zuerst in der Lufttafel (Spalte 2) der entsprechende Luftwert gesucht, von dort eine Waagrechte nach rechts bis zur dicken Senkrechten in Spalte 1 gezogen und von da eine schräge Linie bis zur O_2-Linie und eine Waagrechte zurück bis zur Spalte 4 für spezifisches Volumen. Alle drei Fälle ergeben ein spezifisches Volumen von 0,073 m^3/kg.

Der weitere Verlauf geht wie in Beispiel A. Über 10 t/h und DN 80 in Spalte 5 erhält man w = 41 m/s in Spalte 6 und über die Linie für 100 m Rohrlänge in Spalte 7 und die v-Linie über 80 ϕ ein Δp von 2,35 bar für 100 m Rohrlange. Oder für 125 m ergibt sich dann $2{,}35 \cdot 1{,}25 = 2{,}93$ bar.

Wäre unter gleichen Bedingungen der Druckverlust für ein Ventil DN 80 mit ζ = 5,75 zu bestimmen, dann findet man aus Abb. 120 eine äquivalente Rohrlänge von 29 m. In diesem Falle verwendet man besser die Gerade für 10 m Rohrlänge.

Für den ursprünglichen Wert für 100 m Rohrlänge wäre Δp gleich $2{,}35 \cdot 0{,}29 = 0{,}68$ bar.

Für 10 m Rohrlänge ergibt sich ein Δp von 0,24 bar und für das Ventil 0,696 bar, also fast der gleiche Wert

Der Ausgangswert für Luft bzw. Sauerstoff wurde wegen des gleichen Linienzuges gewählt. Dadurch sind die Geschwindigkeiten zu hoch. Für Sauerstoff wäre w_{max} mit etwa 8 m/s zu wählen und für Luftleitungen 10 bis 20 m/s.

Der Teil 2, Abb. 152a und b gibt dann die Korrektur auf das richtige λ, wie schon eingangs erwähnt. Für Beispiel A und B geht der Vorgang aus den Linienzügen hervor.

Um den λ-Wert von 0,016 in Abb. 151 zu berichtigen, ist in Abb. 152 die Abhängigkeit der Reynoldsschen Zahl und damit des λ für verschiedene Stoffe eingetragen.

Abb. 151 a–c (S. 279, 280, 281). Druckverlust für 10 bzw. 100 m Rohrlänge bei verschiedenen Durchflußmedien. Mit Genehmigung der Rich. Klinger Aktiengesellschaft, Gumpoldskirchen.
a) Bestimmung des spezifischen Volumens, b) Bestimmung der Durchflußgeschwindigkeit, c) Bestimmung des Druckverlustes

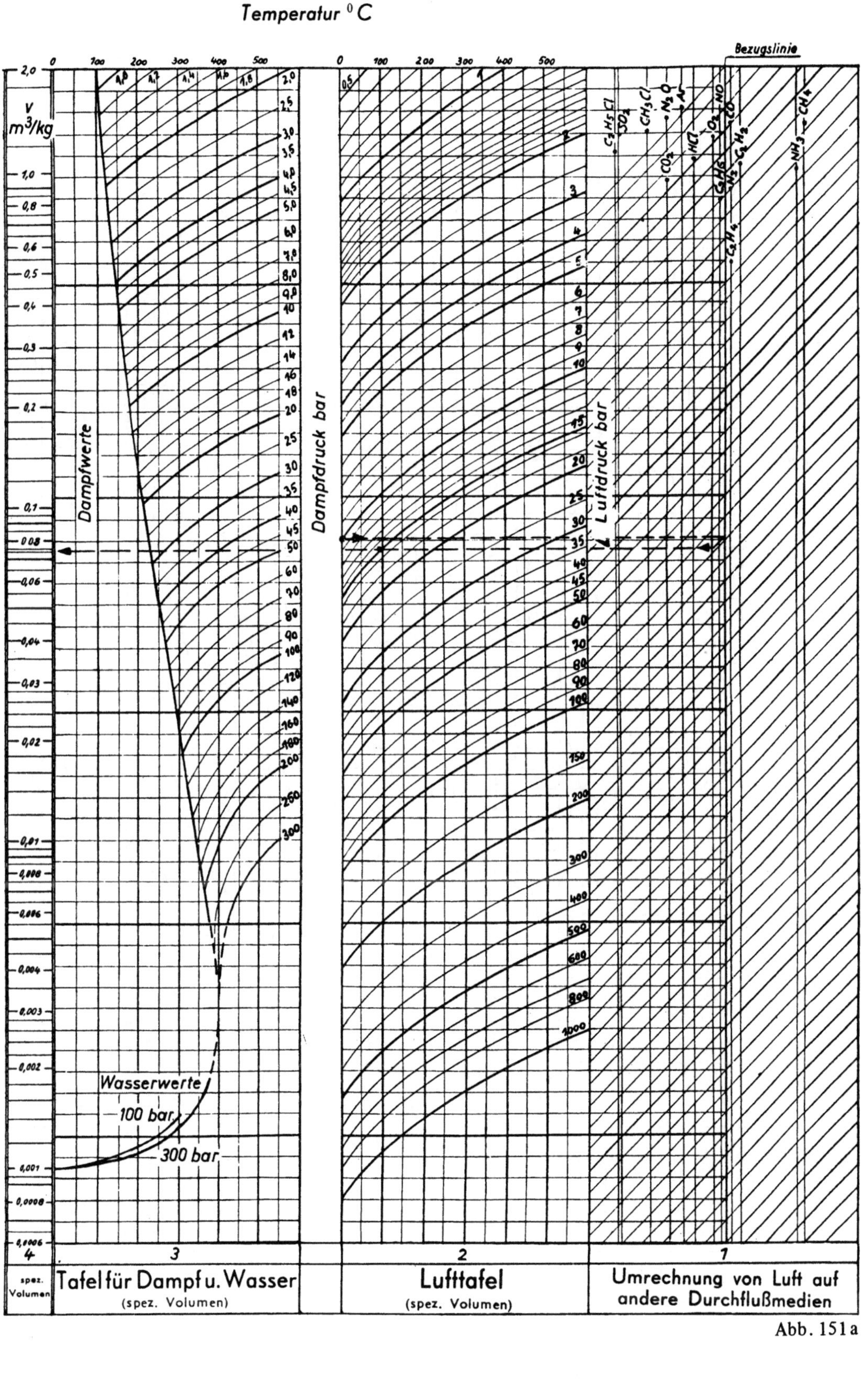
Temperatur °C
Bezugslinie
v m³/kg
Dampfwerte
Dampfdruck bar
Luftdruck bar
Wasserwerte
100 bar
300 bar
4
3
2
1
spez. Volumen
Tafel für Dampf u. Wasser
(spez. Volumen)
Lufttafel
(spez. Volumen)
Umrechnung von Luft auf andere Durchflußmedien

Abb. 151a

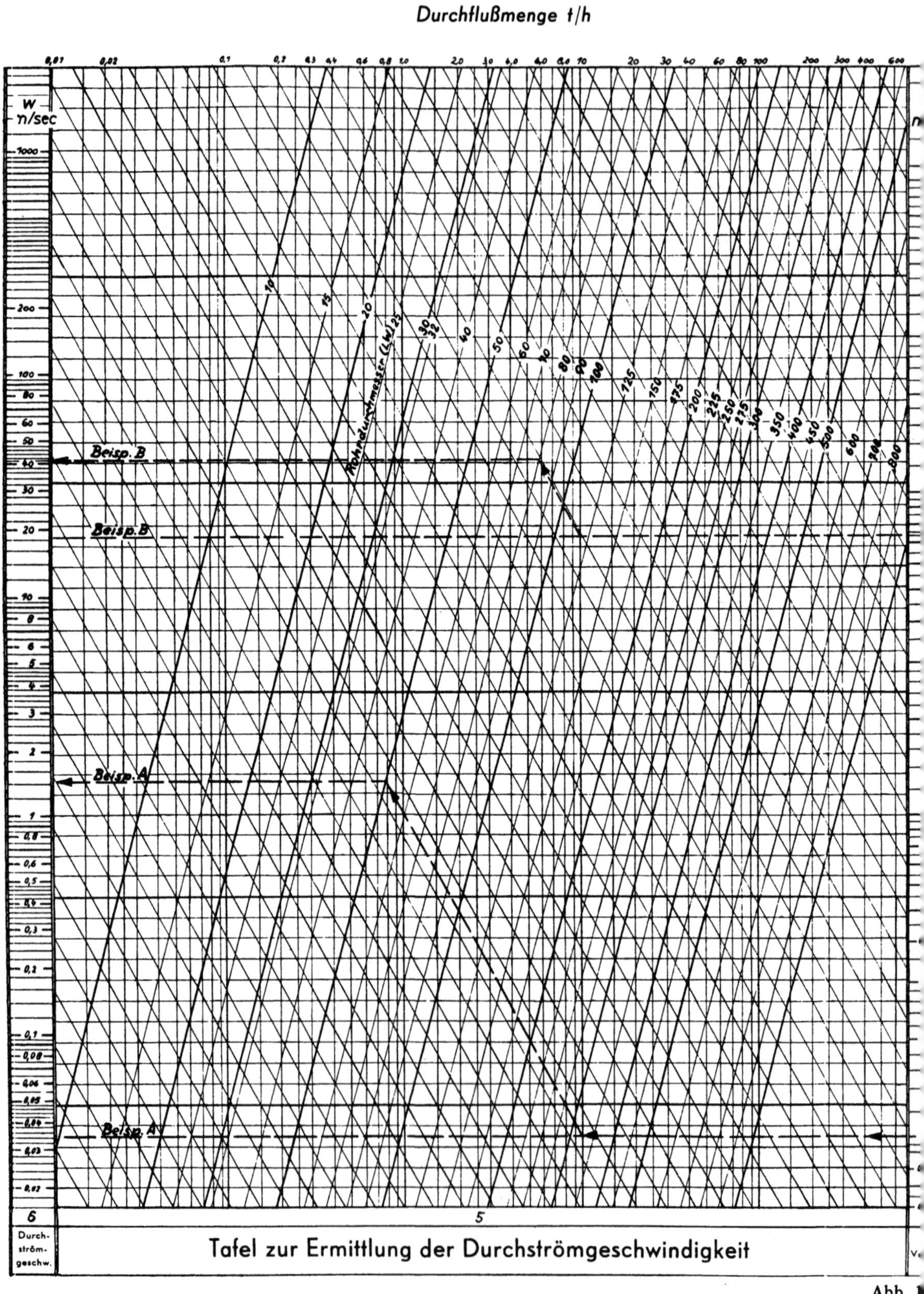

Abb.

$$\dot{m} \cdot v = \frac{d^2 \pi}{4} \cdot w \cdot 3600$$

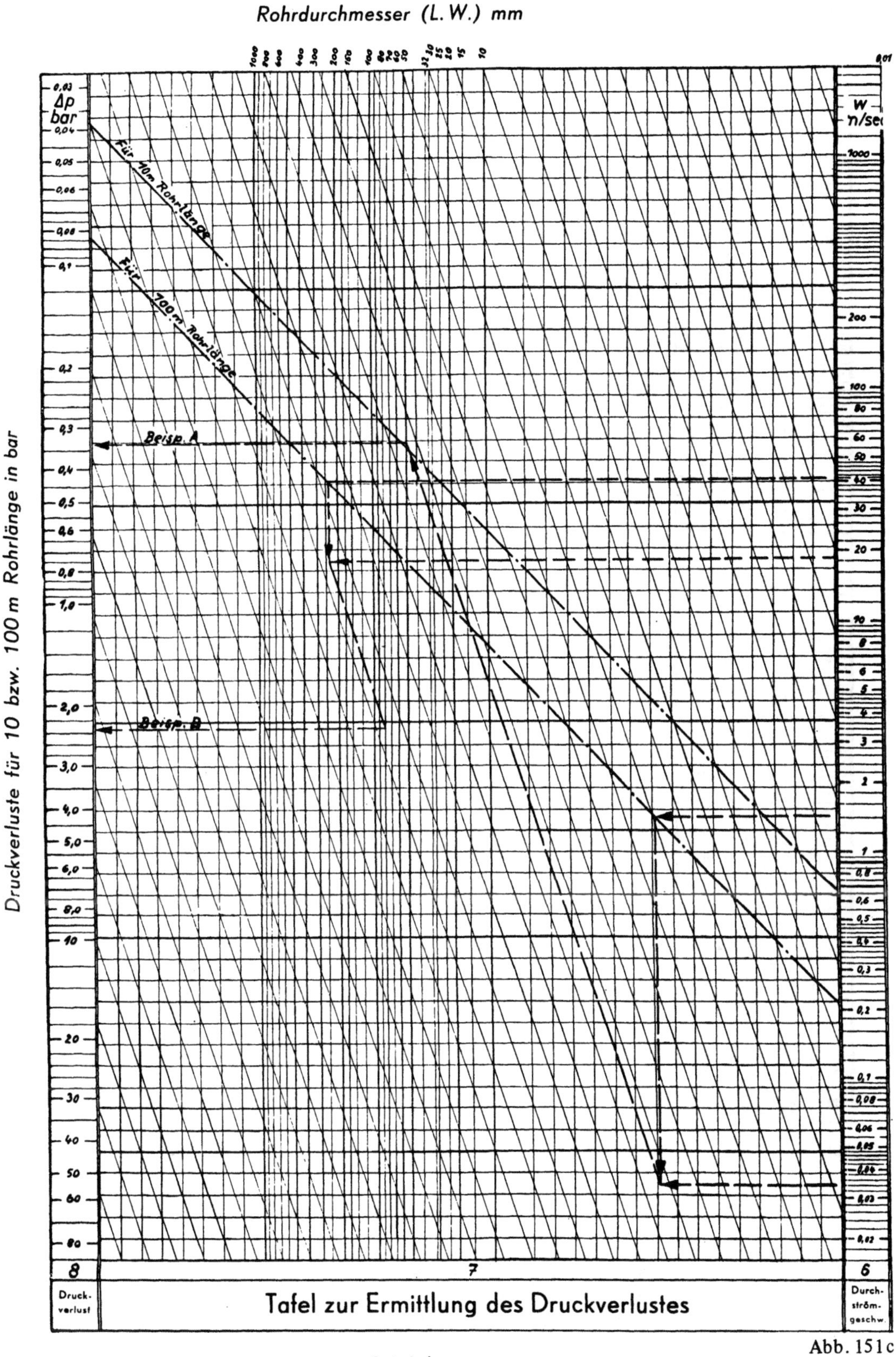

Abb. 151c

$$\Delta p = \frac{2 \cdot \lambda \cdot l \cdot \dot{m} \cdot w}{g \cdot \pi \cdot d^3} \quad (\lambda = 0{,}016,\ g = 9{,}81)$$

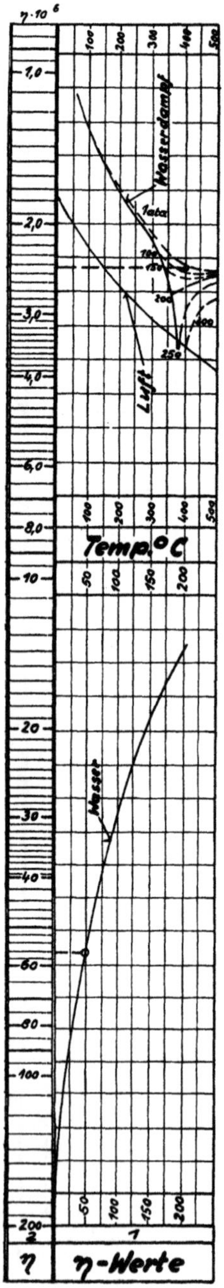

Abb. 152a

Abb. 152 a, b. Korrektur von λ = 0,016 auf den richtigen Wert. Mit Genehmigung der Rich. Klinger Aktiengesellschaft, Gumpoldskirchen.
a) Bestimmung der dynamischen Zähigkeit η, b) Berichtigungsbeiwert μ für Δp

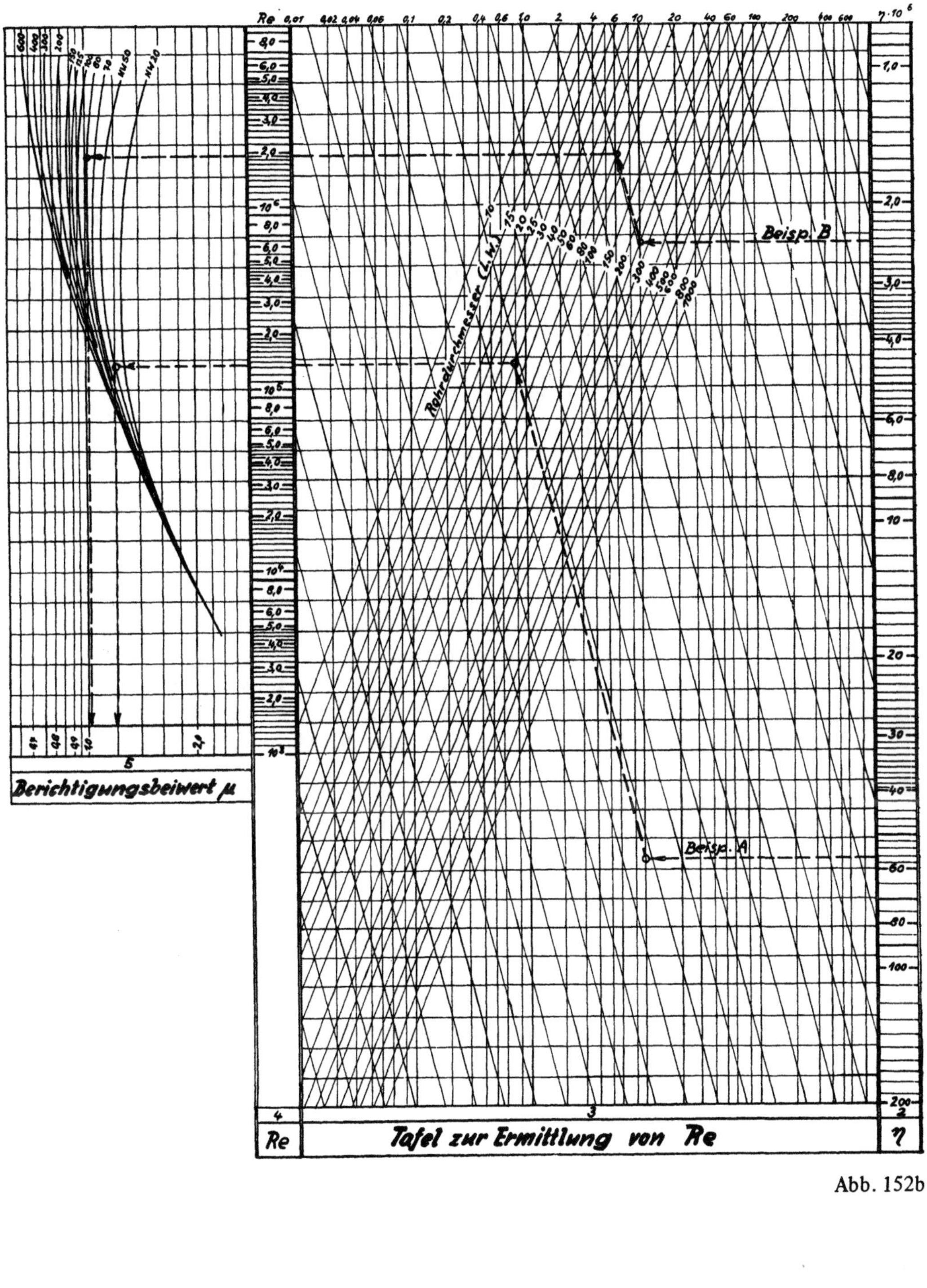
Beisp. B
Beisp. A
Rohrdurchmesser (L.W.)
5
Berichtigungsbeiwert μ
4
Re
3
Tafel zur Ermittlung von Re
2
η

Abb. 152b

9. Kavitation

Wenn der Druck an einer Stelle der Strömung, sei es in einem Ventil, in einer Pumpe oder in einer Rohrleitung, unter den Verdampfungsdruck der Flüssigkeit bei der jeweils herrschenden Temperatur fällt, so tritt Kavitation ein.

Man versteht darunter den Vorgang der Dampfblasenbildung mit anschließender plötzlicher Kondensation, bei der die Dampfblasen wieder zusammenbrechen und die Flüssigkeit schlagartig auf die Oberfläche der Ventil- bzw. Pumpenteile oder Rohrleitungsstellen zurückfällt.

In der Flüssigkeit gelöste Luft bzw. Gase können außerdem zur Pseudokavitation führen, wenn die Summe der Partialdrücke der gelösten Gase bei der Temperatur der Flüssigkeit unterschritten wird. Hierdurch werden diese Gase ausgeschieden und führen bei Wiederanstieg des Druckes zu Kavitation, wie das häufig bei Hydraulikanlagen mit Hydrauliköl bzw. mit HFA-Flüssigkeiten (Wasseremulsionen) der Fall ist.

Dieser Schlagbeanspruchung sind auch die besten Werkstoffe auf die Dauer nicht gewachsen und es kommt deshalb bei Kavitation immer zu schweren Schäden an den Angriffsstellen in Strömungsmaschinen, an Schiffspropellern, an Zahnradpumpen, in Armaturen und an Rohrleitungen.

In Abb. 153 ist schematisch der Druckverlauf bei der Entspannung in einem Regelventil aufgetragen. Für das Auftreten von Kavitation ist es entscheidend, ob während der Entspannung der Verdampfungsdruck der Flüssigkeit unterschritten wird.

Abb. 153a

Abb. 153b

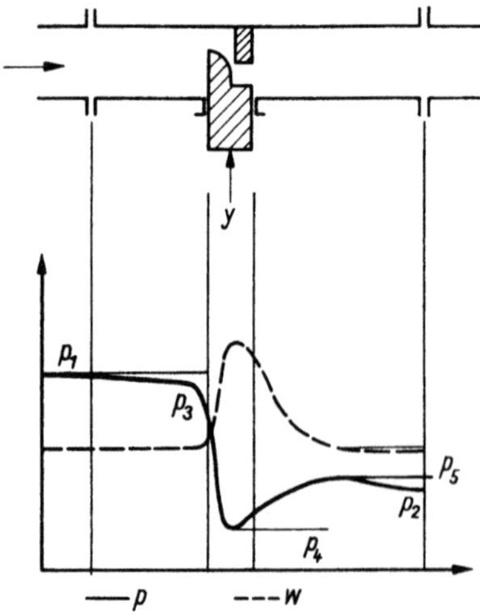

Abb. 153. Schematisierte Wirkungsweise eines Drosselstellgliedes. a) Mechanisches Schema, b) Druck- und Geschwindigkeitsverlauf

Der Verdampfungsdruck p_d ist durch die Zulauftemperatur der Flüssigkeit gegeben. Liegt der Verdampfungsdruck zwischen dem sich bei der Entspannung ergebenden tiefsten Druck p_4 und dem hinter dem Stellglied vorliegenden Druck p_2, d. h.

$$p_4 < p_d < p_2,$$

so ist Kavitation und damit Verschleiß zu erwarten. Bleibt p_4 größer als der Verdampfungsdruck p_d, also $p_4 > p_d$, so ist von einer Flüssigkeit ohne Verunreinigung kein Verschleiß zu erwarten. Bei höherem Verdampfungsdruck, $p_d = p_2$, liegt hinter dem Stellglied ein Gemisch aus Dampf und Flüssigkeit vor. Zur Einschätzung der Kavitationsgefahr muß man für Stellglieder die Druckdifferenz $p_2 - p_4$ kennen. Dieser Wert ist meist nicht genau oder überhaupt nicht bekannt. Er ist außerdem stark hubabhängig. Für Durchgangsventile nimmt man als Richtwert $p_1 - p_2 = 0{,}9$ $(p_1 - p_4)$ an.

Die Größe der Druckunterschreitung $p_2 - p_4$ hängt wesentlich von der Gehäuse- und Drosselkörperkonstruktion ab. Von der Spindelseite her durchströmte Eckventile sind besonders gefährdet. Bei weit geöffneten Durchgangsventilen üblicher Bauart ist die Verwirbelung der Strömung so intensiv, daß die Druckunterschreitung unbedeutend ist. Ist dagegen ein solches Ventil mit Parabolkegel weitgehend geschlossen, so ergibt sich zwischen Kegel und Sitz eine weniger verwirbelte Strömungsführung und dementsprechend eine größere Druckunterschreitung. Wenig geöffnete Ventile, insbesondere mit Parabolkegel, sind deshalb stärker durch Kavitation gefährdet.

Tritt Kavitation auf, so ist deren Intensität der 3. Potenz des Druckgefälles und somit der 6. Potenz der Strömungsgeschwindigkeit proportional. Es gibt praktisch keinen Werkstoff, der der Kavitation auf die Dauer standhält. Je nach Festigkeitseigenschaften geht die Zerstörung verschieden schnell vonstatten.

Zur Verhütung von Kavitation ist von der Ventilkonstruktion zu fordern, daß nach dem engsten Querschnitt keine stetigen Querschnittserweiterungen vorliegen. Bei Ventilen mit Parabolkegeln ist deshalb die Umströmung des Paraboloids in Richtung abnehmender Durchmesser möglichst zu vermeiden. Bei Doppelsitzventilen ist das nicht bei beiden Sitzen möglich, deshalb ist der eine immer stärker durch Kavitation gefährdet. Bei ihnen sollte deshalb auf der Seite, wo das Paraboloid in Richtung abnehmender Durchmesser umströmt wird, der zylindrische Teil des Sitzringes, in dem die höchste Geschwindigkeit erreicht wird, möglichst kurz sein.

Besonders gefährdet sind nicht dicht eingeschraubte Ventilsitze. Liegt außen am Ventilsitz eine Undichtigkeit gegenüber dem Gehäuse vor, so geht dort eine Spaltströmung hindurch, bei der sich Kavitation ergibt. In einem solchen Fall wird dann der Ventilsitz von außen her zerstört. Deshalb werden bei hochbeanspruchten Ventilen die eingeschraubten Sitzringe zusätzlich durch eine Dichtschweißung mit dem Gehäuse verbunden. Eine weitere Gefahrenstelle ergibt sich bei sehr geringen Öffnungsgraden an der Dichtkante zwischen Sitz und Kegel. Bei geringer Öffnung entsteht hier ein mehr oder weniger radialer Spalt. Wird dieser Spalt von innen her durchströmt, so stellt er eine stetige Querschnittserweiterung dar, die zur Druckunterschreitung und damit zu Kavitation führen kann. Deshalb wird auch bisweilen der Sitz so ausgeführt, daß die Expansion stufenweise erfolgt.

Außer der zu großen Strömungsgeschwindigkeit gibt es noch eine andere Ursache für Kavitation: Schwingt ein fester Körper in der Flüssigkeit und kann diese den Schwingungen nicht schnell genug folgen, so kommt es an der Oberfläche des Körpers zu Druckschwankungen, die ausreichen können, den Sättigungsdruck zu unterschreiten. Bei ungünstiger Gestaltung des Ventiles kann die Spindel mit dem Drosselkörper von der Strömung, z. B. durch mitgeführte Karman-Wirbel von vorangegangenen Störungen, zu Schwingungen angeregt werden. In solchen Fällen ist mit Zerstörung durch Kavitation zu rechnen. Man legt deshalb bei Stellventilen großen Wert auf gute Spindelführung [29].

Der maximal zulässige Druckabfall bei der Strömung von Wasser kann aus dem Diagramm Abb. 154 entnommen werden.

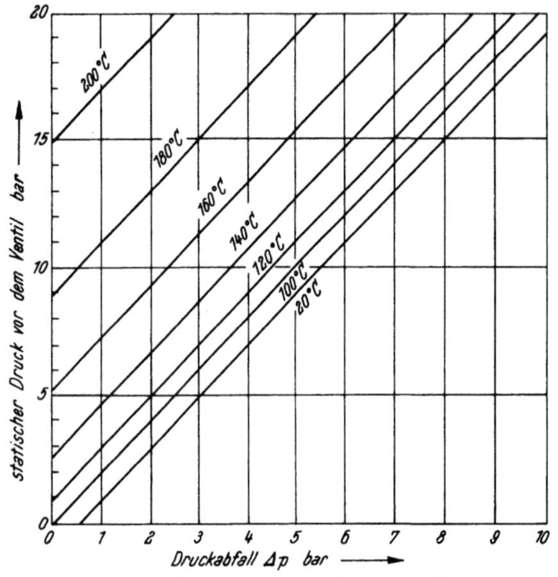

Abb. 154. Druckabfallswerte, bei denen bei Wasser Kavitation auftritt

Beispiel: Statischer Druck vor dem Ventil 5 bar, Wassertemperatur 120°C. Aus dem Diagramm ergibt sich, daß maximal 2 bar Druckdifferenz bei fast ganz geschlossenem Ventil zulässig ist.

Der Verdampfungsdruck bei Wasser von 120°C ist 1,98 bar. Wenn also der statische Druck vor dem Ventil 5 bar beträgt, dann wäre ein Druckgefälle von 3,02 bar zulässig, wenn an keiner Stelle des Ventils die mittlere Geschwindigkeit $w = Q/A$ überschritten wird. Da jedoch bei der Umströmung aller Stellen mit starker Krümmung auf alle Fälle wesentlich höhere Geschwindigkeiten und damit auch entsprechend niedrigere Drücke auftreten, wird gemäß Diagramm das zulässige Druckgefälle höchstens 2 bar betragen dürfen. Auch bei fast ganz geschlossenem Ventil darf dieses Druckgefälle nicht überschritten werden.

Näheres über die Vorgänge bei Erreichen dieses kritischen Druckgefälles bzw. über die entsprechende Dimensionierung von Ventilen wird in Abschnitt 9.5 ausgesagt.

Man muß also Ventile, Strömungsmaschinen und Pumpen so auslegen, daß an keiner Stelle Geschwindigkeiten auftreten, durch die gemäß der Bernoullischen Gleichung ein Druck entstehen kann, der gleich ist dem Verdampfungsdruck.

Ist p_{ges} die Summe aus statischem und dynamischem Druck, so ist

$$p_{ges} = p + \frac{\rho w^2}{2}. \tag{289}$$

Der Druck p an einer beliebigen Stelle ist also

$$p = p_{ges} - \frac{\rho w^2}{2} . \tag{290}$$

Wenn p gleich p_d wird, tritt an der betreffenden Stelle Kavitation ein und die Geschwindigkeit erreicht den Wert

$$w = \sqrt{\frac{2\,(p_{ges} - p_d)}{\rho}} . \tag{291}$$

w m/s
p_{ges} und p_d N/m²
ρ kg/m³

Da p_d mit der Temperatur rasch zunimmt, kann es vorkommen, daß Hydraulikanlagen in mittleren Breiten einwandfrei arbeiten, in den Tropen jedoch unerwartete Kavitationserscheinungen zeigen.

Obige Überlegungen gelten für stationäre und quasistationäre Strömung. Bei instationärer Strömung wird die Kavitation natürlich noch durch denjenigen Druckabfall begünstigt, der bei Beschleunigung einer Flüssigkeitssäule, z. B. in Saugleitungen von Pumpen, während der Anfahrperiode besteht.

Bei Berechnung der „zulässigen" Saughöhe von Pumpen ist der Kavitation besondere Aufmerksamkeit zuzuwenden. Im folgenden Abschnitt 9.1 soll hierauf näher eingegangen werden.

Die Saugfähigkeit der Pumpen beruht auf folgendem Prinzip: An der Saugseite wird ein Unterdruck gegenüber dem Luftdruck der Umgebung erzeugt. Die Folge davon ist, daß die Flüssigkeit in der Saugleitung hochgedrückt wird. Damit ist schon gesagt, daß der äußere Luftdruck eine wichtige Rolle spielt. Mit zunehmender Höhenlage wird der Luftdruck immer geringer und somit nimmt auch das Saugvermögen einer Pumpe mit zunehmender Ortshöhe ab. Der Einfluß der Ortshöhe auf den Luftdruck kann der tieferstehenden Aufstellung entnommen werden.

Höhe	m	0	200	500	700	1000	1500	2000	4000
Luftdruck	bar	1,013	0,989	0,95	0,93	0,89	0,84	0,79	0,60

Wenn keine besonderen Bedingungen vorliegen, rechnet man im allgemeinen mit einem Barometerstand von 760 mm Hg (Torr), das entspricht 1,013 bar oder 10,33 m Wassersäule.

Jede Pumpe hat eine bestimmte Saugfähigkeit, die mit zunehmender Fördermenge abnimmt. Sinkt der Druck an einer beliebigen Stelle in der Pumpe z. B. bei der Umströmung scharfer Kanten mit hoher Strömungsgeschwindigkeit auf einen Wert, der in der Nähe des Verdampfungsdruckes der Flüssigkeit bei der Temperatur in der Pumpe liegt, so bilden sich Dampfblasen. Diese werden von der Flüssigkeit mitgeschleppt und an Stellen höheren Druckes wieder zusammengedrückt.

Schon das erste Entstehen solcher Dampfblasen muß als Kavitation angesehen werden. Allerdings sind in diesem Grenzfall noch kein Leistungsabfall, kein Geräusch und keine Zerstörung feststellbar. Oft ist es nicht zu vermeiden, daß Pumpen insbesondere bei Kondensatanlagen unter leichter Kavitation arbeiten. Man spricht jedoch in der Praxis erst dann von Kavitation, wenn sich ein Abfall der Förderhöhe, eine Verringerung des Wirkungsgrades sowie Geräusche bemerkbar machen. Ein Abfall von 3% Förderhöhe wird dabei noch in Kauf genommen, Abb. 156. Bei Kreiselpumpen fallen die mitgeführten Dampfblasen dort zusammen, wo die Druckerhöhung stattfindet, also vornehmlich am Laufrad. Der Zusammenfall geschieht implosionsartig, die Folge davon ist, daß Teilchen aus dem Werkstoffgefüge herausgerissen werden, Abb. 157.

Wenn eine Pumpe über dem Flüssigkeitsspiegel des Behälters liegt, Abb. 155a, ist eine geodätische „Saughöhe" zu überwinden.

Wenn die Pumpe unter dem Spiegel liegt, erhöht die „Fallhöhe" den Druck vor der Pumpe und wirkt somit der Kavitation entgegen, Abb. 155c.

Wenn keine Kavitation eintreten soll, muß der Druck p_s am Pumpeneintritt noch um die sogenannte „Haltedruckhöhe der Pumpe", H_P, höher liegen als der Verdampfungsdruck der geförderten Flüssigkeit, weil innerhalb der Pumpe durch starke Krümmungen in den Stromlinien noch wesentlich höhere Geschwindigkeiten auftreten können als die mittlere Strömungsgeschwindigkeit im Eintrittsstutzen der Pumpe w_s. An diesen Stellen höherer Geschwindigkeit ist dann auch der Unterdruck höher als es dem Mittelwert des Druckes bei eindimensionaler Betrachtung der Strömung entsprechen würde. Deshalb muß $p_s \geqslant \rho g H_P + p_d$ sein.

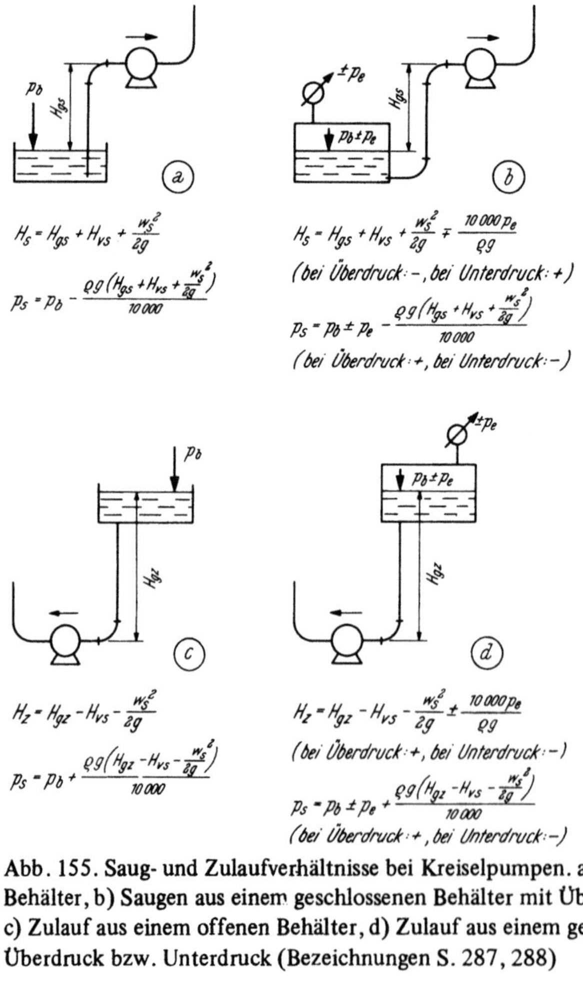

Abb. 155. Saug- und Zulaufverhältnisse bei Kreiselpumpen. a) Saugen aus einem offenen Behälter, b) Saugen aus einem geschlossenen Behälter mit Überdruck bzw. Unterdruck, c) Zulauf aus einem offenen Behälter, d) Zulauf aus einem geschlossenen Behälter mit Überdruck bzw. Unterdruck (Bezeichnungen S. 287, 288)

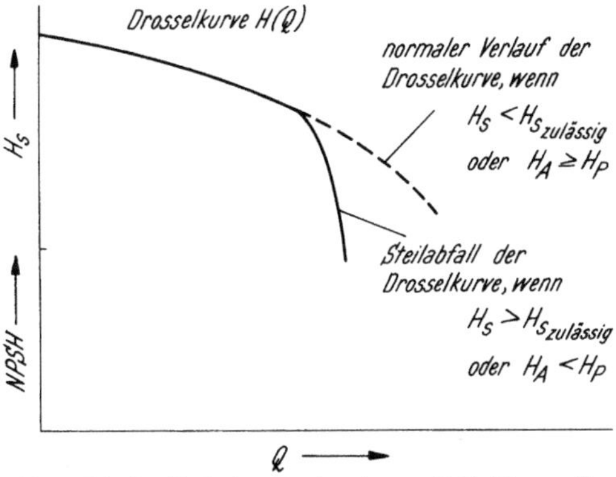

Abb. 156. Einfluß der Kavitation auf die Drosselkurve einer Kreiselpumpe

Es bezeichnen in den folgenden Abschnitten 9.1 und 9.2 gemäß Abb. 155:

H_s	in mWS,	Saughöhe
H_z	in mWS,	Zulaufhöhe
H_{gs}	in m,	geodätische Saughöhe
H_{gz}	in m,	geodätische Fallhöhe
H_{vs}	in mWS,	Reibungsverlusthöhe im Saugrohr
w_s	in m/s,	Geschwindigkeit im Saugrohr
H_P	in mWS,	Haltedruckhöhe einer Pumpe (auch „NPSH-Wert" der Pumpe genannt = net positive suction head, vgl. S. 290)
H_A	in mWS,	Haltedruckhöhe einer Anlage (vgl. S. 290)
p_b	in bar,	Umgebungsdruck
p_s	in bar,	Druck am Saugrohranschluß
p_c	in bar,	Überdruck im Behälter
ρ	in kg/m^3,	Dichte der Flüssigkeit

Abb. 157. Kavitationsschäden an Laufrädern (Pumpenfabrik Vogel, Stockerau)

Tab. 4 zeigt den absoluten Sättigungsdruck und die Dichte von Wasser bis 365°C, Abb. 158 die Geschwindigkeitshöhe in Abhängigkeit von Fördermenge Q und Nennweite.

Nach DIN 1944 ist $gH = Y$ die spezifische Förderarbeit. In der Praxis wird aber meist noch der Ausdruck Förderhöhe H bzw. Saughöhe usw. gebraucht (siehe DIN 1944 und DIN 24260). Zwischen H und Y besteht der obige Zusammenhang. Die spezifische Förderarbeit ist bezogen auf $\dot{m} = 1$ kg/s und hat die Dimension m^2/s^2. (In der Praxis wird die Einheit für Y kJ/kg sein.)

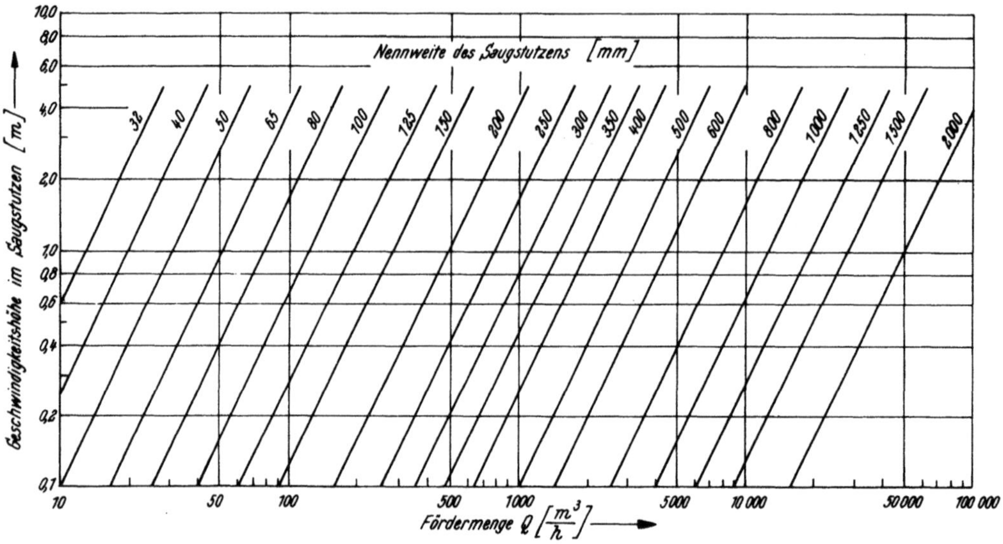

Abb. 158. Geschwindigkeitshöhe in Abhängigkeit von Förderstrom und Nennweite

9.1 Berechnung der Saughöhe bei Ansaugen aus einem offenen Behälter

Die Saughöhe H_s der Pumpe ist hier gemäß Abb. 155a

$$H_s = H_{gs} + H_{vs} + \frac{w_s^2}{2g} \text{ in m WS,} \tag{292}$$

wenn der Flüssigkeitsspiegel eines offenen Behälters unter der Pumpe liegt. Wenn der Flüssigkeitsspiegel über der Pumpe liegt, ist die Zulaufhöhe

$$H_z = H_{gz} - \frac{w_s^2}{2g} - H_{vs}. \tag{293}$$

Der Absolutdruck im Saugstutzen in bar ist

$$p_s = p_b - \frac{\rho g(H_{gs} + H_{vs} + w_s^2/2g)}{100\,000} \quad \text{bzw.} \tag{294}$$

$$p_s = p_b + \frac{\rho g(H_{gz} - H_{vs} - w_s^2/2g)}{100\,000}. \tag{295}$$

Die „zulässige Saughöhe" einer Pumpe sei bei der Fördermenge von 20 m^3/h und einem Umgebungsdruck von 10 mWS 7,5 m. Die Haltedruckhöhe der Pumpe H_P sei somit 2,5 mWS. Die geodätische Höhe nach Abb. 155a sei 6 m, die Verlusthöhe in der Saugleitung unter Berücksichtigung aller möglichen Verluste 0,5 m.

Es ergibt sich für einen Saugstutzen von 50 mm Durchmesser nach Abb. 158 eine Geschwindigkeitshöhe

$$w_s^2/2g = 0{,}4 \text{ m},$$

dann ist die Saughöhe

$$H_s = H_{gs} + H_{vs} + \frac{w_s^2}{2g} = 6 + 0{,}5 + 0{,}4 = 6{,}9 \text{ m}$$

und liegt gerade noch unter der zulässigen Saughöhe von 7,5 m. Der Druck im Saugstutzen wird

$$p_s = p_b - \frac{1000 \cdot 9{,}81 \cdot 6{,}9}{100\,000} = 1{,}0 - 0{,}68 = 0{,}32 \text{ bar},$$

also wesentlich höher als der Verdampfungsdruck bei etwa 20°C von 0,023 bar.

Es ist $p_s = 0{,}32 \text{ bar} > \frac{H_P \rho g}{100\,000} + p_d = 0{,}245 + 0{,}023 = 0{,}27.$

Anders liegen die Verhältnisse jedoch, wenn Wasser von 70°C gefördert werden soll.

Bei 70°C ist $p_d = 0{,}31$ und daher

$$p_s = 0{,}32 \approx p_d.$$

Ein Ansaugen ist sicher nicht mehr möglich. Die Pumpe könnte wohl nur unter Zulauf arbeiten.

Die Saug- oder Zulaufhöhe einer Pumpe muß also immer so gewählt werden, daß der Absolutdruck im Saugstutzen unter allen Umständen größer ist als der Verdampfungsdruck der Flüssigkeit bei der in der Pumpe herrschenden Temperatur.

Die Differenz zwischen dem Absolutdruck im Saugstutzen und dem Verdampfungsdruck muß so groß sein, daß letzterer auch bei der Umströmung aller Krümmungen und scharfkantigen Stellen innerhalb der Pumpe nicht erreicht wird.

9.2 Berechnung der Druckverhältnisse bei einer Pumpe mit Zulauf aus einem geschlossenen Behälter mit Überdruck

Fördert eine Pumpe aus einem Behälter mit Überdruck p_e, so ist der Absolutdruck im Einlaufstutzen

$$p_s = p_b + p_e - \frac{\rho g (H_{gs} + H_{vs} + w_s^2/2g)}{100\,000} \text{ bar}, \tag{296}$$

wenn der Flüssigkeitsspiegel im Behälter tiefer liegt als die Pumpe und

$$p_s = p_b + p_e + \frac{\rho g (H_{gz} - H_{vs} - w_s^2/2g)}{100\,000}, \tag{297}$$

wenn der Flüssigkeitsspiegel im Behälter ober der Pumpe liegt. Der Überdruck p_e wirkt auf alle Fälle der Kavitationsgefahr entgegen.

Zahlenbeispiel:

Eine Speisepumpe fördert Wasser von 105°C aus einem Behälter, in dem ein Überdruck von 0,5 bar herrscht, Abb. 155d. Der Widerstand im Saugrohr ($H_{vs} + w_s^2/2g$) sei 2 m WS, die geodätische Fallhöhe H_{gz} sei 3 m.

Wenn der Druck in der Umgebung der Pumpe 1 bar ist, so herrscht im Saugstutzen ein Druck von

$$p_s = 1{,}0 + 0{,}5 + \frac{1000 \cdot 9{,}81\,(3-2)}{100\,000} = 1{,}598 \text{ bar.}$$

Berücksichtigt man, daß die Dichte von Wasser bei 105°C nur 0,955 kg/dm³ ist, dann wird der Druck im Saugstutzen 1,594 bar.

Bei 105°C hat Wasser einen Verdampfungsdruck von 1,208 bar, es bleibt also für zusätzliche örtliche Geschwindigkeitssteigerung ein Restdruckgefälle von 1,594–1,208 = 0,368 bar oder (0,368:0,95) · 10,19 = 3,9 m WS.

Man nennt dieses Restdruckgefälle zwischen dem tatsächlichen Absolutdruck im Pumpeneintritt und dem Verdampfungsdruck „Haltedruckhöhe einer *Anlage*" H_A. Wenn keine Kavitation auftreten soll, muß die Haltedruckhöhe der Anlage H_A immer größer sein als die Haltedruckhöhe der Pumpe H_P:

$$H_A > H_P.$$

H_A ist vom Barometerstand am Betriebsort abhängig und im vorliegenden Beispiel eben

$$H_A = \frac{(p_e + p_b) \cdot 100\,000}{\rho g} + H_{gz} - H_{vs} - \frac{w_s^2}{2g} - \frac{p_d}{\rho g} \cdot 100\,000 = 3{,}9 \text{ m.}$$

Die „Haltedruckhöhe einer *Pumpe*" H_P ist dagegen diejenige Reservedruckhöhe, die im Pumpeneinlaufstutzen über die Höhe des Verdampfungsdruckes hinaus benötigt wird, damit an keiner Stelle der Pumpe Verdampfung eintritt.

Die hier auszuwählende Pumpe muß somit eine Haltedruckhöhe H_P haben, die kleiner ist als 3,9 m WS.

Die Haltedruckhöhe kann für normale landesübliche Kreiselpumpen aus der Beziehung

$$H_P = K \cdot n \cdot \sqrt{Q} \tag{298}$$

berechnet werden.

K = Konstante je nach Bauart 0,3 bis 0,5, n in U/s, Q in m³/s Fördermenge.

Je niedriger die Haltedruckhöhe der Pumpe H_P wird, desto besser ist das Saugvermögen [64].

9.3 Berechnung der Druckverluste im Saugrohr einer Zahnradpumpe

Um den auftretenden Unterdruck im Pumpeneintritt 2, Abb. 159, unter Berücksichtigung der jeweiligen Betriebsverhältnisse zu berechnen, sind alle im Saugrohr vor der Pumpe und auch noch innerhalb der Pumpe auftretenden Druckverluste durch Reibung und Umlenkungen zu berechnen. Der absolute Druck p_s an Stelle 2 ergibt sich dann aus dem Umgebungsdruck p_b von 1 bar und der Summe der Druckverluste $\Sigma \Delta p$ zwischen den Punkten 0 und 2 zu

$$p_s = p_b - \Sigma \Delta p.$$

Wenn p_s kleiner als der Verdampfungsdruck des Öles bei der Betriebstemperatur wird, tritt Kavitation ein und die Pumpe verreibt sich nach kurzer Betriebszeit.

Beispiel: Eine Zahnradpumpe mit einer Fördermenge von 26 cm^3 pro Umdrehung arbeitete bei 1500 U/min (Q = 39 l/min) einwandfrei. Bei 3000 U/min und Q = 78 l/min war die Pumpe nach kurzer Betriebszeit mit starken Geräuschen bereits unbrauchbar. Es erscheint naheliegend, daß die Schäden bei hoher Drehzahl auf Kavitation zurückzuführen sind.

Die Summe der Druckverluste für die Anordnung nach Abb. 159 setzt sich etwa aus folgenden Teilverlusten zusammen:

Δp_0 der Druckverlust am Eintritt in das Saugrohr durch Beschleunigung des Öles auf die Einlaufgeschwindigkeit,

Δp_{01} der Druckverlust durch Reibung im 1 m langen Saugrohr von 25 mm ϕ, zwischen den Punkten 0 und 1,

Δp_{12} der Druckverlust im Krümmer zwischen Punkt 1 und 2,

Δp_2 der Druckverlust in der Pumpeneintrittsöffnung, deren Durchmesser nur 19 mm ist, unter Berücksichtigung der Kontraktion, die in der zylindrischen Bohrung von 19 ϕ unmittelbar nach der Verengung von 25 ϕ auf 19 ϕ noch eintritt,

Δp_H der Druckverlust zur Überwindung einer Saughöhe von 1 m.

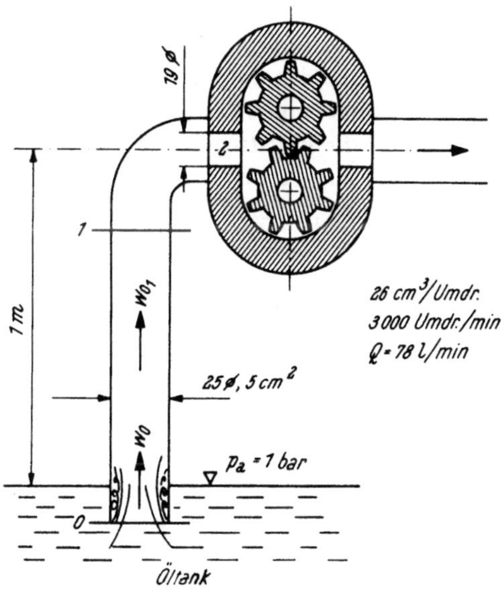

Abb. 159. Fehlerhafte Anordnung einer Zahnradpumpe

Die Fördermenge der Pumpe mit 26 cm^3 pro Umdrehung wird

$$Q = \frac{26 \cdot 3000}{1000} = 78 \text{ l/min} = \frac{78}{60 \cdot 1000} \text{ m}^3/\text{s}.$$

Die Strömungsgeschwindigkeit im Saugrohr zwischen den Punkten 0 und 1 wird

$$w_{01} = \frac{78 \cdot 10.000}{1000 \cdot 60 \cdot 5} = 2{,}6 \text{ m/s},$$

und die Strömungsgeschwindigkeiten im Eintritt 0 und im Punkt 2 wegen der Kontraktion

$$w_0 = 2 \cdot 2{,}6 = 5{,}2 \text{ m/s} \quad \text{und} \quad w_2 = w_{01} \left(\frac{25}{19}\right)^2 \frac{1}{0{,}6} = 7{,}5 \text{ m/s}.$$

Damit können die einzelnen Druckverluste wie folgt berechnet werden:

$$\Delta p_0 = \frac{\rho w_0^2}{2} = \frac{1000}{2} \cdot 5{,}2^2 = 13520 \text{ N/m}^2 \qquad = 0{,}135 \text{ bar}$$

$$\Delta p_{01} = \lambda \frac{l}{d} \frac{\rho w_{01}^2}{2} = \frac{3 \cdot 100 \cdot 1000 \cdot 2{,}6^2}{100 \cdot 2{,}5 \cdot 2} = 4056 \text{ N/m}^2 \qquad = 0{,}041 \text{ bar}$$

$$\Delta p_{12} = \frac{\rho w_{01}^2}{2} = \frac{1000}{2} \cdot 2{,}6^2 = 3380 \text{ N/m}^2 \qquad = 0{,}034 \text{ bar}$$

$$\Delta p_2 = \frac{\rho w_2^2}{2} = \frac{1000}{2} \cdot 7{,}5^2 = 28125 \text{ N/m}^2 \qquad = 0{,}280 \text{ bar}$$

$$\Delta p_H = 1 \text{ m WS} = 9800 \text{ N/m}^2 \qquad = 0{,}100 \text{ bar}$$

$$\Sigma \Delta p = \Delta p_0 + \Delta p_{01} + \Delta p_{12} + \Delta p_2 + \Delta p_H \qquad = 0{,}590 \text{ bar}$$

Dieser Wert von $\Sigma \Delta p = 0{,}59$ bar ergibt sich nun bei eindimensionaler Betrachtung der Strömung von Punkt 0 bis zum Punkt 2. Bei räumlicher Betrachtung treten insbesondere hinter dem Punkt 2 beim Einlauf in die Zahnlücken noch wesentliche zusätzliche Druckverluste ein, so daß wahrscheinlich ein absolutes Vakuum entsteht, wobei $\Sigma \Delta p = 1$ wird. Deshalb gilt die Faustregel, daß $\Sigma \Delta p$ an der Stelle 2 im Pumpeneintritt nicht größer als 0,3 bar werden darf. Um Kavitation zu vermeiden, ist deshalb eine größere Pumpe zu verwenden, bei der der Durchmesser der Eintrittsbohrung in der Pumpe etwa gleich groß wie der Durchmesser des Saugrohres ist. Dann wird Δp_2 etwa gleich Δp_{12} und $\Sigma \Delta p = 0{,}34$, also gerade noch etwa der maximal zulässige Wert von 0,3. Eine Abrundung an der Einlaufstelle des Saugrohres wäre zusätzlich vorteilhaft und würde $\Sigma \Delta p$ auf etwa 0,25 bar drücken.

Die obige Berechnung gilt für dünnflüssige Öle bis 2°E. Bei Ölen mit größerer Zähigkeit ist der Wert für λ zur Berechnung der Rohrleitungswiderstände den Abb. 19 und 20 entsprechend zu wählen, oder der Widerstand der Rohrleitungen ist noch einfacher der Abb. 150 zu entnehmen. Hierbei ist vor allem auch die Zunahme der Zähigkeit mit abnehmender Temperatur beim Anfahren mit kaltem Öl zu berücksichtigen (Abb. 6).

Krümmer sollten in Saugleitungen möglichst vermieden werden. Wenn sie unbedingt erforderlich sind, sollten Rohrbögen mit großem Krümmungsradius verwendet werden und keine Winkelstücke, deren Krümmungsradius etwa gleich 0 ist. Die äquivalente Rohrlänge für solche Winkelstücke und Bögen ist aus Tabelle 12 und Abb. 128 ersichtlich.

9.4 Die kritische Drehzahl von Zahnradpumpen

Die Fördermenge einer Zahnradpumpe ist proportional zur Drehzahl und nimmt bei konstanter Drehzahl mit wachsendem Gegendruck infolge der steigenden inneren Leckverluste, dem sinkenden volumetrischen Wirkungsgrad entsprechend, etwas ab.

Ab Beginn der Kavitation verflacht sich die Förderkurve, Abb. 160, um schließlich bei voll ausgebildeter Kavitation, also am kritischen Punkt, waagrecht zu verlaufen. Die Fördermenge ist von da ab nur eine Funktion des Druckes am Eintritt der Pumpe und bleibt deshalb mit weiter zunehmender Drehzahl konstant, da außer der Flüssigkeit auch Gase und Dämpfe gefördert werden. Dämpfe als Folge der Kavitation und Gase als Folge der Pseudokavitation durch Ausscheidung von Luft- und Gasblasen.

Die Folge davon sind stark knatternde Geräusche und rascher Verschleiß durch Kavitationserosion.

Abb. 160 zeigt die Abhängigkeit der Fördermenge einer Zahnradpumpe in Abhängigkeit der Drehzahl für zwei verschiedene Betriebsdrücke. Man erkennt den linearen Zusammenhang bis zum Erreichen des Punktes, an dem Kavitation beginnt. Von da ab neigen sich die Kurven nach rechts, um schließlich bei voller Kavitation waagrecht zu verlaufen.

Im Gegensatz zu den normalen Vorgängen liegt die maximale Fördermenge bei Kavitationserscheinungen bei hohem Gegendruck höher als bei niederem. Dies ist auf die Druckerhöhung am Einlaß infolge der größeren Leckverluste bei hohem Gegendruck zurückzuführen. Es tritt also bei großem Gegendruck volle Kavitation auch erst bei höheren Drehzahlen ein. Je größer die Zähigkeit des Fördermediums ist, desto größer ist der Widerstand in der Saugleitung der Pumpe und umso früher setzt die Kavitation ein.

Abb. 161 zeigt die zulässige Drehzahl für Pumpen mit Innenverzahnung in Abhängigkeit von der Zähigkeit als Prozentwert gegenüber dünnflüssigen Medien von 4°E.

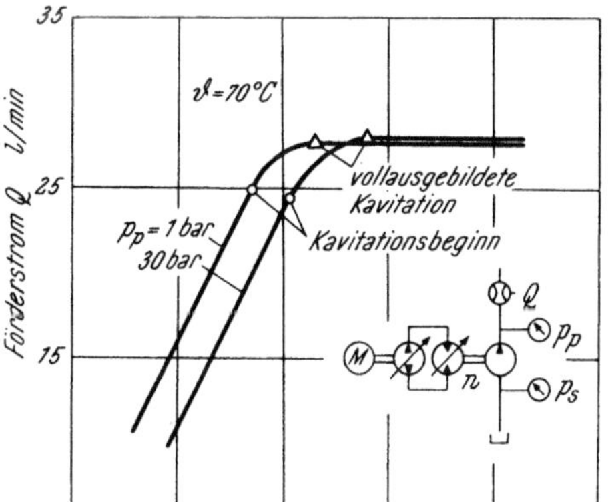

Abb. 160. Förderstrom Q einer Zahnradpumpe in Abhängigkeit von der Antriebsdrehzahl n für zwei verschiedene Betriebsdrucke (nach W. Backé)

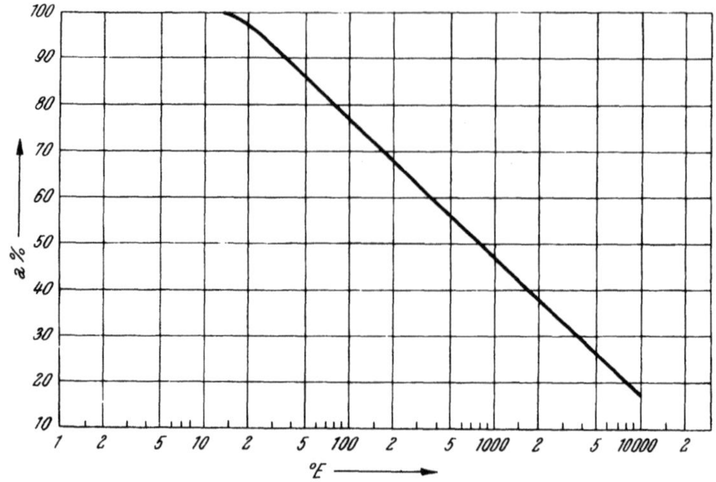

Abb. 161. Drehzahlreduktion a in Prozenten von max n/min für viskose Flüssigkeiten für Zahnradpumpen mit Innenverzahnung. $a = \frac{n_{max} \text{ bei zäher Flüssigkeit}}{n_{max} \text{ bei } 2° \text{E}} \cdot 100$

9.5 Kritische Verhältnisse in Ventilen und Drosselelementen

Die Durchflußmenge durch ein System oder seine Komponenten ist nur so lange proportional zu $\sqrt{\Delta p}$, bis der Druck infolge der Steigerung der Geschwindigkeit örtlich den Verdampfungsdruck der Flüssigkeit bzw. den Partialdruck des gelösten Gases erreicht. Nimmt der Differenzdruck weiter zu, dann wird die Durchflußmenge kleiner als es der Proportionalität zu $\sqrt{\Delta p}$ entspricht und bleibt schließlich konstant und unabhängig von jeder weiteren Steigerung von Δp, Abb. 163.

Es tritt also ähnlich wie bei kompressiblen Medien bei Erreichen der Schallgeschwindigkeit eine Mengenbegrenzung ein, d.h. die Durchflußmenge nimmt mit zunehmendem Druckgefälle nicht mehr weiter zu. Im Gegensatz zu Gasen tritt aber bei Flüssigkeiten an diesem Punkt Kavitation auf, die zu einer Zerstörung der Bauteile führt. Es muß daher unter allen Umständen bei Flüssigkeiten das Erreichen oder Überschreiten dieses kritischen Druckverhältnisses vermieden werden.

Würde in einem System der Druck nach Erreichen von p_d ständig weiter fallen, was normalerweise kaum vorkommt, dann würde die Durchflußmenge infolge Dampfbildung (erste Phase der Kavitation) mit ansteigendem Δp nicht mehr zunehmen. Normalerweise erfolgt diese Unterschreitung des Dampfdruckes jedoch nur örtlich, wobei anschließend durch Druckanstieg die Dampfblasen implodieren (zweite Phase der Kavitation) und Kavitationserosion eintritt.

Diese Implosion führt zu Schockwellen mit sehr hohen Druckamplituden bis zu einigen 1000 bar. Diese Schockwellen verursachen Geräusche und Vibrationen und können, besonders wenn sie in der Nähe der Metalloberfläche entstehen, Metallteilchen ablösen und somit den Bauteil allmählich zerstören (Kavitationserosion).

Sehr harte Werkstoffe halten dieser Kavitationserosion besser stand als weiche. Oft verlangt jedoch der spezielle Anwendungsfall in bezug auf Korrosion und Temperatur Werkstoffe, die relativ weich sind. z.B. rostfreie bzw. säurebeständige Stähle, die dann der Kavitationserosion noch weniger standhalten.

Ein Teil dieser Kavitationserosionen kann auch auf chemischen Angriff zurückgeführt werden. Durch das Auftreffen der Schockwellen auf das Material entsteht durch die Energievernichtung Wärme. Diese lokale Temperatursteigerung kann ausreichend sein, um eine chemische Reaktion der strömenden Flüssigkeit mit der Metalloberfläche hervorzurufen.

Bei Beginn der Kavitation tritt ein zischendes Geräusch auf, das in den Anfängen durch die normalen Strömungsgeräusche überdeckt wird. Mit wachsendem Δp wird das Geräusch immer stärker und bei voll ausgebildeter Kavitation hört sich das Geräusch so an, als ob Sand durch die Leitung geblasen würde. Dabei entstehen heftige Vibrationen, die nur durch beste Befestigung der Aggregate bewältigt werden können.

Da aber die Bauteile in kürzester Zeit Schaden leiden, muß man durch geeignete Maßnahmen das Auftreten von Kavitation auf alle Fälle verhindern.

9.5.1 Kritische Strömung in Ventilen

In Abschnitt 7 wurde die Durchflußmenge durch Ventile mit Hilfe des k_v-Wertes charakterisiert. Die dort verwendeten Formeln

$$k_v = Q\sqrt{\frac{\rho_1}{1000\,\Delta p}} \quad \text{bzw.} \quad k_v = \frac{\dot{m}}{\sqrt{1000\,\rho_1\,\Delta p}} \tag{299}$$

ρ in kg/m^3
Δp in bar

gelten nur, solange die Durchflußmenge zu $\sqrt{\Delta p}$ proportional ist. Wenn der Druck im strömungstechnisch engsten Querschnitt (Abb. 162) des Ventiles unter den Verdampfungsdruck der Flüssigkeit sinkt und somit Kavitation einsetzt, wächst die Durchflußmenge zunächst unterproportional und wird schließlich konstant, Abb. 163.

Bei Betrachtung der Abb. 162 und 163 muß man sich vor Augen halten, daß die dargestellten Druck- und Geschwindigkeitsverhältnisse einem mittleren Stromfaden entsprechen. Bei dreidimensionaler Betrachtung gibt es aber Stromfäden mit geringerer Umlenkung und damit auch kleinerem Druckgefälle zwischen p_1 und p_v und solche mit stärkerer Umlenkung und damit auch größerem Druckgefälle. Dies führt dazu, daß der Verdampfungsdruck p_d zunächst nur an einigen Stellen des engsten Querschnittes erreicht wird und erst bei weiterem Anstieg von $\Delta p = p_1 - p_2$ an allen Stellen des Querschnittes Verdampfung eintritt. Dies erklärt den allmählichen Übergang vom Proportionalbereich in den Bereich, in dem die Durchflußmenge konstant und unabhängig vom Druckgefälle bleibt.

Zur Beschreibung der Kavitationsgefahr von beliebigen Drosselelementen oder Ventilen werden zwei dimensionslose Kennzahlen verwendet:

Mit Hilfe des Kavitationsindex K_c wird für ein Ventil das Druckgefälle $\Delta p_c = p_1 - p_2$ (gemäß Abb. 163) berechnet, bei dem die ersten Kavitationserscheinungen auftreten, und bei dem die lineare Abhängigkeit der Durchflußmenge von $\sqrt{\Delta p}$ endet (siehe auch Gl. 300).

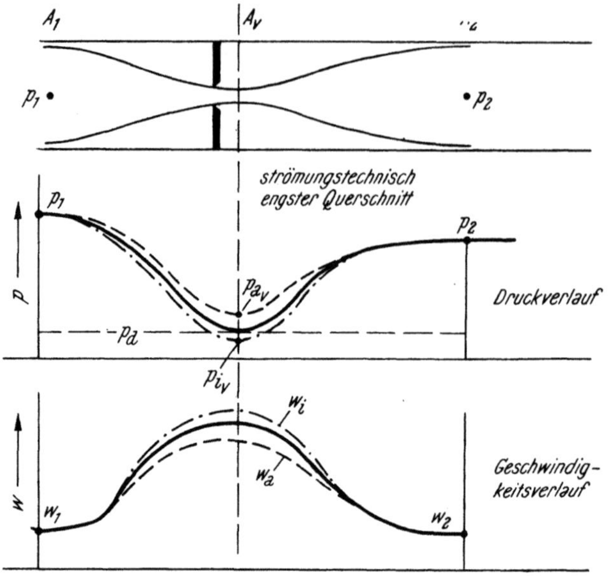

Abb. 162. Druck- und Geschwindigkeit in einem Ventil bei Kavitationsbeginn. p_v Druck im strömungstechnisch engsten Querschnitt (p_{i_v} im Kern der Strömung mit der Geschwindigkeit w_i, p_{a_v} in Wandnähe mit der Geschwindigkeit w_a), p_d Verdampfungsdruck (p_{i_v} kleiner, p_{a_v} größer als p_d)

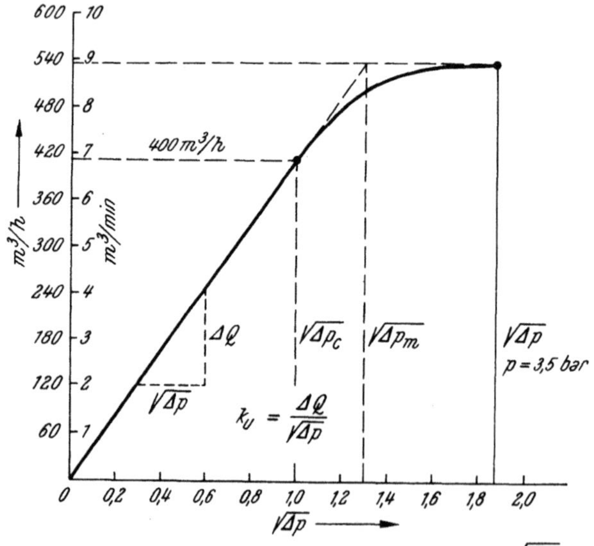

Abb. 163. Zusammenhang zwischen Durchfluß und $\sqrt{\Delta p}$. Der Faktor K_c gilt im Punkt der Abweichung von der Geraden ($\sqrt{\Delta p_c}$) und der Faktor K_m gilt für den Schnittpunkt mit der Waagrechten ($\sqrt{\Delta p_m}$). $\Delta p = p_i - p_2$ nach Abb. 162

Der Faktor K_m erlaubt, das Druckgefälle $\Delta p_m = p_1 - p_2$ zu berechnen, bei dem die Kavitation voll ausgebildet ist, und nach dessen Überschreitung die Durchflußmenge konstant ist, also durch Absenken des Gegendruckes nicht mehr gesteigert werden kann.

Der Faktor K_c ist festgelegt durch

$$K_c = \frac{\Delta p_c}{p_1 - p_d} \tag{300}$$

Δp_c kritischer Differenzdruck $p_1 - p_2$, bei dem Kavitation beginnt
p_1 Eintrittsdruck am Ventil in bar
p_d Verdampfungsdruck der Flüssigkeit in bar
$p_1 - p_d$ maximal mögliches Druckgefälle zwischen Eingang und dem strömungstechnisch engsten Querschnitt des Ventils.

Der Wert K_c gibt also an, wie groß $\Delta p = p_1 - p_2$ im Vergleich zum maximal möglichen Druckgefälle $p_1 - p_d$ werden darf, damit es im engsten Querschnitt zu keiner nennenswerten Kavitation kommt.

Ist $p_1 - p_2 > \Delta p_c$, dann setzt Kavitation ein und ein weiterer Anstieg von $\Delta p = p_1 - p_2$ führt zu vermehrter Verdampfung und zu stärkerer Kavitation sowie zu einer weiteren Verminderung der Zunahme der Durchflußmenge. Sobald die Kavitation voll ausgebildet ist, bleibt die Durchflußmenge dann bei fallendem p_2 überhaupt konstant.

Der Faktor K_m ist das Verhältnis des verlorenen Druckgefälles $\Delta p_m = p_1 - p_2$ zu dem maximal möglichen Druckgefälle $p_1 - p_d$, das bei der Ausströmung vom Druck p_1 ins Vakuum überhaupt möglich ist.

$$K_m = \frac{\Delta p_m}{p_1 - p_d} \tag{301}$$

Δp_m = kritische Druckdifferenz $p_1 - p_2$, nach deren Überschreitung nahezu keine Zunahme der Durchflußmenge mehr eintritt.
Δp_m entspricht dem Schnittpunkt der Linie Q konstant mit der Geraden Q proportional $\sqrt{\Delta p}$ (Abb. 163).

Je kleiner K_m ist, je kleiner also der Anteil des zulässigen Druckgefälles $p_1 - p_2$ von $p_1 - p_d$ ist, umso größer ist umgekehrt der Anteil an Druckenergie im Austritt, der aus der Bewegungsenergie im engsten Querschnitt wieder zurückgewonnen wird.

Die Höhe des Druckrückgewinnes hängt von der Kanalform ab. Kugelhähne, Schieber und Klappen haben in Offenstellung einen sehr guten Kanalverlauf mit geringer Turbulenz und daher einen hohen k_v-Wert. Ein Großteil der im engsten Querschnitt vorhandenen Bewegungsenergie wird in Druckenergie umgewandelt. Die K_m-Werte sind somit relativ klein und liegen bei 0,5 bis 0,6 im voll offenen Zustand und steigen mit wachsendem Schließzustand auf etwa 0,7 bis 0,8.

In gewöhnlichen Absperrventilen bzw. Regelventilen kommt es durch starke Umlenkung der Stromlinien zu hoher Turbulenz und deshalb auch nur zu kleinem Rückgewinn. Die K_m-Werte solcher Ventile liegen bei etwa 0,8 in normaler Stromrichtung und in Gegenstromrichtung bei 0,9. Mit wachsendem Schließzustand geht K_m für beide Stromrichtungen gegen 0,95.

Auch für scharfkantige Blenden liegt K_m relativ hoch, während Düsen mit konischer Erweiterung nach dem engsten Querschnitt, z.B. Venturidüsen, kleine K_m-Werte besitzen.

Anhand Abb. 163 sollen K_c und K_m für ein Fisher-Governor-Vee-Ball-Ventil mit DN 100 ermittelt werden. Der Einlaßdruck ist konstant 3,5 bar absolut. Der Proportionalitätsbereich endet bei $\sqrt{\Delta p} = 1{,}0$.

p_d kann, da es sich um kaltes Wasser handelt, der Einfachheit halber 0 gesetzt werden.

$$K_c = \frac{1^2}{3{,}5-0} = 0{,}28.$$

Das Druckgefälle $p_1 - p_2$ am Ventil kann also 28% des Differenzdruckes $p_1 - p_d$ betragen, bevor Kavitation im engsten Querschnitt beginnt. Erst wenn $p_1 - p_2 > 0{,}28\,(p_1 - p_d)$ ist, beginnt die Verdampfung im engsten Querschnitt.

Der Schnittpunkt der Linien Q = prop $\sqrt{\Delta p}$ und Q = konst liegt bei $\sqrt{\Delta p} = 1{,}3$, daher ist

$$K_m = \frac{1{,}3^2}{3{,}5-0} = 0{,}48.$$

Der maximal zulässige Differenzdruck $p_1 - p_2$, der bei erträglicher Kavitation erreichbar ist, liegt bei 48% des maximal möglichen Gefälles $p_1 - p_d$.

Die Gleichungen (299) sind nur im unterkritischen Bereich gültig. Sobald der Druckunterschied Δp das kritische Druckgefälle Δp_{kr} übersteigt, gilt

$$Q = k_v \sqrt{\frac{1000\,\Delta p_{kr}}{\rho}} \quad \text{bzw.} \quad \dot{m} = \frac{k_v}{\sqrt{1000\,\rho\,\Delta p_{kr}}}. \tag{302}$$

Das kritische Druckgefälle Δp_{kr}, bei dessen Überschreitung Kavitation eintritt, wird berechnet nach

$$\Delta p_{kr} = K_m^2\,(p_1 - r_{kr} p_d), \tag{303}$$

wobei der Faktor r_{kr} aus der Beziehung

$$r_{kr} = \left(0{,}96 - 0{,}28\,\frac{p_d}{p_c}\right) \tag{304}$$

zu berechnen ist.

Tab. 29 gibt Werte für den kritischen Druck p_c für verschiedene Medien an. p_c ist jener Grenzdruck, oberhalb dessen ein Dampf nicht mehr verflüssigt werden kann.

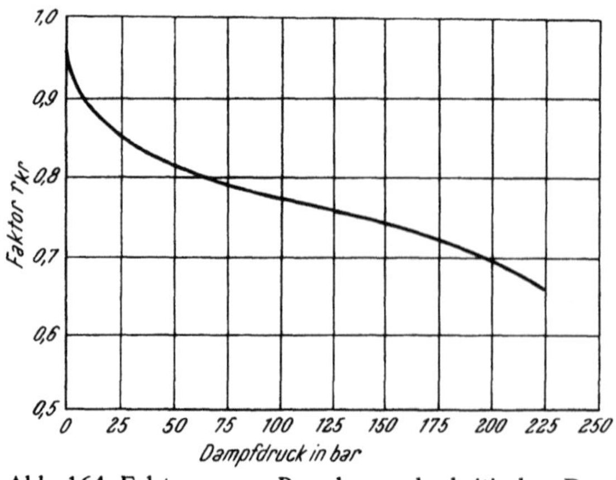

Abb. 164. Faktor r_{kr} zur Berechnung des kritischen Druckverhältnisses für Wasser. Das Diagramm zeigt r_{kr} in Abhängigkeit vom Dampfdruck p_d des Wassers

Werte von r_{kr} zeigt Abb. 164 für Wasser und Abb. 165 für andere Flüssigkeiten. Tab. 4 enthält p_d-Werte für Wasser; für andere Flüssigkeiten ist p_d Abb. 166 zu entnehmen.

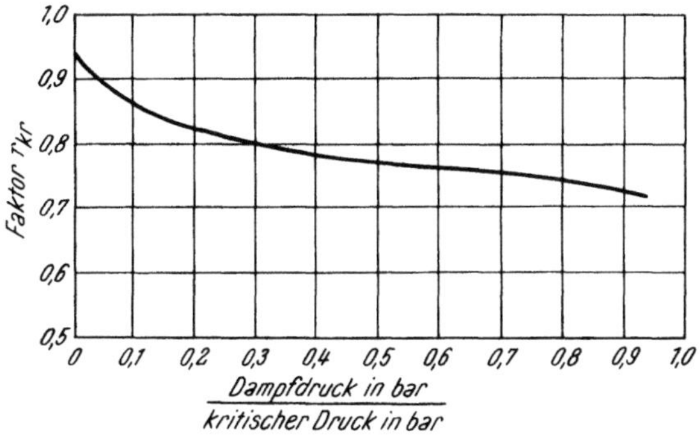

Abb. 165. Faktor r_{kr} zur Berechnung des kritischen Druckverhältnisses für beliebige Flüssigkeiten. Das Diagramm zeigt r_{kr} in Abhängigkeit vom Verhältnis des Dampfdruckes p_d zum kritischen Druck p_c der Flüssigkeit

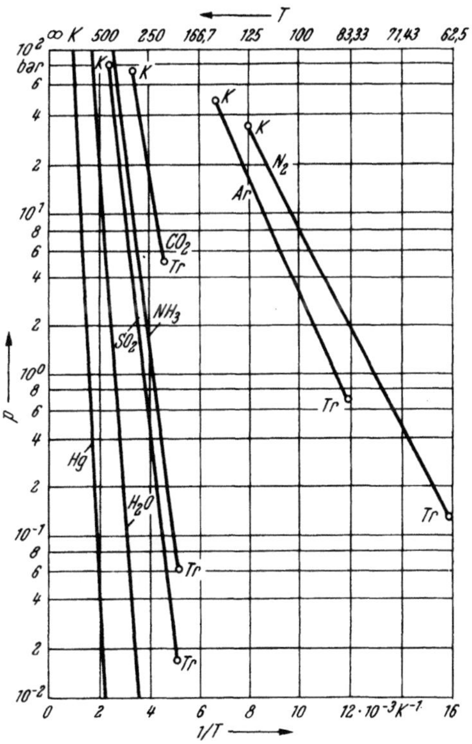

Abb. 166. Dampfdruckkurve einiger Stoffe. Aus: E. Schmidt, Technische Thermodynamik, 11. Aufl. Berlin-Heidelberg-New York: Springer

Tabelle 29. *Kritischer Druck p_c einiger Flüssigkeiten*

Fluid	Kritischer Druck p_c bar
Wasser	221,0
Essigsäure	58
Azeton	47,6
Azethylen	62,9
Luft	37,8
Ammoniak	113,0
Argon	48,6
Benzin	48,4
Butan	36,5
CO_2	74,0
CO	35,5
Äthan	49,5
Äthylalkohol	64,0
Äthylen	51,2
Äthyläther	36,0
Fluor	25,3
Helium	2,3
Heptan	27,2
Wasserstoff	13,0
HCl	82,6
Isobutan	37,5
Methan	46,4
Methylalkohol	79,6
Stickstoff	34,0
NO	72,7
Oktan	25,0
Sauerstoff	50,4
Phenol	61,3
Propan	42,6
Propylen	45,6
Freon 12	40,1
Freon 22	49,2
SO_2	78,8

Setzt man in Gl. (301) den für normale Regelventile geltenden Wert von $K_m = 0{,}8$ ein, so erhält man etwa die gleichen Werte für Δp_{kr} wie im Diagramm Abb. 154.

Beim Druckgefälle $\Delta p_m = K_m\ (p_1 - p_d)$ tritt volle Kavitation ein. Da in Gl. (303) K_m^2 eingesetzt wird, ist Δp_{kr} wesentlich kleiner als Δp_m und somit hohe Sicherheit gegen Kavitation gegeben.

Will man jedoch absolut sicher gehen und vermeiden, daß es zu lokalen Kavitationen kommt, dann muß

$$\Delta p_{kr} = K_c\ (p_1 - r_{kr} p_d) \qquad (305)$$

gesetzt werden, wobei die K_c-Werte 56–60% der K_m -Werte betragen und noch immer kleiner sind als K_m^2.

Müssen besonders hohe Druckverhältnisse beherrscht werden, dann kann man zwei Ventile hintereinander schalten, womit $K_{m_{\text{total}}} = \sqrt{K_m}$ wird, oder aber man nimmt Ventile mit Drosselkörpern, die stufenweise Expansion ergeben, wodurch $K_m = 1$ wird.

Zum besseren Verständnis der Vorgänge bei der Strömung durch Ventile soll die quantitative Beschreibung der folgenden Strömungsvorgänge beitragen:

1. Strömung durch ein Venturirohr ohne Berücksichtigung der Reibung.
2. Strömung durch Drosselelemente mit verschiedenen Austrittsöffnungen.
3. Strömung durch ein zylindrisches Rohr mit scharfkantigem und mit abgerundetem Einlauf.

Da auch bei der Strömung durch ein zylindrisches Rohr eine strömungstechnische Verengung hinter dem Einlauf auftritt – soweit der Einlauf nicht eine besonders günstige Form hat, die eine wirbelfreie Strömung ermöglicht – gelten alle Überlegungen und Gesetze der Strömung durch ein zylindrisches Rohr mit scharfkantigem Einlauf, die sich wieder ähnlich wie die Strömung durch ein Venturirohr verhält, auch für die Strömung durch Ventile.

9.5.2 Reibungsfreie Strömung eines inkompressiblen Mediums durch ein Venturirohr

Wenn sowohl die Wandreibung als auch die innere Reibung durch Wirbel vernachlässigt werden, dann gilt für eine Strömung durch ein Venturirohr die Bernoullische Gleichung, Abb. 167

$$p_1 + \frac{\rho w_1^2}{2} = p_E + \frac{\rho w_E^2}{2} = p_D + \frac{\rho w_D^2}{2} = p_2 + \frac{\rho w_2^2}{2} \ . \tag{306}$$

Bei $A_1 = \infty$ wird $w_1 = 0$ und die Gleichung lautet

$$p_1 = p_D + \frac{\rho w_D^2}{2} = p_2 + \frac{\rho w_2^2}{2} \ . \tag{307}$$

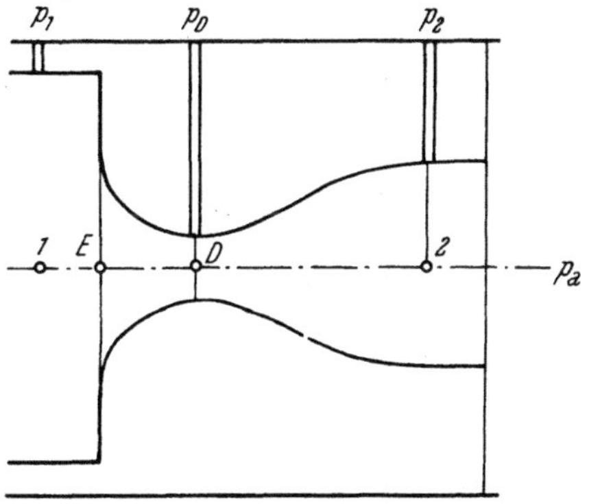

Abb. 167. Venturirohr. A_D engster Querschnitt, A_E Eintrittsquerschnitt, A_2 Austrittsquerschnitt, p_1, p_E, p_D, p_2 Druck in den Querschnitten *1, E, D, 2*

Die Kontinuitätsgleichung für die Querschnitte D und 2 lautet

$$Q = w_D A_D = w_2 A_2$$

bzw.

$$w_D = w_2 \frac{A_2}{A_D} \,. \tag{308}$$

Dies eingesetzt in Gl. (307) ergibt

$$p_D = p_1 - \frac{\rho w_2^2}{2} \left(\frac{A_2}{A_D}\right)^2 . \tag{309}$$

Da bei verlustfreier Strömung

$$w_2 = \sqrt{\frac{2}{\rho} (p_1 - p_2)} \tag{310}$$

wird Gl. (309)

$$p_D = p_1 - \left(\frac{A_2}{A_D}\right)^2 (p_1 - p_2). \tag{311}$$

Das kritische Druckgefälle, bei dem Q_{max} erreicht wird, ergibt sich bei $p_D = 0$. Diese Annahme kann gemacht werden, da die Verdampfungsdrücke von Flüssigkeiten meist unter 0,1 bar liegen.

$$p_1 - p_2 = p_1 \left(\frac{A_D}{A_2}\right)^2 \tag{312}$$

bzw. mit $\frac{A_D}{A_2} = \alpha$

$$p_2 = p_1 (1 - \alpha^2). \tag{313}$$

Für die Strömung durch ein Venturirohr gilt somit bei reibungsfreier Strömung:

Sobald der Druck p_2 kleiner wird als $p_1 \cdot (1 - \alpha^2)$, tritt im engsten Querschnitt Verdampfung auf und die Durchflußmenge hat ihr Maximum erreicht und kann durch weiteres Senken von p_2 nicht mehr vergrößert werden.

Wenn Kavitation vermieden werden soll, darf das Druckgefälle zwischen dem Eintrittsdruck p_1 vor dem engsten Querschnitt und dem Austrittsdruck p_2 somit nicht größer sein als

$$\Delta p_m = (p_1 - p_2)_{max} = p_1 \alpha^2 .$$

Abb. 168 zeigt das kritische Druckverhältnis $p_2/p_1 = 1 - \alpha^2$ in Abhängigkeit vom Querschnittsverhältnis $\alpha = \frac{A_D}{A_2}$.

Andererseits gilt nach Gl. (301)

$$\Delta p_m = K_m (p_1 - p_d) \approx K_m p_1 .$$

Für ein Ventil mit der Strömungsform eines Venturirohres gilt somit bei reibungsfreier Strömung

$$K_m = \alpha^2 = \left(\frac{A_D}{A_2}\right)^2 = \left(\frac{w_2}{w_{max}}\right)^2$$

wobei

$$w_{max} = \sqrt{\frac{2(p_1 - p_d)}{\rho}} \approx \sqrt{\frac{2p_1}{\rho}} \tag{314}$$

die maximal mögliche Höchstgeschwindigkeit im engsten Querschnitt ist.

Auch bei Berücksichtigung der Wirbelverluste hinter dem Ventil gelten ähnliche Überlegungen, denen zufolge das zulässige kritische Druckgefälle $\Delta p_m = p_1 - p_2$ umso geringer ist, je größer die Druckenergie ist, die aus der Bewegungsenergie im engsten Querschnitt wieder zurückgewonnen wird. Das zulässige $\Delta p_m = p_1 - p_2$ ist immer proportional α^2, also verkehrt proportional $(A_2/A_D)^2$.

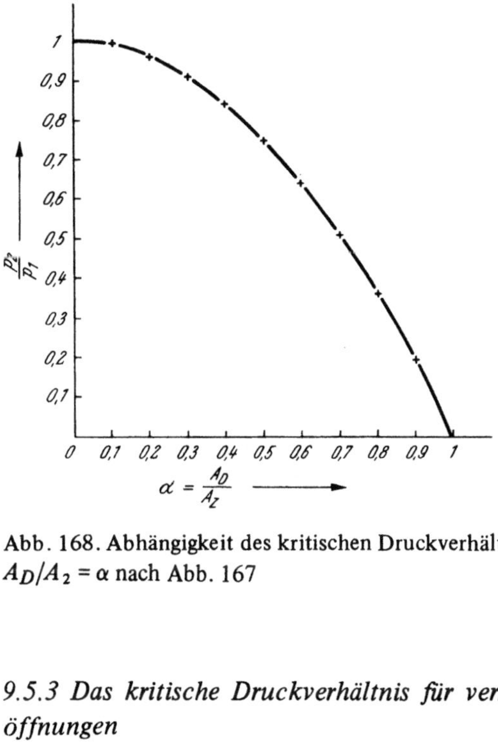

Abb. 168. Abhängigkeit des kritischen Druckverhältnisses p_2/p_1 vom Querschnittsverhältnis $A_D/A_2 = \alpha$ nach Abb. 167

9.5.3 Das kritische Druckverhältnis für verschiedene Formen von Austrittsöffnungen

Die folgenden Berechnungen sollen quantitativ klären, wann das kritische Druckverhältnis, bei dem Kavitation eintritt, und somit die maximale Ausflußmenge erreicht wird, bei verschiedenen Drosselelementen auftritt.

Die Kavitation kann durch Unterschreiten des Verdampfungsdruckes der Flüssigkeit bzw. durch Unterschreiten des Partialdruckes gelöster Gase verursacht werden.

Da diese Drücke meist unter 0,1 bar liegen, wird auch bei diesen Berechnungen untersucht, wann bei den verschiedenen Drosselelementen ein absolutes Vakuum entstehen kann bzw. entstehen muß.

Der für die Praxis wichtigste Fall ist die Strömung durch ein zylindrisches Rohr. Um aber alle Einflußgrößen, die auf diese Strömung einwirken, quantitativ erfassen zu können, erscheint es zweckmäßig, zuerst die Ausströmvorgänge durch folgende Drosselelemente der Reihe nach zu beschreiben; Abb. 169a bis e.

a) Ausfluß durch Düsen und Blenden ohne Berücksichtigung der Reibung.

b) Ausfluß durch eine Düse mit anschließendem Diffusor ohne Berücksichtigung der Reibungsverluste.

c) Ausfluß durch eine Düse mit anschließendem Stoßdiffusor, wobei der durch die Rohrerweiterung verursachte Wirbelverlust dem Carnotschen Stoßverlust entspricht.

d) Ausfluß durch eine Düse mit anschließendem Diffusor mit Berücksichtigung der Reibungsverluste in diesem.

e) Ausfluß durch ein Rohr mit scharfkantigem bzw. abgerundetem Einlauf mit Berücksichtigung der Reibungsverluste in der Strömung.

Bei der Beschreibung dieser Vorgänge sollen die Reibungsverluste während der Beschleunigungsperiode vernachlässigt werden. Dies entspricht auch gut der Wirklichkeit, da die Fehler bei Berechnung von Geschwindigkeit bzw. Menge nur wenige Prozente betragen. Dagegen werden in den Fällen c), d) und e) die Verluste infolge der verzögerten Bewegung berücksichtigt.

a) Ausfluß durch Düsen und Blenden ohne Berücksichtigung der Reibung

Unter obigen Voraussetzungen können für den Ausfluß durch Düsen und Blenden dieselben Gleichungen verwendet werden.

Gemäß Abb. 169a bedeuten:

p_1 Druck in einem Behälter vor der Düse oder Blende
p_2 Druck hinter der Düse oder Blende
p_m Druck im strömungstechnisch engsten Querschnitt A_m
w_m Geschwindigkeit im engsten Querschnitt A_m
α Kontraktionskoeffizient. Bei Blende z.B. $\alpha = A_m/A$, wenn A der geometrische Querschnitt der Blende und A_m der strömungstechnisch engste Querschnitt ist, der sich aus dem Verlauf der Stromlinien ergibt. Für die verlustlose Düse ist $\alpha = 1$.

Mit den obigen Bezeichnungen wird mit $p_m = p_2$

$$w_2 = w_m = \sqrt{\frac{2}{\rho}\,(p_1 - p_2)} = \sqrt{\frac{2\,\Delta p}{\rho}}\,. \tag{315}$$

Kavitation tritt ein, wenn $p_2 = p_m = 0$, daher

$$w_{m_{\max}} = \sqrt{\frac{2}{\rho}\,p_1}\,.$$

Infolge der Strahlkontraktion hinter der Blende ist also die Ausflußmenge $Q = w_m \cdot A_m = w_m \cdot \alpha A$ unter kritischen Verhältnissen $Q = \alpha A \sqrt{\frac{2}{\rho} p_1}$ bei der Blende ($\alpha = 0{,}5$) nur halb so groß wie bei der verlustlosen Düse ($\alpha = 1$).

b) Ausfluß durch eine Düse mit anschließendem Diffusor ohne Berücksichtigung der Reibung

Gemäß Abb. 169b wird die Düse durch einen Diffusor ergänzt, wobei das Verhältnis der Querschnitte A_m/A_2 mit α bezeichnet sei.

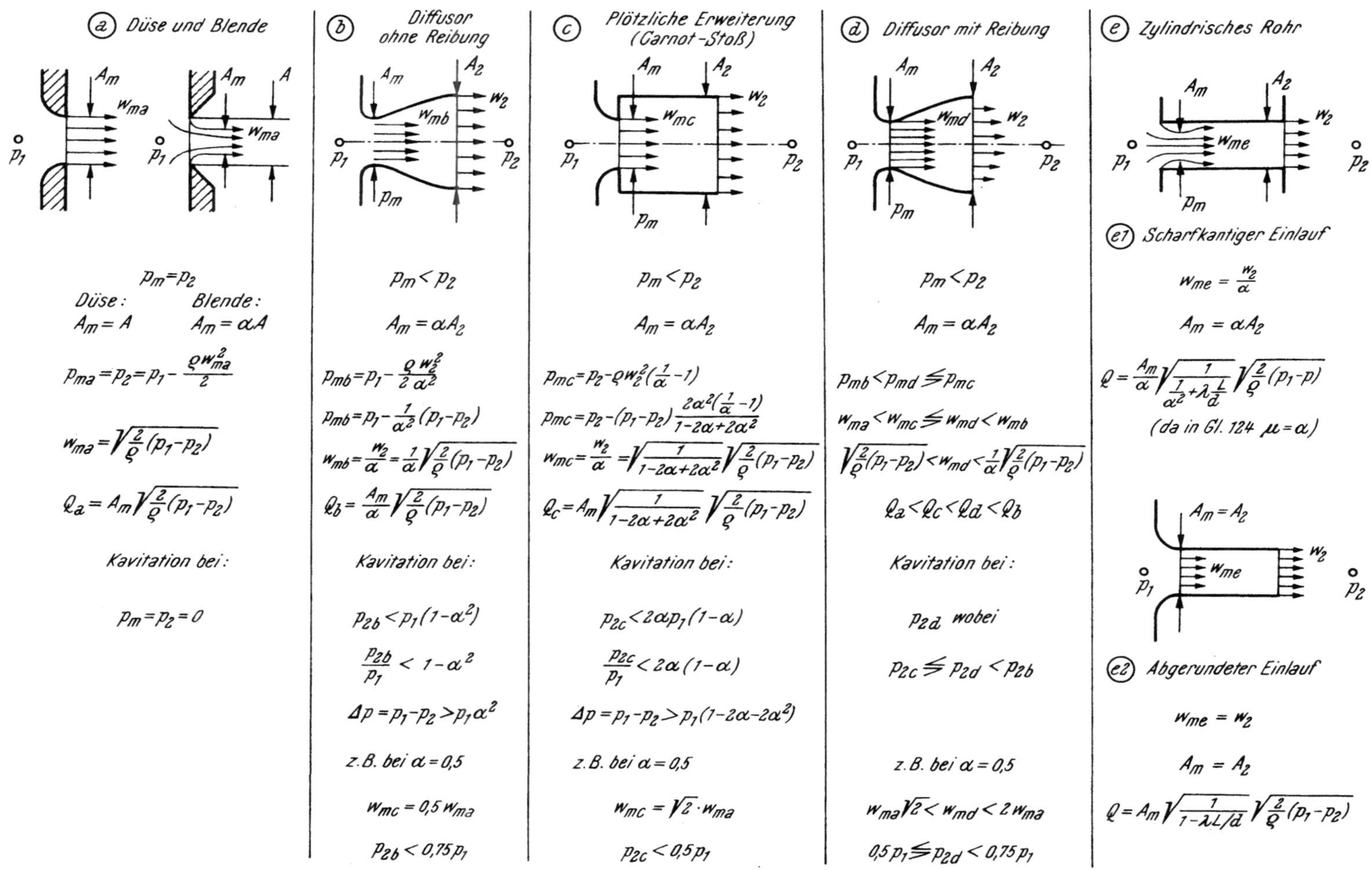

Abb. 169. Ausflußmenge und kritisches Verhältnis bei verschiedenen Ausflußöffnungen *a* bis *e* (ohne Berücksichtigung der Reibung zwischen Punkt 1 und "m")

Die Bezeichnungen bleiben sonst wie bei a).

Nach Gl. (313) kann Kavitation vermieden werden, wenn

$$p_2 \geqslant p_1 (1-\alpha^2)$$

ist, oder bei $\alpha = 0{,}5$

$$p_2 \geqslant p_1 \cdot 0{,}75. \tag{316}$$

Die ausfließende Menge

$$Q = A_m \cdot w_m = A_2 w_2 = A_2 \sqrt{\frac{2}{\rho}(p_1 - p_2)} = \frac{A_m}{\alpha} \sqrt{\frac{2}{\rho}(p_1 - p_2)} \tag{317}$$

wird durch den Diffusor um den Faktor $1/\alpha$ vergrößert.

Die Ausflußmenge durch eine Düse mit dem Querschnitt A_m kann also z.B. bei gleichem Druckabfall durch den Anschluß eines verlustlosen Diffusors mit $A_2 = 2A_m$ verdoppelt werden.

Voraussetzung für diese Überlegungen ist jedoch, daß der Druck p_m im engsten Querschnitt über dem Verdampfungsdruck liegt bzw. über dem Druck, bei dem gelöste Gase ausgeschieden werden. Erreicht der Druck p_m diese Werte, so ist die Durchflußmenge maximal und kann auch bei weiterem Absenken von p_2 nicht mehr gesteigert werden, weil dies durch die Dampfbildung verhindert wird.

Diese maximale Ausflußmenge bei überkritischen Verhältnissen

$$Q = \frac{A_m}{\alpha} \sqrt{\frac{2}{\rho}(p_1 - p_1 + \alpha^2 p_1)} = A_m \sqrt{\frac{2}{\rho} p_1}$$

ist genauso groß wie die maximale Ausflußmenge beim Ausfluß unter kritischen Verhältnissen aus einer Düse mit dem Austrittsquerschnitt A_2 ohne Diffusor.

Solange die Dampfdrücke sehr niedrig liegen, also praktisch bei 0, ergibt sich das kritische Druckverhältnis aus Gl. (313) zu

$$\frac{p_2}{p_1} \leqslant 1 - \alpha^2,$$

dies entspricht $K_m = \alpha^2$.

c) Ausfluß durch eine Düse mit anschließendem Stoßdiffusor, wobei der durch die Rohrerweiterung verursachte Wirbelverlust dem Carnotschen Stoßverlust entspricht.

Die Strömung durch eine plötzliche Erweiterung nach Abb. 169c erfolgt unter bestimmten Voraussetzungen nach den Gesetzen des Carnotschen Stoßes, denen zufolge die Verluste p_v infolge Wirbelbildung hinter der Erweiterung durch die Beziehung

$$p_v = \frac{\rho}{2}(w_m - w_2)^2 \tag{318}$$

berechnet werden.

Die Größe des tatsächlichen Verlustes hängt von vielen Einflußgrößen ab wie z.B. vom Flächenverhältnis der Erweiterung, von der Rauhigkeit, von der Zähigkeit der Flüssigkeit und damit von der *Re*-Zahl, von der Temperatur usw. Bei größerem Durchmesserverhältnis wird der Verlust größer als der Carnotsche, in anderen Fällen, wo sich ein Strömungsprofil ähnlich wie bei einem Diffusor einstellt, kleiner.

Legt man jedoch einen dem Carnotschen Stoß entsprechenden Verlust zugrunde, dann wird

$$p_m = p_2 + \frac{\rho}{2}(w_2^2 - w_m^2) + \frac{\rho}{2}(w_m - w_2)^2 = p_2 - \rho w_2^2\left(\frac{A_2}{A_m} - 1\right) . \qquad (319)$$

Die Ausflußmenge beträgt

$$Q = A_2 w_2 = A_m w_m .$$

Da die Verluste am Düseneintritt vernachlässigt werden, ist

$$w_m = \sqrt{\frac{2}{\rho}(p_1 - p_m)}$$

und

$$p_1 - p_m = \frac{\rho w_m^2}{2} .$$

Mit $A_m/A_2 = \alpha$ und $w_2/w_m = \alpha$ ergibt sich daher

$$\frac{\rho w_2^2}{2} \cdot \frac{1}{\alpha^2} = p_1 - p_2 + \rho w_2^2\left(\frac{1}{\alpha} - 1\right)$$

$$w_2 = \sqrt{\frac{2}{\rho}(p_1 - p_2)\frac{\alpha^2}{1 - 2\alpha + 2\alpha^2}} \qquad (320)$$

und mit $w_m = \dfrac{w_2}{\alpha}$

$$w_m = \sqrt{\frac{2}{\rho}(p_1 - p_2)\frac{1}{1 - 2\alpha + 2\alpha^2}} . \qquad (321)$$

Die Ausflußmenge

$$Q = A_2 w_2 = A_m w_m = A_m\sqrt{\frac{2}{\rho}(p_1 - p_2)\frac{1}{1 - 2\alpha + 2\alpha^2}} \qquad (322)$$

ist um $\sqrt{\dfrac{1}{1 - 2\alpha + 2\alpha^2}}$ größer als bei einer einfachen Düse nach Abb. 169 a.

Sie ist jedoch kleiner als die Menge, die sich bei einem verlustlosen Diffusor nach Abb. 169b ergibt, da

$$\sqrt{\frac{1}{1 - 2\alpha + 2\alpha^2}} \quad \text{kleiner ist als} \quad \frac{1}{\alpha} .$$

Für $\alpha = 0{,}5$ wird beim Stoßdiffusor nach Gl. (321)

$$w_m = \sqrt{2}\sqrt{\frac{2}{\rho}(p_1 - p_2)}$$

und damit die Ausflußmenge $\sqrt{2}$ mal größer als ohne Stoßdiffusor.

Der Druck im engsten Querschnitt p_m ist nach Gl. (319) zu berechnen. Setzt man w_2 nach Gl. (320) ein, ergibt sich

$$p_m = p_2 - (p_1 - p_2)\frac{2\alpha^2\left(\frac{1}{\alpha} - 1\right)}{1 - 2\alpha + 2\alpha^2}. \tag{323}$$

Kavitation ist zu erwarten, wenn sich p_m dem Wert 0 nähert, wenn also

$$p_2 \leqslant (p_1 - p_2)\frac{2\alpha^2}{1 - 2\alpha + 2\alpha^2} \cdot \frac{1-\alpha}{\alpha}$$

oder wenn

$$\frac{p_2}{p_1} \leqslant 2\alpha(1-\alpha) \tag{324}$$

bzw.

$$p_2 \leqslant p_1 2\alpha(1-\alpha) \tag{325}$$

oder bei $\alpha = 0{,}5$

$$p_2 \leqslant 0{,}5\, p_1.$$

Dies entspricht $K_m = 1 - 2\alpha + 2\alpha^2$.

d) Ausfluß durch eine Düse mit anschließendem Diffusor mit Berücksichtigung der Reibungsverluste in diesem, Abb. 169d

Im Gegensatz zur Düse mit verlustlosem Diffusor wird nur ein Teil der Bewegungsenergie im engsten Querschnitt A_m wieder in Druckenergie umgesetzt.

Der Druck im engsten Querschnitt p_m wird deshalb bei der reibungsbehafteten Strömung höher sein als der nach der Bernoullischen Gleichung, aber meist niedriger als der bei der Düse mit Stoßdiffusor nach Abb. 169c.

Die Höhe des Druckes p_m kann genauso berechnet werden wie beim Stoßdiffusor, wobei statt des Carnotschen Stoßverlustes der Verlust zu berücksichtigen ist, der den Werten für die Strömung durch Diffusoren entnommen werden kann, wobei der Öffnungswinkel eine entscheidende Rolle spielt.

Es wird also

$$p_m = p_2 + \frac{\rho}{2}(w_2^2 - w_m^2) + p_v. \tag{326}$$

Ausflußmenge und kritisches Druckverhältnis, bei dem Kavitation einsetzt, können dann wie beim Stoßdiffusor berechnet werden.

e) Ausfluß durch ein Rohr mit scharfkantigem bzw. abgerundetem Einlauf mit Berücksichtigung der Reibungsverluste in der Strömung

Bei der Strömung durch ein zylindrisches Rohr kann es aus folgenden Gründen zu Kavitationserscheinungen kommen:

1. In Strömungsrichtung nimmt der Druck infolge der Reibungsverluste ab. Sobald der Druck unter den der betreffenden Temperatur der Flüssigkeit entsprechenden Verdampfungsdruck fällt, beginnt die Flüssigkeit an dieser Stelle zu

verdampfen. Der Druckabfall im Rohr ist dann nicht mehr linear proportional der Entfernung vom Rohreintritt und die Durchflußmenge durch das Rohr wird geringer als bei einer vergleichbaren Strömung ohne Verdampfungserscheinungen. Dem Flüssigkeits-Dampfgemisch wird die Verdampfungswärme entzogen, dadurch sinkt die Temperatur in Strömungsrichtung und die Flüssigkeit verdampft im allgemeinen nicht vollständig. Nur wenn durch das Rohr genügend Wärme zugeführt wird, geht die gesamte Flüssigkeit in den dampfförmigen Zustand über. Diese Erscheinungen sind charakteristisch für die „erste Phase der Kavitation".

2. Bei einem scharfkantigen oder schlecht abgerundeten Einlauf in das Rohr kommt es infolge der Einschnürung der Stromfäden hinter dem Einlauf zu einem zusätzlichen Druckabfall. Im Rohranfang treten die gleichen Vorgänge wie in einem Venturirohr (Fall b) oder in einem Stoßdiffusor (Fall c) auf. Es kommt dann hinter der strömungstechnischen Verengung im Rohranfang wieder zu einem Druckanstieg. Wenn der Druck im strömungstechnisch engsten Querschnitt unter den Verdampfungsdruck sinkt, kommt es dort zur Verdampfung. Steigt der Druck hinter dieser Verengung wieder an, so brechen die Dampfblasen zusammen, es kommt hier zur „zweiten Phase der Kavitation".

3. Schließlich ist noch zu beachten, daß ein Teil der im Rohreintritt vorhandenen Druckenergie infolge der Wirbelverluste in Wärme verwandelt wird. Bei einer Strömung in vollständig isolierten Rohren steigt somit die Temperatur in Strömungsrichtung an, der Verdampfungsdruck sinkt und Kavitation tritt dementsprechend früher ein.

Das Verhältnis Rohrlänge L zu Rohrdurchmesser d und die Gestalt des Einlaufes (scharfkantig oder abgerundet) bestimmen die Stelle, an der der strömungstechnisch engste Querschnitt liegt. Auch wenn die Stelle, an der es zur Verdampfung kommt, außerhalb des Rohres liegt, kann dies den Strömungsvorgang im Rohr noch beeinflussen.

Ob es zu Kavitationserscheinungen in der ersten oder auch in der zweiten Phase kommt, hängt somit von den geometrischen Abmessungen des Rohres und des Einlaufs, vom Druckverhältnis, aber auch von der Wärmeisolierung der Rohrwandung ab.

Bei gut gerundetem Einlauf entspricht die Strömung der durch eine Düse mit anschließendem Rohr von konstantem Querschnitt. Für die Rohrströmung ohne Kavitation beträgt dann die Ausflußmenge mit den Bezeichnungen nach Abb. 169e

$$Q = A_m \sqrt{\frac{2}{\rho} \cdot \frac{p_1 - p_2}{1 - \lambda \frac{L}{d}}} \tag{327}$$

und der Druck p_m am Düsenaustritt bzw. am Eintritt in das Rohr

$$p_m = \frac{\rho w^2}{2} \left(1 + \lambda \frac{L}{d}\right) \tag{328}$$

Mit Hilfe dieser Beziehungen ist abzuschätzen, ob und wo es zur Verdampfung kommt. Sie können auch zur Berechnung des „kritischen Druckverhältnisses" für die Kavitation in ähnlicher Weise wie im Fall a)–d) herangezogen werden. Ausführliche Meßergebnisse darüber, wie die Durchflußmenge und das kritische

Druckverhältnis vom Verhältnis L/d und von der Einlaufform abhängen, können den Arbeiten von Backè entnommen werden.

Die vorbeschriebenen Bauelemente kommen hauptsächlich in Hydraulikanlagen vor, wobei als Flüssigkeiten Mineralöle oder Wasseremulsionen (HFA-Flüssigkeiten) und andere vorkommen. Besonders Wasseremulsionen sind sehr anfällig für Kavitation. Für detaillierte Angaben sei auf die einschlägige Literatur verwiesen [32, 53, 54].

Grundsätzlich bildet sich bei Düsen und Blenden mit nachfolgender Erweiterung der Stromfäden eine Strömung nach Abb. 162 aus. Infolge des großen Druckrückgewinns liegt K_m etwa bei 0,45 bis 0,5. Düsen mit anschließendem Diffusor oder Venturidüsen ergeben auch einen hohen Rückgewinn und werden daher ebenfalls K_m-Werte von etwa 0,4 aufweisen. Das Druckgefälle wird also immer so gelegt werden müssen, daß nur an der engsten Stelle (wenn überhaupt) Verdampfung bzw. Gasausscheidung einsetzt, damit beim anschließenden Druckrückgewinn keine Kavitation entsteht. Ein Diffusor macht das System noch empfindlicher gegen Kavitation als eine Strömung durch eine Blende nach Abb. 162. Der Druckrückgewinn entlang der Wand des Diffusors begünstigt das Auftreten von Implosionen der Dampfblasen in Wandnähe und führt damit zu noch stärkeren Zerstörungen der Oberfläche als bei Blenden oder Düsen.

Bei einer Strömung durch eine Drossel mit zylindrischem Querschnitt hängt der Druckrückgewinn vom Durchmesser und der Länge der Bohrung ab. Er wird bei großen Durchmessern mit wachsender Bohrungslänge größer. Bei kleinen Durchmessern dagegen tritt durch den großen Reibungseinfluß der umgekehrte Fall ein. Mit wachsender Bohrungslänge sinkt der Rückgewinn in Form von Druckenergie und der K_m-Wert steigt.

Für genaueres Studium dieses Spezialgebietes wird auf die Literatur verwiesen [52, 53, 54].

Weiterhin nimmt mit wachsendem Bohrungsdurchmesser der Unterschied zwischen dem eingeschnürten und dem vollen Querschnitt zu. Damit nimmt bei gleichem L/d-Verhältnis auch der Rückgewinn zu. Das heißt, bei Drosseln mit gleichem L/d-Verhältnis sinkt K_m mit wachsendem d.

Darüber hinaus beeinflußt die Viskosität die Stromlinienform und somit das zulässige Druckgefälle, bei dem Verdampfung beginnt.

Versuche mit Drosseln zeigen, daß K_m mit wachsender Viskosität zunimmt; dies sei beispielsweise für eine Strömung durch eine scharfkantige Drossel ($d = 0{,}45$ mm, $L/d = 1{,}65$) erläutert. Für Mineralöl ($\nu = 34\ \mathrm{mm}^2/\mathrm{s}$, 50°C) wurde $K_m = 0{,}56$ ermittelt, die gleiche Drossel ergibt bei Wasseremulsion mit $\nu = 1\ \mathrm{mm}^2/\mathrm{s}$, 34°C, $K_m = 0{,}50$.

Wird diese Drossel am Eintritt abgeschrägt, dann steigt bei Mineralöl K_m auf 0,8, und bei abgerundetem Eintritt wie zu erwarten sogar auf knapp 1,0, da kaum eine Einschnürung stattfindet.

10. Bedeutung der strömungstechnischen Vorgänge für die Auswahl von Kühlern und Rücklauffiltern in Hydrauliksystemen

In den Rücklaufleitungen eines Hydrauliksystems nach Abb. 170 treten bei stationärer Strömung nur diejenigen Drücke auf, die dem Widerstand der Rohrleitung sowie dem Widerstand der Rücklauffilter und Kühler entsprechen.

Unter Berücksichtigung der instationären Strömungsvorgänge können in diesen bei stationärer Strömung nahezu drucklosen Rücklaufleitungen aber auch nennenswerte Druckspitzen auftreten, die dann zur Zerstörung von Kühlern oder Filtern führen, die in den Rücklaufleitungen eingebaut sind.

Sowohl bei der Betrachtung der ausschließlich stationären Strömungsvorgänge als auch bei Berücksichtigung der instationären Vorgänge treten jedoch in den Rücklaufleitungen auf alle Fälle wesentlich höhere Drücke auf, als die Druckverluste durch Reibung, die bei der Strömung durch die Rücklaufleitung sowie in Kühlern und Filtern eintreten, wenn der Steuerschieber *c* in Mittellage 2 steht, und nur die Fördermenge *Q* der Pumpe durch die oben erwähnten Drosselelemente fließt.

Bei der Dimensionierung von Schlauchleitungen sowie vor allem aber auch bei der Auswahl von Kühlern und Filtern ist deshalb auf die 3 folgenden Argumente zu achten:

1. Für die bei stationärer Strömung in den Rücklaufleitungen auftretenden Drücke ist nicht nur die Liefermenge *Q* der Pumpe ausschlaggebend, sondern auch

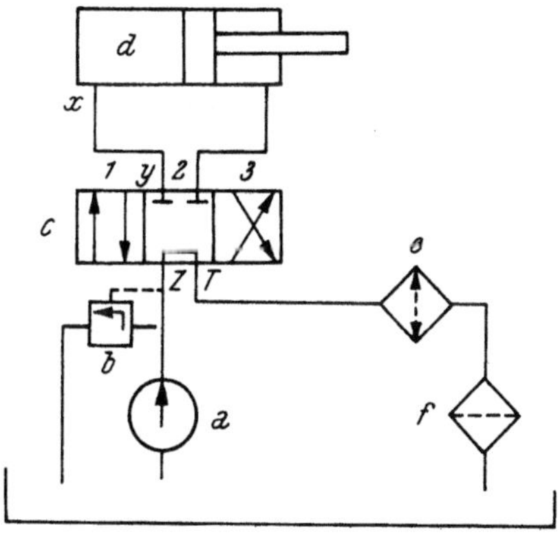

Abb. 170. Hydrauliksystem mit Kühler und Filter im Rücklauf. *a* Pumpe, *b* Überdruckventil, *c* 4/3-Wegeventil, *d* doppeltwirkender Zylinder, *e* Kühler, *f* Filter

das Flächenverhältnis zwischen Kolbenfläche und Ringfläche auf der Stangenseite des Kolbens.

Bei einem Flächenverhältnis von 2:1 z.B. ist die durch Kühler und Filter fließende Ölmenge nicht mehr Q, sondern $2Q$. Die in Strömungsrichtung vor dem Kühler bzw. Filter auftretenden Drücke sind deshalb in Stellung 3 des Schieberventils bei laminarer Strömung doppelt so hoch und bei turbulenter Strömung nahezu viermal so hoch wie bei der Mittelstellung des Ventils, in der die Ölmenge Q direkt von der Pumpe in den Rücklauf fließt.

Entsprechende Überlegungen gelten selbstverständlich auch für noch stärkere Kolbenstangen mit entsprechend größerem Flächenverhältnis, wobei unter Umständen, insbesondere bei turbulenter Strömung bei Stellung 3 des Ventils, ganz wesentlich höhere Drücke auftreten als bei Stellung 1 und 2.

2. Nach der Umstellung des Steuerschiebers von der Stellung 2 in die Stellung 3 pflanzt sich zunächst der Hochdruck in der Leitung xy mit Schallgeschwindigkeit in die Leitung T fort.

Eine entsprechende Druckwelle durchläuft also die Rücklaufleitung sowie die eventuell vorhandenen Kühler und Filter.

3. Berücksichtigt man auch die Druckstöße Δp, die durch die Vergrößerung der Rückströmgeschwindigkeit w in der Leitung T bei der Umstellung des Ventils von Stellung 2 in Stellung 3 auftreten, so ergibt sich die Größenordnung dieses Druckstoßes aus der Beziehung

$$\Delta p = a\,\rho\,\Delta w.$$

Bei Vergrößerung von 3 auf 6 m/s wäre z.B. Δw = 3 m/s und mit a = 1300 m/s und ρ = 900 kg/m^3, wäre

$$\Delta p = 1300\ 900\ 3 = 3\ 500\ 000\ \text{N/m}^2 = 35\ \text{bar}.$$

Voraussetzung dafür, daß dieser Druckstoß voll zur Wirkung kommt, sind natürlich vollkommen starre Rohrleitungen und vor allem eine Umstellungsgeschwindigkeit $t < 2L/a$, wenn L die Länge der Rücklaufleitung bedeutet.

Eine Verringerung aller Druckspitzen kann durch folgende Maßnahmen erreicht werden:

1. Einbau von Speichern
2. Ersetzen von relativ starren Rohrleitungen durch Schlauchleitungen mit relativ großem Durchmesser und entsprechend gutem Speichervermögen
3. Verlängerung der Schaltzeiten durch Einbau von Drosseln in die Steuerölleitungen der Wegeventile
4. Verlängerung der Feinsteuerkanten im Kolben des Steuerschiebers
5. Einbau von elastischen Elementen in Kühlern und Filtern selbst
6. Verringerung der Rohrlänge zwischen Kühler bzw. Filter und Austrittsmündung.

Eine genaue Berechnung all dieser sich teilweise überlagernden Vorgänge wird im allgemeinen nur schwer möglich sein. Über die Größenordnung der Einflußgrößen auf die Entstehung von Druckspitzen in den Rücklaufleitungen nach Punkt 1–6 wäre aber kurz folgendes festzuhalten:

1. Die Vergrößerung des Ausflußwiderstandes bei Zunehmen der Durchflußmenge im Verhältnis Kolbenfläche zu Ringfläche kommt auf alle Fälle voll

zur Wirkung. Sie ist deshalb bei der Dimensionierung von Kühlern und Filtern entsprechend zu berücksichtigen. Ja, es ist sogar über diese der Geschwindigkeitszunahme entsprechenden Druckzunahme hinaus noch zu beachten, daß beim Anfahren mit kaltem und wesentlich zäherem Öl der Widerstand auch noch wesentlich größer werden kann als beim Betrieb mit warmem Öl, und daß außerdem unter Umständen nach Verschmutzung der Filter noch eine weitere nennenswerte Drucksteigerung eintritt.

2. Die Druckwelle, die nach Umstellung des Ventils von Stellung 2 in Stellung 3 vom Ventilaustritt in die Rücklaufleitung läuft, ist bei weitem nicht so gefährlich, wie dies im ersten Augenblick erscheinen mag. Bei Betriebsdrücken von 200 oder 300 bar pflanzt sich diese Druckwelle aus folgenden Gründen auf keinen Fall mit einer Wellenfront dieser Größenordnung bis zum Ende der Rücklaufleitung fort: Die Wellenfront ist zunächst äußerst flach, bei einer Schaltzeit von etwa $T = 1/100$ s muß die Rohrlänge hinter dem Ventil mindestens 5 m lang sein, damit es unmittelbar hinter dem Ventil überhaupt bis zur Ausbildung eines Druckes in der Größenordnung des Druckes vor dem Ventil kommt. Aus der Beziehung $T = \frac{2L}{a}$ ergibt sich umgekehrt $L = \frac{aT}{2} = \frac{1000}{2} \cdot \frac{1}{100} = 5$ m.

Die vielen Umlenkungen bei der Durchströmung des Ventils wirken außerdem als starke Dämpfung, so daß der Druck unmittelbar hinter dem Ventil auch bei sehr langen Rücklaufleitungen wesentlich niedriger sein wird als der Druck vor dem Ventil. Da die vom Ventil gegen den Zylinder zurücklaufenden druckvermindernden Wellen etwa die gleiche Größenordnung haben wie die zum Rückfluß laufende Überdruckwelle (Abb. 66), ist auch der Druck hinter dem Ventil nur etwa halb so groß wie der Druck vor dem Ventil vor Beginn der Öffnung des Ventils. Außerdem ist der an jeder Stelle des Rohres auftretende Maximaldruck der jeweiligen Entfernung dieser Stelle vom Rohraustritt proportional. Deshalb sind die auftretenden Maximaldrücke in der Nähe der Mündung der Rücklaufleitung entsprechend niedrig.

Die Druckwelle, die nach Umstellung des Ventils von Stellung 2 auf Stellung 3 durch die Rücklaufleitung läuft, weil sich der Druck, der vor der Öffnung des Ventils vor dem Ventil herrscht, in die Rücklaufleitung fortpflanzt, ist deshalb im allgemeinen nicht so gefährlich, wie man zunächst vermuten würde.

3. Dagegen führt diejenige Druckwelle, die nach dieser Umstellung des Ventils von Stellung 2 in Stellung 3 dadurch entsteht, daß die Geschwindigkeit in den Rücklaufleitungen um die dem Flächenverhältnis Kolbenfläche zu Ringfläche entsprechenden Verhältnis vergrößert wird, oft zum Bersten von Kühlern oder Filtern.

Natürlich kommt es auch zu einer Überlagerung und Summierung der Amplituden dieser einzelnen Druckwellen. Die obigen Berechnungsgrundlagen für die Größenordnung der größtmöglichen Amplituden dieser Druckwellen sollten deshalb nur als approximative Richtwerte zur Ermittlung der möglichen Größenordnung dieser Druckstöße betrachtet werden.

Obwohl eine genaue Berechnung der Druckstöße, die in der Rücklaufleitung bzw. in den Kühlern und Filtern, die in dieser Leitung eingebaut werden, auftreten, nicht möglich ist, so sollten die obigen Überlegungen doch zu der

Erkenntnis beitragen, daß für die Auswahl der in den Rücklaufleitungen eingebauten Kühler oder Filter auf keinen Fall nur die Drücke zu berücksichtigen sind, die bei stationärer Strömung des Pumpenförderstromes durch diese Elemente auftreten.

Der Nachweis von Druckspitzen ist immer nur oszillographisch möglich. Manometer sind in der Anzeige zu träge. Die Parallelschaltung einer Bypass-Leitung mit Überdruckventil zum Schutz eines Filters oder Kühlers ist wegen der Ansprechträgheit des Ventils oft wirkungslos. Der sicherste Weg, Schäden durch Druckspitzen zu vermeiden, ist die Trennung von Arbeitskreis und Kühlkreis bzw. Filterkreis. Hierzu ist eine zusätzliche Pumpe notwendig, die das Öl vom Tank über Kühler oder Nebenstromfeinfilter zurück zum Tank fördert. In diesen Kreis kann, wenn notwendig, auch ein Ölvorwärmer eingebaut werden, wenn eine Druckerhöhung beim Anfahren durch kaltes und somit wesentlich zäheres Öl vermieden werden soll. Ist aus Kostengründen ein getrennter Kühlkreis nicht möglich, so soll ein Wärmeaustauscher, Öl/Luft-Kühler oder Feinfilter in einen stoßfreien Rücklauf eingebaut werden, keinesfalls jedoch in Zylinder-Rücklaufleitungen.

Eine Nichtbeachtung dieser Vorschläge führt unter Umständen zu durchaus vermeidbaren Reklamationsschäden, die für keinen Beteiligten erfreulich sind.

11. Unberechenbare Strömungsvorgänge

In allen hydraulischen Systemen treten auch Strömungszustände auf, die mit den in den vorgehenden Kapiteln behandelten Rechenverfahren nicht behandelt werden können.

Die wichtigsten Ursachen, die zur Entstehung unvermeidlicher Wirbelbildungen, Druckstöße und Pulsationen führen, die durch ein Rechenverfahren kaum erfaßt werden können, sind etwa folgende:

1. endliche Schaufelzahlen von Stütz-, Leit- und Laufschaufeln oder endliche Zähnezahlen von Zahnradpumpen,
2. periodisch entstehende Wirbel infolge von Grenzschichtablösungen,
3. Kavitation,
4. unsymmetrische Abströmung aus einem Laufrad,
5. aperiodischer Zusammenfall eines Saugrohrwirbelzopfes,
6. unsymmetrische Zulauf- und Abströmbedingungen in Strömungsmaschinen,
7. unsymmetrische Zuströmung in Laufrädern innerhalb von Strömungsmaschinen,
8. unsymmetrische Laufrad-Durchströmung,
9. Wirbelablösung durch Erschütterung,
10. Übertragung beliebiger mechanischer Schwingungen auf das strömende Medium.

Diese unerwünschten Erscheinungen werden im allgemeinen als Geräusch und Vibration von Maschinenteilen und Rohrleitungen bemerkt. Die Störung der stationären Strömungsvorgänge im Medium führt auf alle Fälle zu Strömungsverlusten in den Rohrleitungssystemen und in den Strömungsmaschinen selbst und verursacht dadurch ein Absinken des Wirkungsgrades in diesen Maschinen und eine Zunahme der Rohrreibungsverluste.

Neben Betriebsschwierigkeiten können zu starke Vibrationen aber auch zu Ermüdungserscheinungen des Materiales und in der Folge zu Bruch führen.

Mit zunehmenden Abmessungen von Maschinen und Rohrleitungen werden die Auswirkungen solcher Vibrationen immer gefährlicher. Es ist deshalb – insbesondere bei großen Maschinen und Anlagen – schon beim Entwurf wichtig, wenigstens die Größenordnung dieser unvermeidlichen und kaum berechenbaren Druck- und Geschwindigkeitsänderungen zu kennen und zu berücksichtigen. Neben festigkeitstechnischen Berechnungen muß auch das elastische Verhalten aller Maschinenteile untersucht werden. Die Bauteile großer Maschinen haben meist sehr niedrige Eigenfrequenzen, was eine besondere Gefahr in bezug auf Schwingungsanregung bedeutet.

Eine besonders häufige Ursache für die Erregung von Schwingungen an mechanischen Teilen sind die Druckschwingungen im Saugrohr von Strömungsmaschinen. Die festigkeitstechnische und schwingungstechnische Berechnung von Pumpen und Turbinen sollte deshalb auf Größe und Frequenz dieser Druckschwankungen sowie auf die Abhängigkeit dieser Pulsationen vom jeweiligen Betriebspunkt Rücksicht nehmen. Wenn die Größenordnung dieser schwer erfaßbaren Einflußgrößen nicht aus Erfahrungen bekannt ist, können nur Modellversuche unter Berücksichtigung der Ähnlichkeitsgesetze Anhaltspunkte für diese Berechnungen liefern.

Aber auch alle Strömungsvorgänge in Rohren und Ventilen, die mit den Rechenverfahren und Tabellen der vorhergehenden Abschnitte beschrieben und erfaßt wurden, werden durch Imponderabilien wie Wirbelablösungen und Wirbelbildungen, nicht erfaßbare Änderung der Kontraktion und Grenzschichtablösungen usw. zusätzlich beeinflußt. So kann z. B. auch der Übergang von der laminaren in die turbulente Strömung in geraden Rohren durch geringe Erschütterungen schon wesentlich früher als beim Überschreiten der „kritischen Reynolds-Zahl" erfolgen. Dies hat zur Folge, daß der Wert von λ bei einer bestimmten Geschwindigkeit etwa 0,05 erreicht, während er nach Abb. 19 und 145 nur 0,03 haben sollte. Die λ-Werte liegen auch bei relativ glatten Rohren bei Erschütterungen höher und entsprechen dann den Werten höherer Rauhigkeit. Vor allem bewirken Wirbel hinter Ventilen, Krümmern und Fittings ähnliche „Turbulenzverstärkungen" wie eine höhere Rauhigkeit. Die λ-Werte liegen auch aus diesem Grund in Rohrleitungen hinter solchen „Störungsstellen" höher als in geraden Rohren gleicher Rauhigkeit. Wenn die geraden Rohrstücke zwischen solchen Störstellen aber länger als 10 d sind, kann man diese Turbulenzerscheinung vernachlässigen. In der Praxis wird dies fast immer der Fall sein.

Literaturverzeichnis

1. Bücher und Normen:

1. Abramovitsch, G. N.: Angewandte Gasdynamik. Übersetzung aus dem Russischen: Peltzer, W. Berlin: Verlag Technik. 1958.
2. Allievi: Allgemeine Theorie über die Bewegung des Wassers in Leitungen. Berlin: Springer. 1911.
3. Becker, E.: Gasdynamik. Stuttgart: Teubner. 1965.
4. Becker, E.: Technische Strömungslehre. Stuttgart: Teubner. 1969.
5. Chaimowitsch, E. M.: Ölhydraulik, 4. Aufl. Berlin: Verlag Technik. 1961.
6. Crane & Co.: Flow of Fluids Through Values, Fittings and Pipes, Technical Paper No. 410, 1969.
7. Dubbel: Taschenbuch für den Maschinenbau, 13. Aufl. Berlin-Heidelberg-New York: Springer. 1974. (14. Aufl. 1982.)
8. Dürr, A., und O. Wachten: Hydraulische Antriebe. München: C. Hanser Verlag. 1958.
9. Eck, B.: Technische Strömungslehre, 7. Aufl. Berlin-Heidelberg-New York: Springer. 1966.
10. Eckeret, E. R. G.: Einführung in den Wärme- und Stoffaustausch, 3. Aufl. Berlin-Heidelberg-New York: Springer. 1966.
11. Federhofer, K.: Aufgaben aus der Hydromechanik. Wien: Springer. 1954.
12. Findeisen: Ölhydraulik, Theorie und Anwendung, 3. Aufl. Berlin-Heidelberg-New York: Springer. 1978.
13. Frank, J.: Nichtstationäre Vorgänge in den Zuleitungs- und Ableitungskanälen von Wasserkraftwerken, 2. Aufl. Berlin-Göttingen-Heidelberg: Springer. 1957.
14. Gandenberger, W.: Grundlagen der graphischen Ermittlung der Druckschwankungen in Wasserrohrleitungen. München: Oldenbourg. 1950.
15. Geiger, H., und K. Scheel (Hrsg.): Handbuch der Physik, Bd. 7. Berlin: Springer. 1927.
16. Gestra und Gestra-KSB Wegweiser, 1. Aufl. Bremen 1971. Herausgegeben von Gestra-KSB Vertriebsgesellschaft.
17. Hutarew, G.: Einführung in die Technische Hydraulik. Berlin-Heidelberg-New York: Springer. 1965.
18. Herning, F.: Stoffströme in Rohrleitungen. Düsseldorf: VDI-Verlag GmbH. 1961.
19. Jaeger, C.: Technische Hydraulik. Basel: Birkhäuser. 1949.
20. Kalide, W.: Einführung in die Technische Strömungslehre. München: C. Hanser Verlag. 1967.
21. Kaufmann, W.: Technische Hydro- und Aeromechanik, 1./3. Aufl. Berlin-Göttingen-Heidelberg: Springer. 1954. Auch: Chilton, E. G. (Übersetzung): Fluid Mechanics. New York: McGraw-Hill. 1963.
22. Kirchbach, H.: Taschenbuch Hydraulik in Industriebetrieben. Stuttgart: Franckh'sche Verlagshandlung. 1961.
23. Kozeny, J.: Hydraulik. Wien: Springer. 1953.
24. K.S.B. Armaturen-Handbuch 1965. Frankenthal: Klein, Schanzlin & Becker AG.
25. Ledinegg, M.: Dampferzeugung, Dampfkessel, Feuerungen, 2. Aufl. Wien-New York: Springer. 1966.

26. Lichtenstein, L.: Grundlagen der Hydromechanik. Berlin: Springer. 1929. Nachdruck 1968.
27. Lueger, O.: Lexikon der Technik, Bd. 1, 4. Aufl. Stuttgart: Deutsche Verlags-Anstalt. 1960.
28. Mostkow, M. A.: Handbuch der Hydraulik. Berlin: Verlag Technik. 1956.
29. Müller, J. u. R.: Stelleinrichtungen für Stoffströme. Berlin: VEB Verlag Technik. 1966.
30. Müller, W.: Einführung in die Theorie der zähen Flüssigkeiten. Leipzig: Akademische Verlagsgesellschaft. 1932.
31. Oswatitsch, K.: Gasdynamik. Wien: Springer. 1952. Auch: Gas Dynamics. New York: Academic Press. 1956.
32. Parmakian, J.: Waterhammer Analysis. New York: Prentice-Hall Inc. 1955.
33. Prandtl, L.: Gesammelte Abhandlungen zur angewandten Mechanik. Hydro- und Aerodynamik. Teil I–III. Berlin-Göttingen-Heidelberg: Springer. 1961.
34. Prandtl, L.: Führer durch die Strömungslehre, 1./6. Aufl. Braunschweig: Vieweg. 1919/1965.
35. Prandtl, L., und O. Tietjens: Hydro- und Aeromechanik. Berlin: Springer. Bd. 1, 1./2. Aufl. 1929/1944; Bd. 2: 1931. Auch: Fundamentals of Hydro- and Aerodynamics and Applied Hydro- and Aerodynamics. New York: Dover Publ. 1957.
36. Richter, H.: Rohrhydraulik, 1./4. Aufl. Berlin: Springer. 1933/1962.
37. Sauer, R.: Einführung in die theoretische Gasdynamik, 1./3. Aufl. Berlin: Springer. 1943/1960.
38. Sauer, R.: Nichtstationäre Probleme der Gasdynamik. Berlin-Heidelberg-New York: Springer. 1966.
39. Schlichting, H.: Grenzschicht-Theorie. 1./5. Aufl. Karlsruhe: Braun. 1951/65. Auch: Kestin, J. (Übersetzung): Boundary Layer Theory, 6. Aufl. New York: McGraw-Hill. 1967.
40. Schweigerer, S.: Rohrleitungen, Theorie und Praxis. (S. 390–400, Abschnitt Druckstoßberechnung). Berlin-Heidelberg-New York: Springer. 1967.
41. Seifert, H.: Instationäre Strömungsvorgänge in Rohrleitungen von Verbrennungs-Kraftmaschinen. Berlin-Göttingen-Heidelberg: Springer. 1962.
42. Tietjens, O.: Strömungslehre, Bd. 1. Berlin-Göttingen-Heidelberg: Springer. 1960.
43. Truckenbrodt, E.: Strömungsmechanik. Grundlagen und technische Anwendungen. Berlin-Heidelberg-New York: Springer. 1968.
44. VDI Durchflußmeßregeln, DIN 1952, Ausgabe 1948, 1969, 1971, Düsseldorf.
45. VDI-Wärmeatlas, Düsseldorf: VDI-Verlag GmbH.
46. Volk, W.: Absperrorgane in Rohrleitungen. Berlin-Göttingen-Heidelberg: Springer. 1959.
47. Wechmann, A.: Hydraulik, 1./2. Aufl. Berlin: Verlag Technik. 1955.
48. Weinig, F.: Aerodynamik der Luftschraube. Berlin: Springer. 1940.
49. Wieghardt, K.: Theoretische Strömungslehre. Stuttgart: Teubner. 1965.
50. Rohrleitungen in Dampfkraftwerken und dampfverarbeitenden Betrieben. Bearbeitet von Fr. F. Wiese. Düsseldorf: Deutscher Ingenieur-Verlag GmbH. 1960.
51. Zoebl, H.: Ölhydraulik. Wien: Springer. 1963.

2. Aufsätze in Fachzeitschriften, Firmenmitteilungen:

52. Acel und Suter: Verhalten von Luft in ölhydraulischen Kreisläufen. Technische Rundschau No. 2, 1963.
53. Backé und Riedel: Kavitation in ölhydraulischen Systemen. Industrieanzeiger **94**, No. 8 (1972).
54. Backé und Berning: Über Kavitationserscheinungen in ölhydraulischen Systemen. Industrieanzeiger **63** (1962).
55. Estel, E.: Durchflußzahl von Normdüsen und Druckabfall in Rohren bei pulsierender Strömung. Phys. Z. **38** (1937).
56. Frössel, W.: Strömungen in glatten geraden Rohren mit Über- und Unterschallgeschwindigkeit. Forsch. Ing. Wesen **VII**, 75–84 (1936).
57. Gran Olsson, R.: Geschwindigkeits- und Temperaturverteilung hinter einem Gitter bei turbulenter Strömung. Z. angew. Math. Mech. **16**, 257–267 (1936).

58. Herning, F., und Chr. Schmid: Durchflußmessung bei pulsierender Strömung. Z. VDI **82**, 1107–1114 (1938).
59. Jahn, J.: Graphische Methode zur Ermittlung von Druckverlusten in Rohrnetzen. Sonderdruck der Spezialfabrik moderner Pumpen, Ernst Vogel, Stockerau.
60. Kämmerer, C.: Stationäre Gasströmung durch ein gerades Rohr mit und ohne Wärmedurchgang und Reibung. Österr. Ing. Arch. **5**, 340 (1951).
61. Karman, Th. von: Über laminare und turbulente Reibung. Z. angew. Math. Mech. **1**, 233–252 (1921). Auch: Collected Works, Bd. 2, 70–97. London: Butterworth. 1956.
62. Karman , Th. von : Dimensionslose Größen in Grenzgebieten der Aerodynamik. Z. Flugwiss. **4**, 3–5 (1956).
63. König-Fachensfeld, R.: Aerodynamik des Kraftfahrzeuges. Frankfurt: Umschau 1951.
64. Kopsan, W.: Saugprobleme bei Kreiselpumpen. Maschinenmarkt, Würzburg **74**, No. 91, S. 1744–1748 (1958).
65. Mangler, W.: Zusammenhang zwischen ebenen und rotationssymmetrischen Grenzschichten in kompressiblen Flüssigkeiten. Z. angew. Math. Mech. **28**, 79–103 (1948).
66. Mendiluce, E.: GWF (Gas- und Wasserfach). Wasser/Abwasser **112**, 10–15 (1971).
67. Moody, L. F.: Some Pipe Characteristics of Engineering Interest. La Houille Blanche, May–June 1950.
68. Naumann, A.: Luftwiderstand von Kugeln bei hohen Unterschallgeschwindigkeiten. Allgem. Wärmetechnik **4**, 217–221 (1953).
69. Nikuradse, J.: Gesetzmäßigkeiten der turbulenten Strömung in glatten Rohren. VDI-Forsch. Heft 356, Berlin 1932.
70. Nikuradse, J.: Laminare Reibungsschichten an der längsangeströmten Platte. Zentr. wiss. Berichtswes. Luftfahrtforsch. Berlin 1942.
71. Nikuradse, J.: Strömungsgesetze in rauhen Rohren. VDI-Forsch. Heft 361, Berlin 1933.
72. Nikuradse, J.: Turbulente Reibungsschichten an den Platten. Herausgegeben von Zentr. wiss. Berichtswes. Luftfahrtforsch. München: Oldenbourg. 1942.
73. Prandtl, L.: Über Flüssigkeitsbewegung bei sehr kleiner Reibung. Verh. d. 3. Inter. Math. Kongr. Heidelberg 1904. Auch: Gesammelte Abhandlungen, Bd. 2, 575–584. Berlin-Göttingen-Heidelberg: Springer. 1961.
74. Prandtl, L.: The mechanics of viscous fluids. Beitrag zu F. W. Durand. Aerodynamic Theory, Bd. 3, 34–208. Berlin: Springer. 1935.
75. Prandtl, L., und H. Schlichting: Das Widerstandgesetz rauher Platten. Werft, Reederei, Hafen 1–4 (1934). Auch: Gesammelte Abhandlungen, Bd. 2, 648–662. Berlin-Göttingen-Heidelberg: Springer. 1961.
76. Rotta, J. C.: Schubspannungsverteilung und Energiedissipation bei turbulenten Grenzschichten. Ing. Arch. **20**, 195–207 (1951).
77. Schlichting, H.: Laminare Strahlausbreitung. Z. angew. Math. Mech. **13**, 260–263 (1933).
78. Schnyder, O.: Grundzüge der technischen Druckstoßtheorie, v. Roll Mitteilungen, Band 2/1943, Heft 3/4.
79. Schuh, H.: Über die ähnlichen Lösungen der instationären, laminaren Grenzschichtgleichung in inkompressibler Strömung. 50 Jahre Grenzschichtforschung (Görtler, H., Hrsg.), 147–152. Berlin-Göttingen-Heidelberg: Springer. 1958.
80. Schultz-Grunow, F.: Der hydraulische Reibungswiderstand von Platten mit mäßig rauher Oberfläche, insbesondere von Schiffsoberflächen. Jb. Schiffbautechnik. Ges. **39**, 176–199 (1938).
81. Schultz-Grunow, F.: Neues Widerstandsgesetz für glatte Platten. Luftfahrtforschung **17**, 239–246 (1940). Auch: NACA TM 986 (1941).
82. Schultz-Grunow, F.: Pulsierender Durchfluß durch Rohre. Forsch. a. d. Gebiete des Ingenieurwesens 1940.

83. Schultz-Grunow, F.: Durchflußmeßverfahren für pulsierende Strömungen. Forsch. a. d. Gebiete des Ingenieurwesens 1941.
84. Stach: Druckverlust in Formstücken und Absperrungen. Arch. f. Wärmewirtschaft und Dampfkesselwesen, 13. Jg., 4.–10. Oktober 1932.
85. Toelke, F.: Veröffentlichungen zur Erforschung der Druckstoßprobleme in Wasserkraftanlagen und Rohrleitungen. Berlin-Göttingen-Heidelberg: Springer. 1949.
86. Tollmien, W.: Grenzschichten. In: Wien-Harms, Handbuch der Experimentalphysik, Bd. 4, 241–287 (1931).
87. Truckenbrodt, E.: Hütte I, 29. Aufl. Abschnitt Strömungsmechanik. Berlin: Ernst & Sohn. 1969.
88. Wanner, W.: Grundlagen hydraulischer Antriebe. Technische Rundschau, Bern, Nr. 47 und 50 (1958) und Nr. 6 und 10 (1959).

Verzeichnis der wichtigsten Medien

Physikalische Daten von Luft, Wasser, Öl und brennbaren Gasen

Brennbare Gase:

	Gaskonstante (Seite)	Zähigkeit (Seite)	c_p/c_v (Seite)
Stadtgas	94	239, 250	–
Erdgas	–	250	–
Gichtgas	–	250	–
Generatorgas	–	250	–
Koksofengas	–	238, 239, 250	–
Methan	238	238, 239	89
Propan	238	–	89
Wasserstoff	238	238, 239, 247	–
Kohlenoxyd	238	238, 239	89

Physikalische Daten anderer Fluide

Sachverzeichnis

Strömung und Wärmeübergang in Gas-Flüssigkeits-Gemischen

Von Prof. Dr.-Ing. **F. Mayinger,**
Lehrstuhl A für Thermodynamik,
Technische Universität München

1982. 155 Abbildungen. VIII, 257 Seiten.
Gebunden DM 98,–, S 686,–
ISBN 3-211-81668-2

Preisänderungen vorbehalten.

Die Erforschung der Strömung und des Wärmetransportes in Gas-Flüssigkeits-Gemischen hat in den letzten 25 Jahren erhebliche Fortschritte gemacht. Es war deshalb an der Zeit, auch im deutschen Schrifttum die grundlegenden physikalischen Zusammenhänge auf diesem Gebiet übersichtlich darzustellen und dem Praktiker Auslegungsgleichungen sowie erprobte Rechenverfahren an die Hand zu geben.
Ausgehend von den Erhaltungssätzen und den Strömungsphänomenen werden besonders der Druckabfall, die Phasenseparation, das kritische Ausströmen sowie der Wärmetransport beim Sieden einschließlich Sprühkühlung, Filmsieden und kritische Heizflächenbelastung behandelt. Ähnlichkeitsbetrachtungen und die Erläuterung spezieller Meßverfahren runden die Darlegung im praktischen Sinne ab.
Das reich bebilderte Buch ist für den Ingenieur in allen Bereichen der Praxis, bei denen strömende Gas-Flüssigkeits-Gemische auftreten – angefangen von der Energie-, Kälte- und Klimatechnik über die Chemie-Ingenieur-Technik bis zur Bio- und Biomedizinischen Technik – von Interesse. Es wendet sich auch an Studenten von Technischen Universitäten und Fachhochschulen, die sich in dieses Wissensgebiet einarbeiten wollen.

Springer-Verlag Wien New York

GPSR Compliance

The European Union's (EU) General Product Safety Regulation (GPSR) is a set of rules that requires consumer products to be safe and our obligations to ensure this.

If you have any concerns about our products, you can contact us on ProductSafety@springernature.com

In case Publisher is established outside the EU, the EU authorized representative is:

Springer Nature Customer Service Center GmbH
Europaplatz 3
69115 Heidelberg, Germany

Batch number: 10584556

Printed by Printforce, the Netherlands